高职高专"十二五"规划教材

化学制药工艺技术

刘　郁　燕传勇　主编
周立雪　主审

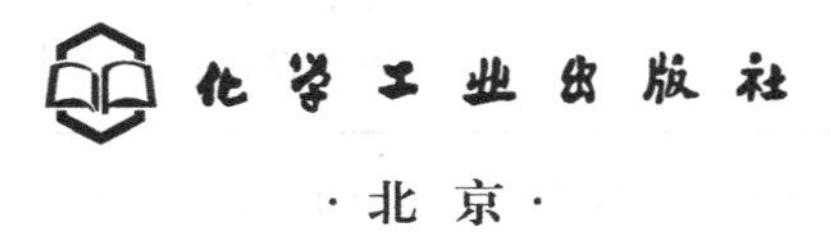

·北京·

内 容 提 要

本书从化学制药、精细化工以及其他相关专业的岗位要求出发，注重实际能力的培养，内容涉及化学制药生产的药物合成路线设计，影响化学制药生产过程的因素，中试技术，生产操作规程及岗位操作方法，环境保护及安全知识，典型生产工艺案例包括对乙酰氨基酚的制备、布洛芬的制备、萘普生的制备、赛莱克西的制备、氯霉素的制备、维生素 C 的制备、半合成青霉素和头孢菌素的制备等。以有机化合物及药物的合成及生产过程为主线，从原料的处理、合成路线的选择、合成过程的控制、安全生产与“三废”处理等方面，培养学生实际操作、分析与解决问题的能力和综合素质。

本书涵盖的知识面广、内容丰富、紧跟行业的发展，可作高职高专职业院校化学制药、精细化工等相关专业教材，也可供相关领域技术人员、科研人员、管理人员阅读参考。

图书在版编目（CIP）数据

化学制药工艺技术/刘郁，燕传勇主编. —北京：化学工业出版社，2014.3（2021.2 重印）
高职高专“十二五”规划教材
ISBN 978-7-122-19631-6

Ⅰ.①化… Ⅱ.①刘…②燕… Ⅲ.①制药工业-生产工艺-高等职业教育-教材 Ⅳ.①TQ460.6

中国版本图书馆 CIP 数据核字（2014）第 016878 号

责任编辑：窦 臻　　文字编辑：糜家铃
责任校对：顾淑云 李 爽　　装帧设计：王晓宇

出版发行：化学工业出版社（北京市东城区青年湖南街 13 号 邮政编码 100011）
印 装：北京七彩京通数码快印有限公司
787mm×1092mm 1/16 印张 15¾ 字数 409 千字 2021 年 2 月北京第 1 版第 6 次印刷

购书咨询：010-64518888　　售后服务：010-64518899
网 址：http://www.cip.com.cn
凡购买本书，如有缺损质量问题，本社销售中心负责调换。

定 价：36.00 元

前 言
FOREWORD

本书是根据教育部有关高等职业教育培养目标的要求，以全面提高学生技能素质为基础、专业能力为核心，适应高职教育改革与发展的要求，力求体现高职教育特色而编写的。遵循“必需为准、实用为主、够用为度、技能优先”的原则，设计和编写教材内容，使学生学有所长，学则会用。为充分体现高职教育特色，本教学内容与行业、企业、国际标准的相关规定紧密结合。

本书在编写过程中注重以学生为主体，提倡互动学习，为充分调动学生对本课程的学习兴趣及对化学制药共性规律的掌握，征求了化学制药企业专家的意见，在尊重职业教育自身规律、学生认知规律和实用的前提下，内容涵盖了化学制药路线的选择、化学制药过程中的影响因素、中试技术、化学制药生产工艺流程及岗位操作法、化学制药过程中的安全与“三废”处理以及典型药物的生产工艺过程，其中包含了化学制药、生物制药与化学制药的结合。通过学习化学制药工艺路线及生产工艺原理，使学生掌握化学制药相关的理论知识与技能，进入企业后能更快地适应生产岗位的操作，为今后从事化学制药生产与管理奠定基础。

本书由徐州工业职业技术学院刘郁及徐州工业职业技术学院燕传勇担任主编并统稿，徐州工业职业技术学院周立雪主审。刘郁编写了第 1～5 章、第 13 章及第 14 章；江苏恩华药业股份有限公司马彦琴编写了第 6～8 章；燕传勇编写了第 9 章及第 10 章；徐州工业职业技术学院时光霞编写了第 11 章及第 12 章。

本教材在编写过程中得到了化学工业出版社、徐州工业职业技术学院以及徐州恩华制药股份有限公司的大力支持与帮助，在此特向他们致以衷心的谢意。

本教材所编写内容及其组合方式涵盖了化学制药生产过程的相关内容，尽管我们做了很大的努力，力求做到新颖、全面、易懂及实用，但限于编者水平，不当和疏漏之处在所难免，恳请广大读者和相关院校在使用中提出宝贵意见。

编者

2013 年 11 月

目 录
CONTENTS

第1章 绪论

1.1 化学制药工艺学的研究对象和内容

1.1.1 化学制药技术的含义及特点

化学制药技术是研究、设计和选用最安全、最经济和最简捷的化学合成药物工业生产途径的一门科学；也是研究、选用适宜的中间体和确定优质、高产的合成路线、工艺原理和工业生产过程，实现制药生产过程最优化的一门科学。

化学合成药物生产的特点有：品种多，更新快，生产工艺复杂；需用原辅材料繁多，而产量一般不太大；产品质量要求严格；基本上采用间歇生产方式；其原辅材料和中间体不少是易燃、易爆、有毒性的；“三废”（废渣、废气、废水）多，且成分复杂，严重危害环境。

医药工业是一个知识密集型的高技术产业。研究开发医药新产品和不断改进生产工艺是当今世界各国制药企业在竞争中求生存与发展的基本条件。它一方面要为创新的药物积极研究和开发易于组织生产、成本低廉、操作安全、不污染环境的生产工艺；另一方面要为已投产的药物，特别是产量大、应用面广的品种，研究和开发更先进的新技术路线和生产工艺。

1.1.2 化学制药工艺技术的内容

化学制药工艺技术是综合应用有机化学、分析化学、物理化学、药物化学、有机合成化学、制药工艺原理及设备等课程的专门知识；且与化学工程学有着密切的关系，特别是与其他学科分支，如染料、农药、香料的化学及生产工艺学相互渗透；同时，它与医学、生物学等也有不可分割的联系。

通过本课程的学习，学生应掌握化学合成药物生产工艺原理，工艺路线的设计、选择和革新。根据原辅材料的来源情况和技术设备条件，从工业生产的角度出发，因地制宜地设计和选择工艺路线并掌握中试放大和生产工艺规程的基本要求。

化学合成药物生产工艺的研究可分为实验室工艺研究和中试放大研究两个先后相互联系的阶段。如果是仿制已知的、不受专利保护的药物，必须要对所遴选的药物进行周密的调查研究。其目的是选择适合国情、经济合理的药物及其工艺路线；对该药的药理作用、临床疗效、药物剂型、剂量，已有的合成路线和市场需求预测等写出调研报告。如果是创新药物的开发研究，则应对药性研究、临床评价、潜在市场等做出有分析的总结。在详尽占有资料的基础上进行认真的论证后，才能进行化学制药工艺路线的设计、选择或革新，以及工艺条件研究等各种方案的审议。

实验室工艺研究（小试工艺研究或小试）包括：考察工艺技术条件、设备与材质的要求，劳动保护、安全生产技术、“三废”防治、综合利用，以及对原辅材料消耗、成本等初步估算。在实验室工艺研究中，要求初步弄清各步化学反应规律并不断对所获得的数据进行分析、优化、整理。最后写出实验室工艺研究总结，为中试放大研究做好技术准备。

中试放大研究（习称中试放大或中试）是确定药物生产工艺的最后一个环节，即把实验室研究中所确定的工艺路线和工艺条件进行工业化生产的考察、优化，为生产车间的设计、施工安装，“三废”处理，中间体监控，制定各步产物的质量要求和工艺操作规程等提供数据和资料，并在车间试生产若干批号后，制定出生产工艺规程。

1.1.3 学习本课程的要求和方法

本课程是培养从事化学药物研制、生产及工艺设计的专门人才的主干课程。在学习有关专业基础课程的基础上、综合运用所学理论知识；掌握化学药物的有机合成、生产工艺和实验设计的基本理论和技能。学习本课程的基本要求：

（1）了解化学药品的特殊性和化学制药工业的特点；

（2）掌握化学制药工艺路线的设计与选择及其评价方法；

（3）掌握化学合成药物的工艺研究技术，反应条件与影响因素的考察是药物工艺研究的主要任务；

（4）熟悉中试放大、生产工艺规程和安全生产技术的内容和重要意义；

（5）熟悉药厂“三废”的防治。

为更好地把理论知识与生产实践密切结合起来，培养分析和解决化学制药工业生产中实际问题的能力，在学习本课程基本理论和基础知识的基础上，选择本教材中典型药物（如对乙酰氨基酚、布洛芬、氯霉素、维生素C、半合成青霉素和头孢菌素等）的生产工艺过程及原理，深入讲授、讨论、查阅相关资料并与现场教学相结合。通过具体典型药物生产过程的学习，深入了解和掌握：

① 内外合成工艺路线的比较；

② 工艺路线的安排及影响因素（包括工艺流程、车间工艺设计）；

③ 药物生产中的原料、中间体、质量管理和产生的“三废”综合治理等。

1.2 化学制药工业的特点及其在化学工业中的地位

1.2.1 化学制药工业的特点

药品是直接关系到人们健康、生命安危的特殊产品，制药行业是一个特殊行业，其特殊性主要表现在：

（1）药品质量要求特别严格。尽管其他产品也都要求质量符合标准，但很难与药品相比，药品质量必须符合《中华人民共和国药典》规定的标准和药品生产质量管理规范的要求。

（2）生产过程要求高。在药品生产中，经常遇到易燃、易爆及有毒、有害的溶剂、原料和中间体，因此，对于防火、防爆、安全生产、劳动保护、操作方法、工艺流程设备等均有特殊要求。

(3) 药品供应时间性强。社会需求往往有突发性(如灾情、疫情和战争),这就决定了医药生产要具有超前性和必要的储备。

(4) 品种多、更新快。

此外,医药产业也是高技术、高投入、高产出、高效益的产业。1991 年 3 月,我国政府正式将医药产业列为高科技产业,其高科技的特点在于:

(1) 广泛使用高新技术。自第二次世界大战以来,制药工业技术进步迅速,高新技术往往在医药领域率先得到应用(如生物技术、太空制药技术等)。

(2) 科技资金投入比例大,制药行业研究开发费用往往高于其他行业。新药和新药开发企业在医药产业中具有极为重要的地位,药物的品种多、更新快,新药创制要求迫切,在发达国家,新药销售占药物总销售的 80%左右,随着社会经济的进步和生活水平的提高,人们对康复保健也不断提出更多、更新、更高的要求,这就要求制药技术不断进步,不断开发出更多、更好的新药,以满足人们的需求。

1.2.2 化学制药工业在化学工业中的地位

化学合成药物自 20 世纪 30 年代磺胺药物问世以来,发展迅速,各种类型的化学治疗药物不断涌现;40 年代抗生素的出现;50 年代激素类药物的应用,维生素类药物的工业化生产;60 年代新型半合成抗生素工业的崛起;70 年代新有机合成试剂、新技术的应用;80 年代生物技术兴起,使创新药物向疗效高、毒副作用小、剂量小等方向发展,对化学制药工业发展有着深远的影响。据报道,现今全球常用的化学药物约为 1850 种。其中 523 种是天然或半合成药物,另外的 1327 种为全合成药物。1961~1990 年 30 年间,世界 20 个主要国家一共批准上市的新化学本体,即受专利保护的创新药物 2071 种,其中大部分是化学合成药物。

化学制药工业的发展速度不仅高于整个工业或化学工业的发展速度,而且世界上制药工业产品销售额已占化学工业各类产品的第二位或第三位,并已成为许多经济发达国家的大产业。在美国最有发展前途的十大产业中,制药工业名列第三。

1.3 世界制药业的发展现状

1.3.1 世界制药工业的现状和特点

1.3.1.1 世界制药工业的现状

药品是广大人民群众防病治病、保护健康必不可少的重要物品,也是一种特殊商品。制药工业是与人类生活休戚相关的、长盛不衰的、长期高速发展的工业。2000 年全世界医药产品销售总额为 3680 亿美元,其中化学合成药物 2810 亿美元,生物工程药物 200 亿美元,中药 140 亿美元。由于新药开发的加快、人口老龄化及人们对健康期望的提高,医药产品市场的增长速度高于经济综合增长速度。2001~2010 年全世界医药产品市场以 8%的速度递增,2010 年已经超过 7000 亿美元。世界药品市场的大部分份额被少数国家、少数跨国制药公司所控制和垄断,其主要支撑点是近年开发成功的、可获得巨额利润的新药(new chemical entities,NCEs)。目前占世界人口 20%的经济发达国家享有世界医药产品消费总额的 80%,在不同国家之间医药品消费层次有显著差异。如甲氧苄啶(trimethoprim,TMP,磺胺增效剂),全世界年用量达万吨,在广大发展中国家仍将其作为重要的抗感染药物而大量使用,而在经济发达国家主要作为牲畜用药。

经济发达国家普遍实行医疗保险制度，各国医疗保健事业随着国民经济的发展和人口老龄化而发展。这既促进医药产品的研制和生产的发展，又扩大了国际医药品贸易。国际医药品贸易额相当于世界医药品市场容量的30%～40%。无论是经济发达国家还是发展中国家，医药品的外贸依赖度都比较高。如我国在2001年上半年共使用进口药品504种，占总品种数的27.9%，进口总额达5.82亿美元。在国际上，医药产品是国际交换最大的15类产品之一，也是世界出口总值增长最快的5类产品之一。世界制药工业的发展动向可概括为：高技术、高要求、高速度、高集中。

1.3.1.2 新药研究与开发的特点

创新药物研究是耗资大、周期长、风险高的系统工程，是一个必须由分子生物学、生物化学、有机化学、计算机化学、药理毒理学和临床医学等多学科合作完成的“集体项目”。新药研究的步骤主要包括：作用靶点的确认、先导化合物的发现和优化、临床前药效与药理学研究、临床研究、生产注册和商业化六个阶段。自始至终，需注重创新药物研究的专利策略。

以化学制药工业为主的制药工业是利润率高、专利保护周密、竞争激烈的工业。它的巨额利润主要来自于专利保护的创新药物。因为研究开发的风险和利润并存，如何运用最小的风险获取最高的利润是制药行业最关心的问题。世界很多国家都实行了专利制度，对创新药物、药物生产工艺、新剂型、新配方等创新内容给予一定时期的专利保护。此外，一些大宗药品由于采用最新合成技术和自动化技术，发挥规模生产效益；有的品种还实现原料药与其他化工原料或中间体一体化联合生产方式；从而大幅度降低了生产成本，扩大了市场和应用领域，极大地增强了产品在国际市场上的竞争力。

与其他工业产品开发相比，新药研究与开发具有以下显著特点。

(1) 新药层出不穷，品种更新迅速　创新药物研究具有明显的群集现象，即一个重要技术突破及其市场成功性示范作用，迅速促进了技术扩散和模仿，而广泛的技术扩散与模仿造就了成群的、相互关联的技术进步成果。例如喹诺酮类抗菌药物，它们对细菌的DNA螺旋酶具有选择性抑制作用，通过抑制细菌的DNA合成发挥抗菌作用，具有抗菌广谱、抗菌活性强、不良反应少等优点。近40年来已化学合成了三万多个化合物并进行了抗菌筛选。1962～1969年间研究开发成功的有萘啶酸、噁喹酸和吡咯酸等。1970～1977年间便被氟甲喹和吡哌酸所替代。1978年以后又出现氟喹诺酮类药物，如环丙沙星、诺氟沙星、氧氟沙星、洛美沙星等。20世纪90年代后，又逐渐被左氟沙星、氟罗沙星和芦氟沙星替代。近年来又有加替沙星、吉米沙星和莫喜沙星等新品种出现。据报道这类品种已突破传统的抗菌作用领域，在抗病毒、抗肿瘤活性方面有新的作用。

新药研究开发是医药行业生生不息的源泉。随着社会的发展，生活水平的改善，药品市场的需求处于不断变化之中。直到不久前，新药研究的重点集中在医治那些对生命造成威胁或使患者日趋衰弱的疑难疾病，但现在人们已逐渐把注意力延伸到肥胖病、焦虑症、健忘症、抑郁症、失禁和关节炎等疾病的安全有效的治疗药物和疗法；要彻底治愈这些疾病似乎还是遥远的事，但是正在研制一些长期服用就能控制上述疾病的药物。另一方面是营养补剂与功能性食品的兴起，搭建起连接制药工业与食品工业的战略性桥梁。例如当前医药工业生产的维生素C和维生素E不仅是药品和营养保健品，而且大量用于各种食品饮料、化妆品及饲料中。

(2) 新药创制难度大、要求高、风险大　新药创制的难度愈来愈大，同时管理部门对药品的疗效和安全性的要求也愈来愈高，使得研究开发投资剧增。随着生活水平的提高，人们不仅要求有更多治疗疑难疾病的药物和保健药品，而且需要比现有药物疗效更高、耐受性更好的新药。同时，作为特殊商品，医药产品的消费方式多为被动消费，病患者购买的药品从品种到数量由医生指定，而不是由消费者自由选择。20世纪90年代以来，随着分子生物学、分子药理学和生物技术，特别是临床药学的进步，创新药物研究和制药工业已发展进入一个崭新的阶段。近年来我国药品注册制度和生产管理制度的完善过程，充分显示了创新药物研究和制药工业发展的现状与特点。1998年国家药品监督管理局成立后，全面整理了有关药品注册的法规和规章，并于1999年5月1日起实施新修订的《新药审批办法》等法规，2001年2月8日第九届全国人民代表大会常务委员会第20次会议修订通过《中华人民共和国药品管理法》，并于2001年12月1日起实施，药品注册管理制度更加完善。《药品生产质量管理规范》(good manufacture practice，GMP）是全世界对药品生产全过程监督管理普遍采用的法定技术规范，1998年修订的《药品生产质量管理规范》于1999年8月1日起施行。《药物非临床研究质量管理规范》(good laboratory practice，GLP）是关于药品非临床研究中实验设计、操作、记录、报告、监督等一系列行为和实验室条件的规范。《药物临床实验管理规范》(good clinical practice，GCP）是临床实验全过程的标准规定，包括方案设计、组织、实施、监察、稽查、记录、分析总结、报告修改和颁布。《药品经营质量管理规范》(good supply practice，GSP）用于控制药品在流通环节所有可能发生质量事故的因素。以上一系列法规和规章严格规范了新药研究、开发、生产和流通的全过程。

近几年，年平均上市新化学实体（NCEs）30个左右。1980～1984年间全世界批准投入临床研究的NCEs能为厂家收回成本的小到30%，能够成为年销售额5亿美元以上的“重磅炸弹”药物仅占4%。上市后出现严重的毒副作用撤出市场的，如华纳-兰伯特公司（现已被辉瑞公司并购）的治疗糖尿病药物曲格列酮，研究开发公司蒙受巨大的损失。

（3）新药研究开发需要高投入和高技术　国际化的制药公司可分为研究开发型制药公司和普通型制药公司两大类，研究开发型制药公司是NCEs的主要创造者，是新技术和专利的发明者和拥有者；普通型制药公司依靠技术优势或原料优势，生产非专利药物，一般市场占有率低。

医药行业的竞争是高科技领域的竞争，需要巨额资金的支持。国外制药企业的研究开发费用在销售额中所占比例普遍高于其他行业（见表1-1)。

表1-1　各行业研究开发费用在销售额中所占的比例

行　业	比例	行　业	比例
研究开发型制药公司(美国)	20.3%	电报电话企业	5.7%
研究开发型制药公司(全球)	17.3%	休闲产业	5.1%
制药企业	12.0%	汽车工业	4.1%
计算机软件及服务企业	9.3%	航天国防企业	3.7%
办公用品及服务企业	7.6%	造纸工业和森林产业	0.9%
金属冶炼企业	6.5%	平均	4.1%
电子电气企业	6.4%		

以美国制药公司为例，1999年的研究开发费用为240亿美元，2000年为264亿美元，平均增长10%左右。国家的投资比例逐年减少，企业投资逐年增加。在1985年国家投资与企业投资的比例为35∶34，而2000年该比例调整到29∶43。GMP、GLP、GCP的要求使新药的研究开发时间延长。在20世纪60年代和20世纪70年代新药研究开发时间分别为8.1年和11.6年，到了20世纪80年代延长到14.2年，而在1990～1996年期间，研究开发一个新药需15～18年，耗资3亿～5亿美元。

制药工业是一个高新技术行业，创新药物研究需要高知识含量和结构合理的研究队伍，需要化学、药学、医学、计算机、经济管理和商业销售等多学科合作。各国制药公司都在不断加强其研究开发队伍，确保一流的创新思想和研究条件。只有不断推出新药，才能提高市场竞争能力。

1.3.1.3 制药工业的发展趋势

20世纪80年代以来，世界制药公司一直处于兼并的热潮之中，兼并的目的和形式各不相同。1998年世界上最大的制药公司的市场占有率不过4%；前10位的制药公司加在一起，世界市场占有率大约在30%以上。2010年以后，世界前10位的制药公司的市场占有率达到50%。经过兼并和收购，世界前10位的制药企业销售额已接近50%。世界最大的制药公司辉瑞制药，2012年销售收入已达590亿美元。

制药工业是一个知识产权垄断性行业，不断提高市场占有率是所有企业追求的目标。然而新医药产品研究开发难度增大，开发费用不断上升，世界各国政府对医疗费用的控制加大，制药企业为了生存和发展，不得不进行兼并和收购。兼并和收购是产品、成本费用（特别是人员费用和管理费用）、治疗领域的垄断地位等综合因素的集合。兼并的目的在于实现规模生产，降低生产、管理和销售成本；强化其核心产业，提高研究开发实力；提高市场占有率，进行市场的再分配。

大企业在兼并和收购的同时，也把一些非核心的产业剥离出去，以集中资金和人力资源于核心产业。如调整后Sanofi-Aventis公司的生命科学产品占67%，默克（Merck）公司的保健部门占58%。兼并生物技术企业也是制药企业兼并中的普遍现象，然而目前真正形成拳头的生物技术产品还不多，生物技术行业是一个有更多风险的产业。但总的说来，生物技术在新药研究中的应用和发展打破了化学合成药物医药工业中长期独占鳌头的局面。

1.3.2 化学制药工业的发展趋势

1.3.2.1 化学制药工业的特点

2000年全世界医药产品销售总额为3680亿美元，其中化学合成药物2810亿美元，占76.4%；目前临床应用的化学合成药物总数达2000多种，在全球排名前50位的畅销药中80%为化学合成药物。

化学制药工业的特点有：①品种多，更新速度快；②生产工艺复杂，需用原辅材料繁多，而产量一般不大；③产品质量要求严格；④大多采用间歇式生产方式；⑤原辅材料和中间体不少是易燃、易爆、有毒性的；⑥“三废”（废渣、废气、废液）多，且成分复杂，严重危害环境。

1.3.2.2 化学制药工业与清洁化生产

清洁化生产不是简单地保持生产车间环境的清洁，减少“跑、冒、滴、漏”，而是应用清洁技术，即从产品的源头削减或消除对环境有害的污染物。清洁技术的目标是分离和再利用本来要排放的污染物，实现“零排放”的循环利用策略。清洁技术是一种预防性的环境战略，也称为“绿色工艺”或“环境友好的工艺”，属于绿色化学的范畴。清洁技术可以在产品的设计阶段引进，也可以在现有工艺中引进，使产品生产工艺发生根本改变。

化学制药工业中的清洁技术就是用化学原理和工程技术来减少或消除造成环境污染的有害原辅材料、催化剂、溶剂、副产物；设计并采用更有效、更安全、对环境无害的生产工艺和技术。当前的主要研究内容如下。

（1）原料的绿色化 用无毒、无害的化工原料或生物原料替代剧毒、严重污染环境的原料，生产特定的医药产品和中间体是清洁技术的重要组成部分。例如碳酸二甲酯已被国际化学品机构认定是毒性极低的绿色化学品，它可以取代剧毒的光气和硫酸二甲酯，作为羧基化试剂、甲基化试剂和甲氧羰基化试剂参加化学反应。又如催化氢化替代化学还原反应，用空气或氧气替代有毒、有害的化学氧化剂等。

（2）化学反应绿色化 Trost在1991年首先提出了原子经济性的概念，理想的原子经济反应是原料分子中的原子全部转化成产物，最大限度地利用资源，从源头不生成或少生成副产物或废物，争取实现废物的“零排放”。在原子经济性理论基础上，设计高效利用原子的化学合成反应，称为化学反应绿色化。据报道，采用钛硅分子筛作催化剂、H_2O_2 氧化法进行环己酮的肟化，反应条件温和，氧源安全易得，选择性高，副反应少，副产物为 O_2 和 H_2O，环己酮的转化率达 99.9%，基本实现了原子经济反应。目前，可利用的原子经济反应类型不多，尚需深入开发研究。在手性药物合成中，不对称合成反应使手性药物或手性中间体的生产从根本上消除了无效或有害的副产物。

(3) 催化剂或溶剂的绿色化　实现化学反应的催化剂和溶剂的绿色化也是化学制药工业中清洁技术的重要内容。

酶是生物细胞所产生的有机催化剂，利用酶催化反应来制备医药产品和中间体是清洁技术的重要领域。酶催化反应在化学制药工业中已屡见不鲜，例如淀粉双酶法制造葡萄糖，甾体激素的 A 环芳构化和 C10 位上引入 β-羟基，维生素 C 的两步微生物氧化，等等。近年来酶催化反应在改进氨基酸、半合成抗生素的生产工艺以及酶动力学拆分等方面取得显著进展。

大量的化学反应都是在溶剂化状态下进行的，使用安全、无毒的溶剂，实现溶剂的循环使用是发展方向。例如 Friedel-Crafts 反应，三氟乙酸酐与酰化剂羧酸生成混合酸酐，提高酰化剂的活性，三氟乙酸酐既作反应溶剂，又参加反应。在磷酸的催化下，芳香族化合物在60℃进行 Friedel-Crafts 反应，边反应边蒸出三氟乙酸和三氟乙酸酐混合物。用五氧化二磷处理该混合物，生成三氟乙酸酐循环使用。这是一种减少 Friedel-Crafts 反应废弃物的新方法。

当前，溶剂绿色化最活跃的研究领域是超临界流体，用超临界状态下的二氧化碳或水作溶剂，替代在有机合成中经常使用的对环境有害的有机溶剂，已成为一种新型的化学制药工艺条件。近临界水（加热到 250～300℃，并加压到 5～10MPa）中存在大量的氢氧根离子，使它能够溶解有机化合物；这些离子还可充当催化剂。在近临界水中进行化学反应，具有副产物少、目的产物收率高、易于分离等特点。据报道，烷基取代的芳香族化合物在近临界水中可选择性地进行催化氧化反应，如二甲苯进行氧化反应时，可得到对苯二甲酸；乙苯氧化可得到苯乙酮，改变反应条件也可以生成苯乙醛。

(4) 研究新合成方法和新工艺路线　化学合成药物品种繁多、工艺复杂，污染程度和污染物性质各不相同，而且频繁出现的新品种又不断带来新的污染物。因此，研究新合成方法和新工艺路线时，指导思想要从传统的寻求最高总收率转变到将排出废物减少到最低限度的清洁化技术上来。清洁化技术的核心科学问题是研究新的反应体系，选择反应专一性最强的技术路线。尽量减少非目标产物化学结构上所需的原辅材料，使每一步反应都尽可能地达到完全的程度，提高分子收率。例如，乙炔与甲醛发生雷贝反应得到重要中间体丁炔二醇，再经催化氢化、环合制得四氢呋喃。这条路线不仅“三废”多且安全操作要求高。新工艺路线以丁烷为原料，经催化氧化（氧化矾磷为催化剂，循环流动床系统）制成顺丁烯二酸酐，然后再经催化加氢得到四氢呋喃，不仅反应转化率高，而且其主要副产物顺丁烯二酸酐可作为商品出售或返回反应系统，其他气体类副产物可作为供热的燃料。又如非甾体抗炎镇痛药布洛芬的新工艺路线是一个很好的范例。布洛芬的生产以异丁苯为起始原料，原来 Boots 公司的工艺路线是经过 Friedel-Crafts 反应、Darzen 反应、水解、肟化等步骤制得布洛芬。现在应用 Hoechst 公司的工艺路线，经乙酰化、加氢和羰基化三个步骤便制得布洛芬。新工艺路线中三步反应都属于加成反应，“三废”少，没有难处理的副产物，而且分子收率非常高，是一条清洁化的工艺路线，合成路线如图 1-1 所示。

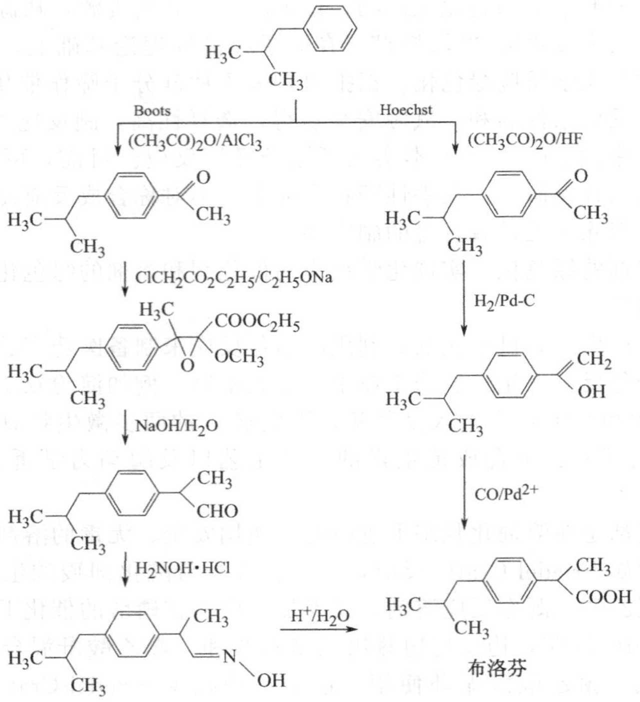

图 1-1 布洛芬合成工艺路线比较

在化学制药工业中，清洁技术或绿色工艺是促进化学制药工业清洁化生产的关键，也是化学制药工业今后的发展方向。目前已开发成功的清洁技术非常有限，大部分化学药品的生产工艺远没有达到“原子经济效应”和“三废零排放”的要求。化学制药工业生产一方面必须从技术上减少和消除对大气、土壤和水域的污染，即通过品种更替和工艺改革等途径解决环境污染和资源短缺问题；另一方面要全面贯彻《环境保护法》和《药品生产质量管理规范》，保证化学合成药物从原料、生产、加工、贮存到运输、销售、使用和废弃处理等各个环节的安全。新世纪的化学制药工业将是无污染的、可持续发展的产业。

1.3.3 我国化学制药工业的发展前景

21世纪的世界经济形态正处于深刻转变之中，以消耗原料、能源和资本为主的工业经济，正在向以知识和信息的生产、分配、使用的知识经济转变。这也为医药产业的发展提供了良好的机遇和巨大的空间。国民经济和社会发展的重要时期，完成以产业结构、企业组织结构和产品结构调整为主要内容的医药经济结构调整的关键阶段。贯彻“科教兴药”的伟大战略，运用自然科学基础研究的最新成就和世界技术革命丰硕成果，实施技术创新工程，支持自主创新药物的研究开发，发展医药高新技术及其产业，开拓医药经济发展的新增长点，加强医药产业关键技术开发和应用，使一批重点医药产品生产技术接近或达到世界先进水平。

总结改革开放 30 多年来的经验，我国医药行业在加入 WTO 后，将融入全球经济一体化，面临着严峻的挑战和发展机遇。从长远来看，加入 WTO，有利于我国医药管理体制与国际接轨，有利于医药新产品的研究与开发及知识产权保护，有利于获得我国医药发展所需的国际资源，有利于我国比较具有优势的化学原料药、中药、常规医疗器械进一步扩大国际市场份额，也有利于我国医药企业转化经营机制与体制创新，总之，有利于提高医药行业的整体素质和国际竞争力。综观当前世界制药业发展的新形势，我国医药行业的发展方向是：依靠创新，提高竞争力，加快由医药大国向医药强国的目标迈进。“十二五”期间的发展重点是着重于内涵发展，着眼于技术创新和提高水平、提高质量。投资的重点在于促进医药产品的结构升级，总体上不追求数量和扩增。“十二五”发展与结构调整的指导思想是：以发展为主题，以结构调整为主线，以市场为导向，以企业为主体，以技术进步为支撑，以特色发展为原则，以保护和增进人民健康、提高生活质量为目的，加快医药行业的发展。

随着我国社会主义市场经济新体制的逐步建立，知识产权监管力度的加强，随着《药品管理法》和《新药审批办法》的完善，随着国家基本医疗保险制度改革、卫生体制的改革和医药流通体制的改革不断深化，我国医药经济将进一步与国际市场全面接轨和融合，我国医药行业面临着前所未有的严峻挑战和千载难逢的发展机遇。

课后练习

一、填空题

1. ______是药物研究和开发中的重要组成部分；它是______、________和选用最安全、最经济和最简捷的化学合成药物工业生产途径的一门科学。

2. 由原料到成品之间各个相互联系的劳动过程的总和称为______________。

3. 化学制药工艺中包括的反应类型有____________、____________、______________、______________、______________。

4. 影响反应的因素有很多，如______、______、______、______、______、______、______、______等。

5. 化学合成药物研究可分为______________和______________研究两个阶段。

6、发达国家的制药企业都采用______、______、______三位一体的经营方式和规模生产。

7. 今后世界制药工业的发展动向可以概括为______、高要求、______、高集中。

8. 在多数情况下，一个化学合成药物往往有多种合成途径；通常将具有工业生产价值的合成途径称为该药物的________。

答案： 1. 化学制药工艺学、研究、设计 2. 生产过程 3. 还原、酯化、缩合、取代、水解 4. 反应浓度、压力、温度、催化剂、溶剂、设备、配比、pH 值 5. 实验室工艺研究、中试放大 6. 科研、生产、销售 7. 高技术、高速度 8. 工艺路线

二、简答题

1. 国内外化学制药工业发展的特征和趋向有哪些？

2. 新药研究开发竞争加剧表现在哪几方面？

3. 药物工艺路线设计的基本内容，主要是针对已经确定化学结构的药物或潜在药物，研究如何应用化学合成的理论和方法，设计出适合其生产的工艺路线，它的意义是什么？

知识拓展

世界著名的化学制药企业

(1) 辉瑞制药有限公司 (Pfizer，NYSE：PFE) 该公司是美国一家跨国制药公司，其总部设于纽约。畅销产品包括降胆固醇药立普妥、口服抗真菌药大扶康、抗生素希舒美以及治阳痿药万艾可等。目前辉瑞药厂是世界上最大的医药企业。

(2) 葛兰素史克股份有限公司 (Glaxo Smith Kline) (LSE：GSK、NYSE：GSK) 该公司是总部

位于英国伦敦的全球第二大的制药、生物以及卫生保健公司。葛兰素史克股份有限公司是一家覆盖抗感染、中枢神经系统（CNS）、呼吸科、肠胃/代谢、肿瘤和疫苗领域的以研发为基础的公司。它同时还包含了处于领先地位的口腔卫生保健、营养饮料和一些非处方药（OTC）。

（3）赛诺菲-安万特（Sanofi-Aventis） 总部位于法国巴黎，是世界上第三大的制药企业（排名次于辉瑞和葛兰素史克，但是高于默克和阿斯利康）。赛诺菲-安万特致力于医药产品的研究、开发、生产以及销售，产品主要覆盖七个领域：心血管疾病、血栓形成、肿瘤学、糖尿病、中枢神经系统、内科疾病和疫苗。

（4）诺华（Novartis)公司 公司是一家总部位于瑞士巴塞尔的制药及生物技术跨国公司。它的核心业务为各种专利药、消费者保健、非专利药、眼睛护理和动物保健等领域。诺华公司成立于1996年，由位于巴赛尔的两家化学品及制药公司“汽巴-嘉基”（Ciba-Geigy）和“山德士”（Sandoz）合并而成。

（5）罗氏（Roche）公司 全称Hoffmann-La Roche有限责任公司（F. Hoffmann-La Roche, Ltd)，是一家总部位于瑞士巴塞尔的跨国医药研发生产商。它始创于1896年，现属于罗氏控股股份有限公司。罗氏是世界第一的生物制药公司，全球领先的肿瘤药制药研发公司，2008年世界500强中排名制药公司中的第4位。到目前为止，罗氏的各地研究室共获得三个诺贝尔奖。

罗氏过去的业务范围主要涉及药品、医疗诊断、维生素和精细化工、香精香料几个领域。罗氏还在一些重要的医学领域如神经系统、病毒学、传染病学、肿瘤学、心血管疾病、炎症免疫、皮肤病学、新陈代谢紊乱及骨科疾病等领域从事开发、发展和产品销售。罗氏在瑞士的巴塞尔，美国的纽特立、Palo Alto以及South San Francisco，英国的维尔维恩等地设有大型科研中心。其中，罗氏在巴塞尔的医学免疫学研究中心和美国的基因研究中心是重要的实验机构。

（6）默克大药厂（Merck & Co.，Inc.，NYSE：MRK） 在美国与加拿大之外的地区称为默克大药厂（Merck Sharp & Dohme，MSD)，是知名的美国制药公司。该公司的前身是在德国达姆施塔特成立的埃曼鲁埃尔·默克大药厂［Emanuel Merck，也就是今日的默克股份有限公司（Merck KGaA)，或又常称为“德国默克”］。

（7）礼来公司（Eli Lilly and Company，NYSE：LLY） 该公司是一家总部设在美国印第安纳州波利斯的全球性制药公司，同时也是全世界最大的企业之一。1876年由药学家Eli Lilly创建，并最终以他的姓名命名。礼来公司的主要产品有抗抑郁药百优解（Prozac)、抗精神病药再普乐(Zeprexa)、糖尿病类药物优泌乐（Humalog)、优泌林（Humalog)、勃起功能障碍类药物希爱力(Cialis)、多动症类药物思锐（Strattera）等。

（8）惠氏公司（Wyeth） 以研究为基础的制药和健康护理产品公司，总部位于美国新泽西州麦迪逊。它在处方药和非处方药的研究、开发及制造和经营方面占有举足轻重的地位，同时，它在疫苗、生物工程、农产品以及动物健康产品方面也占有重要地位。

第2章 药物合成工艺路线的设计

化学药物合成分为全合成和半合成两种。全合成药物由简单的化工原料经一系列化学合成和物理处理过程制得。半合成药物是由已知具有一定基本结构的天然产物经化学结构改造和物理处理过程制得。

药物生产的工艺路线是药物生产技术的基础和依据，其技术先进性和经济合理性是衡量生产技术水平高低的尺度。理想的药物工艺路线应该具备以下几点：

（1）化学合成路线要简短；

（2）原辅材料品种少、易得；

（3）中间体纯化、分离容易，易达质量标准；

（4）制备过程操作简便、安全、无毒；

（5）“三废”少，且易于治理；

（6）设备条件要求不苛刻；

（7）收率佳，成本低，经济效益好。

一个合成药物要进行生产前，首先是要设计、选择合成路线，这就必须先对其类似化合物进行国内外文献资料的调查研究和论证，优选出一条或若干条技术先进、操作条件切实可行、设备容易解决、原辅材料易得的技术路线。

药物品种多、结构复杂、产品更新快，新产品研制时需合成大量化合物供筛选。老产品工艺路线也在不断革新，其原辅材料与设备也随之发生变化，所以在工艺路线的设计、选择与改造时，新技术的采用总是不可避免的。

本章将对工艺路线设计、选择、改造等加以讨论。

2.1 药物合成工艺路线的设计

具有工业生产价值的药物合成途径称为药物的工艺路线。

药物工艺路线设计的基本内容是研究如何应用化学合成的理论和方法，对已经确定化学结构的药物设计出适合其生产的工艺路线。它的意义在于：

（1）对于具有生物活性和医疗价值的天然药物，由于它们在动、植物体内含量甚微，不能满足需求，因此需要进行全合成或半合成的工艺路线设计；

（2）对于具有临床应用价值的药物，除及时申请专利外，还需进行化学合成与工艺路线设计研究，以便通过新药审批获得新药证书后，尽快投入生产；

（3）对于生产条件或原辅材料变换以及要提高药品质量，都要对工艺路线进行改进与革新。

在设计药物的合成路线时，首先应从剖析药物的化学结构入手，然后根据其特点，采取相应的设计方法。

（1）对药物的化学结构进行整体或部位剖析应首先分清主环与侧链、基本骨架与官能团，进而了解这些官能团以何种方式和位置同主环或骨架连接。

（2）研究分子中各部位的结合情况，找出易拆键部位、键拆开的部位，这些部位也就是设计合成路线时的连接点以及与杂原子或极性官能团的连接部位。在考虑拆开部位的结合方式时可以分别考虑主环和侧链的合成，也可以把二者结合起来考虑，因为有的取代基可以在主环构成前引入，有的可以在主环构成后引入。如果有两个以上的取代基或侧链就需考虑引入的先后次序，对官能团的保护和消除亦不容忽视。若系手征性药物时还必须同时考虑其构型的要求与不对称合成的问题。当然这些问题不是孤立存在的，针对药物化学结构的不同特点将它们综合起来加以考虑是十分必要的。

（3）当药物的化学结构极为复杂，按一般结构剖析的方法难以设计出较合理的合成路线时，则可参照与其结构类似的已知物质的合成方法或类似的有关化学反应，设计出所需要的合成路线，也可利用电子计算机合成方法来设计合成路线。

药物工艺路线设计是有机合成中的一个分支，因此，药物工艺路线设计方法与有机合成设计方法相类似，如追溯求源法、分子对称法、类型反应法、模拟类推法、光学异构药物的拆分法等。

2.2 追溯求源法

追溯求源法，又称倒推法，是从靶分子（目标化合物）的化学结构出发，将合成过程一步一步地向前进行推导，即首先从药物化学结构的最后一个结合点考虑它的前一个中间体是什么和经过什么反应得到最终产物的；然后再从这个中间体结构中的结合点考虑它的前一个中间体是什么和用什么反应得到的。如此继续追溯求源直到最后是易得的化工原料、中间体或其他易得的天然化合物为止。

分子结构以反合成方向进行变化叫做变换，用双线箭头（空心箭头）表示变换过程，用单箭头标明合成反应的方向。

在化合物分子中具有C—N、C—S、C—O等部位，是该分子的拆键部位，即合成时的连接部位。追溯求源法对于具有这些拆键部位的化合物的合成设计是极为有用的。

【案例 2-1】 非甾体抗炎药物甲氯灭酸的药物合成路线设计。

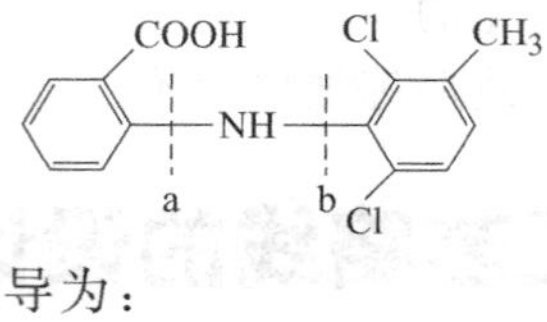

COOH NH Cl CH_3 Cl a b

按照 a 路线进行拆分，可以推导为：

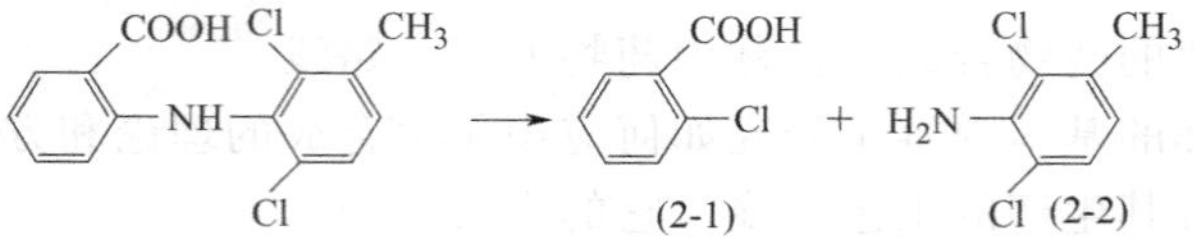

COOH NH Cl CH_3 Cl ⟶ COOH Cl (2-1) + H_2N Cl CH_3 Cl (2-2)

按照 b 路线进行拆分，可以推导为：

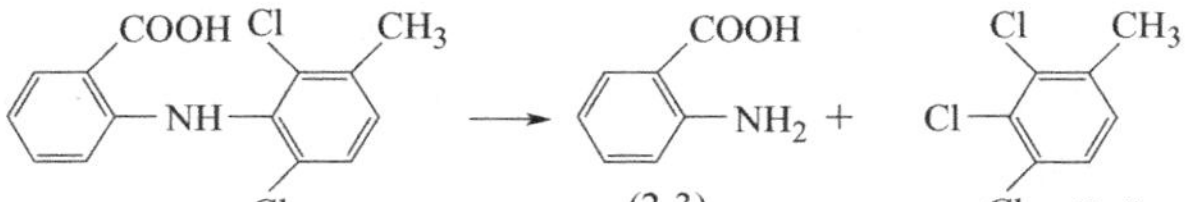

COOH Cl CH₃ NH Cl ⟶ COOH NH_2 + Cl CH₃ Cl Cl

(2-3)　(2-4)

a合成路线是采用邻氯苯甲酸（2-1）与苯胺发生取代反应，（2-1）中苯环上的羧基恰好对氯基起着活化作用，而且（2-1）为易得的化工原料。b合成路线中（2-4）物质分子中没有活化基团存在，而且分子中已经存在了两个氯原子，要引入第三个比较困难，而且副产物多，不利于产品的分离。因此a合成路线比较适合工业化生产。

（2-2）物质分子的合成：

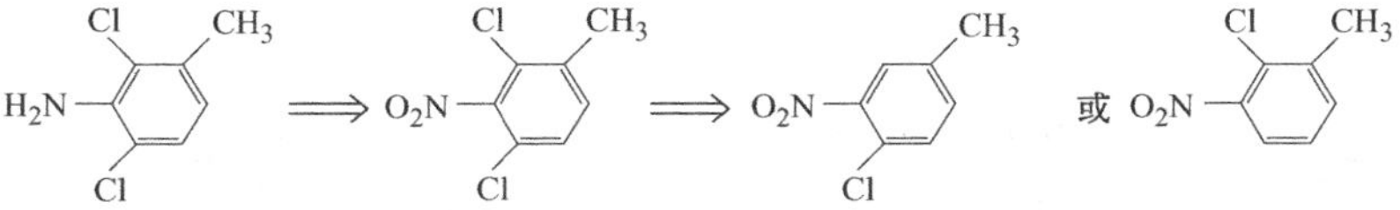

Cl CH_3 H_2N Cl $\Longrightarrow$ O_2N Cl CH_3 Cl $\Longrightarrow$ O_2N CH_3 Cl　或 O_2N Cl CH_3

合成路线如图2-1所示。

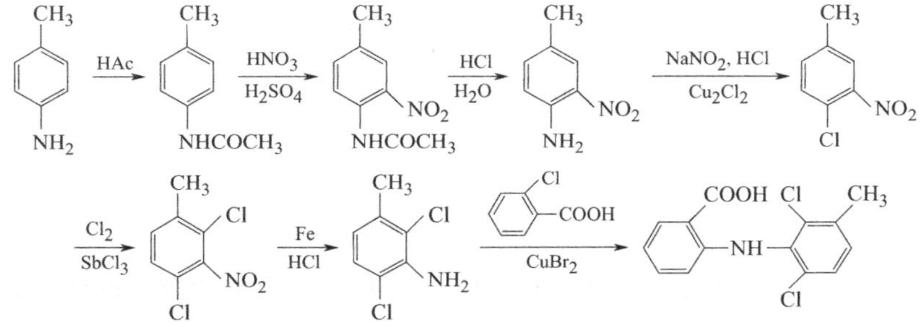

CH_3 NH_2 $\xrightarrow{HAc}$ CH_3 $NHCOCH_3$ $\xrightarrow[H_2SO_4]{HNO_3}$ CH_3 NO_2 $NHCOCH_3$ $\xrightarrow[H_2O]{HCl}$ CH_3 NO_2 NH_2 $\xrightarrow[Cu_2Cl_2]{NaNO_2,\ HCl}$ CH_3 NO_2 Cl

$\xrightarrow[SbCl_3]{Cl_2}$ CH_3 Cl NO_2 Cl $\xrightarrow[HCl]{Fe}$ CH_3 Cl NH_2 Cl $\xrightarrow[CuBr_2]{\text{Cl, COOH}}$ COOH Cl CH_3 NH Cl

图2-1　甲氯灭酸的药物合成路线

【案例2-2】 抗霉菌药益康唑。

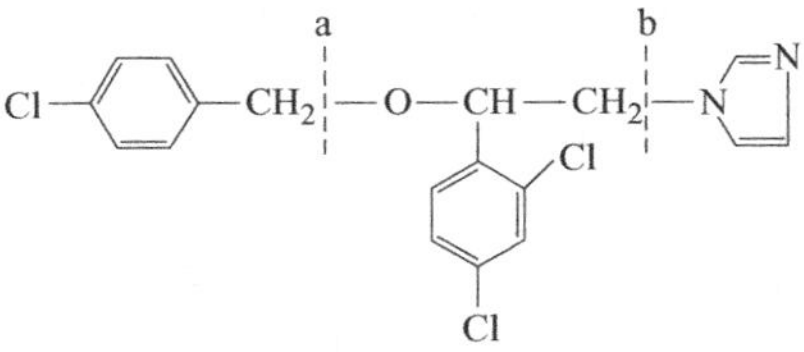

Cl—⟨苯环⟩—CH_2 ¦a ¦—O—CH—CH_2 ¦b ¦—N(咪唑)　Cl　Cl

不同的拆分方法：

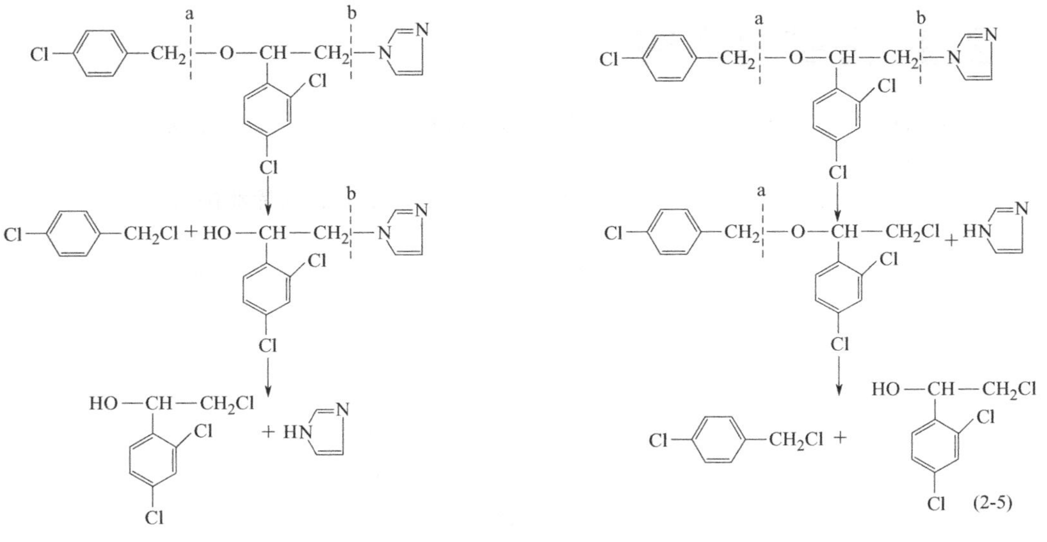

Cl—⟨苯环⟩—CH_2 ¦a ¦—O—CH—CH_2 ¦b ¦—N(咪唑)　Cl　Cl

↓

Cl—⟨苯环⟩—CH_2Cl + HO—CH—CH_2 ¦b ¦—N(咪唑)　Cl　Cl

↓

HO—CH—CH_2Cl　Cl　Cl　+ HN(咪唑)

Cl—⟨苯环⟩—CH_2 ¦a ¦—O—CH—CH_2 ¦b ¦—N(咪唑)　Cl　Cl

↓

Cl—⟨苯环⟩—CH_2 ¦a ¦—O—CH—CH_2Cl + HN(咪唑)　Cl　Cl

↓

Cl—⟨苯环⟩—CH_2Cl + HO—CH—CH_2Cl　Cl　Cl　(2-5)

有两种拆分的方法：先C—O键，后C—N键；先C—N键，后C—O键。拆分的方法不同对合成路线的设计影响很大。比较后可发现先C—N键、后C—O键拆分方法优于先C—O键、后C—N键的拆分方法。

化合物（2-5）分子的合成路线拆分：

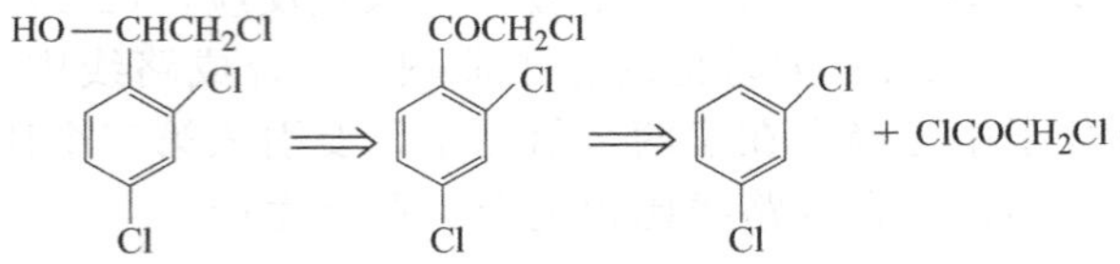

$$HO-CHCH_2Cl(2,4\text{-}Cl_2C_6H_3) \Longrightarrow COCH_2Cl(2,4\text{-}Cl_2C_6H_3) \Longrightarrow 1,3\text{-}Cl_2C_6H_4 + ClCOCH_2Cl$$

益康唑合成路线如图2-2所示。

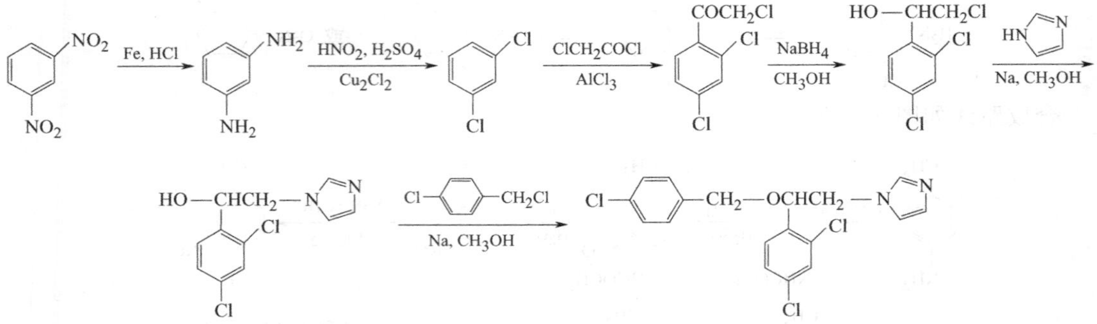

$$1,3\text{-}(NO_2)_2C_6H_4 \xrightarrow{Fe,\ HCl} 1,3\text{-}(NH_2)_2C_6H_4 \xrightarrow[Cu_2Cl_2]{HNO_2,\ H_2SO_4} 1,3\text{-}Cl_2C_6H_4 \xrightarrow[AlCl_3]{ClCH_2COCl} COCH_2Cl(2,4\text{-}Cl_2C_6H_3) \xrightarrow[CH_3OH]{NaBH_4} HO-CHCH_2Cl(2,4\text{-}Cl_2C_6H_3) \xrightarrow[Na,\ CH_3OH]{\text{咪唑}}$$

$$HO-CHCH_2-N(\text{咪唑})(2,4\text{-}Cl_2C_6H_3) \xrightarrow[Na,\ CH_3OH]{Cl-C_6H_4-CH_2Cl} Cl-C_6H_4-CH_2-OCHCH_2-N(\text{咪唑})(2,4\text{-}Cl_2C_6H_3)$$

图2-2 益康唑合成路线

追溯求源法适合于分子具有C≡C、C═C、C—C键化合物的合成设计，如环己烯为目标化合物时，从脱水反应的追溯求源思考方法，可以想到其前体化合物需为环己醇；若从双烯的逆合成考虑，可以想象到其前体化合物为丁二烯与乙烯通过Diels-Alder反应得到：

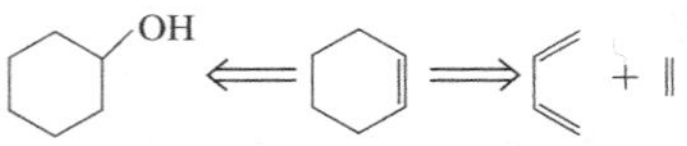

$$\text{环己醇(OH)} \Longleftarrow \text{环己烯} \Longrightarrow \text{丁二烯} + \text{乙烯}$$

例如，止血药氨甲环酸的合成路线设计分析：

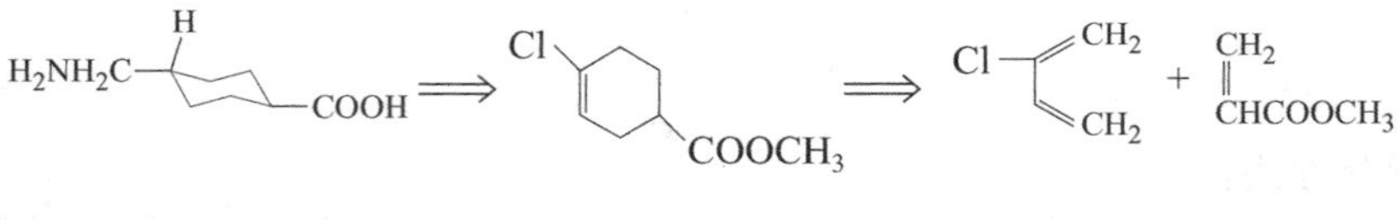

$$H_2NH_2C-C_6H_{10}(H)-COOH \Longrightarrow Cl\text{-环己烯}-COOCH_3 \Longrightarrow Cl-C(=CH_2)-CH=CH_2 + CH_2{=}CHCOOCH_3$$

2.3 分子对称法

一些药物的分子结构存在着分子对称性，因此只要合成一半，就可合成出整个分子。分子对称法是合成设计中常用的方法。

常见的对称分子结构如雌激素类药物己烯雌酚、己烷雌酚、双烯雌酚等。

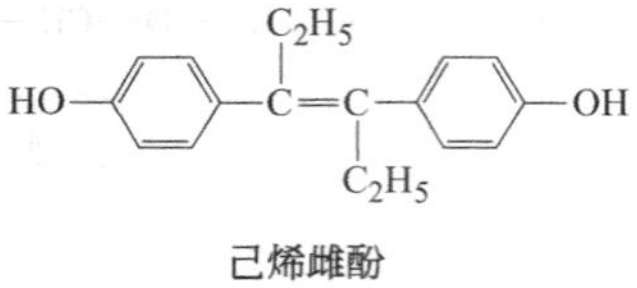

$$HO-C_6H_4-C(C_2H_5){=}C(C_2H_5)-C_6H_4-OH$$

己烯雌酚

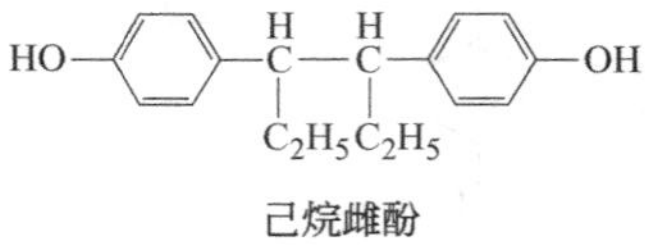

$$HO-C_6H_4-CH(C_2H_5)-CH(C_2H_5)-C_6H_4-OH$$

己烷雌酚

$$HO-C_6H_4-C(=C_2H_4)-C(=C_2H_4)-C_6H_4-OH$$

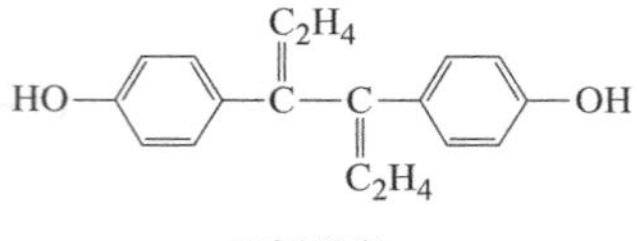

双烯雌酚

【案例 2-3】 已烷雌酚的合成路线设计。

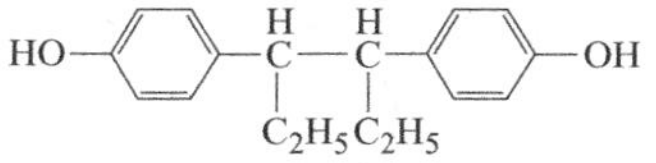

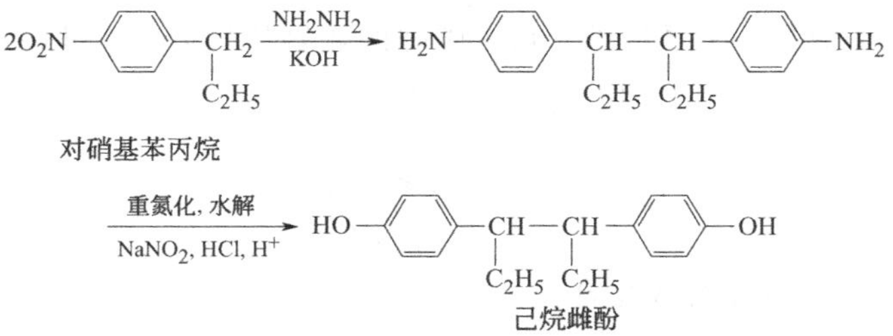

HO— —C(H)—C(H)— —OH
C_2H_5 C_2H_5

$2O_2N$— —CH_2 (C_2H_5) —(NH_2NH_2, KOH)→ H_2N— —CH—CH— —NH_2 (C_2H_5 C_2H_5)

对硝基苯丙烷

—(重氮化，水解; $NaNO_2$, HCl, H^+)→ HO— —CH—CH— —OH (C_2H_5 C_2H_5)

已烷雌酚

同理，双烯雌酚的合成路线如下：

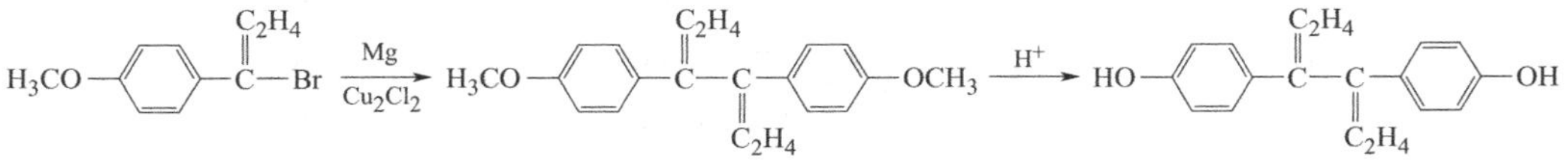

H_3CO— —C(C_2H_4)—Br —(Mg, Cu_2Cl_2)→ H_3CO— —C(C_2H_4)—C(C_2H_4)— —OCH_3 —(H^+)→ HO— —C(C_2H_4)—C(C_2H_4)— —OH

【案例 2-4】 抗麻风病药克风敏的合成路线。

从克风敏的分子结构上如何判断其为对称分子，可以从下面的图解去认识。

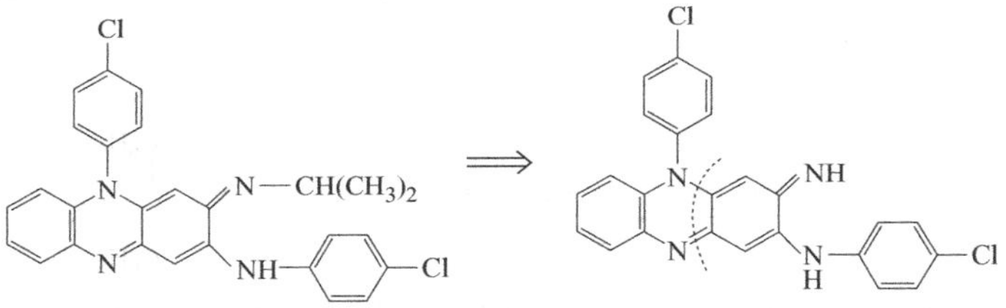

Cl, N, N—CH$(CH_3)_2$, N, NH—, —Cl ⟹ Cl, N, NH, N, N(H)—, —Cl

克风敏

合成路线：

Cl, NH, NH_2 + NH_2, N(H)—, —Cl —($FeCl_3$, EtOH)→ Cl, N, NH, N, N(H)—, —Cl

N-对氯苯基苯二胺

—($NH_2CH(CH_3)_2$, 120～140℃)→ Cl, N, $NCH(CH_3)_2$, N, N(H)—, —Cl

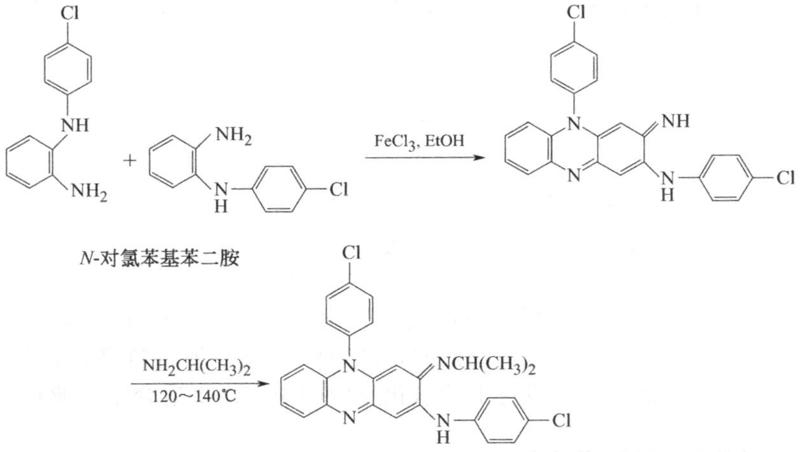

2.4 类型反应法

类型反应法是利用常见的典型有机化学反应与合成方法进行的合成设计。这里包括各类有机化合物的通用合成方法、官能团的形成与转化的单元反应、人名反应等。对于有明显类型结构特点以及官能团特点的化合物或它的关键中间体，可采用此种方法进行设计。

【案例 2-5】 抗霉菌药物克霉唑（邻氯代三苯甲基咪唑）合成路线设计。

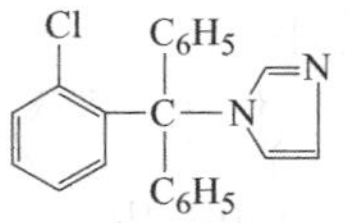

克霉唑

过程分析：C—N 键是一个易拆键，可由咪唑的亚氨基与卤烷通过烷基化反应形成。

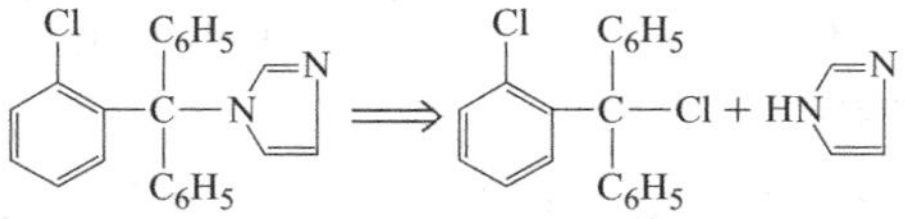

(2-6)

咪唑为化工原料，关键是合成化合物（2-6）。

合成路线（1）：

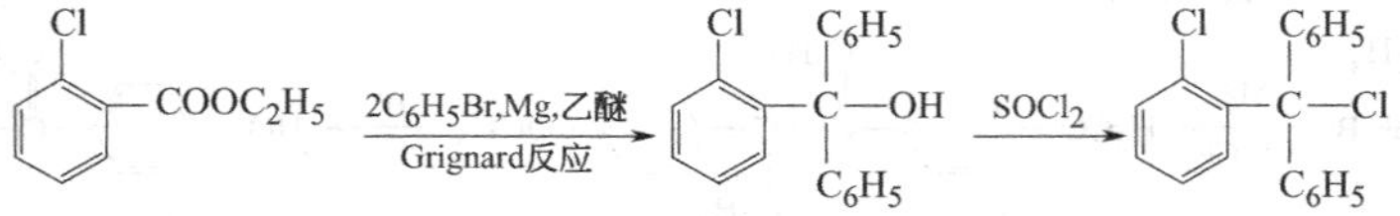

$$\text{邻氯苯甲酸乙酯}\xrightarrow[\text{Grignard反应}]{2C_6H_5Br, Mg, \text{乙醚}}\xrightarrow{SOCl_2}$$

邻氯苯甲酸乙酯

此法合成的克霉唑的质量较好，但是这条工艺路线中应用了 Grignard 试剂，需要严格的无水操作，原辅材料和溶剂质量要求严格，且溶剂乙醚易燃、易爆，工艺设备上须有相应的安全措施，这使生产受到限制。

合成路线（2）：

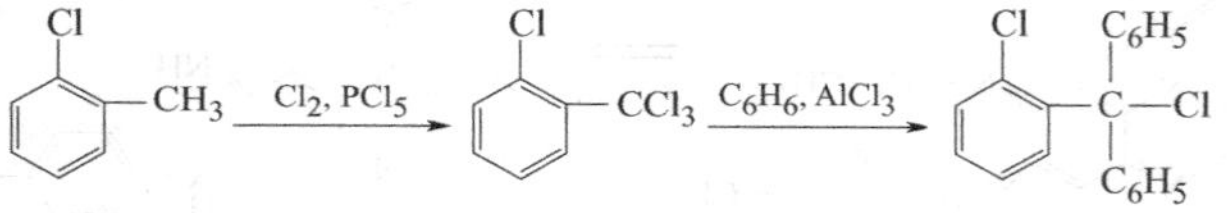

$$\xrightarrow{Cl_2, PCl_5}\xrightarrow{C_6H_6, AlCl_3}$$

此法合成路线较短，原辅材料来源方便，收率也较高。但是这条工艺路线有一些缺点，即要用邻氯甲苯进行氯化制得。这一步反应要引进 3 个氯原子，反应温度较高，且反应时间长，并有未反应的氯气逸出，不易吸收完全，以致带来环境污染和设备腐蚀等问题。

合成路线（3）：

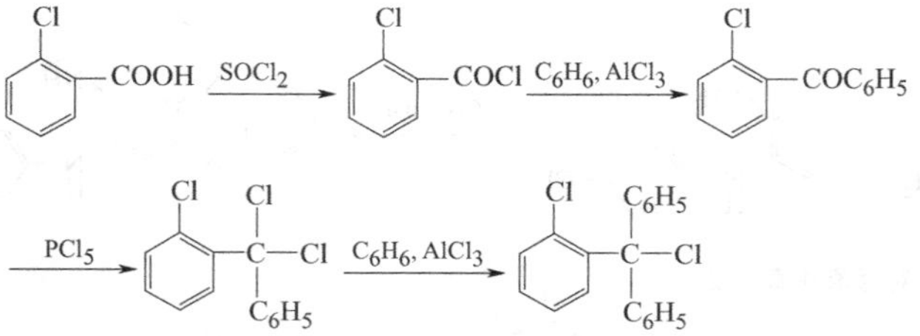

$$\xrightarrow{SOCl_2}\xrightarrow{C_6H_6, AlCl_3}\xrightarrow{PCl_5}\xrightarrow{C_6H_6, AlCl_3}$$

本路线以邻氯苯甲酸为起始原料，经过两步氯化，两步 Friedel-Crafts 反应来合成关键中间体（2-6）。尽管此路线长，但是实践证明，此路线不仅原辅材料易得，反应条件温和，各步产率较高，成本也较低，而且没有上述氯化反应的缺点，更适合于工业化生产。

2.5 模拟类推法

模拟类推法是模拟类似化合物的合成方法。它由设想到查阅文献，然后经过实验改进的设计概念从而得到药物合成工艺路线。许多药物都是通过模拟类似化合物而合成出来的。

对化学结构复杂的药物及合成路线不明显的各种化学结构只好揣测。通过文献调研，改进他人尚不完善的概念来进行药物工艺路线设计，可模拟类似化合物的合成方法，故也称文献归纳法。

例如祛痰药杜鹃素和紫花杜鹃素都属于二氢黄酮类化合物，因此可以模拟二氢黄酮的合成途径进行合成设计，合成路线如图 2-3 所示。

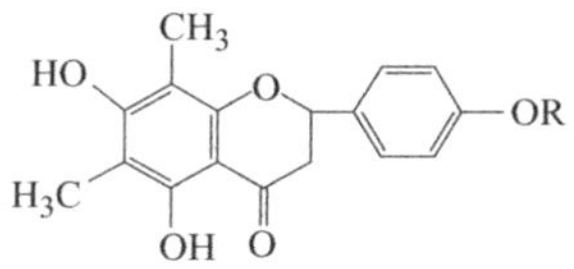

杜鹃素: R=H
紫花杜鹃素: R=CH_3

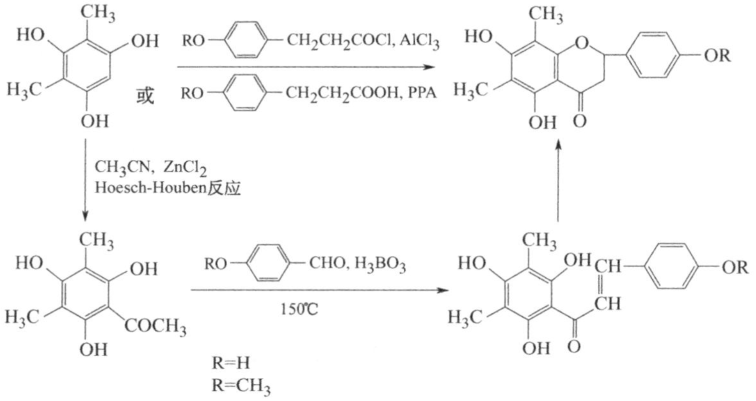

或

CH_3CN, $ZnCl_2$
Hoesch-Houben反应

RO—C₆H₄—CH_2CH_2COCl, $AlCl_3$
RO—C₆H₄—CH_2CH_2COOH, PPA

RO—C₆H₄—CHO, H_3BO_3
150℃

R=H
R=CH_3

图 2-3 模拟二氢黄酮的合成路线

【案例 2-6】 黄连素的合成路线如图 2-4 所示。它是模拟巴马汀和镇痛药延胡索酸乙素（四氢巴马汀硫酸盐）的合成方法。它们都具有母核二苯并[*a*,*g*]喹嗪，含有异喹嗪环的特点。

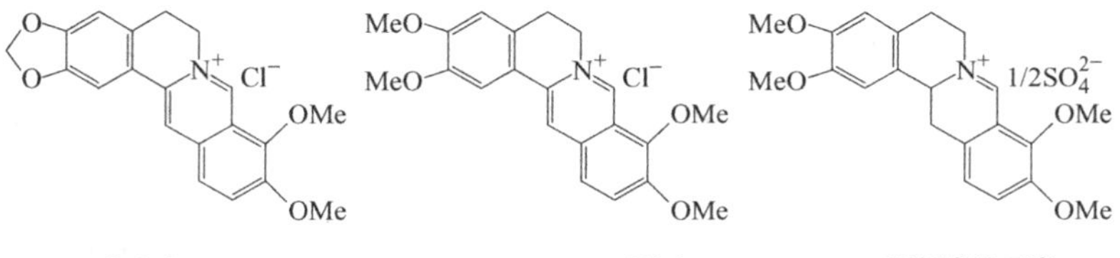

黄连素　　巴马汀　　延胡索酸乙素

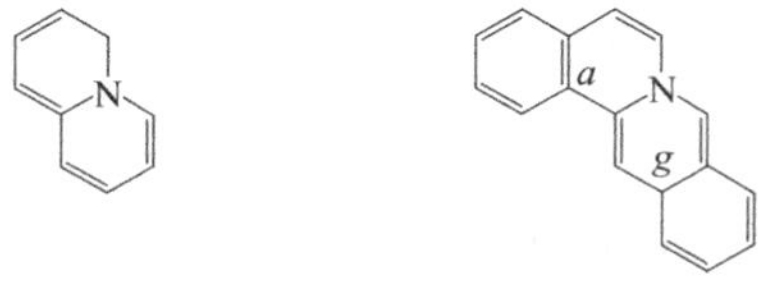

4*H*-喹嗪　　二苯并[*a*, *g*]喹嗪

在应用模拟类推法设计药物工艺路线时，还必须和已有的方法对比，并注意对比类似化学结构、化学活性的差异。模拟类推法的要点在于类比和对有关化学反应的了解。

例如诺氟沙星（氟哌酸，norfloxacin）和环丙沙星（ciprofloxacin）的合成工艺路线比较。

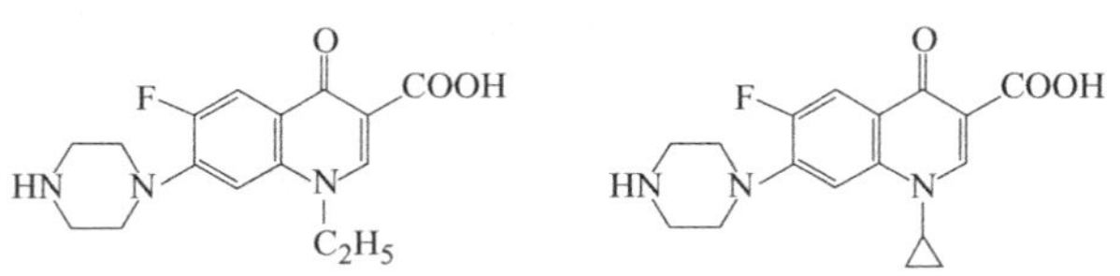

诺氟沙星　　环丙沙星

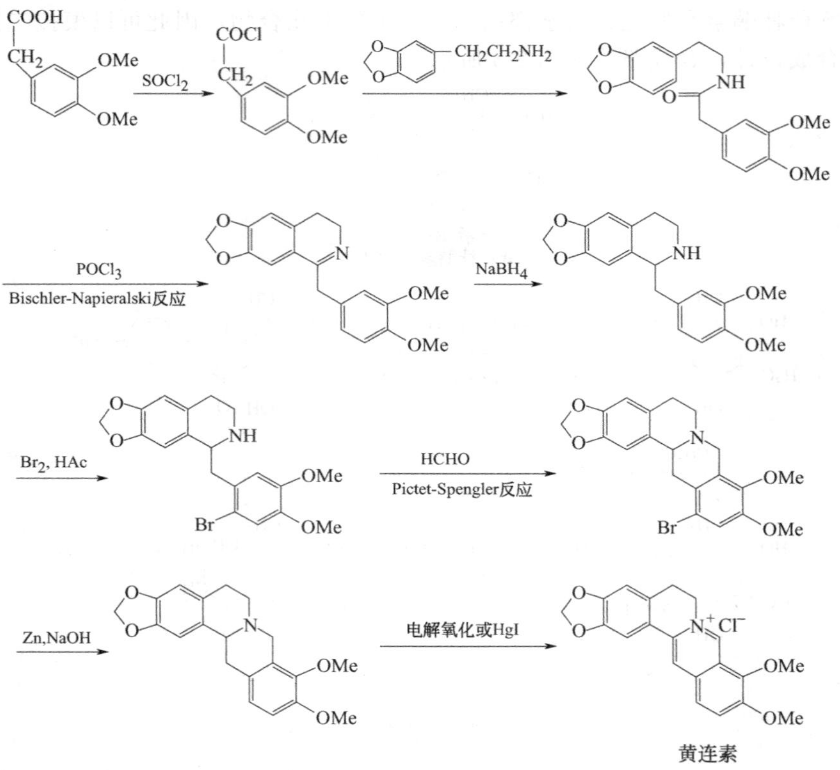

COOH CH_2 OMe OMe　$SOCl_2$　COCl CH_2 OMe OMe　$CH_2CH_2NH_2$　O O NH O OMe OMe

$POCl_3$ Bischler-Napieralski反应　O O N OMe OMe　$NaBH_4$　O O NH OMe OMe

Br_2, HAc　O O NH OMe Br OMe　HCHO Pictet-Spengler反应　O O N OMe Br OMe

Zn,NaOH　O O N OMe OMe　电解氧化或HgI　O O N^+ Cl^- OMe OMe

黄连素

图 2-4　黄连素的合成路线

诺氟沙星合成路线如图 2-5 所示。

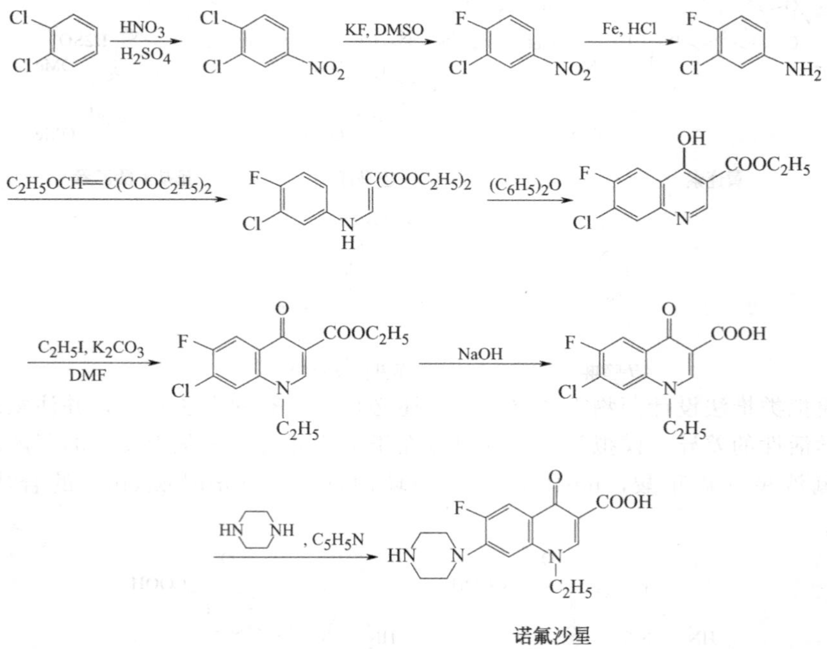

Cl Cl　HNO_3 H_2SO_4　Cl Cl NO_2　KF, DMSO　F Cl NO_2　Fe, HCl　F Cl NH_2

$C_2H_5OCH{=}C(COOC_2H_5)_2$　F Cl N H $C(COOC_2H_5)_2$　$(C_6H_5)_2O$　OH $COOC_2H_5$ F Cl N

C_2H_5I, K_2CO_3 DMF　O $COOC_2H_5$ F Cl N C_2H_5　NaOH　O COOH F Cl N C_2H_5

HN NH , C_5H_5N　O COOH F HN N N C_2H_5

诺氟沙星

图 2-5　诺氟沙星合成路线

环丙沙星合成路线如图 2-6 所示。

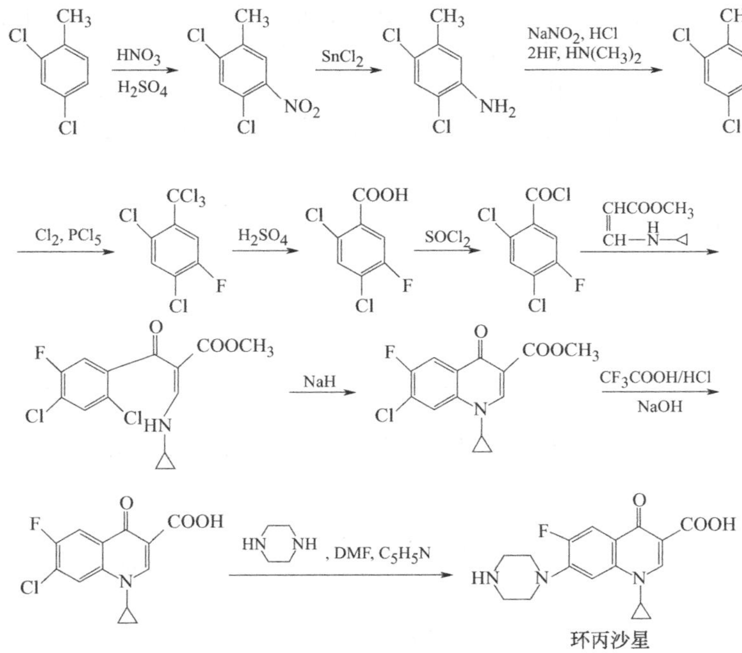

图 2-6 环丙沙星合成路线

2.6 文献归纳法

在设计已知结构化合物的合成路线时，通过查阅化学文献，找到可供模拟的方法。查阅文献时，除了对需合成的化合物本身进行合成方法的查阅外，还应对其各个中间体和相关化合物的制备方法进行查阅，经过实验进行比较，选择一条实用路线。文献归纳法具有减少试制工作量等独特的优点，从而引起了广泛重视，并在实践中不断改进和完善，逐渐成为一般合成方法。

在合成结构复杂的化合物时，常常不满足于单纯模仿文献或标准方法，而希望有所创新。通过实践，对某些意外结果进行分析、判断，有时会成功地发现新反应、新试剂，并有效地用于复杂化合物的合成。

2.7 光学异构药物的拆分法

具有手征性中心的药物，其生理活性有四种情况：①异构体具有相同的活性；②异构体各有不同的生物活性，如镇痛药右丙氧芬，其对映体左丙氧芬则为镇咳药，这种情况不多见；③最常见的是其中一个异构体有效，另一个异构体无效，如氯霉素；④一个异构体有效，而另一个异构体可致不良副反应，例如左旋多巴的 D-异构体与粒细胞减少症有关，左旋咪唑的 D-异构体与呕吐的副反应有关。

在设计这类药物的工艺路线时，必须考虑立体化学控制和拆分：①它是否具有不对称中心，其相对构型是否重要？②如果具有若干个不对称中心，它们是相邻还是相隔较远？③制备的药物或目标化合物是否要求单一旋光体？④分子是否存在有特殊的手征性？由此得到的答案将极大地影响设计路线采用的策略。这里要强调的重要原则是：必须选择一种极易得的起始原料，原料分子中应尽可能多地含有目标化合物所要求的手征性，以便减少和防止生成许多不需要的立体异构体。在制药工业中，使用旋光性原料来合成目的产物十分重要，但拆分同样必不可少。外消旋体的拆分在制药工业中必不可少。拆分是将一个外消旋体的两个对映体彼此分开，得到纯净的D-体或L-体的过程。拆分外消旋体的方法很多，其中最常用的是形成和分离非对映异构体法。其他方法有的是因为对某个或某类外消旋体的拆分有特殊的效果而被使用，有的则被用作辅助方法。但这些方法在用得恰当时，也能起很好的作用，如晶体机械分离法等。

课后练习

一、填空题

1. 化学药物合成分为__________和__________两种。

2. 合成路线的设计方法：__________、__________、__________、__________。

3. __________是由已知具有一定基本结构的天然产物经化学结构改造和物理处理过程制得。

4. 常见的对称分子结构有__________、__________、__________等。

5. 抗霉菌药物邻氯代三苯甲基咪唑合成路线中应用了Grignard试剂，需要严格的______操作，原辅材料和溶剂质量要求严格。

6. __________是模拟类似化合物的合成方法。

答案： 1. 全合成、半合成 2. 类型反应法、分子对称法、追溯求源法、模拟类推法 3. 半合成药物 4. 雌激素类药物己烯雌酚、己烷雌酚、双烯雌酚 5. 无水 6. 模拟类推法

二、简答题

1. 药物合成路线的设计方法有哪些？
2. 理想的药物工艺路线应该具备哪几点？
3. 药物工艺路线设计基本内容的意义是什么？
4. 具有手性中心的药物，其生理活性有哪几种情况？

三、合成路线设计

(1) 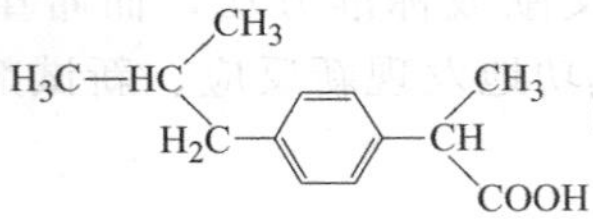 的合成路线设计

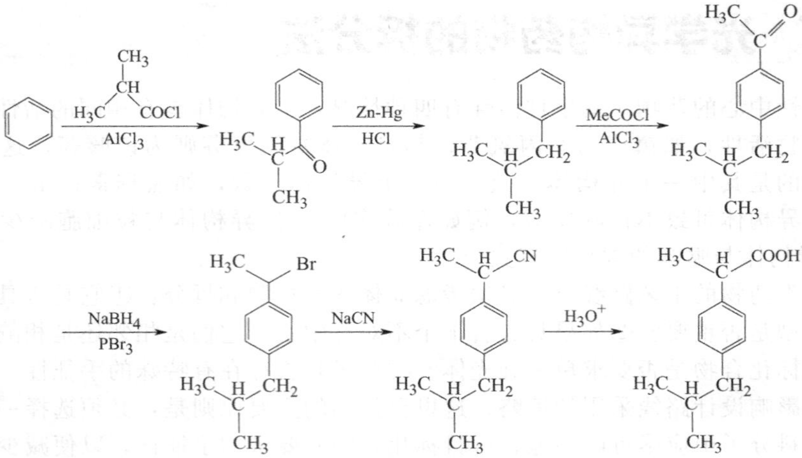

（2）MeO, MeO, H, N, OMe, OMe 的合成路线设计

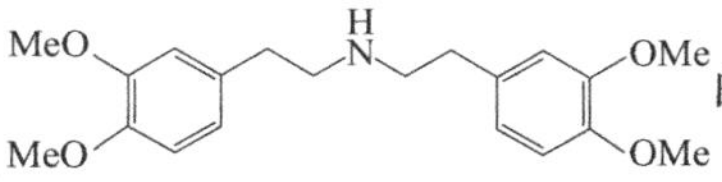

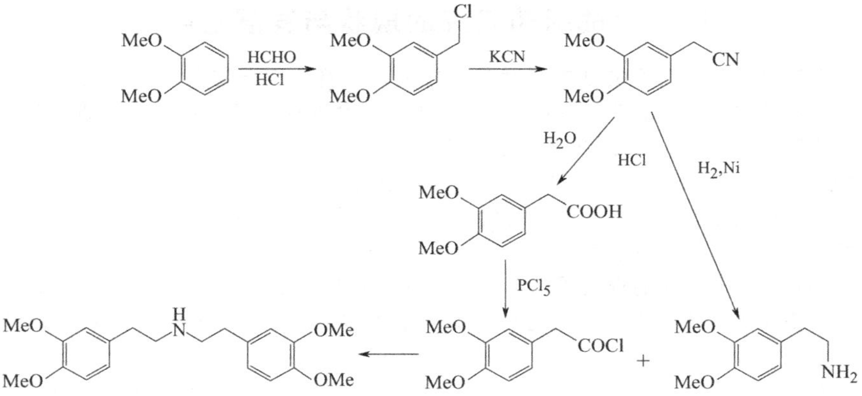

MeO, MeO —HCHO / HCl→ MeO, MeO, Cl —KCN→ MeO, MeO, CN

H_2O / HCl → MeO, MeO, COOH —PCl_5→ MeO, MeO, COCl

H_2,Ni → MeO, MeO, NH_2

MeO, MeO, COCl ＋ MeO, MeO, NH_2 → MeO, MeO, H, N, OMe, OMe

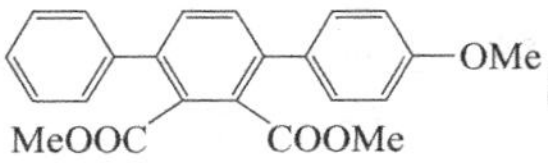

（3）OMe, MeOOC, COOMe 的合成路线设计

过程分析：

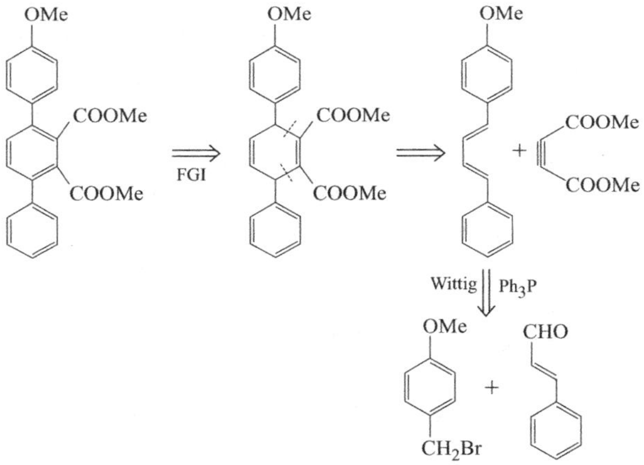

OMe, COOMe, COOMe ⟹(FGI) OMe, COOMe, COOMe ⟹ OMe ＋ COOMe, COOMe

⟹ (Wittig, Ph_3P) OMe, CH_2Br ＋ CHO

合成路线：

CH_3, OH —① Me_2SO_4 ② Br_2, 光→ CH_2Br, OMe —① Ph_3P ② 碱 ③ Ph/CHO→ OMe

OMe ＋ COOMe, COOMe → COOMe, COOMe, OMe —氧化→ COOMe, COOMe, OMe

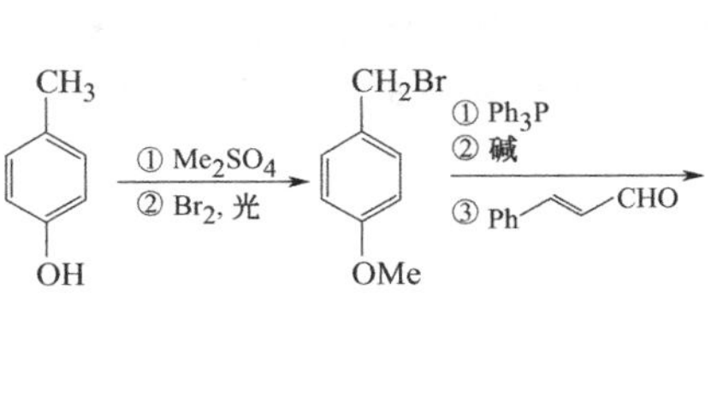

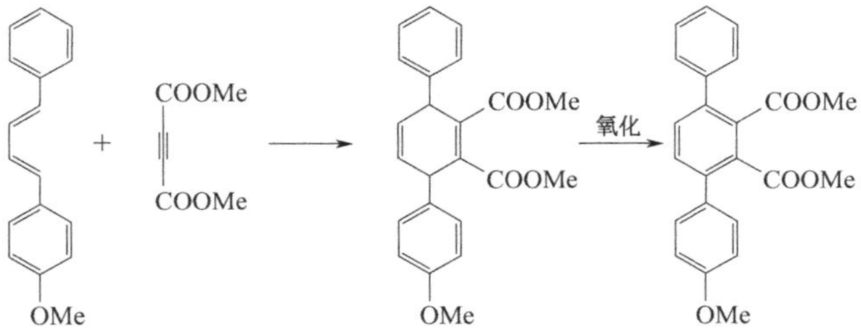

知识拓展

世界合成新药研究的现状与发展趋势

当前世界合成创新药物研究的基本现状是这样的，随着合成药物各大类别的系列产品陆续上市，发现新的药物单体化合物的速度在减缓，研究开发费用越来越高，世界药品研究开发的年费用业已超过400亿美元，比1982年的54亿美元上升了8倍。英国国际药品研究中心报告1988～1998年的10年时间，世界市场上市了460种新分子本体，而最少的数字出现在1998年，只有35种新分子本体上市，而且近两年新分子本体上市的数目继续在减少。在近年上市的新产品品种中，抗感染药物、心血管药物、中枢神经系统用药、抗癌药物占主导地位。

由于发现药物新分子本体的难度越来越大，世界各大制药公司药物研究机构均加大投资力度，发展高新技术，借助于高新技术寻找新的药物新分子本体，以下是世界合成药物创新研究的发展趋势。

(1) 通过利用分子生物学、结构生物学、电子学、波谱学、化学、基因重组、分子克隆、计算机（图形、计算、检索和处理技术）等技术，研究治疗靶点的生物靶分子的结构和功能，在此基础上通过对现有某些药物小分子的结构进行修饰或设计新的药物小分子，并研究生物靶分子与药物小分子之间的相互作用，对这些修饰的或创新的药物小分子进行有目的的筛选，从而发现新药，并对其进行系统的研究。

(2) 利用组合化学方法发现新药。与传统的化学合成相比较，组合化学合成能够对化合物A1～A*n*与化合物B1～B*n*的每一种组合提供结合的可能，利用可靠的化学反应以及简单的纯化技术（如固相化反应技术）系统地、反复地、微量地制备出不同组合的化合物，建立具有多样性的化合物质库，然后用灵敏、快捷的分子生物学检测技术，筛选出具有活性的化合物或化合物群，最后测定其结构再批量合成，进而评价其药理活性。组合化学的优点在于可以用较短的时间合成大量不同结构的化合物，克服了过去只靠从动、植物或微生物中分离提纯的天然产物作为药物先导结构的局限性，为发现药物先导结构提供了一种快捷的方法。

(3) 从现有的、含有手性碳原子的、未经拆分以外消旋体出售的药物为出发点，进行消旋拆分，分别对两种对映体的活性进行研究，选择最具活性的对映体，再进行立体选择性合成或不对称合成或消旋拆分研究。

(4) 继续对从动、植物或微生物中提取分离的已确知化学结构的新化合物研究其化学合成方法，仍是合成新药的任务之一。

(5) 研究开发先进的合成技术，如声化学合成、微波化学合成、电化学合成、固相化反应、纳米技术、冲击波化学合成等先进的合成技术，选择新型催化剂，研究环境友好合成工艺技术以及新型高效分离技术，用这些新的技术改造现有合成药物的生产工艺也是合成药物研究的发展趋势之一。

第3章 药物合成工艺路线的优化

3.1 工艺路线的选择

一般来说，一个药物或中间体可以有多条合成路线，但并不是每条路线都可工业化生产的。至于哪条路线更适合工业化生产，则必须根据各种因素（如原辅料的采购、价格、操作等），认真细致地综合比较、论证，选择最为合理的合成方法，并制定实验室工艺研究方案。如在文献上未查到合成路线，则应根据自身的经验、知识及查阅类似的化合物而设计出可行的路线。

工艺路线的设计好坏直接影响到产品的工业化生产的可能性及原料成本、劳动强度、产品质量、环境影响。

3.1.1 化学反应类型的选择

药物化学合成中同一种化合物往往有很多条合成路线。每条合成路线由许多化学单元反应组成。不同反应的反应条件及收率、“三废”排放、安全因素都不同。

在化学合成药物的工艺研究中常常遇到多条不同的合成路线，而每条合成路线中又由不同的化学反应组成，因此首先要了解化学反应的类型。例如向芳环上引入醛基（或称芳环甲酰化），下列化学反应可能被采用。

（1）Gattermann 反应

$$ArH + Zn(CN)_2 + HCl \xrightarrow{ZnCl_2} ArCH=NH \xrightarrow{H_2O} ArCHO$$

（2）Gattermann-Koch 反应

$$ArH + CO + HCl \xrightarrow{AlCl_3} ArCHO$$

（3）Friedel-Crafts 反应　以甲酰氯为酰化剂，在三氟化硼催化下向苯环上引入醛基，收率在50%～78%之间。

$$ArH + HCOCl \xrightarrow{BF_3} ArCHO$$

（4）二氯甲基醚类作甲酰化试剂，进行 Friedel-Crafts 反应，收率在60%左右。

$$ArH + Cl_2CHOCH_3 \xrightarrow{AlCl_3} ArCHO + CH_3Cl + HCl$$

（5）Vilsmeier 反应　收率 70%～80%。

$$ArH + HCON(CH_3)_2 \xrightarrow{PCl_3} ArCHO$$

（6）应用三氯乙醛在苯酚的对位上引入醛基，收率仅 30%～35%；这是由于所得产物对羟基苯甲醛本身易聚合的缘故。

$$\text{苯酚} \xrightarrow{Cl_3CCHO/CH_3ONa} \text{4-HO-}C_6H_4\text{-CH(OH)CCl}_3 \xrightarrow{CH_3ONa/DMF} \text{4-HO-}C_6H_4\text{-CHO}$$

（7）应用 Duff 反应在酚类化合物的苯环上引入醛基。若 R＝OCH_3、烷基，甲酰化发生在羟基的对位；若 R＝H，则甲酰化发生在羟基的邻位，收率 15%～20%。

$$\text{2-R-苯酚} \xrightarrow{(CH_2)_6N_4} \text{ArCH=N-CH}_2\text{Ar} \longrightarrow \text{4-HO-3-R-}C_6H_3\text{-CHO}$$

有些反应是属于“平顶型”的，有些是属于“尖顶型”的，见图 3-1、图 3-2。所谓“尖顶型”反应是指难控制以及反应条件苛刻、副反应多的反应，如需要超低温等苛刻条件的反应。所谓“平顶型”反应是指反应易于控制、反应条件易于实现、副反应少、工人劳动强度低、工艺操作条件较宽的反应。例如上述反应（6），应用三氯乙醛在苯酚上引入醛基，反应时间需 20h 以上，副反应多、收率低、产品又易发生聚合，生成大量树脂状物，增加后处理的难度。工业生产倾向采用“平顶型”反应，工艺操作条件要求不甚严格，稍有差异也不至于严重影响产品质量和收率，可减轻操作人员的劳动强度。反应（7）应用 Duff 反应合成香兰醛，是工业生产香兰醛的方法之一，反应条件易于控制，这是一个“平顶型”反应的例子。因此，在初步确定合成路线和制定实验室工艺研究方案时，还必须作必要的实际考察，有时还需要设计极端性或破坏性实验，以阐明化学反应类型到底属于“平顶型”还是属于“尖顶型”反应，为工艺设备设计积累必要的实验数据。当然这个原则不是一成不变的，对于“尖顶型”反应，在工业生产上可通过精密自动控制予以实现。反应（2）的 Gattermann-Koch 反应，属“尖顶型”反应，且应用剧毒原料，设备要求也高；但原料低廉，收率尚好，又可以实现生产过程的自动控制，适合于工业化生产。例如在氯霉素的生产中对硝基乙苯在催化剂下氧化为对硝基苯乙酮时的反应为“尖顶型”反应，现已工业化生产。

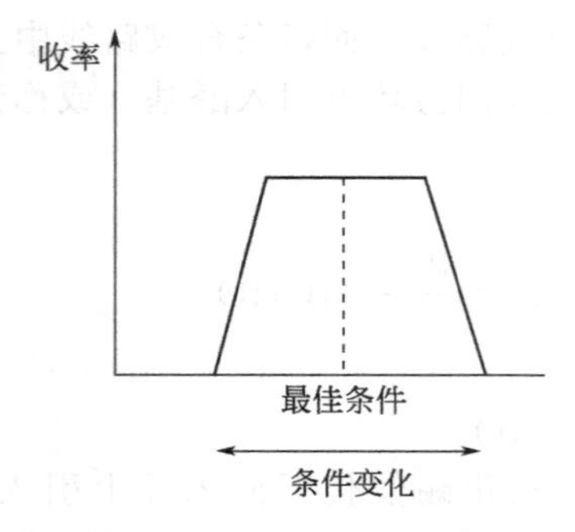

图 3-1　“平顶型”反应

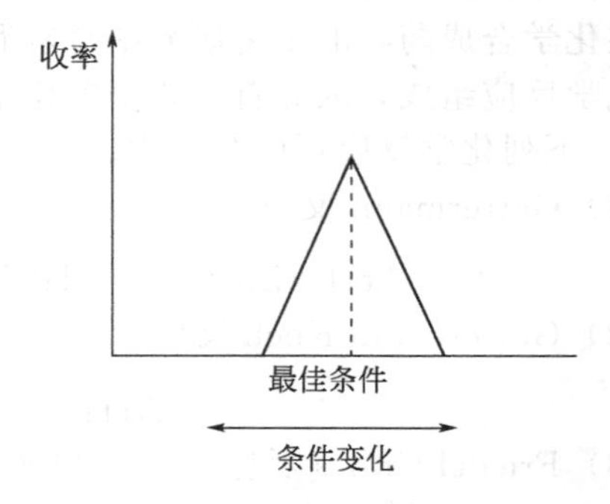

图 3-2　“尖顶型”反应

3.1.2　原辅料的供应及来源

选择工艺路线应根据本国本地区的化工原料品种来设计。如果工艺路线中原料需进口且价高，这样的工艺路线就行不通。因为原辅料是药物生产的物质基础，没有稳定的原辅料供应就不能组织正常的生产。

选择工艺路线时，从原辅料角度讲应注意以下几点：

① 合成路线中各种原料来源和供应情况；

② 熟悉各种原辅料的物理性质，是否有毒、易燃、易爆等；

③ 在生产中对原材料的利用率要高。所谓利用率，即骨架和官能团的利用程度，这又取决于原料和试剂的结构、性质以及所进行的反应。所以需要对不同合成路线所需的原料和试剂作全面了解，包括性质、类似反应的收率、操作难易程度及市场来源和价格等。

应熟悉本地化工原料情况及本地化工类企业，如有些原料供应困难，可由本地区工厂、企业生产，也可从国内外各种化工原料及试剂手册中寻找合适的原料和试剂。

3.1.3 合成步骤及收率计算

理想的工艺路线具有合成步骤少，总收率高，操作简单，设备要求低，“三废”少，或“三废”处理简单、成本低等特点。对合成路线中反应步骤和反应总收率的计算是衡量各条合成路线收率的最直接的方法。药物及有机中间体的合成方式有两种，即直线方式和汇聚方式。

在直线方式的合成工艺路线中，一个由六步反应组成的直线方式的合成工艺路线：从原料 A 开始至最终产品 G。由于六步反应各步收率不可能为 100%，其总收率是六步反应的收率之积。

假如每步收率为 80%：

$$A \xrightarrow[80\%]{} B \xrightarrow[80\%]{} C \xrightarrow[80\%]{} D \xrightarrow[80\%]{} E \xrightarrow[80\%]{} F \xrightarrow[80\%]{} G$$

直线方式总收率为 26.2%。

在汇聚方式的合成工艺路线中，先以直线方式分别构成几个单元，然后单元再反应成最终产物。如有六步反应，组成一个单元为从 A 起始 A→B→C，另一个单元 D→E→F，假如每单元中的各步反应收率为 80%，则两单元组成反应合成最终产物 G，汇聚方式总收率为 32.8%。

$$\left.\begin{array}{l} A \xrightarrow[80\%]{} B \xrightarrow[80\%]{} C \\ D \xrightarrow[80\%]{} E \xrightarrow[80\%]{} F \end{array}\right\} \xrightarrow[80\%]{} G$$

根据两种方式的比较，要提高总收率应尽量采用汇聚方式，减少直线方式的反应。而且汇聚方式中汇聚前，某一单元如偶尔失误，也不会影响到其他单元。在路线长的合成中应尽量采用汇聚方式，也就是通常所说的侧链和母体的合成方式。

3.1.4 单元反应的次序安排

在药物的合成工艺路线中，除工序多少对收率及成本有影响外，工序的先后次序有时也会对成本及收率产生影响。单元反应虽然相同，但进行的次序不同，由于反应物料的化学结构与理化性质不同，会使反应的难易程度和需要的反应条件等随之不同，故往往导致不同的反应结果，即在产品质量和收率上可能产生较大差别。这时，就需研究单元反应的次序如何安排最为有利。从收率角度看，应把收率低的单元反应放在前头，而把收率高的放在后边。这样做符合经济原则，有利于降低成本。最佳的安排要通过实验和生产实践验证。

【案例 3-1】 应用对硝基苯甲酸为起始原料合成局部麻醉药盐酸普鲁卡因时就有两种单元反应排列方式：一种是采用先还原后酯化的（A）路线；另一种是采用先酯化后还原的

(B) 路线。(A) 路线中的还原一步若在电解质存在下用铁粉还原时，则芳香酸能与铁离子形成不溶性的沉淀，混于铁泥中，难以分离，故它的还原不能采用较便宜的铁粉还原法，而要用其他价格较高的还原方法进行，这样就不利于降低产品成本。另外，下一步酯化反应中，由于对氨基苯甲酸的化学活性较对硝基苯甲酸的活性低，故酯化反应的收率也不高，这样就浪费了较贵重的中间体二乙氨基乙醇。但若按 (B) 路线进行合成时，由于对硝基苯甲酸的酸性强，有利于加快酯化反应速率，而且两步反应的总收率也较 (A) 路线高 25.9%，所以采用 (B) 路线的单元反应排列方法为好。

(A) [还原] Fe, HCl；[酯化] $HOCH_2CH_2N(C_2H_5)_2$，△

(B) [酯化] $HOCH_2CH_2N(C_2H_5)_2$，△；[还原] Fe, HCl

NO_2 COOH　NH_2 COOH　NO_2 $COOCH_2CH_2N(C_2H_5)_2$　NH_2 $COOCH_2CH_2N(C_2H_5)_2$

应用氯苯为起始原料合成苦味酸时，单元反应有两种排列方式：一种是氯苯经硝化、水解、再硝化的路线 (C)；另一种是氯苯经硝化、再硝化，最后水解的路线 (D)。判断采用哪种路线有利于生产。

(C) [硝化] HNO_3,H_2SO_4；[水解] Na_2CO_3 煮沸；[硝化] HNO_3,H_2SO_4

(D) [硝化] HNO_3,H_2O；[硝化] HNO_3,H_2SO_4；[水解] H_2O 煮沸

苦味酸

路线 (C) 比较好。在 (C) 中氯苯本身不易水解，但是经过硝化以后容易水解，苯环上的氯转化为羟基后，有利于进一步硝化，而且苯环上的羟基由于硝基的存在，又可避免硝酸氧化。在路线 (D) 中，第二次硝化很困难，需要使用过量的酸，而且要在高温的条件下进行，浪费了原辅材料。

需要注意，并不是所有的单元反应的合成次序都可以交换，有的单元反应经前后交换后，反而较原工艺路线的情况更差，甚至改变了产品的结构。对某些有立体异构体的药物，经交换工序后，有可能得不到原有构型的异构体。所以要根据具体情况安排操作工序的先后顺序。

3.1.5 安全生产和环境保护

在设计和选择工艺路线时，除考虑工艺路线的收率外，还要考虑所需原料的安全性。安全是企业生产的生命线，没有了安全保障也就谈不上生产。在工艺路线选择设计中应尽量避免使用沸点低、易燃、易爆的原料，如乙醚以及剧毒品。如果工艺中避免不了，应严格采取安全保护措施，注意排气通风，配备劳动保护用品，严格按照工艺规程。对于劳动强度大、危险的岗位，采用自动化控制。

对于“三废”要严格遵守国家环保总局制定的“三废”排放标准，要严格做到“谁产

生，谁治理”的原则，不达标不排放。

对于“三废”要尽量综合利用。在设计时应把绿色制药放在首位，尽量少产生“三废”，同时产生的“三废”应在厂内处理合格后排放。对于处理的水应尽量循环使用，节约用水。

3.1.6　反应条件与设备

药物生产条件很复杂，从低温到高温，从真空到超高压，从易燃、易爆到剧毒、强腐蚀性物料等，千差万别。不同的生产条件对设备及其材质有不同的要求，先进的生产设备是产品质量的重要保证，因此，考虑设备来源及材质、加工在设计工艺路线时是必不可少的。同时，反应条件与设备条件之间是相互关联又相互影响的，只有使反应条件与设备因素有机地统一起来，才能有效地进行药物的工业生产。例如，在多相反应中搅拌设备的好坏是至关重要的，当应用骨架镍等固体金属催化剂进行氢化时，若搅拌效果不佳，密度大的骨架镍沉在釜底，就起不到催化作用。再如苯胺重氮化还原制备苯肼时，若用一般间歇反应锅，需在0～5℃条件下进行，若温度过高生成的重氮盐分解，导致发生副反应。假如将重氮化反应改在管道化连续反应器中，使生成的重氮盐来不及分解即迅速转入下一步还原反应，就可以在常温下生产并提高收率。

以往我国因受经济条件的限制，在选择工艺路线时常避开一些条件及设备要求高的反应，这样的状况是不符合经济发展趋势的。长期以来，我国的医药工业因设备落后、工艺陈旧等因素影响了其发展速度。为尽快改变这个局面，在选择药物合成工艺路线时，对能显著提高收率，能实现机械化、连续化、自动化生产，有利于劳动防护和环境保护的反应，即使设备要求高，技术条件复杂，也应尽可能根据条件予以满足。

此外，对于文献资料报道的某些需要高温、高压的反应，通过技术改造采取适当措施使之在较低温度或较低压力下进行，也能达到同样的效果，这样就避免了使用耐高温、高压的设备和材质，使操作更加安全。例如，在避孕药18-甲基炔诺酮的合成中，由β-萘甲醚氢化制备四氢萘甲醚时，据文献报道需在8MPa条件下进行，但经实验改进，降至0.5MPa也取得了同样的效果。

3.2　工艺路线的改造和新反应、新技术的应用

技术革新的目的是提高生产技术水平，也就是提高劳动生产率和降低生产成本，而生产过程的简化、收率的提高以及原辅材料、试剂的节用、代用、回收再用和综合利用是技术革新的重要内容。简化和优化生产过程和工艺，不仅可使生产更为方便，还可提高收率及生产能力，而总收率提高一倍，消耗定额和生产成本就能成倍地降低，产量和劳动生产率就可在不增添设备、不多用原料的情况下成倍地增加。具体做法包括：①选用更好的反应试剂和工艺条件；②修改合成路线，缩短反应步骤；③改进操作技术，减少生成物在处理过程中的损失；④应用新反应、新技术。

3.2.1　工艺路线的改革

通过几个实例说明改革工艺路线的多种途径及其优越性。

【案例 3-2】 布酞嗪的工艺路线改进。

布酞嗪（3-5）的化学名称为4-甲基-3-戊烯-2-酮(1-酞嗪基)腙，是一种降压药。其作用徐缓，对心率影响少，安全性高。临床主要用于原发性高血压，特别适用于老年患者。

对于布酞嗪的生产工艺主要是从操作方法上加以改进的。

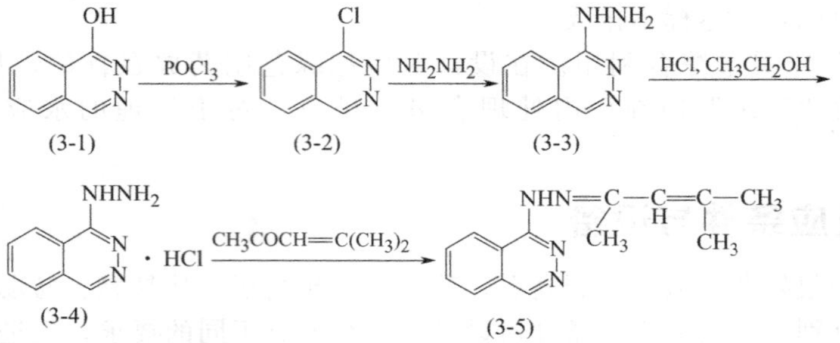

原工艺是将化合物（3-2）与水合肼在87～89℃下反应12h，然后热过滤，析出结晶得化合物（3-3），再将（3-3）溶解于盐酸，加乙醇析出中间体（3-4）。此工艺缺点是反应时间过长，温度不易控制，后处理较烦琐，中间体（3-4）的质量差，收率低。

改进的工艺是将1-羟基酞嗪（3-1）与三氯氧磷反应得湿品（3-2），将其用乙醇溶解，不经加热干燥，直接与水合肼回流2h，蒸尽乙醇，加一定量盐酸，过滤，滤液加乙醇析出中间体（3-4）。改进后的工艺较原工艺有如下优点：①可省去干燥、析出结晶等工序，避免了化合物（3-2）的分解破坏；②肼化反应时间由12h缩短为2h；③提高了收率，连续实验结果表明，氯化、肼化及成盐三步反应平均收率为64.2%，比原工艺的文献数据高4.2%。

【案例3-3】 萘普生合成工艺路线研究。

萘普生是一种非甾体类消炎镇痛药，它的消炎镇痛效果比布洛芬强，而副作用却比布洛芬小，是一种有前途的药物。它的合成有多种途径，如Darzens反应法、格氏法及氰乙酸乙酯法等，其中格氏法反应条件苛刻，且用溴量大，而Darzens反应法和氰乙酸乙酯法均不同程度地存在着路线长、收率低、成本高等缺点。所以寻找更好的工艺路线，降低成本，满足人们的用药需求，已成为亟待解决的问题。国内研究较多的是α-卤代酰基萘缩酮重排法，原工艺路线如图3-3所示。

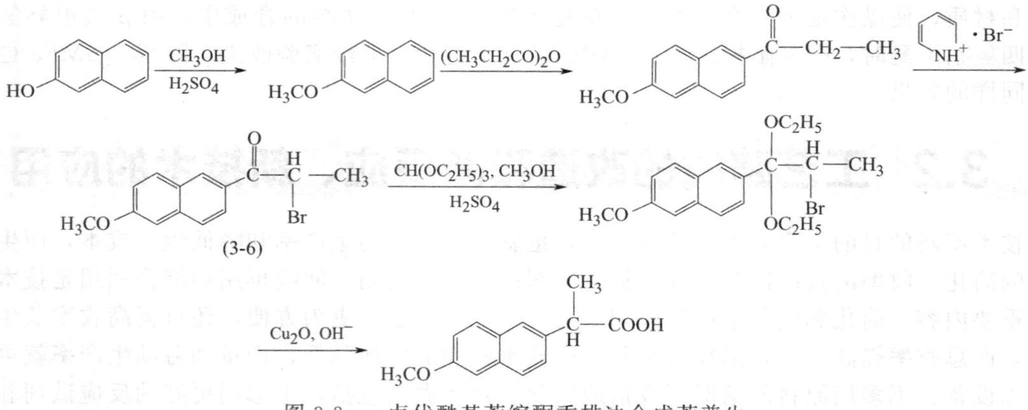

图3-3　α-卤代酰基萘缩酮重排法合成萘普生

在该工艺路线中，缩酮化反应是一可逆平衡反应，即使反应很长时间（50h以上），也很难达到较完全的程度。在工业生产上，缩酮化和重排反应时间长达40h，且使用了较紧缺的试剂原甲酸三乙酯。后来调整反应步骤，改为先用乙二醇缩酮化再溴化的工艺，除了避免在缩酮化中使用原甲酸三乙酯外，还将缩酮化和重排两步反应时间分别缩短为8h和2h，比原工艺缩短30h，如图3-4所示，总收率也有所提高。

在上述新路线中，先缩酮化再溴化，分子内位阻效应发生了很大变化，原工艺中化合物（3-6）的酮基α位多了一个体积较大的溴原子，它与处于酮基同侧的α-甲基及另一侧的芳基在酮基附近构成了较大的立体屏障，从而阻碍了亲核试剂乙二醇对羰基的进攻。鉴于缩酮

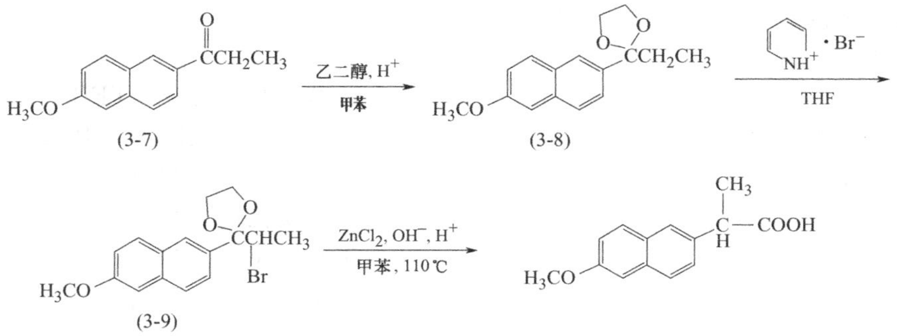

图 3-4　改进的萘普生合成路线

的 α 位也易于溴化，所以改革后的工艺路线是先以（3-7）进行缩酮化，制得的（3-8）再在无水条件下用吡啶氢溴酸盐过溴化物（简称 PTAB）进行溴化，从而得到溴代乙二醇缩酮物（3-9），两步反应收率分别为 94%和 84%。

3.2.2　修改合成路线，缩短反应步骤

通过修改合成路线、缩短反应步骤、简化操作，可使收率明显提高，原料成本明显降低，环境污染相应减少，同时给环境治理也减轻了压力。

与旧工艺相比，新工艺将原来的“直线型”反应改成“汇聚型”反应，具有路线短、收率高、成本低、避免了剧毒原料、操作安全、“三废”少等优点。在丙氨酸酯化反应中，反应液中分离出来的氯化铵固体，用 8%～10%的氯化氢、乙醇液提出未反应的丙氨酸及其衍生物，并入下批醇化反应物中，再酯化，从而提高了收率，充分利用了丙氨酸，不再中和，改善了劳动环境。

3.2.3　新技术的应用

（1）“一锅煮”技术　“一锅煮”技术是指在一个反应釜内连续进行多步连串反应，中间体无需分离纯化而合成复杂分子的技术，也是一类环境友好反应。在某些药厂生产中可使总收率明显提高，降低原料成本，减少了“三废”。

（2）相转移催化技术　相转移催化技术为药物合成带来前所未有的重大变化。它应用范围广，可用于烷基化、氧化、还原等反应。有些反应在温和条件下几乎不进行，采用相转移催化技术可使反应顺利进行，且反应收率高。许多相转移催化剂价廉物美，易于工业化生产，同时，给化学、医药等工业带来巨大的经济效益，对保护环境非常有利。

相转移催化指水相、有机相两相或水相、有机相、固相三相之间进行化学反应时，在一种特殊的催化剂作用下发生的反应。

以溴辛烷与氰化钠的反应为例，溴辛烷不溶于水，可以溶于氯仿；氰化钠不溶于氯仿，而溶于水，当把这两种溶液混合，由于两种反应物分别在不相溶的两相中，两种反应物分子极少有碰撞的机会，经加热 14 天也毫无反应，当加入少量的季铵盐或季鏻盐，无需加热，搅拌不到 2h，反应就完成了 99%。

$$C_8H_{17}Br + NaCN \xrightarrow{\text{季铵盐/氯仿/水}} C_8H_{17} + NaBr$$

① 相转移催化剂　相转移催化反应是通过具有离子对萃取作用的试剂来进行的。

具有离子对萃取作用的试剂被称为相转移催化剂。相转移催化剂大体上有离子型的和非离子型的。离子型的有季铵盐、季鏻盐、季钟盐、季锑盐、季铋盐和叔锍盐，最常用的是季

铵盐。非离子型的有冠醚、穴醚和开链聚醚。

常用的季铵盐有：

$Et_3PhCH_2N^+Cl^-$	三乙基苄基氯化铵（TEBA）
$Me_3PhCH_2N^+Cl^-$	三甲基苄基氯化铵（TMBA）
$Bu_4N^+Cl^-$	四丁基氯化铵（TBA）
$Bu_4N^+Br^-$	四丁基溴化铵（TBABr）
$Bu_4N^+I^-$	四丁基碘化铵（TBAI）
$Bu_4N^+HSO_4^-$	四丁基硫酸氢铵（TBAB）
$R_3MeN^+X^-$	$R=C_8\sim C_{10}$

非离子型催化剂聚乙烯醚类具有下列通式：

$$(Y—CH_2—CH_2—)_n \qquad Y=O,S或N$$

常用的冠醚有以下几种：

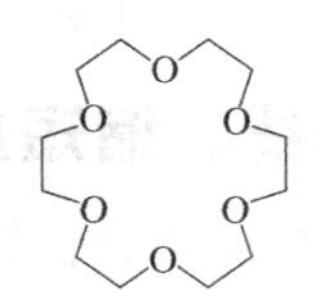

15-冠(醚)-5　　18-冠(醚)-6

相转移催化剂大都可以回收，但是过程比较麻烦。如果不回收催化剂，经济上又要受到损失，尤其像冠醚、穴醚以及手性鎓盐等都十分昂贵。冠醚还有毒性，影响环境，更应回收。现在开发出一种固体聚合物催化剂，是将相转移催化剂通过一定的方法连接到聚合物载体上，这样便具有保存、分离、回收等方面的优越性。这种催化剂还没有统一的名称，常被称为相转移催化树脂、三相催化剂、聚合物催化剂及固相催化剂等。

最常用的载体是苯乙烯-二乙烯基苯的凝胶树脂（交联度为1%～2%）、大孔网状树脂，还有使用硅胶作载体。实际上，季铵型阴离子交换树脂就是一种固相催化剂，其官能团改变后，便可成为各种固相催化剂。固相催化剂越来越多地被用于有机合成和化学制药，在简单的卤素交换反应和有机卤化物的亲核取代中的应用也尤为成功。活性高、价廉、相当稳定的固相催化剂已经制成，现已得到广泛应用。

② 催化剂的选择和用量　催化剂的选择是相转移催化反应成败的关键，要根据反应机理而定。在中性或酸性条件下的相转移催化反应中，通常用四丁基铵盐，尤其是硫酸氢铵盐，或者用Aliquat336。强碱性的相转移催化反应，一般选择TEBA和Aliquat336是最可靠的。

季铵盐所含碳原子总数较多，它所形成的离子对较易溶于有机相，因此常用于液-液两相（水-有机溶剂）催化，冠醚则可用作固-液相催化。有些对碱性水溶液不稳定的化合物，可在稀碱液中加入等物质的量的季铵盐，用极性较大的溶剂（如氯仿、三氯甲烷等）将离子对萃取到有机相中，分去水层，再加入另一反应物进行反应。这种分步操作，只适用于酸性较强的化合物（活性氢化物），在碱性水溶液中易于解离，且易与鎓阳离子形成离子对而萃取入有机相，对于弱酸性化合物，则仍应采用二相系统，仔细选择催化剂及其用量。

反应速率与催化剂浓度有关，催化剂的用量，按反应物的摩尔分数计。在各种反应中，从1%～10%不等。如果是高放热反应，或所用的催化剂昂贵，催化剂则应尽量少用。在大多数情况下，是用反应物的1%～5%。在下述一些情况下，催化剂要用100%：如果在反应过程中会释放出硫离子，它们会“污染”鎓盐；如果烃化试剂很不活泼；如果烃化试剂易于在侧基上反应；如果在多官能团分子中选择性反应中断。

③ 溶剂　在相转移催化反应中溶剂的选择十分重要，要考虑到既要能形成两相（如与水不混溶），又能有效地萃取离子对，同时还要对离子对中阴离子的溶剂化作用小。根据这些原则，常用的溶剂均是非质子非极性或极性较小的有机溶剂，如氯仿、二氯甲烷、苯、甲苯、乙腈、四氢呋喃等。

如果反应物本身就是液体，就不必再用溶剂。但如果反应激烈，则仍需用溶剂。

乙腈与水能互溶，不分层，一般不在液-液两相催化反应中用，而只用在液-固两相催化。

氯仿和二氯甲烷是比较好的溶剂，但在强碱性试剂反应时，容易发生脱氯化氢作用，所以要慎用。

阳鎓离子的大小，直接关系到溶剂的萃取能力，如四乙基溴化铵（TEBA），苯/水体系是不合适的，甚至二氯甲烷/水也不适宜。对这些溶剂体系，可选用四丁基铵盐、四戊基铵盐。

（3）酶催化反应　在生物体内，物质的新陈代谢都是通过一系列化学反应实现的，如绿色植物利用太阳光能将水、二氧化碳和无机盐等合成为糖类等物质；动物将食物通过水解、氧化等反应转化为自身的组成成分和所需的能量。这些化学反应在体外往往需要高温、高压或强的酸碱条件才能完成，但在生物体内，尽管条件温和，这些反应却能在中性溶液中，于体温下迅速地进行。那么，为什么这些化学反应在生物体内外会表现出如此大的差异？关键在于生物体内进行的反应都有酶催化。酶是生物（动物、植物、微生物等）体内产生的一类蛋白质，属于已知的最大和最复杂的分子之列，具有特殊的催化功能，故又称“生物催化剂”。它们在通常的室温和压力下能使化学反应的速率比化学工厂在高温、高压下所能达到的速率快许多倍。例如核酸水解为核苷酸、淀粉水解为葡萄糖，这些反应在通常情况下进行得极为缓慢，若有酶参与就能加速这些反应的速率。酶在此过程中本身并不消耗，它起的是催化剂的作用。

① 酶是高效催化剂　酶的催化效率一般是其他类型催化剂的 $10^7 \sim 10^{13}$ 倍。

例如，H_2O_2 分解反应：

$$2H_2O_2 \xrightarrow{\text{催化剂}} 2H_2O + O_2$$

用过氧化氢酶催化为铁离子催化的 10^{10} 倍。

② 酶具有高度的专一性　所谓高度的专一性是指酶往往能催化一种或一类反应，作用于一种或一类极为相似的物质，如谷氨酸脱氢酶只专一催化 L-谷氨酸转化为 α-酮戊二酸，淀粉酶只能催化淀粉的水解反应等。这种性质称为酶的反应专一性。在底物专一性方面，有的酶表现绝对专一性，不过更多的酶具有相对专一性，它们允许底物分子上有小的变动。

③ 酶催化反应的影响因素　酶本身是一种蛋白质，能导致蛋白质变性的因素，如紫外线、热、表面活性剂、重金属盐以及酸碱变性剂等，往往也会使酶失活。

（4）固相酶　固相酶又称水不溶性酶，它是将水溶性的酶或含酶细胞固定在某种载体上，成为不溶于水但仍具有酶活性的酶衍生物。将酶固定在某种载体上以后，一般都有较高的稳定性和较长的有效寿命，其原因是固化增加了酶构型的牢固程度，阻挡了不利因素对酶的侵袭，限制了酶分子间的相互作用。酶固定化能增加其耐热性，以氨基酰化酶为例，天然的溶液游离酶在70℃加热15min其活性全部丧失，但是当它固定于DEAE-葡聚糖以后，同样条件下则可保存80%的活力。固定化还可增加酶对变性剂、抑制剂的抵抗力，减轻蛋白酶的破坏作用，延长酶的操作和保存有效时间。大部分酶在固定化后，其使用和保存的时间显著延长，这一特点最具实际应用价值，这种稳定性通常以半衰期表示，它是固相酶的一个重要特性参数。

课后练习

一、填空题

1. ____________，即在不侵犯专利权的情况下，对新出现的、很成功的突破性新药进行较大的化学结构改造，寻找作用机理相同或相似，并具有某些优点的新化学本体。

2. 药物合成中常用的溶剂有：______________。

3. 极性非质子性溶剂有：______________。

4. 溶质极性很大，就需要极性很大的溶剂才能使它溶解，若溶质是非极性的，则需用非极性溶剂，这个直观的经验的通则是“____________”。

5. 当催化剂的作用是加快反应速率时，称为____________催化作用。

答案： 1. 模仿性新药创制　2. DMF、氯苯、二甲苯、甲苯、乙腈、乙醇、THF、氯仿、乙酸乙酯、环已烷、丁酮、丙酮、石油醚　3. 乙腈、丙酮、硝基苯、二甲基甲酰胺、环丁砜　4. 相似相溶　5. 正

二、选择题

1. 催化剂按形态可分为（　　）。

A. 固态、液态、等离子态

B. 固态、液态、气态、等离子态

C. 固态、液态

D. 固态、液态、气态

2. 下列叙述中不是催化剂特征的是（　　）。

A. 催化剂的存在能提高化学反应热的利用率

B. 催化剂只缩短达到平衡的时间，而不能改变平衡状态

C. 催化剂参与催化反应，但反应终了时，催化剂的化学性质和数量都不发生改变

D. 催化剂对反应的加速作用具有选择性

3. 化工工艺的主要工艺影响因素有（　　）。

A. 温度、压力和流量等

B. 温度、压力、流量和空速等

C. 温度、压力、流量、空速和停留时间等

D. 温度、压力、流量、空速、停留时间和浓度等

4. 工艺流程图基本构成是（　　）。

A. 图形

B. 图形和标注

C. 标题栏

D. 图形、标注和标题栏

答案： 1. D　2. A　3. D　4. D

三、简答题

1. 选择工艺路线时，从原辅料角度讲应注意哪几点？

2. 什么是“平顶型”反应，什么是“尖顶型”反应？

3. 工艺路线的改造途径有哪些？

知识拓展

确定化学药物残留溶剂时需要考虑的问题

原料药中有机残留溶剂与其制备工艺密切相关，同时也需要结合其制剂的临床应用特点来考虑如何对可能残留的溶剂进行研究。

原料药制备工艺中可能涉及的残留溶剂主要有三种来源：合成原料或反应溶剂、反应副产物、由合成原料或反应溶剂引入。其中作为合成原料或反应溶剂是最常见的残留溶剂来源，本部分主要对此进行讨论。影响终产物中残留溶剂水平的因素较多，主要有：合成路线的长短，有机溶剂在其中使用的步骤，后续步骤中使用的有机溶剂对之前使用的溶剂的影响，中间体的纯化方法、干燥条件，终产品精制方法和条件等。

（1）合成路线　由于有机化学反应及后处理工艺的复杂性，对于在得到终产物之前的第几步工艺中使用的溶剂可能在终产物中残留不可能有准确定论。但是，一般来说，后面几步中使用的溶剂的残留可能性较大，因此，对于较长路线的工艺，尤其需要关注后几步所使用的各类溶剂。

（2）后续溶剂的影响　后续使用的溶剂对此前使用溶剂的影响是非常复杂的，取决于各溶剂的性质、后续反应中物料状态以及后续步骤除去溶剂的方法等。

（3）中间体的影响　中间体的处理方法、纯化方法和干燥条件等影响中间体的残留溶剂情况，从而影响最终产品的溶剂残留情况。

第4章 影响化学药物合成的因素

4.1 反应物的浓度与配料比

凡反应物分子在碰撞中一步直接转化为生成物分子的反应称为基元反应。凡反应物分子要经过若干步，即若干个基元反应才能转化为生成物的反应，称为非基元反应。基元反应是机理最简单的反应，而且其反应速率的规律性最鲜明。对任何基元反应来说，反应速率总是与它的反应物浓度的乘积成正比的。

按照化学反应进行的过程来看，可分为简单反应和复杂反应两大类。由一个基元反应组成的化学反应称为简单反应，而两个以上基元反应构成的化学反应则称为复杂反应。简单反应在化学动力学上是以反应分子数与反应级数来分类的。复杂反应又分为可逆反应、平行反应和连续反应等。无论是简单反应还是复杂反应，都可以应用质量作用定律来计算浓度和反应速率的关系。

4.1.1 基元反应

如在一个基元反应过程中，只有一分子参与，则称为单分子反应，多数的基元反应为单分子反应。反应速率与反应物浓度的一次方成正比：

$$-\frac{dc}{dt}=Kc$$

属于这一类反应的有热分解反应（如烷烃的裂解），异构化反应（如顺反异构化），分子重排［如贝克曼（Bekmann）重排、联苯胺重排等］以及酮型和烯醇型互变异构等。

4.1.2 二级反应

当两个分子（不论是同类分子或不同类分子）碰撞时相互作用发生的反应称为分子反应，也即二级反应。反应速率与反应物浓度的乘积（相当于二次力）成正比：

$$-\frac{dc}{dt}=Kc_Ac_B$$

在溶液中进行的许多有机化学反应就属于这种类型，如加成反应（羰基的加成、烯烃的加成)、取代反应（饱和碳原子上的取代、芳核上的取代、羰基的取代）和消除反应等。

4.1.3 零级反应

若反应速率与反应物浓度无关，而仅受其他因素影响的为零级反应，其反应速率为常数：

$$-\frac{dc}{dt}=K$$

如某些光化学反应、表面催化反应、电解反应等。它们的反应速率常数与浓度无关，而分别与光强、表面状态及通过的电量有关的这个规律称为质量作用定律。即当温度不变时，反应的瞬间反应速率与直接反应的物质瞬间浓度的乘积成正比，并且每种反应物浓度的指数等于于反应式中各反应物的系数。例如：

$$aA+bB+\cdots\longrightarrow gG+hH+\cdots$$

按质量作用定律，其瞬间反应速率为：$-\frac{dc_A}{dt}=Kc_A^a c_B^b\cdots$或$-\frac{dc_B}{dt}=Kc_A^a c_B^b\cdots$

各浓度项的指数称为级数，所有浓度项的指数的总和称为反应级数。但是，要从质量作用定律正确地判断浓度对反应速率的影响，首先必须确定反应的机理，了解该反应的真实过程。例如，卤代烷在碱性溶液中的水解反应，伯卤代烷的水解反应速率与伯卤代烷的浓度成正比，也与碱浓度成正比。

4.1.4 可逆反应

可逆反应是复杂反应中常见的一种，两个方向相反的反应同时进行。对于正方向的反应和逆方向的反应，质量作用定律都适用。例如，醋酸和乙醇的酯化反应。

$$CH_3COOH+C_2H_5OH \underset{K_2}{\overset{K_1}{\rightleftharpoons}} CH_3COOC_2H_5+H_2O$$

若醋酸和乙醇的最初浓度各为 c_A 及 c_B，经过 t 时间后，生成物醋酸乙酯及水的浓度为 x，则该瞬间醋酸的浓度为 c_A-x，醇的浓度为 c_B-x，按照质量作用定律，该瞬间：

$$正反应速率=K_1(c_A-x)(c_B-x)$$

$$逆反应速率=K_2x^2$$

两速率之差便是总的反应速率：

$$\frac{dx}{dt}=K_1(c_A-x)(c_B-x)-K_2x^2$$

可逆反应的特点是正反应速率随时间逐渐减小，逆反应速率随时间逐渐增大，直到两个反应速率相等，于是反应物和生成物浓度不再随时间而发生变化。对这类反应，可以用移动化学平衡的办法（除去生成物或加入大量的某一反应物）来破坏平衡，以利于正反应的进行，即应用改变浓度来控制反应速率。例如酯化反应，可采用边反应边蒸馏的办法，使酯化生成的水与乙醇和醋酸乙酯形成三元恒沸液（9.0% H_2O，8.4% C_2H_5OH，82.6% $CH_3COOC_2H_5$）蒸出，从而移动化学平衡，提高反应收率。

利用影响化学平衡移动的因素，不仅可以使正、逆反应趋势相差不大的可逆平衡向有利于生产需要的方向移动，即使正、逆反应趋势相差很大，也可利用化学平衡的原理，使可逆反应中处于次要地位的反应上升到主要地位。例如乙醇钠的制备，乙醇和金属钠作用生成乙醇钠，乙醇钠遇水立即分解成氢氧化钠和乙醇。因此，要想用氢氧化钠与乙醇反应来制备乙醇钠，乍看起来是不可能的，但是，既然乙醇钠的水解反应存在可逆平衡，即：

$$C_2H_5ONa+H_2O \rightleftharpoons NaOH+C_2H_5OH$$

尽管在上述平衡混合物中，主要是氢氧化钠和乙醇，乙醇钠存在量极少，也就是说，在这个可逆反应中，乙醇钠水解的趋势远远大于乙醇和氢氧化钠生成乙醇钠的趋势，但若按照化学平衡移动原理，设法将水移去，也可使平衡向左移动，使平衡混合物中乙醇钠的含量增加到一定程度。生产上就是利用苯与水生成共沸混合物不断地将水带出，用氢氧化钠与乙醇制备乙醇钠的乙醇溶液的。

4.1.5 平行反应

平行反应（又称竞争性反应）也是一种复杂反应，即一个反应物系统同时进行几种不同的化学反应。在生产上将所需要的反应称为主反应，其余的称为副反应。这类反应在有机反应中经常遇到，如氯苯的硝化反应：

$$C_6H_5Cl + HNO_3 \xrightarrow{K_1} o\text{-}ClC_6H_4NO_2 + H_2O\ (35\%)$$

$$C_6H_5Cl + HNO_3 \xrightarrow{K_2} p\text{-}ClC_6H_4NO_2 + H_2O\ (65\%)$$

若反应物氯苯的初浓度为 a，硝酸的初浓度为 b，反应 t 时间后，生成邻位和对位硝基氯苯的浓度分别为 x、y，其反应速率分别为$\frac{dx}{dt}$、$\frac{dy}{dt}$，则：

$$\frac{dx}{dt}=K_1(a-x-y)(b-x-y) \tag{1}$$

$$\frac{dy}{dt}=K_2(a-x-y)(b-x-y) \tag{2}$$

反应的总速率为上两式之和：

$$-\frac{dc}{dt}=\frac{dx}{dt}+\frac{dy}{dt}=(K_1+K_2)(a-x-y)(b-x-y)$$

式中，$-\frac{dc}{dt}$表示反应物氯苯或硝酸的消耗速率。若将式（1）、式（2）相除，则得$\frac{dx}{dt}\Big/\frac{dy}{dt}=\frac{K_1}{K_2}$，将此式积分得$\frac{x}{y}=\frac{K_1}{K_2}$。这说明级数相同的平行反应，其反应速率之比为常数，与反应物浓度和时间无关。也就是说，不论反应时间多久，各生成物的比例是一定的。例如上述氯苯在一定条件下硝化，不论在什么时间，测定邻位和对位生成物的比例均为 36∶65＝1.0∶1.8。对于这类反应，显然不能用改变反应物的分子比或反应时间的方法来改变生成物的比例，但可以用温度、溶剂、催化剂等来调节生成物的比例。

在一般情况下，增加反应物的浓度，有助于加快反应速率。从工艺角度上增加反应物浓度，有助于提高设备能力，减少溶剂使用量等。但是，有机反应大多数存在副反应，有时这样做也加速了副反应的进行，所以，应选择适宜的浓度。

例如，在解热镇痛药吡唑酮类的合成中，苯肼与乙酰乙酸乙酯的环合反应：

$$C_6H_5NHNH_2 + CH_3COCH_2COOC_2H_5 \longrightarrow \text{(1-苯基-3-甲基吡唑酮: } H_3C-C{=}CH,\ HN,\ C{=}O,\ N-C_6H_5) + C_2H_5OH + H_2O$$

$$-\frac{dc}{dt}=K[苯肼][乙酰乙酸乙酯]$$

若将苯肼浓度增加较大，会引起2分子苯肼与1分子乙酰乙酸乙酯的缩合反应：

$$2C_6H_5NHNH_2 + CH_3COCH_2COOC_2H_5 \longrightarrow (C_6H_5NHNH)_2C(CH_3)-CH_2COOC_2H_5 + H_2O$$

$$-\frac{dc}{dt}=K[\text{苯肼}][\text{乙酰乙酸乙酯}]$$

因此，苯肼的反应浓度应在较低水平，既要保证主反应的正常进行，又不至引起副反应发生。

4.1.6 合适配料比的选择

有机反应很少是按理论值定量完成的，这是由于有些反应是可逆的、动态平衡的，有些反应不是单纯的，而同时有平行或串联的副反应存在，此外还有其他因素等。因此，需要采取各种措施。如增加某一物料的用量来提高产物的生成率。合适的配料比，在一定条件下，能得到最恰当的反应物的组成。配料比的关系，也就是物料的浓度关系，一般可以根据以下几个方面来考虑。

(1) 凡属可逆反应，可采取增加反应物之一的浓度（即增加其配料比），或从反应系统中不断移走生成物的办法，以提高反应速率和增加产物的收率。

(2) 当反应生成物的生成量取决于反应液中某一反应物的浓度时，则应增加其配比。最适宜的配比，是在收率较高，同时又能节约原料（即降低单耗）的某一范围内。例如在磺胺的合成中，乙酰苯胺（退热水）的氯磺化反应产物对乙酰氨基苯磺酰氯（简称ASC）的收率，取决于反应液中氯磺酸与硫酸两者浓度的比例关系，如图4-1所示。

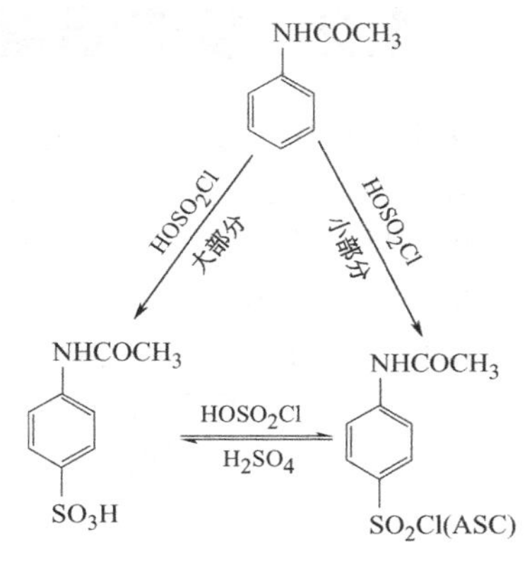

图4-1 氯磺酸与硫酸两者浓度的比例关系

氯磺酸的用量越多，则与硫酸的浓度比越大，对于ASC的生成越有利。例如乙酰苯胺与氯磺酸投料的分子比为1.0∶4.8时，ASC的收率为84%，当分子比为1.0∶7时，则收率可达87%。考虑到氯磺酸的有效利用率以及经济核算，生产上采用了较为经济合理的配比，即1.0∶(4.5～5.0)。

(3) 倘若反应中，有一反应物不稳定，则需增加其用量，以保证有足够的量参与主反应，例如合成苯巴比妥的最后一步缩合反应，系由苯基乙基丙二酸二乙酯与尿素缩合。

$$(C_6H_5)(C_2H_5)C(COOC_2H_5)_2 + (NH_2)_2CO \longrightarrow (C_6H_5)(C_2H_5)C\langle(CO-NH)_2\rangle CO$$

由于尿素在碱性条件下加热极易分解，所以必须使用过量的尿素。

(4) 当参与主、副反应的反应物不尽相同时，应利用这一差异，增加某一反应物用量，以加强主反应的竞争能力。例如氟哌啶醇中间体4-对氯苯基-1,2,5,6-四氢吡啶，可由对氯-α-甲基苯乙烯与甲醛、氯化铵作用生成噁嗪中间体，再经酸性重排而得。

$$Cl-C_6H_4-C(=CH_2)CH_3 \xrightarrow{CH_2O, NH_4Cl} \text{噁嗪中间体} \xrightarrow{H^+} Cl-C_6H_4-\text{(四氢吡啶)NH}$$

这个反应的副反应之一是对氯-α-甲基苯乙烯与甲醛反应，生成1,3-二氧六环化合物。这个副反应可看作是主反应的一个平行反应；为了抑制此副反应，可适当增加氯化铵的用量，目前生产上氯化铵的用量超过理论量的100%。

$$Cl-C_6H_4-C(=CH_2)CH_3 + 2CH_2O \longrightarrow Cl-C_6H_4-(\text{1,3-二噁烷})-CH_3$$

(5) 为防止连续反应（副反应）的产生，有些反应物的配料比宜小于理论量，使反应进行到一定程度后，停止下来。例如乙苯合成：

$$C_6H_6 \xrightarrow[AlCl_3]{CH_2=CH_2} C_6H_5C_2H_5 \xrightarrow{CH_2=CH_2} C_6H_4(C_2H_5)_2 \xrightarrow{nCH_2=CH_2} C_6H_{6-n}(C_2H_5)_n$$

在三氯化铝的催化下，将乙烯通入苯中制得乙苯。所得乙苯由于乙基的供电子性能，使苯环更为活泼，极易引进第二个乙基。如不控制乙烯通入量，势必产生二乙苯或多乙苯。所以生产上一般控制乙烯与苯的配比为 0.4∶1.0 左右，这样乙苯收率较高，而过量的苯可以回收、循环套用。

4.2 反应温度

化学反应中分子需要活化后才能转化。阿仑尼乌斯（Arrhenius）反应速率方程式，即 $K=Ae^{-E/RT}$ 的反应速率 K 可以分解为频率因子 A 和指数因子 $e^{-E/RT}$。指数因子 $e^{-E/RT}$ 一般是控制反应速率的主要因素。指数因子的核心是活化能 E，而温度 T 的变化，也使指数因子变化而导致 K 值的变化。E 值反映温度对速率常数影响的大小。E 值很大时，升高温度，K 值增大显著。若 E 值较小时，升高温度，K 值增大并不显著。

温度升高，一般都可以使反应速率加快，例如对硝基氯苯与乙醇钠于无水乙醚中生成对硝基苯乙醚的反应，温度升高，K 值增加，见表 4-1。

$$p\text{-}ClC_6H_4NO_2 + NaOC_2H_5 \xrightarrow{C_2H_5OH} p\text{-}C_2H_5OC_6H_4NO_2 + NaCl$$

表 4-1　反应温度对反应速率常数的影响

温度 T/℃	60	70	80	90	100
K/[L/(mol·h)]	0.120	0.303	0.760	1.82	5.20

根据大量实验归纳总结得到一个近似规则，即反应温度每升高 10℃，反应速率大约增加 1～2 倍。温度对速率的影响是复杂的，归纳起来有四种类型，如图 4-2 所示。

第Ⅰ种类型，反应速率随温度的升高而逐渐加快，它们之间是指数关系，这类反应是最常见的，可以应用阿仑尼乌斯公式 $\ln K=\frac{-E}{RT}+\ln A$ 求出反应速率的温度系数与活化能之间的关系。第Ⅱ类属于有爆炸极限的化学反应，这类反应开始时温度影响很小，当达到一定温度极限时，反应即以爆炸速率进行，阿仑尼乌斯公式就不适用了。第Ⅲ类是酶反应及催化加氢反应，即在温度不高的条件下，反应速率随温度增高而加速，达到某一温度以后，再升高温度，反应速率反而下降。这是由于高温对催化剂的性能有着不利的影响。第Ⅳ类是反常的，温度升高，反应速率反而下降，显然阿仑尼乌斯反应公式也就不适用了。如硝酸生产中的一氧化氮的氧化反应，就同于这类反应。

必须指出，温度对化学平衡的关系式为：

$$\lg K=\frac{-\Delta H}{2.303RT}+C$$

式中，R 为气体常数；T 为反应温度；ΔH 为热效应；C 为常数；K 为平衡常数。

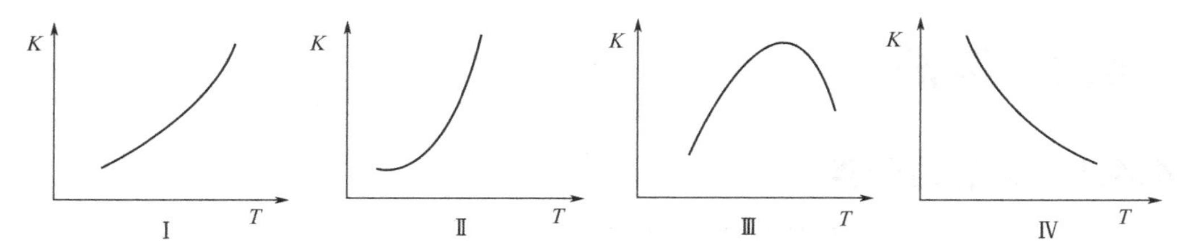

图 4-2 不同反应类型中温度对反应速率的影响

Ⅰ—一般反应；Ⅱ—爆炸反应；Ⅲ—催化加氢或酶反应；Ⅳ—反常反应

从上式看出，若 ΔH 为负值时，为放热反应，温度升高，K 值减小。对于这类反应，一般说来降低反应温度有利于反应的进行。反之，若 ΔH 为正值时，即吸热反应，温度升高，K 值增大，也就是升高温度对反应有利。

但是放热反应，也需要一定的活化能，即需要先加热到一定温度后才能开始反应。因此，应该结合该化学反应的热效应（反应热、稀释热和溶解热等）和反应速率常数等数据加以考虑，找出最适宜的反应温度。反应温度升高，反应速率相应增大，在高温下不利于副反应的进行。因此反应温度应尽快提高到所需要的温度，而不宜缓缓加热。

4.3 压力

多数反应是在常压下进行的，但有时反应要在加压下进行才能提高产率。

压力对于液相反应影响不大，而对气相或气-液相反应的平衡影响比较显著。压力对于理论产率的影响，依赖于反应前后体积或分子数的变化，如果一个反应的结果使体积增加（即分子数增加），那么，加压对产物生成不利。反之，如果一个反应的结果使体积缩小，则加压对产物的生成有利。可由下列公式看出：

$$K_p=k_N p^{\Delta\nu}$$

式中，K_p 为用压力表示的平衡常数；k_N 为用克分子数表示的平衡常数；$\Delta\nu$ 为反应过程中分子数的增加（或体积的增加）。

理论产率决定于 k_N，并随 k_N 增加而增大。当反应体系的平衡压力 p 增大时，$p^{\Delta\nu}$的值视 $\Delta\nu$ 的值而定。如果 $\Delta\nu<0$，p 增大后，则 $p^{\Delta\nu}$减小。因为 K_p 不变，k_N 如保持原来值就不能维持平衡，所以当压力增高时，k_N 必然增加，因此加压有利。或者说，加压使平衡向体积减小或分子数减小的方向移动。如果 $\Delta\nu>0$，则正好相反，加压将使平衡向反应物方向移动，因此，加压对反应不利。这类反应应该在常压甚至在减压下进行。如果 $\Delta\nu=0$，反应前后体积或分子数无变化，则压力对理论产率无影响。在甲醇的合成反应中，反应时，体积或分子数减少。在常压、350℃时，甲醇的理论产率 $a\cong 10^{-5}$，这说明常压下这个反应无实际意义。但若将压力增大到 300atm（1atm＝101325Pa），则甲醇产率能达 40％，从而使原来可能性不大的反应转变为可能性较大的反应。

$$CO+2H_2 \rightleftharpoons CH_3OH,\quad \Delta\nu=1-(2+1)=-2$$

除上述压力对化学平衡的影响以外，尚有其他因素，如氢化氧化反应中加压能增加氢气在溶液中的溶解度和催化剂表面上氢的浓度，从而促进反应的进行，另外如需要较高温度的液相反应，所需反应温度已超过反应物或溶剂的沸点，也可以在加压下进行，以提高反应温度，缩短反应时间。例如在合成磺胺嘧啶（DMF 路线）时，缩合反应是在甲醇中进行的，它在常压下反应，需要 12h 才能完成；而在 3kgf/cm^2（1kgf/cm^2＝98066.5Pa）压力下进行 2h，即可使反应完全。

4.4 溶剂

4.4.1 溶剂的分类

溶剂一般可分为质子性溶剂和非质子性溶剂两大类。

质子性溶剂，如水、酸、醇等含有易取代氢原子，可与含阴离子的反应物发生氢键结合，产生溶剂化作用，也可与阳离子的孤对电子对进行配价，或与中性分子中的氧原子（或氮原子）形成氢键，或由于偶极矩的相互作用而产生溶剂化作用。

质子性溶剂有水、醇类、醋酸、硫酸、多聚磷酸、氢氟酸-三氟化锑（$HF-SbF_3$）、氟磺酸-三氟化锑（FSO_3H-SbF_3）、三氟醋酸（F_3CCOOH）以及氨或胺类化合物。

非质子性溶剂不含有易取代的氢原子，主要是靠偶极矩或范德华力的相互作用而产生溶剂化作用。介电常数（D）和偶极矩（μ）小的溶剂，其溶剂化作用亦小，一般以介电常数在 15 以上的称为极性溶剂，15 以下的称为非极性溶剂或惰性溶剂。

非质子性极性溶剂有醚类（乙醚、四氢呋喃、二氧六环等）、卤素化合物（氯甲烷、氯仿、二氯乙烷、四氯化碳等）、酮类（丙酮、甲乙酮等）、硝基烷类（硝基甲烷）、苯系物（苯、甲苯、二甲苯、氯苯、硝基苯等）、吡啶、乙腈、喹啉、亚砜类［二甲基亚砜（DMSO）］和酰胺类［甲酰胺、二甲基甲酰胺（DMF）、*N*-甲基乙酰胺（DMAA）、六甲基磷酰胺（HMPA）等］。

惰性溶剂一般指脂肪烃类化合物，常用的是正己烷、环己烷、庚烷和各种沸程的石油醚。

在药物合成中，绝大部分的反应都是在溶剂中进行的。溶剂可以帮助反应散热或传热，并使反应分子能够均匀地分布，以增加分子碰撞和接触机会；从而加速反应进程。同时溶剂也可直接影响反应速率、反应方向、反应深度、产物构型等。因此，在药物合成中，对溶剂的选择与使用也是一项重要课题。

4.4.2 溶剂对药物合成反应的影响

溶剂对反应影响的原因非常复杂，目前还不能从理论上十分可靠地找出某反应最适合的溶剂，常常根据实验结果确定。

4.4.2.1 溶剂对于反应速率的影响

有机反应按其机理来说，大体上可分成两大类：一类是游离基反应；另一类是离子型反应。在游离基反应中，溶剂对反应并无显著的影响，然而在离子型反应中，溶剂对反应的影响常是很大的。

在下列溶剂中反应速率的次序为：$C_2H_4Cl_2 > CHCl_3 > C_6H_6$，此三种溶剂的介电常数 D（20℃）分别为 10.7、5.0、2.28。这是由于离子或极性分子处于极性溶剂中时，在溶质和溶剂之间能通过静电引力而发生溶剂化作用。在溶剂化过程中，物质放出热量而降低位能。一般说来，如果反应过渡状态（活化络合物）比反应物更容易发生溶剂化，那么，随着反应产物或活化络合物位能的下降 ΔH，反应活化能也降低 ΔH，故反应加速。溶剂的极性越大，对反应越有利；反之，如果反应物更容易发生溶剂化，则反应物的位能降低 ΔH，相当于活化能增高 ΔH，于是反应速率降低，如图 4-3 所示。

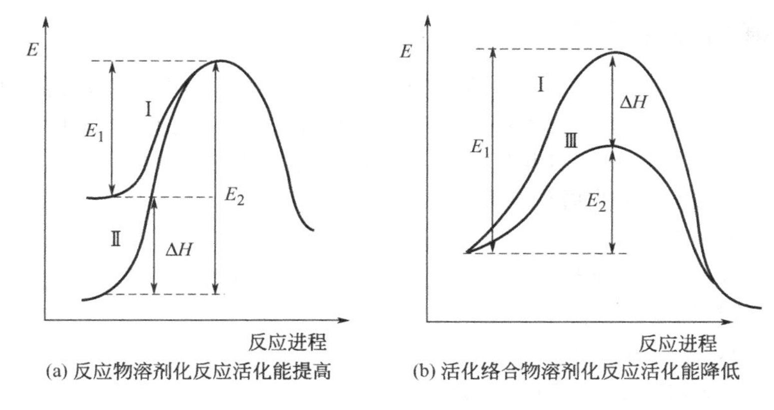

(a) 反应物溶剂化反应活化能提高　(b) 活化络合物溶剂化反应活化能降低

图 4-3　溶剂化与活化能的关系示意图

溶剂化效应的典型例子有下列两个反应：①碘乙烷与三乙胺的反应是形成离子的反应，所以在极性溶剂硝基苯中的反应速率大大超过在非极性溶液正己烷中的反应速率。②在乙酐与乙醇的反应中，由于反应物的极性大于生成物，所以在极性溶剂中的反应速率反而不及非极性溶剂中的大，见表 4-2。

表 4-2　反应在不同溶剂中的反应速率

溶剂	$C_2H_5I+N(C_2H_5)_3$(100℃)	$C_2H_5OH+(CH_3CO)_2O$(50℃)
n-C_6H_{14}	0.00018	0.0119
C_6H_6	0.0058	0.0046
C_6H_5Cl	0.023	0.0053
p-CH_3O-C_6H_5	0.040	0.0029
$C_6H_5NO_2$	70.1	0.0024

4.4.2.2　溶剂对于反应方向的影响

溶剂对于反应方向的影响可用以下两个例子说明。

(1) 甲苯与溴进行溴化时，取代反应发生在苯环上还是在侧链上，可用不同极性的溶剂来控制。

(2) 苯酚与乙酰氯进行 Friedel-Crafts 反应，在硝基苯溶剂中，产物主要是对位取代物。若在二硫化碳中反应，产物主要是邻位取代物。

PhOH —($CH_3COCl/AlCl_3$)→ CS_2：邻羟基苯乙酮（OH, $COCH_3$ 邻位）；$PhNO_2$：对羟基苯乙酮（H_3C–CO–C_6H_4–OH）

4.4.2.3　溶剂对产品构型的影响

由于溶剂极性不同，有的反应产物中顺反异构体的比例也不同。例如 Wittig 反应：

$$PhCHO+Ph_3P{=}CHCH_2CH_3 \longrightarrow \underset{\text{顺式}}{Ph\text{–}CH{=}CH\text{–}CH_2CH_3} + \underset{\text{反式}}{Ph\text{–}CH{=}CH\text{–}CH_2CH_3} + Ph_3P{=}O$$

控制反应的溶剂和温度可以使某种构型的产物成为主要产物。实验表明，当反应在非极性溶剂中进行时，有利于反式异构体的生成；在极性溶剂中进行时，则有利于顺式异构体的生成。

4.4.3 重结晶用溶剂

固体有机物在溶剂中的溶解度与温度有密切关系。一般是温度升高，溶解度增大。利用溶剂对被提纯物质及杂质的溶解度不同，可以使被提纯物质从过饱和溶液中析出，而让杂质全部或大部分仍留在溶液中，或者相反，从而达到分离、提纯之目的。

4.4.3.1 结晶和重结晶的操作步骤

结晶和重结晶包括以下几个主要操作步骤：

① 将需要纯化的化学试剂溶解于沸腾或将近沸腾的适宜溶剂中；

② 将热溶液趁热抽滤，以除去不溶的杂质；

③ 将滤液冷却，使结晶析出；

④ 滤出结晶，必要时用适宜的溶剂洗涤结晶。

4.4.3.2 溶剂的选择依据

在结晶和重结晶纯化化学试剂的操作过程中，溶剂的选择是关系到纯化质量和回收率的关键问题。选择适宜的溶剂时应注意以下几个方面的问题：

(1) 选择的溶剂应不与欲纯化的化学试剂发生化学反应。例如脂肪族卤代烃类化合物不宜用作碱性化合物结晶和重结晶的溶剂；醇类化合物不宜用作酯类化合物结晶和重结晶的溶剂，也不宜用作氨基酸盐酸盐结晶和重结晶的溶剂。

(2) 选择的溶剂对欲纯化的化学试剂在较高温度时应具有较大的溶解能力，而在较低温度时对欲纯化的化学试剂的溶解能力大大减小。

(3) 选择的溶剂对欲纯化的化学试剂中可能存在的杂质或是溶解度甚大，在欲纯化的化学试剂结晶和重结晶时留在母液中，不随晶体一同析出；或是溶解度甚小，在欲纯化的化学试剂加热溶解时，很少在热溶剂中溶解，在热过滤时被除去。

(4) 选择的溶剂沸点不宜太高，以免该溶剂在结晶和重结晶时附着在晶体表面不容易除尽。

用于结晶和重结晶的常用溶剂有水、甲醇、乙醇、异丙醇、丙酮、乙酸乙酯、氯仿、冰醋酸、二氧六环、四氯化碳、苯、石油醚等。此外，甲苯、硝基甲烷、乙醚、二甲基甲酰胺、二甲基亚砜等也常使用。

二甲基甲酰胺和二甲基亚砜的溶解能力大，当找不到其他适用的溶剂时，可以试用。但往往不易从溶剂中析出结晶，且沸点较高，晶体上吸附的溶剂不易除去，是其缺点。乙醚虽是常用的溶剂，但是若有其他适用的溶剂时，最好不用乙醚，因为一方面由于乙醚易燃、易爆，使用时危险性特别大，应特别小心；另一方面由于乙醚易沿壁爬行挥发而使欲纯化的化学试剂在瓶壁上析出，以致影响结晶的纯度。

在选择溶剂时必须了解欲纯化的化学试剂的结构，因为溶质往往易溶于与其结构相近的溶剂中——“相似相溶”原理。极性物质易溶于极性溶剂，而难溶于非极性溶剂中；相反，非极性物质易溶于非极性溶剂，而难溶于极性溶剂中。这个溶解度的规律对实验工作有一定的指导作用。例如，欲纯化的化学试剂是个非极性化合物，实验中已知其在异丙醇中的溶解度太小，异丙醇不宜作其结晶和重结晶的溶剂，这时一般不必用实验极性更强的溶剂，如甲醇、水等，应用实验极性较小的溶剂，如丙酮、二氧六环、苯、石油醚等。适用溶剂的最终选择，只能用实验的方法来决定。

若不能选择出一种单一的溶剂对欲纯化的化学试剂进行结晶和重结晶，则可应用混合溶剂。混合溶剂一般是由两种可以任何比例互溶的溶剂组成，其中一种溶剂较易溶解欲纯化的化学试剂，另一种溶剂较难溶解欲纯化的化学试剂。一般常用的混合溶剂有：乙醇和水、乙醇和乙醚、乙醇和丙酮、乙醇和氯仿、二氧六环和水、乙醚和石油醚、氯仿和石油醚等，最佳复合溶剂的选择必须通过预实验来确定。

结晶溶剂选择的一般原则为：对欲分离的成分加热时溶解度大，冷却时溶解度小；对杂质冷、热都不溶或冷、热都易溶；沸点要适当，不宜过高或过低，如乙醚就不宜用；利用物质与杂质在不同的溶剂中的溶解度差异选择溶剂。

4.4.3.3　溶剂的选择原则和经验

（1）常用溶剂　DMF、氯苯、二甲苯、甲苯、乙腈、乙醇、THF、氯仿、乙酸乙酯、环己烷、丁酮、丙酮、石油醚。

（2）比较常用溶剂　DMSO、六甲基磷酰胺、*N*-甲基吡咯烷酮、苯、环己酮、丁酮、二氯苯、吡啶、乙酸、二氧六环、乙二醇单甲醚、1,2-二氯乙烷、乙醚、正辛烷。药物合成过程中常用的溶剂见表4-3。

表4-3　药物合成过程中常用的溶剂

化合物名称	极性	黏度/cP	沸点/℃	吸收波长/nm
i-pentane(异戊烷)	0	—	30	—
n-pentane(正戊烷)	0	0.23	36	210
petroleum ether(石油醚)	0.01	0.3	30～60	210
hexane(己烷)	0.06	0.33	69	210
cyclohexane(环己烷)	0.1	1	81	210
isooctane(异辛烷)	0.1	0.53	99	210
trifluoroacetic acid(三氟乙酸)	0.1	—	72	—
trimethylpentane(三甲基戊烷)	0.1	0.47	99	215
cyclopentane(环戊烷)	0.2	0.47	49	210
n-heptane(庚烷)	0.2	0.41	98	200
butyl chloride(丁基氯；丁酰氯)	1	0.46	78	220
trichloroethylene(三氯乙烯；乙炔化三氯)	1	0.57	87	273
carbon tetrachloride(四氯化碳)	1.6	0.97	77	265
trichlorotrifluoroethane(三氯三氟代乙烷)	1.9	0.71	48	231
i-propyl ether(丙基醚；丙醚)	2.4	0.37	68	220
toluene(甲苯)	2.4	0.59	111	285
p-xylene(对二甲苯)	2.5	0.65	138	290
chlorobenzene(氯苯)	2.7	0.8	132	—
o-dichlorobenzene(邻二氯苯)	2.7	1.33	180	295
ethyl ether(二乙醚；醚)	2.9	0.23	35	220
benzene(苯)	3	0.65	80	280
isobutyl alcohol(异丁醇)	3	4.7	108	220
methylene chloride(二氯甲烷)	3.4	0.44	240	245
ethylene dichloride(二氯化乙烯)	3.5	0.78	84	228
n-butanol(正丁醇)	3.7	2.95	117	210
n-butyl acetate(醋酸丁酯;乙酸丁酯)	4	—	126	254
n-propanol(丙醇)	4	2.27	98	210
methyl isobutyl ketone(甲基异丁酮)	4.2	—	119	330
tetrahydrofuran(四氢呋喃)	4.2	0.55	66	220
ethyl acetate(乙酸乙酯)	4.30	0.45	77	260
i-propanol(异丙醇)	4.3	2.37	82	210
chloroform(氯仿)	4.4	0.57	61	245
methyl ethyl ketone(甲基乙基酮)	4.5	0.43	80	330
dioxane(二噁烷;二氧六环;二氧杂环己烷)	4.8	1.54	102	220
pyridine(吡啶)	5.3	0.97	115	305
acetone(丙酮)	5.4	0.32	57	330
nitromethane(硝基甲烷)	6	0.67	101	330
acetic acid(乙酸)	6.2	1.28	118	230
acetonitrile(乙腈)	6.2	0.37	82	210

续表

化合物名称	极性	黏度/cP	沸点/℃	吸收波长/nm
aniline(苯胺)	6.3	4.4	184	—
dimethyl formamide(二甲基甲酰胺)	6.4	0.92	153	270
methanol(甲醇)	6.6	0.6	65	210
ethylene glycol(乙二醇)	6.9	19.9	197	210
dimethyl sulfoxide(二甲基亚砜;DMSO)	7.2	2.24	189	268
water(水)	10.2	1	100	268

注：1cP=10^{-3}Pa·s。

(3) 一个好的溶剂在沸点附近对待结晶物质溶解度高而在低温下溶解度又很小。DMF、苯、二氧六环、环己烷在低温下接近凝固点，溶解能力很差，是理想溶剂。乙腈、氯苯、二甲苯、甲苯、丁酮、乙醇也是理想溶剂。

(4) 溶剂的沸点最好比被结晶物质的熔点低50℃，否则易产生溶质液化分层现象。

(5) 溶剂的沸点越高，沸腾时溶解力越强，对于高熔点物质，最好选高沸点溶剂。

(6) 含有羟基、氨基而且熔点不太高的物质尽量不选择含氧溶剂。因为溶质与溶剂形成分子间氢键后很难析出。

(7) 含有氧、氮的物质尽量不选择醇作溶剂，因为溶质与溶剂形成分子间氢键后很难析出。

(8) 溶质和溶剂极性不要相差太悬殊。极性顺序：水>甲酸>甲醇>乙酸>乙醇>异丙醇>乙腈>DMSO>DMF>丙酮>HMPA>二氯甲烷>吡啶>氯仿>氯苯>THF>二氧六环>乙醚>苯>甲苯>四氯化碳>正辛烷>石油醚>环己烷。

4.5 催化剂

催化剂能改变反应速率，同时也能提高反应的选择性，降低副反应的速率，少生成副产物，但它不能改变化学平衡。在药物合成中估计有80%～85%的化学反应需要应用催化剂，如在氢化、去氢、氧化、脱水、脱卤、缩合等反应中几乎都使用催化剂。又如酸碱催化反应、酶催化反应等也都广泛应用于化学工业中。

4.5.1 催化作用的基本特征

某一种物质在化学反应系统中，能改变化学反应速率而本身在反应前后化学性质并无变化，则称这种物质为催化剂（工业上又称触媒）。有催化剂参与的反应称为催化反应。

当催化剂的作用是加快反应速率时，称为正催化作用；减慢反应速率时称为负催化作用。负催化作用的应用比较少，如有一些易分解或易氧化的中间体或药物，在后处理或贮藏过程中为防止变质失效，可加入负催化剂以增加药物的稳定性。

在某些反应中，反应产物本身即具有加速反应的作用，称为自动催化作用，如游离基反应或反应中产生过氧化合物中间体的反应都属于这一类。

对于催化作用的机理，至今还不很清楚，它的特性大致可以归纳为以下两点。

(1) 催化剂能使反应活化能降低，因而反应速率增大，没有催化剂时的活化能大大超过用催化剂时的活化能。在没有催化剂时很难进行，而在有催化剂时，反应速率加快而且顺利，甚至在室温时就能发生。催化剂只能改变反应速率，它的作用是缩短到达平衡的时间，而不能改变化学平衡。就整个反应来说，有催化剂或没有催化剂参加，其开始状态与最终状态相同。无催化剂，反应也能进行，而且也能达到同样的平衡。催化剂只是加快了反应的速率。

反应的速率常数与平衡常数的关系为 $K=k_{正}/k_{逆}$。催化剂对正反应的速率常数 $k_{正}$ 与逆反应的速率常数 $k_{逆}$ 产生同样的影响，所以对正方向反应的优良催化剂，也应是逆反应的催化剂。

(2) 催化剂具有特殊的选择性，主要表现在两个方面。一是不同类型的化学反应，各有其适宜的催化剂。例如加氢反应的催化剂有铂、钯、镍等，氧化反应的催化剂有五氧化二钒、二氧化锰、三氧化钼等，脱水反应的催化剂有氧化铝、硅胶等。二是对于同样的反应物系统，应用不同的催化剂，可以获得不同的产物。例如用乙醇为原料，使用不同的催化剂，在不同温度条件下，可以得到几种完全不同的产物，如图 4-4 所示。

$$C_2H_5OH \begin{cases} \xrightarrow[350\sim360℃]{Al_2O_3} H_2C=CH_2 + H_2O \\ \xrightarrow[200\sim250℃]{Cu} CH_3CHO + H_2 \\ \xrightarrow[140℃]{H_2SO_4} C_2H_5OC_2H_5 + H_2O \\ \xrightarrow[400\sim500℃]{ZnO\cdot Cr_2O_3} H_2C=CH-CH=CH_2 + H_2O + H_2 \end{cases}$$

图 4-4　不同催化剂的催化效果不同

这些反应都是热力学上可能的，各个催化剂在其特定的条件下只是加速了某一反应。

4.5.2　催化剂的活性与影响活性的因素

催化剂的活性就是催化剂的催化能力，它是评价催化剂好坏的重要指标。在工业上，常用单位时间内的单位质量（或单位表面积）的催化剂在指定条件下所得的产品量来表示。例如，在接触法生产硫酸时，24h 生产 1t 硫酸需要催化剂 100kg，则活性 A 为：

$$A=\frac{1\times1000}{100\times24}=0.42\text{kg 硫酸/(kg 催化剂}\cdot\text{h)}$$

影响催化剂活性的因素较多，主要有如下几点。

(1) 温度　温度对催化剂活性影响很大，温度太低时，催化剂的活性很小，反应速率很慢，随着温度升高，反应速率逐渐增大，但达到最大速率后，又开始降低。所以，绝大多数催化剂都有其活性温度范围；温度过高，易使催化剂烧结而破坏其活性，最适宜的温度要通过实验来确定。

(2) 助催化剂或促进剂　在制备催化剂时，往往加入少量物质（一般少于催化剂用量的10%），这种物质本身对反应的活性很小，但它却能显著提高催化剂的活性、稳定性或选择性。例如，在合成氨的铁催化剂中，加入 45% Al_2O_3、1%～2% K_2O 和 1% CuO 等作为助催化剂，虽然 Al_2O_3 等本身对氨合成无催化作用，但可使铁催化剂活性显著提高。又如苯甲醛用铂催化氢化成苯甲醇时，加入 0.00001mol 的三氯化铁可加速反应。

(3) 载体或担体　在大多数情况下，常常把催化剂负载于某种惰性物质上，这种惰性物质称为载体。常用的载体有石棉、活性炭、硅藻土、氧化铝、硅酸等。例如对硝基乙苯空气氧化制备对硝基苯乙酮，所用催化剂为硬脂酸钴，载体为碳酸钙。

使用载体可以使催化剂分散，从而使有效面积增大，既可提高其活性，又可节约其用量，同时还可增加催化剂的机械强度，防止其活性组分在高温下发生熔结现象，影响其使用寿命。

(4) 催化毒物　对于催化剂的活性有抑制作用的物质，叫做“催化毒物”或“催化抑制剂”。有些催化剂对于毒物非常敏感，微量的催化毒物即可使催化剂的活性减小甚至消失。毒化现象，有的是由于反应物中含有的杂物如硫、磷、醇、硫化氢、砷化氢（AsH_3）、磷化氢（PH_3）及一些含氧化合物如一氧化碳、二氧化碳、水等所产生的；有的是由于反应中的生成物或分解物所产生的。毒化现象有时表现为部分催化剂的活性消失。

4.5.3 药物合成中常用的酸碱催化剂

酸碱催化是指在溶液中的均相酸碱催化反应。例如淀粉的水解、缩醛的形成及水解、贝克曼重排等都是以酸为催化剂的。又如醇醛缩合、坎尼扎罗（Cannizarro）反应等则是以碱为催化剂的。另外如脂的水解、酰胺和腈的水解以及葡萄糖的消旋反应等，既可用酸也可用碱为催化剂。由此可见，酸碱催化反应在有机合成的应用上很重要。

根据各类反应的不同特点，选择不同的酸碱催化剂。常用的酸性催化剂有：无机酸，如盐酸、氢溴酸、氢碘酸、硫酸、磷酸等；弱碱强酸盐类，如氯化铵、吡啶盐酸盐等；有机酸，如对甲苯磺酸、草酸、磺基水杨酸等。无机酸中，盐酸的酸性最弱，所以醚键的断裂常需用氢溴酸（HBr）或氢碘酸（HI）；硫酸也是常用的，但浓硫酸常伴有脱水和氧化的副作用，选用时应注意。对甲苯磺酸因性能较温和，副反应较少，常为生产上所采用。

卤化物作为路易斯酸类催化剂，应用较多的有三氯化铝（$AlCl_3$）、二氯化锌（$ZnCl_2$）、三氯化铁（$FeCl_3$）、四氯化锡（$SnCl_4$）和三氟化硼（BF_3）。这类催化剂常在无水条件下进行。

碱性催化剂的种类很多，常用的有：金属氢氧化物、金属氧化物、弱酸强碱盐类、有机碱、醇钠、氨基钠和金属有机化合物等。

常用的金属氢氧化物，一般有氢氧化钠、氢氧化钾、氢氧化钙。弱酸强碱盐有碳酸钠、碳酸钾、碳酸氢钠及醋酸钠等。有机碱常用的有吡啶、甲基吡啶、三甲基吡啶、三乙胺和二甲基苯胺等。

醇钠是常用的碱性催化剂，如甲醇钠、乙醇钠、叔丁醇钠等。在醇钠中以叔醇的催化能力最强，伯醇最弱。某些不能被乙醇钠所催化的反应，有时可以被叔丁醇钠所催化。氨基钠的碱性比醇钠强，催化能力也较醇钠强。

有机金属化合物用得最多的有三苯甲基钠、2,4,6-三甲基苯钠、苯基钠、苯基锂、丁基锂，它们的碱性更强，而且与活泼性氢化合物作用时，往往是不可逆的，这类化合物常可加入少量的铜盐来提高催化能力。

此外，在酸碱催化中，为了便于使产品从反应物系中分离出来，可采用强酸型阳离子交换树脂或强碱型阴离子交换树脂（固体催化剂）来代替酸或碱，反应完成以后，很易于将离子交换树脂分离除去，液体经处理得反应产物，整个过程操作方便，并且易于实现连续化和自动化。

4.6 搅拌

搅拌是使两个或两个以上的反应物获得亲密接触机会的重要措施。在化学制药工业中，搅拌很重要。通过搅拌，可以帮助传质和传热，增加反应物之间接触的机会，从而加速反应，缩短反应时间，同时避免或减少局部浓度过大或局部温度过高引起的某些副反应。搅拌是影响反应条件的主要因素之一。搅拌对互不相溶的液-液相反应、液-固相反应、固-固相反应（熔融反应）以及固-液-气三相反应等特别重要。在结晶、萃取等物理过程中，搅拌也很重要。

不同的反应要求不同的搅拌形式和搅拌速度，实验室和工业化生产对搅拌的要求也不一样。实验室由于规模很小，搅拌的控制一般不成问题，工业化生产中随着规模的扩大，搅拌成为必须解决的重要课题，而且工业化搅拌不易在实验室研究，须在中试车间或生产车间解决。若反应过程中反应物越来越黏稠，则搅拌器型式的选择颇为重要。有些反应一经开始，必须连续搅拌，不能停止，否则很容易发生安全事故或生产事故。如乙苯硝化时，混酸是在搅拌下加入乙苯中的，因二者互不相溶，故搅拌效果关系很大，若突然停止搅拌，会造成安全事故。又如抗生素发酵也不能停止搅拌，否则将造成生产事故。

4.6.1 搅拌的目的

在搅拌釜式反应器中，搅拌的目的大致有以下几种。

(1) 均相液体的混合 通过搅拌使反应釜中的互溶液体达到分子规模的均匀程度。

(2) 液-液分散 把不相溶的两种液体混合起来，使其中的一相液体以微小的液滴均匀分散到整个液相中，被分散的一相为分散相，另一相为连续相。被分散的液滴越小，两相接触面积越大。

(3) 气-液相分散 在气、液接触过程中，搅拌器把大气泡打碎成微小气泡并使之均匀分散到整个液相中，以增大气、液接触面积。另一方面，搅拌还造成液相的剧烈湍动，以降低液膜的传质阻力。

(4) 固-液分散 即让固体颗粒悬浮于液体中。例如硝基物的液相加氢还原反应，一般以骨架镍为固体催化剂，反应时需要把固体颗粒催化剂悬浮于液体中，才能使反应顺利进行。

(5) 固体溶解 当反应物之一为固体而溶于液体时，固体颗粒需要悬浮于液体之中。搅拌可加强固-液间的传质，以促进固体溶解。

(6) 强化传热 有些物理或化学过程对传热有很高的要求，或需要消除釜内的温度差，或需要提高釜内壁的给热系数，搅拌可以达到上述强化传热的要求。

4.6.2 搅拌的要求

(1) 加入到反应釜中的物料能很快且良好地分布到反应釜的整个物料之中。

(2) 反应釜中的物料混合要充分，没有死角，任何一处的浓度均应相等。对于某些快速复杂反应可以防止局部浓度过高，使副反应增加，从而导致选择性降低。

(3) 反应釜内物料侧的给热系数要求足够大，从而使反应热可以及时移出或使反应需要的热量及时传入。

(4) 如果反应受传质速率的控制，通过搅拌的作用可以使传质速率达到适合的数值。

4.6.3 搅拌器的类型

(1) 旋桨式搅拌器 由2～3片推进式螺旋桨叶构成，工作转速较高，叶片外缘的圆周速度一般为5～15m/s。旋桨式搅拌器主要造成轴向液流，产生较大的循环量，适用于搅拌低黏度（<2Pa·s）液体、乳浊液及固体微粒含量低于10%的悬浮液。搅拌器的转轴也可水平或斜向插入槽内，此时液流的循环回路不对称，可增加湍动，防止液面凹陷。

(2) 涡轮式搅拌器 由在水平圆盘上安装2～4片平直的或弯曲的叶片所构成。桨叶的外径、宽度与高度的比例，一般为20∶5∶4，圆周速度一般为3～8m/s。涡轮在旋转时造成高度湍动的径向流动，适用于气体及不互溶液体的分散和液-液相反应过程。被搅拌液体的黏度一般不超过25Pa·s。

(3) 桨式搅拌器 有平桨式和斜桨式两种。平桨式搅拌器由两片平直桨叶构成。桨叶直径与高度之比为4～10，圆周速度为1.5～3m/s，所产生的径向液流速度较小。斜桨式搅拌器的两叶相反折转45°或60°，因而产生轴向液流。桨式搅拌器结构简单，常用于低黏度液体的混合以及固体微粒的溶解和悬浮。

(4) 锚式搅拌器 桨叶外缘形状与搅拌槽内壁要一致，其间仅有很小间隙，可清除附在槽壁上的黏性反应产物或堆积于槽底的固体物，保持较好的传热效果。桨叶外缘的圆周速度为 0.5～1.5m/s，可用于搅拌黏度高达 200Pa·s 的牛顿型流体和拟塑性流体（见黏性流体流动）。唯搅拌高黏度液体时，液层中有较大的停滞区。

（5）螺带式搅拌器　螺带的外径与螺距相等，专门用于搅拌高黏度液体（200～500Pa·s）及拟塑性流体，通常在层流状态下操作。

（6）磁力搅拌器　数字式加热器带有一个闭路旋钮来监控与调节搅拌速度。微处理器自动调节电机动力去适应水质、黏性溶液与半固体溶液。

（7）磁力加热搅拌器　数字式加热搅拌器带有可选的外部温度控制器，还可以监控与控制容器中的温度。

（8）折叶式搅拌器　根据不同介质的物理学性质、容量、搅拌目的选择相应的搅拌，对促进化学反应速率、提高生产效率能起到很大的作用。折叶涡轮搅拌器一般适用于气、液相混合的反应，搅拌器转速一般应选择 300r/min 以上。

（9）变频双层搅拌器　变频搅拌器的底座、支杆、电动机使用专利技术固定为一体。专利夹头，无松动、无摇摆、不会脱落，安全可靠。镀铬支杆，下粗上细，钢性强、结构合理，具有移动方便、重量轻等优点，适合各类小型容器。搅拌器的结构类型如图 4-5 所示。

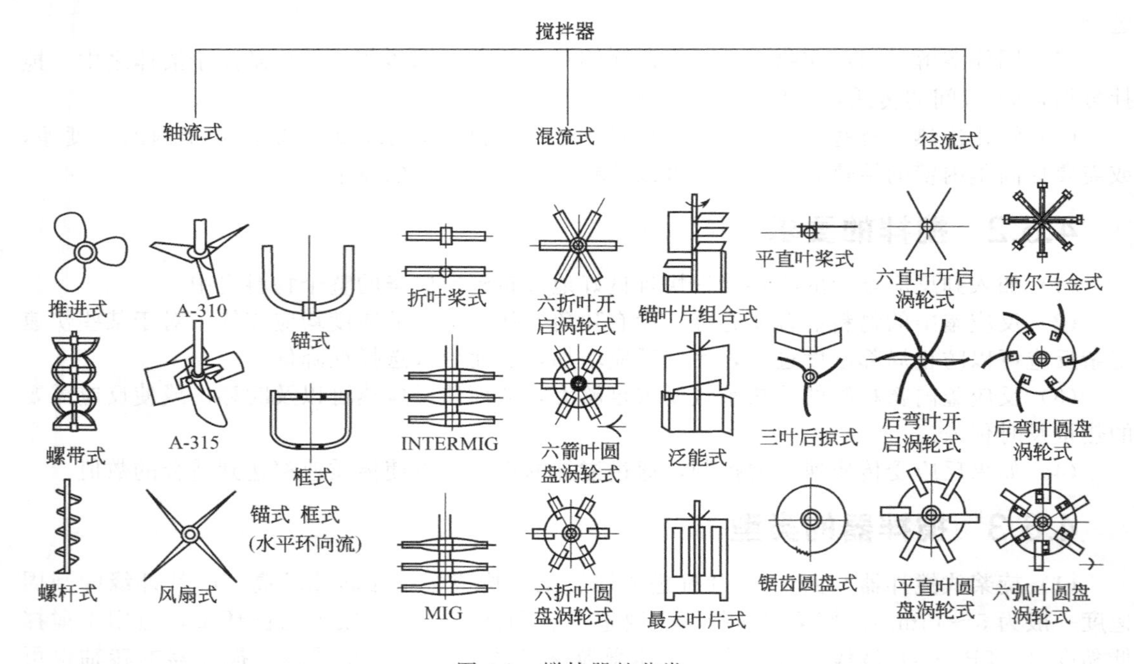

图 4-5　搅拌器的分类

4.6.4 搅拌器的选择

主要根据物料性质、搅拌目的及各种搅拌器的性能特征来进行。

（1）按物料黏度选型　对于低黏度液体，应选用小直径、高转速搅拌器，如推进式、涡轮式；对于高黏度液体，就选用大直径、低转速搅拌器，如锚式、框式和桨式。

（2）按搅拌目的选型

① 对低黏度均相液体混合，主要考虑循环流量，各种搅拌器的循环流量按从大到小顺序排列：推进式、涡轮式、桨式。

② 对于非均相液-液分散过程，首先考虑剪切作用，同时要求有较大的循环流量，各种搅拌器的剪切作用按从大到小的顺序排列：涡轮式、推进式、桨式。

选择的依据见表 4-4。

表 4-4 搅拌器的型式与适用条件

搅拌器型式	流动状态			搅拌目的									搅拌容器容积/m^3	转速范围/(r/min)	最高黏度/Pa·s
	对流循环	湍流扩散	剪切流	低黏度混合	高黏度液混合传热反应	分散	溶解	固体悬浮	气体吸收	结晶	传热	液相反应			
涡轮式	◆	◆	◆	◆	◆	◆	◆	◆	◆	◆	◆	◆	1～100	10～300	50
桨式	◆	◆	◆	◆	◆		◆	◆		◆	◆	◆	1～200	10～300	50
推进式	◆	◆		◆		◆	◆	◆		◆	◆	◆	1～1000	10～500	2
折叶开启涡轮式	◆	◆		◆		◆	◆	◆			◆	◆	1～1000	10～300	50
布鲁马金式	◆	◆	◆	◆	◆		◆				◆	◆	1～100	10～300	50
锚式	◆				◆		◆						1～100	1～100	100
螺杆式	◆				◆		◆						1～50	0.5～50	100
螺带式	◆				◆		◆						1～50	0.5～50	100

4.7 原料、中间体的质量控制

原料、中间体的质量，对下一步反应和产品的质量关系很大，若不加以控制，规定杂质含量的最高限度，不仅影响反应的正常进行和收率的降低，更严重的是影响药品质量和治疗效果，甚至危害病人的健康和生命。一般药物生产中常遇到下列几种情况。

(1) 由于原料或中间体含量降低，若按原配比投料，就会造成某些原料的配比与实际不符，从而影响收率。

(2) 由于原料或中间体所含水分超过限量，致使无水反应无法进行或降低收率。例如在催化氢化的反应中，若原料中带进少量催化毒物，会使催化剂中毒而失去催化活性。

(3) 由于副反应物的产生和混杂，许多有机反应，往往有两个或两个以上的反应同时进行，也就是说，除主反应以外，还有一系列的副反应产生，生成的副产物混在主要产物中；致使产品质量不合格，需要反复精制，致使收率下降。

4.8 反应终点的控制

许多化学反应在规定条件下完成后必须停止，并使反应生成物立即从反应系统中分离出来。否则，若继续反应可能使反应产物分解、破坏，副产物增多或产生其他复杂变化，而使收率降低，产品质量下降。另一方面，若反应未到终点，过早地停止反应，也会导致同样的不良后果。必须注意，反应时间与生产周期和劳动生产率均有关系。为此，对于每一反应都必须掌握好它的进程，控制好反应终点。

反应终点的控制，主要是测定反应系统中是否尚有未反应的原料（或试剂）的存在，测其残存量是否达到一定的限度。一般可用简易快速的化学或物理方法，如测定其显色、沉淀、酸碱度等，也可采用如薄层色谱、气相色谱、纸色谱等。

也可根据反应现象，反应变化情况及反应生成物的物理性质（如相对密度、溶解度、结晶形态等）来判定反应终点。

4.9 设备因素

化学反应过程一般总会有传热和传质过程伴随，而传热、传质以及化学反应过程又都要受流动的型式和状况影响。因此，设备条件是化工生产中的重要因素。各种化学反应对设备的要求不同，而且反应条件与设备条件之间是相互联系又相互影响的。必须使反应条件与设备因素有机地结合或统一起来，才能最有效地进行化工生产。

例如，乙苯的硝化是多相反应，混酸在搅拌下加到乙苯中，混酸与乙苯互不相溶，在这里搅拌效果的好坏是非常重要的，加强搅拌可增加两相接触面积，加速反应。又如应用固体金属的催化反应，应用雷尼镍时，若搅拌效果不佳，相对密度大的雷尼镍沉在罐底，就起不到催化作用。苯胺的重氮化还原制备苯肼，若用一般间歇反应锅，需在0～5℃进行。如温度过高，生成的重氮盐分解导致发生其他副反应。若改用管道化连续反应器，使生成的重氮盐迅速转入下一步反应，这样就可以在常温下进行，并提高收率。

4.10 工艺研究中的几个问题

此外，在考察工艺条件的研究阶段中，还必须注意和解决下列一些问题。

(1) 原辅材料规格的过渡试验　设计或选择的工艺路线以及各步化学反应的工艺条件进行实验研究时，开始时常使用试剂规格的原辅材料（原料、试剂、溶剂等），这是为了排除原辅材料中所含杂质的不良影响，从而保证实验结果的准确性。但是当工艺路线确定之后，在进一步考察工艺条件时，就应尽量改用以后生产上能得到供应的原辅材料。为此，应考察工业规格的原辅材料所含杂质对反应收率和产品质量的影响，制定原辅材料的规格标准，规定各种杂质的允许限度。

(2) 设备材质和腐蚀试验　实验室研究阶段，大部分的实验是在玻璃仪器中进行的，但在工业生产中，反应物料要接触到各种设备材质，有时某种材质对某一化学反应有极大的影响，甚至使整个化学反应遭到破坏。例如，将对二甲苯、对硝基甲苯等苯环上的甲基空气氧化成为羧基（以冰醋酸为溶剂、以溴化钴为催化剂）时，必须在玻璃或钛质的容器中进行，如有不锈钢存在可使整个反应遭到破坏。因此必要时可在玻璃容器中加入某种材料以试验其对反应的影响。

另外，为研究某些具有腐蚀性的物料对设备材质的腐蚀情况，需要进行腐蚀性试验，为中试试验和工艺设计选择生产设备提供数据。

(3) 反应条件限度实验　通过前述工艺研究，可以找到最适宜的工艺条件，如温度、压力、pH 值等，它们往往不是单一的点，而是一个许可的范围。有些反应对工艺条件要求很严，超过某一限度以后，就要造成重大损失，甚至发生安全事故。在这种情况下，应该进行工艺条件的限度实验，有意识地安排一些破坏性实验，以便更全面地掌握该反应的规律，为确保生产正常和安全提供数据。

(4) 原辅材料、中间体及新产品质量的分析方法研究　在药物的工艺研究中，有许多原辅材料，特别是中间体和新产品均无现成的分析方法，为此，必须开展这方面分析方法的研究，以便制定出准确可靠而又简便易行的检验方法。

(5) 反应后处理方法的研究　一般说来，反应的后处理系指在化学反应结束后一直到取得本步反应产物的整个过程而言。这里不仅要从反应混合物中分离得到目的物，而且也包括母液的处理等。后处理化学过程较少（如中和等），而多数为化工单元操作过程，如分离、提取、蒸馏、结晶、过滤以及干燥等。

在合成药物生产中，有的合成步骤与化学反应不多，然而后处理的步骤与工序却很多，而且较为麻烦。因此，搞好反应的后处理对于提高反应产物的收率，保证药品质量，减轻劳动强度和提高劳动生产率都有着非常重要的意义。为此，必须重视后处理的工作，要认真对待。

后处理的方法是随反应的性质不同而异。但在研究此问题时，首先，应摸清反应产物系统中可能存在的物质的种类、组成和数量等（这可通过反应产物的分离和分析化验等工作加以解决），在此基础上找出它们性质之间的差异，尤其是主产物或反应目的物与其他物质相区别的特性。然后，通过实验拟定反应产物的后处理方法，在研究与制定后处理方法时，还必须考虑简化工艺操作的可能性，并尽量采用新工艺、新技术和新设备，以提高劳动生产率，降低成本。

课后练习

一、填空题

1. 影响反应的因素有很多，如______、______、______、______、______、______、______、______等。

2. 采用酸催化剂的反应类型：__________、__________、__________、__________。

3. 常用的 Lewis 酸催化剂：____________、____________、____________。

4. 药物合成中常用溶剂包括：____、__________________________________。

5. 常用的碱性催化剂分为以下几类：____________、____________、____________、____________、____________、____________、____________。

6. pH 值对于__________、__________反应是影响的重要因素，采用碱催化的反应类型：____________、____________反应。

7. 极性非质子性溶剂有：______、______、______、______、______。

8. 温度是影响化学反应速率的一个重要因素，反应温度每升高 10℃，反应速率大约增加______倍。

9. 工业生产对催化剂的要求要具有______、______、______、______和______。

10. 化学反应的外因，即各种化学反应单元在实际生产中一些共同点：包括配料比、反应物的浓度与纯度、______、______、______、______、______、催化剂、pH 值、设备条件，以及反应终点控制、产物分离与精制、产物质量监控等。

11. 溶质极性很大，就需要极性很大的溶剂才能使它溶解，若溶质是非极性的，则需用非极性溶剂，这个直观的经验的通则是“______”。

12. 反应按其反应机理来说，大体可分为两大类：一类是____________反应；另一类是__________。

答案：1. 反应浓度、压力、温度、催化剂、溶剂、设备、配比、pH 值

2. 酯化、烯醇化、水解、缩合等

3. 三氯化铝、二氯化锌、三氯化铁

4. DMF、氯苯、二甲苯、甲苯、乙腈、乙醇、THF、氯仿、乙酸乙酯、环己烷、丁酮、丙酮、石油醚

5. 金属的氢氧化物、金属氧化物、弱酸强碱盐类、有机碱、醇钠、氨基钠、有机金属化合物

6. 水解、酯化、羟醛缩合、坎尼扎罗

7. 乙腈、丙酮、硝基苯、二甲基甲酰胺、环丁砜

8. 1～2
9. 较高的活性、良好的选择性、抗毒害性、热稳定性、一定的机械强度
10. 反应条件、加料次序、反应时间、反应温度与压力、溶剂
11. 相似相溶
12. 游离基、离子型反应

二、选择题

1. 载体是固体催化剂的特有成分，载体一般具有（　　）的特点。
   A. 大结晶、小表面、多孔结构　　B. 小结晶、小表面、多孔结构
   C. 大结晶、大表面、多孔结构　　D. 小结晶、大表面、多孔结构
2. 对于使用强腐蚀性介质的化工设备，应选用耐腐蚀的不锈钢，且尽量使用（　　）不锈钢钢种。
   A. 含锰　　B. 含铬镍　　C. 含铅　　D. 含钛
3. 把制备好的钝态催化剂经过一定方法处理后，变为活泼态的催化剂的过程称为催化剂的（　　）。
   A. 还原　　B. 燃烧　　C. 活化　　D. 再生
4. 影响化学反应平衡常数数值的因素是（　　）。
   A. 反应物浓度　　B. 温度　　C. 催化剂　　D. 产物浓度
5. 下列不属于非质子性溶剂的是（　　）。
   A. 丙酮　　B. 二甲基亚砜　　C. 乙醇　　D. 硝基甲烷
6. 对硝基乙苯用空气氧化制备对硝基苯乙酮，所用催化剂为硬脂酸钴，载体为（　　）。
   A. 活性炭　　B. 硅藻土　　C. 氧化铝　　D. 碳酸钙
7. 在碱催化的反应中，碱是质子的（　　）。
   A. 给予者　　B. 接受者
   C. 给予者或接受者　　D. 既不是给予者也不是接受者
8. 铁粉失去电子而被氧化成铁泥，铁泥指（　　）。
   A. 四氧化三铁　　B. 三氧化二铁　　C. 氧化铁　　D. 氧化亚铁

答案：1. D　2. B　3. C　4. B　5. C　6. D　7. B　8. A

三、简答题

1. 简述良好的重结晶溶剂的特点。
2. 简述催化剂的基本特征。
3. 简答生产工艺规程的内容。
4. 举例说明：在药物合成中溶剂的作用。
5. 温度对反应速率的影响是复杂的，归纳起来有哪几种类型？
6. 如何利用配料比的关系来提高产物的生成率？
7. 结晶和重结晶包括哪几个主要操作步骤？

知识拓展

离子液体

离子液体是指全部由离子组成的液体，如高温下的 KCl、KOH 呈液体状态，此时它们就是离子液体。在室温或室温附近温度下呈液态的由离子构成的物质，称为室温离子液体、室温熔融盐、有

机离子液体等，目前尚无统一的名称，但倾向于简称离子液体。在离子化合物中，阴、阳离子之间的作用力为库仑力，其大小与阴、阳离子的电荷数量及半径有关，离子半径越大，它们之间的作用力越小，这种离子化合物的熔点就越低。某些离子化合物的阴、阳离子体积很大，结构松散，导致它们之间的作用力较低，以至于熔点接近室温。

离子液体的优点：

(1) 离子液体无味、不燃，其蒸气压极低，因此可用在高真空体系中，同时可减少因挥发而产生的环境污染问题；

(2) 离子液体对有机物和无机物都有良好的溶解性能，可使反应在均相条件下进行，同时可减少设备体积；

(3) 可操作温度范围宽（-40～300℃），具有良好的热稳定性和化学稳定性，易与其他物质分离，可以循环利用；

(4) 表现出 Lewis、Franklin 酸的酸性，且酸强度可调。

上述优点对许多有机化学反应，如聚合反应、烷基化反应、酰基化反应，离子溶液都是良好的溶剂。与典型的有机溶剂不一样，在离子液体里没有电中性的分子，100%是阴离子和阳离子，在-100～200℃之间均呈液体状态，具有良好的热稳定性和导电性，在很大程度上允许动力学控制；对大多数无机物、有机物和高分子材料来说，离子液体是一种优良的溶剂；表现出酸性及超强酸性，使得它们不仅可以作为溶剂使用，而且还可以作为某些反应的催化剂使用，这些催化活性的溶剂避免了额外的可能有毒的催化剂或可能产生大量废弃物的缺点；离子液体一般不会成为蒸气，所以在化学实验过程中不会产生对大气造成污染的有害气体；价格相对便宜，多数离子液体对水具有稳定性，容易在水相中制备得到；离子液体还具有优良的可设计性，可以通过分子设计获得特殊功能的离子液体。总之，离子液体的无味、无恶臭、无污染、不易燃、易与产物分离、易回收、可反复多次循环使用、使用方便等优点，是传统挥发性溶剂的理想替代品，它有效地避免了传统有机溶剂的使用所造成严重的环境、健康、安全以及设备腐蚀等问题，为名副其实的、环境友好的绿色溶剂，适合于当前所倡导的清洁技术和可持续发展的要求，已经越来越被人们广泛认可和接受。

第5章 中试技术与岗位操作法

中试放大是在实验室完成小型实验后，为了进一步考察实验室工艺的成熟性、可行性和科学性，对小型实验放大 50～100 倍所做的研究。其目的是进一步研究在中试放大装置上各步化学反应条件的变化规律，解决小试中无法预料的问题，如设备、反应控制、转化率、选择性变化与单耗指标等问题，为将来规模生产打下坚实的基础。中试放大除技术问题外，还面临着时间和资金两个方面。具体表现在中试规模、系统性、试验周期、试验与测试内容四个方面。一般来说化学制药过程主要由单元反应组成，间歇性反应为主，设备通用性强，但原料价格相对高，因此中试应以少投入而达到中试效果为原则。

5.1 中试开发基本方法

在探索实验室研究成果过渡至工业生产上，已逐步形成了两种有代表性的开发方法，即逐级经验放大法和数学模型法。

5.1.1 逐级经验放大法

在实验室取得成功后，进行规模稍大的模型试验和规模再大一些的中试，然后才能放大到工业规模的生产装置，这就是逐级经验放大法。在逐级放大过程中，每级放大倍数不大，一般为 10～30 倍。

逐级放大方法长期被广泛采用。但也有其缺点，即耗资、费时，并不十分可靠。逐级放大方法，首先在各种小型反应器上试验，以反应结果好坏为标准评选出最佳型式再放大逐级进行观察反应结果，从而完成设计施工。

5.1.2 数学模型方法

数学模型方法就是在掌握对象规律的基础上，通过合理简化，对其进行数学描述，在计算机上综合，以等效为标准建立设计模型。用小试、中试的试验结果考核数学模型，并加以修正，最终形成设计软件。

数学模型方法首先将工业反应器内进行的过程分解为化学反应过程与传递过程，在此基础上分别研究化学反应规律和传递规律。化学反应规律不因设备尺寸变化而变化，完全可以在小试中研究。而传递规律与流体密切相关，受设备尺寸影响，因而需在大型装置上研究，数学模型方法在化工开发中有以下几个主要步骤：

① 小试研究化学反应规律；

② 大型试验研究传递过程规律；

③ 用可能得到的试验数据，在计算机上综合预测放大的反应器性能，寻找最优的工艺条件；

④ 由于化学反应过程的复杂程度，对过程的认识深度决定着中试的规模，中试的目的则是为了考察数学模型，经修正最终形成设计软件。

数学模型法仍以实验为主导，依赖于实验。数学模型法省时节资，代表了产品开发方法的发展方向。

5.2 小试应该完成的内容

实验室小试工艺的确定应符合下面几点：

① 小试工艺收率稳定，质量可靠；

② 操作条件的确定；

③ 产品、中间体、原料分析方法的确定；

④ 工业原料代替小试用试剂不影响产品收率、质量；

⑤ 进行物料衡算及计算所需原料成本；

⑥“三废”量的计算；

⑦ 工艺中的注意事项、安全问题提出，并有防范措施。

5.3 中试试验应具备的条件

① 小试收率稳定，产品质量可靠。

② 制备条件已经确定，产品、中间体和原料的分析检验方法已确定。

③ 某些设备、管道材质的耐腐蚀试验已经进行，并有所需的一般设备。

④ 进行了物料衡算。“三废”问题已有初步的处理方法。

⑤ 已提出原材料的规格和单耗数量。

⑥ 已提出安全生产的要求。

5.4 中试放大的研究任务

中试放大的目的在于进一步考察工艺本身的优劣和选择何种设备，在中试中积累数据，为工业化生产铺平道路。在中试放大中需研究的任务如下。

（1）工艺路线和单元反应操作方法的最后确定　一般情况下，生产工艺路线和单元反应操作方法在实验室阶段就基本选定。在中试放大阶段主要确定具体适应工业生产的工艺操作和条件。如果在小试中确定的工艺路线，在中试放大过程中有难以克服的重大困难时，如反应设备难以满足生产需要，就需要对实验室工艺进行改革。

（2）设备的选择　化学制药大部分是间歇式操作，设备及材质的选择完全由各步反应的特性决定。如果反应是在酸性介质中进行，则应采用防酸材料的反应釜，如搪玻璃反应釜。对于碱性介质的反应，则应选择不锈钢反应釜。贮存浓盐酸应采用玻璃钢贮槽，贮存浓硫酸应选择铁质贮槽，贮存浓硝酸应采用铝质贮槽。要选择不同的材质以符合各物质的性质；一般通过防腐专业工具书（如《腐蚀数据手册》）来选择适合不同介质的材质。

(3) 搅拌器与搅拌速度的研究与选择　药物合成中的反应有很多是非均相反应，且反应热效应较大，在小型试验时，由于物料体积小，搅拌效果好，传热传质问题表现不明显。但在放大试验中，必须根据物料性质和反应特点，注意研究搅拌器型式和考察搅拌速度对反应的影响规律，以便选择合乎要求的搅拌器和确定适宜的搅拌转速。搅拌转速过快也不一定合适。例如由儿茶酚与二氯甲烷在固体氢氧化钠和含有少量水分的二甲基亚砜存在下制备黄连素中间体胡椒环的中试放大时，初时采用 180r/min 的搅拌速度，因搅拌速度过快，反应过于激烈而发生溢料。后来经考察，将搅拌速度降至 56r/min 并控制反应温度在 90～100℃，结果收率超过了小试水平，达到 90%以上。采用骨架镍加氢反应时应采用推进式搅拌转速为 130r/min。不能采用慢转速搅拌，因为骨架镍密度大易沉于底部，这样不利于催化加氢反应，降低反应速率延长生产周期，不利于生产。

(4) 工艺流程与操作方法的确定　中试阶段由于需处理的物料量增加，因而要注意缩短工序，简化操作，研究采用新技术、新工艺，以提高劳动生产率。在加料方法和物料输送方面应考虑减轻劳动强度，尽可能采用自动加料和管道输送。通过中试放大，最终确定生产工艺流程和操作方法。

(5) 反应条件的进一步研究　实验室阶段获得的最佳反应条件不一定完全符合中试放大的要求，为此，应就其中主要的影响因素，如放热反应中的加料速度、搅拌效率、反应釜的传热面积与传热系数以及制冷剂等因素，进行深入的研究，以便掌握其在中间装置中的变化规律，得到更适合的工艺。

(6) 进行物料衡算　当各步反应条件和操作方法确定之后，要进行物料衡算。通过物料衡算，掌握各反应原料消耗和收率，找出影响收率的关键点，以便解决薄弱环节，挖掘潜力，提高效率，回收副产物等。

(7) 根据原辅料的物理、化学性质进行安全生产　要充分掌握原辅料的物理性质和化学性质，树立安全防范意识，特别在接触剧毒物品时，应穿戴好防护用品。对出现的意外应有解救措施；对易燃易爆的低沸点溶剂应做到对其性质充分掌握。例如乙醚易燃易爆、沸点低，长期贮存会产生过氧化物，在生产中应掌握过氧化物的鉴别和除去，以及蒸馏时不要蒸干，以防爆炸。

(8)“三废”防治措施的研究　中试放大阶段因物料的增大，“三废”问题暴露出来，在此阶段应研究各种废水来源，减少“三废”的方法和“三废”的处理方法。

(9) 原辅材料、中间体质量标准的制定　根据中试放大阶段的实践经验进行修改或制定原料和中间体的质量标准。

(10) 消耗定额、原料成本、操作工时与生产周期等的计算　消耗定额是指生产 1kg 成品所消耗的各种原材料的质量（kg）；原料成本一般是指生产 1kg 成品所消耗各种物料价值的总和；操作工时是指每一操作工序从开始至终了所需的实际作业时间（以小时计）；生产周期是指从合成的第一步反应开始到最后一步获得成品为止，生产一个批号成品所需时间的总和（以工作天数计）。

中试放大阶段的研究任务完成以后，在中试研究总结报告的基础上，进行基建设计，制订定型设备的选购计划，进行非定型设备的设计、制造，然后按照施工图进行生产车间的厂房建筑和设备安装。在全部生产设备和辅助设备安装完成后，如果试车合格和短期试生产稳定，即可制定生产工艺规程，交付生产。

5.5 中试和试生产的准备工作及应注意的问题

5.5.1 设备的选择和工艺管路的改造

① 根据小试的结果，在多功能、中试车间，对设备进行选择，首先应考虑设备容量是否适宜，设备材质、管路材质与工艺介质的适应性，是否耐腐蚀，加热、冷却和搅拌速度是否符合要求。

② 物料输送的方法（投料、出料、各步之间的流转），如何防止跑料、凝固和堵塞等。

③ 物料的计量和加料的方法，如滴加如何有效控制等。

④ 反应有无气体生成、是否会冲料。如有必要，应加气液分离器，安装回流管。

⑤ 离心、压滤等分离条件是否满足等。

根据以上情况和其他工艺要求，对设备、管路进行适应性改造。

5.5.2 中试或试生产投料前的准备

① 对设备，尤其是新安装和技术改造（技改）过的设备或久置不用的设备要进行试压、试漏工作，要结合清洗工作进行联动试车，以确保投料后不用再动火，在无泄漏的情况下，进行设备管道保温。

② 做好设备的清洗和清场工作，确保不让杂物带入反应体系，防止产生交叉污染和确保有序的工作。

③ 根据工艺要求和实验的需要核定投料系数，计算投料量做到原材料配套领用，质量合格，标志清楚，分类定置安放。

④ 计划和准备好中间体的盛放器具和堆放场所。

⑤ 生产条件的检查：蒸汽、油浴、冷却水和盐水是否通畅（可用手试一下阀门开启后的前后温差），阀门开关是否符合要求。

⑥ 物料是否均相，搅拌是否足以使它们混合均匀，固体是否沉积在底阀凹处，尤其固体催化剂或难溶原料的沉积，如何采取避免沉积的措施。

⑦ 各种仪表是否正常，估计整个过程（物料浅、满发生变化和投料偏少时）温度计是否能插到物料里。

⑧ 写好操作规程和安全规程。

⑨ 对职工进行工艺培训（尤其要讲清楚控制指标和要点，违反操作规程的危害和管道走向，阀门的进出控制，落实超出控制指标和突发事件的应急措施）安全培训和劳动保护培训。

⑩ 明确项目的责任人，组织好班次，骨干力量安排好跟班，明确职工与骨干及上级领导之间夜间沟通联络方法。

⑪ 做好应急措施预案和必要的准备工作。

5.5.3 生产过程的注意事项

① 严格按操作规程、安全规程操作，不能随意更改。如发现新问题需更改，必须有充分的小试作基础。

② 严格控制反应条件如温度、pH 值等，万一超标应及时进行处理（小试就应考虑到，小试应做过破坏性试验，找出处理办法）。

③ 注意中试、试生产温度计的传热敏感度与小试不一样，温度变化存在滞后性，应提前预计到这一点进行有关操作。

④ 真空系统出现漏气如何检查和应急处理，尤其在高温情况下，应及时采取应急措施。

⑤ 突发停电、停气、停水、停冷冻盐水应立刻分别采取必要的应急措施（必要时配备和启用备用电源、N_2 保护等）。

⑥ 注意生产中的放大效应，一般应逐步放大，不能单考虑进度，否则“欲速而不达”，要循序渐进。

⑦ 由于不可预计因素和放大效应的存在，对单批投料量必须进行控制，实行分级审批制度。

⑧ 对反应过程中的现象进行认真仔细的观察，及时做好记录，并及时分析出现的现象，要做好小试的先导或跟踪验证工作。各相关人员必须有高度的责任心，密切关注整个生产过程的情况，及时采取措施解决出现的问题。

⑨ 每一步骤的终点如何判断要有明确的指标和方法，每一步进行严格控制，可与反应中出现的现象综合起来判断。

⑩ 正确选择后处理方法。进行萃取、结晶和重结晶等单元操作，在选择萃取剂和溶剂时，正确运用“相似相溶”原则来考虑杂质、产物的溶解度。选择溶剂时一定要在考虑工艺的适用性的同时，考虑经济性和可行性，如价格、毒性、是否可回收和易回收等。小试进行后处理时就应考虑到这几方面。

5.5.4 安全问题

① 充分的小试是中试和试生产成功的保证，小试要多花力气，多设想各方面在中试、试生产时的实施方法和可操作性，考虑得越仔细、越周到，中试、试生产就会越顺利，不会出现生产事故和安全事故。

② 技改动火的安全是安全工作的关键。由于多项目在同一车间，这个项目在技改，其他项目在生产，或同一系统中前一产品生产过，现改产另一产品，或由于某一问题未事先考虑到中途进行技改。不管哪种情况，凡能移到车间外进行动火的一定要拆出去动火，尽量避免在车间内动火，不得已必须在车间内动火的，必须做好清洗和隔离工作（包括设备、容器、管道），不能留下死角，要严格动火制度。

③ 职工培训和严格遵守规章制度和操作规程是安全工作的重点。

④ 职责分工要明确，投料前应填写“中试、试生产项目情况一览表”，明确责任人，相互要及时沟通，要有严格的制度和高度的责任心，骨干力量要跟班，有情况应及时采取应对措施。

⑤ 先应预计到可能出现的安全问题、环保问题和劳动保护问题，并采取相应措施。

最主要是开发人员要盯紧，好多问题是预见不到的，要现场及时解决，温度计一定要双显示，一个温度计很容易出问题。

5.5.5 中试及试生产与正常生产的区别

中试及试生产与正常生产不一样，关键的过程与设计有很大关系。

① 中试和试生产设备应像学驾驶的教练车，应有应急控制系统。

② 中试及试生产进行之前必须要设计替代运行（根据工况确定物料投料运行），进行装置满足工艺的符合性测试及员工培训。

③ 中试及试生产必须设计足够的取样方案和取样工艺接口，确定留样的必要保存条件，已供结果正常情况下，与小试结果差异分析；以及不正常情况下原因分析。

5.6 生产工艺规程和岗位操作法

生产工艺规程是产品设计、质量标准和生产、技术、质量管理的汇总，它是企业组织与指导生产的主要依据和技术管理工作的基础。制定生产工艺规程的目的，是为药品生产各部门提供必须共同遵守的技术准则，以保证生产的批与批之间尽可能地与原设计吻合，保证每一药品在整个有效期内保持预定的质量。

岗位操作规则包括岗位操作法和岗位标准操作规程（standard operation procedure，SOP）两个部分。

岗位操作法是对各具体生产操作岗位的生产操作、技术、质量管理等方面所作的进一步详细要求。

岗位标准操作规程，是对某项具体操作所作的书面指示情况说明并经批准的文件，它是组成岗位操作法的基础单元。

生产工艺规程和岗位操作规则之间有着广度和深度的关系，前者体现了标准化，后者反映的则是具体化。

5.6.1 原料药生产工艺规程

根据《药品生产质量管理规范》和工业标准化管理的要求，生产工艺规程的内容可分为三个部分。

5.6.1.1 封面与首页

封面上应明确本工艺是某一产品的生产工艺规程。首页内容相当于企业通知各下属部门执行的文件，包括批准人签章及批准执行日期等。

5.6.1.2 目次

工艺规程内容可划分为若干单元，目次中注明标题及所在页码。

5.6.1.3 原料药生产工艺规程正文

（1）产品概述

① 产品名称

a. 药典名称　如磺胺甲噁唑；

b. 化学名称　如磺胺甲噁唑的化学名称为 *N*-(5-甲基异噁唑基)-4-氨基苯磺酰胺；

c. 其他名称　如商品名、别名等。如新诺明（SMZ）。

② 化学结构式　以药典标准来书写，并且要标明CAS登记号、分子量。如：

H_2N—⟨苯环⟩—SO_2NH—⟨异噁唑环（N、O）⟩—CH_3　CAS登记号为723-46-6，$C_{10}H_{11}N_3O_3S$ 分子量253.28

③ 理化性质及药理和用途简单介绍。

（2）原辅料、包装材料规格、质量标准

① 原辅料质量标准和要求　根据工艺要求制定出原辅料质量标准，在标准中要列出控制项目指标、检测方法。对重点项目应提示注意。对特殊要求的个别原辅料应注明产地，因为原料产地的不同可能会给成品带来意想不到的杂质。

② 包装材料质量标准　根据质量标准制定办法在标准中应注明包装材料是木质或是铝质、规格为多少、内衬材料、说明书、装箱单。

（3）化学反应过程（包括副反应）及工艺流程图（工艺及设备图）

① 化学反应过程

a. 化学反应式；

b. 主反应式；

c. 副反应式和辅助反应式；

d. 在反应式下标出名称，产物注明分子量（以最新国际原子量表为准）。

② 工艺流程图　用符号表示如下：符号“□”表示物料名称，如乙醇；“○”表示过程名称，如中和；“→”表示走向连接。

③ 设备流程图要求

a. 设备相互之间的相对比例应接近实际；

b. 设备相互之间的垂直位置应接近实际；

c. 走向“→”以实线表示；

d. 个别设备需表示内部结构的可在轮廓图上作部分剖视；

e. 并列的设备只画一个即可。

(4) 工艺过程

① 原料配比　摩尔比和质量比。

② 工艺过程

a. 写出所有工序的工艺过程；

b. 写出涉及的主要工艺条件和工艺参数终点控制；

c. 写出波动范围（允许比岗位操作法规定大些）；

d. 要有定量概念（必须要标出数字）；

e. 要涉及所有物料（包括中间产物、回收品）的走向；

f. 有中间体及成品的返工方法；

g. 注意事项。

③ 重点工艺控制点

a. 要用表格叙述；

b. 指出工艺过程中的关键控制点；

c. 处理方法：只要标明名称、具体方法，见岗位操作法。

(5) 中间体、成品质量标准

① 依据工艺要求制定出中间体质量标准，确定控制项目，并且写出每项目的详细检测方法。

② 原料药质量标准。

a. 卫生部批准的标准（法定标准）　质量标准版本（如新药试行本）依据何药典？为什么？质量标准的批准文号，标准中的检测方法、贮藏运输等。

b. 厂定标准（企业内部标准）　内部标准是建立在药典标准基础之上而制定的、高于药典标准的标准，并且根据内部标准可把产品分为优等品和合格品。

c. 出口标准　依据国外客商要求制定的标准。

(6) 技术安全与防火（包括劳动保护、环境卫生）

① 防中毒

a. 毒物的毒性介绍；

b. 防护措施；

c. 中毒及化学灼伤的现场救护；

d. 了解毒物的最高允许浓度，辐射波的最高允许强度及中毒症状等；

e. 有毒物料泄漏的现场处理法；

f. 其他必须说明的防中毒、防化学灼伤、防化学刺激及防辐射危害的事项。

② 防火、防爆

a. 了解易燃、易爆物品的级别、分类、沸点、自燃点、闪点、爆炸极限；

b. 易燃、易爆物料所要求的防火、防爆措施及制度，包括安全防火距离等；

c. 各种物料、电器设备及静电着火的灭火方法和必备的灭火器材；

d. 容器、设备要专用，以防混装后发生意外；

e. 其他必须说明的防火、防爆事项。

(7) 综合利用（包括副产品、回收品的处理）与“三废”治理（包括“三废”排放标准）

① 列表说明副产物及废物的名称、岗位、排放量主要成分，主要有害物含量、处理方法、处理后的排放量及其中有害物质的含量，副产品的回收量、回收率、岗位排放标准等。

② 凡有综合利用及回收、处理装置的车间或岗位，必须另编写回收处理操作规程。其回收率要与物料平衡相一致。

(8) 操作工时与生产周期

① 操作工时指完成各步单元操作所需的时间，包括工艺时间的辅助时间。

② 生产周期指本产品第一个岗位备料开始到入库的各单元操作工时的总和。

③ 要求列表表示

a. 操作工时表（各步反应的操作时间）

操作名称	设备名称	操作单元	操作时间		
			工艺时间	核定时间	全部时间

b. 生产周期（整个产品的生产时间）

工段	操作时间	干燥时间	化验时间	生产周期

(9) 劳动组织与岗位定员

① 劳动组织　包括岗位班次、车间组织和辅助班组（实验、化验和检修）。

② 岗位定员　指直接生产人员、备员、辅助人员（化验、实验、检修）及该产品的直接管理人员数。

③ 要求列表说明

车间人员	工艺员	操作人员				化验员	检修	其他	合计
		工段	人/班	班次	人数				

(10) 设备一览表及主要设备生产能力（包括仪表的规格、型号）

① 设备一览表的内容列表

设备编号	设备名称	材　质	规　格	型　号	台　数	备　注

② 主要设备生产能力　主要设备生产的中间体折算到成品的生产能力：

$$日生产能力=\frac{投料量\times收率\times每批操作时间(h)}{24h}$$

$$年生产能力=\frac{投料量\times收率\times每批操作时间(h)}{24h}\times(365-停产日)$$

岗位	设备名称	容量	充满系数	单批作业时间	批产量中间体成品	年产量

③ 反应锅的体积计算

a. 高度　以夹套高度为准。

b. 体积　液体与液体的体积可以相加，固体加入液体要实测。

c. 装料　不得超过设备的负荷。

(11) 原材料、能源消耗定额和技术经济指标

① 原材料、能源消耗定额的确定原则　根据工艺过程中的收率、回收率，按企业前期的生产水平，参考企业历史平均先进水平计算消耗定额。

② 技术经济指标的确定原则　根据分步收率、总收率、原料成本的计算和原料相同，制定出技术经济指标的上下限。

③ 计算公式

a. 收率计算　$$收率=\frac{实际收量}{理论量}\times 100\%$$

b. 总收率计算

i 由起始原料直接算到成品（不考虑分步收率）。

ii 各分步收率连乘。

(12) 物料平衡（包括原料利用率的计算）

① 按单元工艺进行物料平衡计算

a. 反应或工段名称；

b. 反应方程式标出投入物及生成物的分子量、投料量、理论得量、实得量、理论收量、实际收率；

c. 副反应方程式；

d. 母液回收平衡。

② 原料利用率　折纯计算：

$$原料利用率=\frac{产品产量+加收品量+副产品量}{原料投入量}\times 100\%$$

(13) 附录　有关理化常数、曲线、图表、计算公式、换算表等。

(14) 附页　供修改时登记批准日期、文号和内容等。

5.6.2 原料药岗位操作法

5.6.2.1 封面与首页

以工序名称定名，由车间主任、车间工艺员签字生效。

5.6.2.2 目次

岗位操作法可分为几个单元，并注明标题和页码。

5.6.2.3 正文

(1) 原材料标准、规格、性能

① 书写要求　以表格形式表示。内容包括：原料名称、理化常数、工业用途、安全事项、防毒、防火、急救措施办法。

② 实例

名称	规格	外观	理化常数	用途	安全事项	防毒防火	急救办法

（2）生产操作方法与要点（包括停、开车注意事项）

① 写出反应方程式及副反应式。

② 写出原料投料配比。

③ 操作过程

a. 投料过程；

b. 反应条件控制及终点控制；

c. 后处理操作；

d. 设备正确使用方法；

e. 收率计算法：

$$实际收率\% = \frac{实际所得生成物 \times 含量}{理论得量} \times 100\%$$

④ 操作要点与注意事项的书写要求

a. 写出本反应的操作关键地方；

b. 加料程序方面应注意的问题；

c. 观察反应情况的方法和要点；

d. 影响反应好坏的各种因素；

e. 操作过程中的条件控制要点及突发事故的处理规定与方法。

（3）重点操作与复核制度　重点操作包括计算、称量、投料、安全控制、测 pH 值等各步骤，都必须要进行明确规定复核制度、检查方法和程序，并要求双方签字，以明确责任。

（4）安全防火和劳动保护　参照工艺规程写出所涉及岗位上的安全防火和劳动保护内容。

① 有毒物及易燃、易爆原料的正确使用及防护措施；

② 正确使用设备及安全操作的要点；

③ 劳防用品的正确使用及配套；

④ 事故的急救方法及紧急措施等。

（5）异常现象处理　应写下列有关异常现象的处理方法及如何防止。

① 在突然停电、水、气等情况下采取的措施；

② 在设备突然损坏的情况下采取的处理措施；

③ 对投错料或配比错误的处理措施；

④ 对反应不正常、冲料等异常情况的处理措施。

（6）中间体质量标准　要制定中间体质量标准；同时对主要设备维护、使用与清洗，以及设备定期保养制度、容器清洗方法均要制定应达到的质量要求。

（7）度量衡器的检查与校正　要求写出岗位所涉及的衡器名称、型号、规格、检查方法、调试的步骤及各种度量衡器仪表的允许误差范围。

（8）综合利用与“三废”治理　参照工艺规程详细具体地写出本岗位“三废”排放标准，治理办法以及综合利用方法。

（9）工艺卫生和环境卫生要求　根据岗位要求写出下列内容。

① 设备清洗方法及卫生标准；

② 生产区、控制区、清洁区的卫生要求及如何做卫生；

③ 环境绿化、废物堆放规定及个人卫生。

（10）附录　有关理化数据、换算表等。

（11）附录　供修改时登记批准日期、文号和内容等。

5.6.3 编制

生产工艺规程和岗位操作法的制定和修改应履行起草、审查、批准程序，不得任意更改。

编写生产工艺规程，首先要做好工艺文件的标准化工作，即按照上级有关部门规定和本单位实际情况，做好工艺文件种类、格式、内容填写方法，工艺文件中常用名词、术语、符号的统一、简化等方面的工作，做到以最少的文件格式，统一的工程语言，正确地传递有关信息。

5.6.3.1 生产工艺规程的编制程序

(1) 准备阶段　由技术部门组织有关人员学习上级颁发的技术管理办法等有关内容，拟订编写大纲，统一格式与要求。

(2) 组织编写　由车间主任组织产品工艺员、设备员、质量员、技术员等编写。

(3) 讨论初审　由车间技术主任召集有关人员充分讨论，广泛征求班组意见，然后拟初稿，参加编写人员签字，技术主任初审签署意见后报技术科。

(4) 专业审查　由企业技术部门组织质量、设备、车间等专业部门，对各类数据、参数、工艺、标准、安全措施、综合平衡等方面进行全面审核。

(5) 修改定稿　由技术科复核结果、修改内容、精简文字、统一写法。

(6) 审定批准　修改定稿的材料报企业总工程师或厂技术负责人审定批准，车间技术主任、技术科长、总工程师三级签章生效，打印成册，颁发各有关部门执行。

批准生效的生产工艺规程，应建立编号，确定保密级别、打印数量及发放部门，并填写生产工艺规程发放登记表。初稿及正式文件交技术档案室存档。

5.6.3.2 岗位操作法的编制程序

(1) 岗位操作法的编制程序　岗位操作法由车间技术员组织编写，经车间技术主任审定批准，而后报企业技术部门备案。岗位操作法应有车间技术员、技术主任二级签章和批准执行日期。

(2) 岗位 SOP 的编制程序　岗位 SOP 的编制程序可参照岗位操作法执行。

5.6.3.3 编制工艺规程和岗位操作规则应注意的问题

(1) 药品名称应按中国药典或药品监督管理部门批准的法定名称，而不能用商品名、代号等。无法定名称的，一律采用通用的化学名称，可附注商品名。

(2) 各种工艺技术参数和技术经济定额中所用的计量单位均使用国家规定的计量单位。

(3) 生产工艺规程和岗位操作规则所用专业术语等要一致，以避免使用中造成误解。

课后练习

一、填空题

1. 中试放大是在实验室完成小型试验后，为了进一步考察实验室工艺的成熟性、可行性和科学性，对小型试验放大________倍所做的研究。

2. 在逐级放大过程中，每级放大倍数不大，一般为________倍。

3. 在设备的选择过程中，如果反应是在酸性介质中进行，则应采用防酸材料的反应釜，可选择________反应釜。对于碱性介质的反应，则应选择________反应釜。

4. 岗位操作规则包括________和________两个部分。

5. 生产工艺规程的内容可分为________、________、________三个部分。

答案：1.50～100　　2.10～30　　3.搪玻璃、不锈钢　　4.岗位操作法、岗位标准操作规程　　5.封面与首页、目次、原料药生产工艺规程正文

二、简答题

1.数学模型方法在化工开发中有哪几个主要步骤？

2.实验室小试工艺的确定应符合哪几点？

3.中试试验应具备哪些条件？

4.在中试放大中需研究哪些任务？

5.中试及试生产与正常生产有何不同？

知识拓展

原料药质量研究的一般内容

原料药的质量研究应在确定化学结构或组分的基础上进行。原料药的一般研究项目包括性状、鉴别、检查和含量测定等几个方面。

1.性状

1.1　外观、色泽、臭、味、结晶性、引湿性等

外观、色泽、臭、味、结晶性、引湿性等为药物的一般性状，应予以考察，并应注意在贮藏期内是否发生变化，如有变化，应如实描述，如遇光变色、易吸湿、风化、挥发等情况。

1.2　溶解度

通常考察药物在水及常用溶剂（与该药物溶解特性密切相关的、配制制剂、制备溶液或精制操作所需用的溶剂等）中的溶解度。

1.3　熔点或熔距

熔点或熔距是已知结构化学原料药的一个重要的物理常数，熔点或熔距数据是鉴别和检查该原料药的纯度指标之一。常温下呈固体状态的原料药应考察其熔点或受热后的熔融、分解、软化等情况。结晶性原料药一般应有明确的熔点，对熔点难以判断或熔融同时分解的品种应同时采用热分析方法进行比较研究。

1.4　旋光度或比旋度

旋光度或比旋度是反映具光学活性化合物固有特性及其纯度的指标。对这类药物应采用不同的溶剂考察其旋光性质，并测定旋光度或比旋度。

1.5　吸收系数

化合物对紫外-可见光的选择性吸收及其在最大吸收波长处的吸收系数，是该化合物的物理常数之一，应进行研究。

1.6　其他

相对密度：相对密度可反映物质的纯度。纯物质的相对密度在特定条件下为不变的常数。若纯度不够，其相对密度的测定值会随着纯度的变化而改变。液体原料药应考察其相对密度。

凝点：凝点系指一种物质由液体凝结为固体时，在短时间内停留不变的最高温度。物质的纯度变更，凝点亦随之改变。液体原料药应考察其是否具有一定的凝点。

馏程：某些液体药物具有一定的馏程，测定馏程可以区别或检查药物的纯杂程度。

折射率：对于液体药物，尤其是植物精油，利用折射率数值可以区别不同的油类或检查某些药物的纯杂程度。

黏度：黏度是指流体对流动的阻抗能力。测定液体药物或药物溶液的黏度可以区别或检查其纯度。

碘值、酸值、皂化值、羟值等：是脂肪与脂肪油类药物的重要理化性质指标，在此类药物的质量研究中应进行研究。

2. 鉴别

原料药的鉴别实验要采用专属性强、灵敏度高、重复性好、操作简便的方法，常用的方法有化学反应法、色谱法和光谱法等。

2.1 化学反应法

化学反应法的主要原理是选择官能团专属的化学反应进行鉴别，包括显色反应、沉淀反应、盐类的离子反应等。

2.2 色谱法

色谱法主要包括气相色谱法（gas chromatography，GC）、高效液相色谱法（high performance liquid chromatography，HPLC）和薄层色谱法（thin layer chromatography，TLC）等。可采用 GC 法、HPLC 法的保留时间及 TLC 法的比移值（R_f）和显色等进行鉴别。

2.3 光谱法

常用的光谱法有红外吸收光谱法（infrared spectrophotometry，IR）和紫外-可见吸收光谱法（ultraviolet-visible spectrophotometry，UV）。红外吸收光谱法是原料药鉴别实验的重要方法，应注意根据产品的性质选择适当的制样方法。紫外-可见吸收光谱法应规定在指定溶剂中的最大吸收波长，必要时，规定最小吸收波长；或规定几个最大吸收波长处的吸光度比值或特定波长处的吸光度，以提高鉴别的专属性。

3. 检查

检查项目通常应考虑安全性、有效性和纯度三个方面的内容。药物按既定的工艺生产和正常贮藏过程中可能产生需要控制的杂质，包括工艺杂质、降解产物、异构体和残留溶剂等，因此要进行质量研究，并结合实际制定出能真实反映产品质量的杂质控制项目，以保证药品的安全有效。

3.1 一般杂质

一般杂质包括氯化物、硫酸盐、重金属、砷盐、炽灼残渣等。对一般杂质，试制产品在检验时应根据各项实验的反应灵敏度配制不同浓度系列的对照液，考察多批数据，确定所含杂质的范围。

3.2 有关物质

有关物质主要是指在生产过程中带入的起始原料、中间体、聚合体、副反应产物，以及贮藏过程中的降解产物等。有关物质研究是药物质量研究中关键性的项目之一，其含量是反映药物纯度的直接指标。对药物的纯度要求，应基于安全性和生产实际情况两方面的考虑，因此，允许含一定量无害或低毒的共存物，但对有毒杂质则应严格控制。毒性杂质的确认主要依据安全性实验资料或文献资料。与已知毒性杂质结构相似的杂质，亦被认为是毒性杂质。具体内容可参阅《化学药物杂质研究的技术指导原则》。

3.3 残留溶剂

由于某些有机溶剂具有致癌、致突变、有害健康以及危害环境等特性，且残留溶剂亦在一定程度上反映精制等后处理工艺的可行性，故应对生产工艺中使用的有机溶剂在药物中的残留量进行研究。

3.4 晶型

许多药物具有多晶型现象。因物质的晶型不同，其物理性质会有不同，并可能对生物利用度和稳定性产生影响，故应对结晶性药物的晶型进行研究，确定是否存在多晶型现象；尤其对难溶性药物，其晶型如果有可能影响药物的有效性、安全性及稳定性时，则必须进行其晶型的研究。晶型检查通常采用熔点、红外吸收光谱、粉末 X 射线衍射、热分析等方法。对于具有多晶型现象，且为晶型选择性药物，应确定其有效晶型，并对无效晶型进行控制。

3.5 粒度

用于制备固体制剂或混悬剂的难溶性原料药，其粒度对生物利用度、溶出度和稳定性有较大影响时，应检查原料药的粒度和粒度分布，并规定其限度。

3.6 溶液的澄清度与颜色、溶液的酸碱度

溶液的澄清度与颜色、溶液的酸碱度是原料药质量控制的重要指标，通常应作此两项检查，特

别是制备注射剂用的原料药。

3.7　干燥失重和水分

此两项为原料药常规的检查项目。含结晶水的药物通常应测定水分，再结合其他实验研究确定所含结晶水的数目。质量研究中一般应同时进行干燥失重检查和水分测定，并将二者的测定结果进行比较。

3.8　异构体

异构体包括顺反异构体和光学异构体等。由于不同的异构体可能具有不同的生物活性或药物动力学性质，因此，须进行异构体的检查。具有顺、反异构现象的原料药应检查其异构体。单一光学活性的药物应检查其光学异构体，如对映体杂质检查。

3.9　其他

根据研究品种的具体情况，以及工艺和贮藏过程中发生的变化，有针对性地设置检查研究项目，如聚合物药物应检查平均分子量等。抗生素类药物或供注射用的原料药（无菌粉末直接分装），必要时检查异常毒性、细菌内毒素或热原、降压物质、无菌等。

4. 含量（效价）测定

凡用理化方法测定药物含量的称为“含量测定”，凡以生物学方法或酶化学方法测定药物效价的称为“效价测定”。化学原料药的含量（效价）测定是评价产品质量的主要指标之一，应选择适当的方法对原料药的含量（效价）进行研究。

第6章 化学制药与安全生产

化学原料药生产中使用的原料、溶剂和生产过程中产生的中间体和成品，很多都具有易燃、易爆、有毒或有害的特性，而且反应步骤复杂，大多数的生产操作是在危险的反应体系或高温、高压、深冷等十分苛刻的操作条件下进行的，生产系统极易引起火灾、爆炸或中毒，并且一旦发生火灾、爆炸等事故，其灾害的范围很大，损失极其严重。随着全球工业化程度的提高，无论是在发达国家还是在发展中国家，危险化学品的生产、运输、使用和排放等都在急剧的增加，经常会发生化学品的失控性反应、爆炸、火灾、泄漏和喷出事故。在现代化学工业高速发展的今天，灾难不可能完全避免，但却可以最大限度地被控制。发展生产、发展经济绝对不可能以降低安全标准为代价。安全生产已成为当今社会经济发展、社会文明进步的象征，并在许多重大经济技术决策中处于核心地位；同时，安全生产也反映出一个国家和地区社会经济运行质量的好坏。安全生产这一工业发展的根本前提已引起各国政府、企业和公众的充分重视。

生产系统可分为两类：一类是本质安全的，另一类是非本质安全的。所谓本质安全是指一般水平的操作者，即使发生人为的不安全行为，人身、设备和系统仍能保证安全；反之即为非本质安全。化工和医药原料药生产系统基本是非本质安全的，但是工程设计人员仍然可以将“安全”设计进去，全面了解生产过程中涉及的易燃、易爆、有毒、有害和腐蚀性物质的性质、数量、生产条件及危害程度，分析可能造成的后果，熟练掌握有关设计规范和规定，必要时去生产企业实地调研，并在设计过程中采取积极的预防和保护措施，消除或减少不安全因素，确保生产的安全。

6.1 化学制药生产工艺过程安全的基本要求

（1）工艺的安全性　工艺的安全性主要包括：①在设计条件下能够安全运转；②偏离设计条件时也能安全处理并能恢复到原来的条件；③确立安全的启动或停车办法。因此，必须评价工艺所具有的各种潜在危险性（如原料、化学反应、操作条件的不同，偏离正常运转的变化，工艺设备本身的危险性等），研究排除这些危险性，或用其他适当办法将这些危险性加以限制。

（2）防止运转中的事故　应尽力防止由运转中所产生的事故而引起的次生灾害，如废物的处理、混入杂质、误操作、停止供给动力等。

（3）防止受灾害范围扩大　万一发生灾害时，应防止灾害扩大。尽可能减少生产区危险物料的贮存量；其次还要在工艺流程布置、建筑结构、防火分隔、阻火和防爆装置等方面采取相应的安全措施。

6.2 物料性质及安全设计的要求和措施

6.2.1 化学物质的分类

（1）易燃液体　这类物质具有易燃、易爆、受热膨胀和流动扩散的特性，其危险程度可以用它们的沸点和闪点来衡量。闪点（flash point）是指易燃液体的蒸气遇明火闪出火花（又称闪燃）时的温度，是物质的固有性质，闪点越低越容易燃烧。根据国家标准《常用危险化学品的分类及标志》(GB 13690—92）规定，闭杯试验闪点≤61℃的液体为易燃性液体。

当易燃液体闪点＜28℃、沸点＜38℃时，贮罐必须按压力容器设计，并应考虑设置安全装置和夹套或蛇管冷却设施，如乙醚、乙醛或二氯甲烷等。有些易燃液体具有较高的熔点，如DMSO熔点为18.5℃，叔丁醇熔点为25.5℃，环己烷熔点为6.5℃，这些易燃液体的贮存容器要设置蒸汽或热水保温设施，当其蒸气需要冷却时，不应使用冷冻盐水，防止凝固堵塞管道引起危险。

（2）有毒物质　有害化学品分为有毒品、剧毒品和致癌化学品。根据国家标准《职业性接触毒物危害程度分级》（GB 5044—1985）规定，经口摄取半数致死量LD_{50}＜25mg/kg或吸入半数致死量LD_{50}＜200mg/m^3的原材料称为极度危害化学品，也叫做剧毒品；经口摄取半数致死量LD_{50}为25～500mg/kg或吸入半数致死量LD_{50}为200～2000mg/m^3的原材料称为高度危害化学品，也叫做高毒品。化学物质的急性毒性详细分级见表6-1。

表6-1　化学物质的急性毒性分级

毒性分级	大鼠一次经口 LD_{50} /(mg/kg)	6只大鼠吸入4h死亡2～4只的浓度 /$\times10^{-6}$	兔涂皮时 LD_{50} /(mg/kg)	对人可能致死量(60kg体重) /(g/kg)	对人可能致死量(60kg体重) 总量/g
剧毒	＜1	＜10	＜5	＜0.05	0.1
高毒	1～50	10～100	5～44	0.05～0.5	3
中等毒	50～500	100～1000	44～350	0.5～5	30
低毒	500～5000	1000～10000	350～2180	5～15	250
微毒	＞5000	＞10000	＞2180	＞15	＞1000

盛有剧毒或高毒物质（如丙烯腈、氯甲酸三氯甲酯、硫酸二甲酯、乙腈、甲醛等）的容器严禁使用玻璃管液位计，以避免破碎造成中毒或其他事故。使用或产生剧毒、高毒物质的岗位宜单独设置并加强通风，反应设备宜采用负压操作。

（3）受热易分解物质　爆炸性物质、氧化剂和自燃物都有受热（分解）爆炸或燃烧的特性，使用过程中应避开高温、热源或日照等。例如DMSO在高温下易分解爆炸，必须采用真空蒸馏，重氮盐在高温下也能分解爆炸。

（4）可燃和毒害性气体　可燃性气体如氢气、乙烯、丙烷、氯气等输送管道应采用接地的金属管，经常保持正压，并应设缓冲罐、止逆阀等，防止气体断流或压力减小时引起倒流产生爆炸。

根据气体的性质，设置事故处理池或吸收及排气设施。如氰化氢、氯气、二氧化硫等都是酸性物质，宜设置石灰水池；氨气为碱性物质，宜设置清水池；光气为剧毒物质，应设置事故吸收和自动喷氨设施。

(5) 腐蚀性化学品　腐蚀品与易燃品、氧化剂、毒害品有千丝万缕的关系。不少化学物品，往往同时具有腐蚀、易燃、氧化和毒害性质中的几种。相比较而言，腐蚀性占了主要地位的化学物品，即划归为腐蚀品。

对于腐蚀性化学品要注意其贮存容器，如冰醋酸铝宜用不锈钢容器贮存；稀乙酸对金属有腐蚀性，宜用陶瓷、搪瓷容器；含水的 5% DMSO 对钢板有强烈的腐蚀性，宜用铝制容器盛装；低级脂肪胺一般用碳钢或不锈钢容器贮存等。

(6) 忌水性物质　常见的忌水性物质有金属钠、金属钾、铝粉、锌粉、金属氢化物、硼氢化物、三氯化铝、三氯氧（化）磷、五氯化磷、酰氯、保险粉、环氧乙烷等。对于这些物质应避免与水或潮湿空气接触，并与酸、氧化剂等隔离。贮存这些物质的库房应设置在地势较高处，保持室内干燥，并有防止雨、雪、洪水侵袭的措施。

(7) 自燃性物质　常见的自燃性物质有白磷、黄磷、二硫化碳、四氢化硅、硫化铁、烷基铝、丁硼烷等。对于这些物质首先应采取封闭设备、隔绝空气，其次要加强场所的通风、散热与降温，并注意与其他物质分开存放。

(8) 反应性物质　两种性质互相抵触的物质不能混存，避免在反应过程以外相遇。遇酸碱能分解爆炸的物质要防止与酸碱接触，具有很强氧化能力的物质要避免与油脂、有机物、硫黄等接触，如过氯酸和乙醇、过氧化氢和丙酮、苯和高锰酸等。

6.2.2 安全设计的要求和措施

生产过程一般分为 3 个步骤：

(1) 原料处理　为了使原料符合进行加工及化学反应所要求的状态和规格，需要经过加工净化、提纯、混合、乳化或粉碎等多种不同的预处理。

(2) 化学反应　经过预处理的原料，在一定的温度、压力等条件下进行反应，以达到所要求的反应。

(3) 产品精制　将由化学反应得到的混合物进行分离处理，除去副产物或杂质，以获得符合组成或规格的产品。

运行过程中的危险决定于介质的特性危险，物质与物系的配制工艺变化和失控的危险，设备的失稳、失效和损坏的危险以及系统缺陷和操作失误的危险。装置运行过程，除化学反应外，还包括很多种现象，如动量传递和质量传递等。工业过程常用的分类方法有：①由于不同相态反应物系往往具有不同的动力学特征和传递特征，在化学反应工程中常按照相态将反应过程进行分类；②根据所进行的化学反应分类，反应物系可分为氧化、还原、加氢、脱氢、卤化、烷基化、硝化、磺化、羟基化、醛化、重氮化、聚合、裂化、催化、重整、碱解和酸解等。运行过程反应物系的热力学和动力学特点，反应物及主、副反应产物的性质，物系反应的选型、结构和材料，安全适宜的反应条件及保护方法等都是关系燃烧爆炸事故是否会发生的问题。安全生产工艺推荐的安全措施见表 6-2。

6.2.3 防止生产工艺危害一般措施

(1) 替代　预防、控制化学品危害最理想的方法是不使用有毒有害和易燃易爆的化学品，但这样一点有时做不到，通常的做法是选用无毒或低毒的化学品替代有毒有害的化学品，选用可燃化学品替代易燃化学品。例如，甲苯替代喷漆和除漆用的苯，用脂肪族烃替代胶水或黏合剂中的苯等。

表 6-2 安全生产工艺推荐的安全措施

项 目	目 的	安全措施内容	承担专业
工艺过程的安全	评价物料、反应、操作条件的危险性,研究安全措施	(1)评价由物料特性引起的危险性:①燃烧危险;②有害危险 (2)反应危险 (3)抑制反应的失控 (4)设定数据测定点 (5)判断引起火灾、爆炸的条件 (6)评价操作条件产生的危险性 (7)材质:①耐应力性;②高、低温耐应力性;③耐腐蚀性;④耐疲劳性;⑤耐电力化学腐蚀性;⑥隔音;⑦耐火;⑧耐热性 (8)填充材料	化工
	选择机器、设备的结构,研究承受负荷的措施	(1)材质 (2)结构 (3)强度 (4)标准等级	机械设备(包括管、贮罐、加热炉、电器、仪表、土木、建筑)
	研究设备机器偏离正常的操作条件及泄漏时的安全措施	(1)选择泄压装置的性能、结构、位置:①安全阀;②防爆板;③密封垫;④过流量防止器;⑤阻火器 (2)惰性气体注入设备 (3)爆炸抑制装置	化工
		(4)其他控制装置	化工仪表
		(5)测量仪器 (6)气体检测报警装置	仪表
		(7)通风装置	建筑
		(8)确定危险区和决定电气设备的爆炸结构	化工、电器
		(9)防静电措施	电气、建筑、机械
		(10)避雷设备	建筑
		(11)装置内的动火管理	工程项目
防止发生运转中的事故	研究防止由运转中所发生事故引起的灾害的措施	(1)紧急输送设备	化工
		(2)放空系统	化工
		(3)排水、排油设备	土木
		(4)动力的紧急停供设施:①保安用电力;②保安用蒸汽;③保安用冷却水	电气、机械
		(5)防止误操作措施:①阀等的联锁;②其他	机械、仪表
		(6)安全仪表	仪表
		(7)防止混入杂质等的措施	机械
		(8)防止因外因产生断裂的措施	接卸

续表

项　目	目　的	安全措施内容	承担专业
防止扩大受害范围的措施	研究将受害范围限制在最小限度内的措施	(1)布置 (2)耐火结构 (3)防油、防液堤 (4)紧急断流装置 (5)防火、防爆墙 (6)防火、灭火设置 (7)紧急通话设置 (8)安全避难设置 (9)防爆结构 (10)其他	工程项目 建筑、机械 土木 机械、仪表 土木、建筑 机械 工程项目、仪表 工程项目、建筑 建筑 工程项目

(2) 变更工艺　虽然替代是控制化学品危害的首选方案，但是目前可供选择的替代品很有限，特别是因技术和经济方面的原因，不可避免地要生产、使用有害化学品。这时可通过变更工艺消除或降低化学品危害。例如，以往从乙炔制乙醛，采用汞作催化剂，现在发展为用乙烯为原料，通过氧化或氯化制乙醛，不需用汞作催化剂。通过变更工艺，彻底消除了汞的危害。

(3) 隔离　隔离就是通过封闭、设置屏障等措施，避免作业人员直接暴露于有害环境中。

最常用的隔离方法是将生产所使用的设备完全封闭起来，使工人在操作中不接触化学品。

隔离操作是另一种常用的隔离方法，简单地说，就是把生产设备与操作室隔离开。最简单的形式就是把生产设备的管线阀门、电控开关放在与生产地点完全隔开的操作室内。

(4) 通风　通风是控制作业场所中有害气体、蒸气或粉尘最有效的措施。借助于有效的通风，使作业场所空气中有害气体、蒸气或粉尘的浓度低于安全浓度，以确保工人的身体健康，防止火灾、爆炸事故的发生。

通风分局部排风和全面排风两种。局部排风是把污染源罩起来，抽出污染空气，所需风量小，经济有效，并便于净化回收。全面通风亦称稀释通风，其原理是向作业场所提供新鲜的空气，抽出污染空气，降低有害气体、蒸气或粉尘在作业场所中的浓度。全面通风所需风量大，不能净化回收。

对于点式扩散源，可使用局部排风。使用局部排风时，应使污染源处于通风罩控制范围内。为了确保通风系统的高效率，通风系统设计的合理性十分重要。对于已安装的通风系统，要经常加以维护和保养，使其有效地发挥作用。

对于面式扩散源，要使用全面通风。采用全面通风时，在厂房设计阶段就要考虑空气流向等因素。因为全面通风的目的不是消除污染物，而是将污染物分散稀释，所以全面通风仅适合于低毒性作业场所，不适合于腐蚀性、污染物量大的作业场所。

像实验中的通风橱、焊接室或喷漆室可移动的通风管和导管都是局部排风设备。在冶金厂，熔化的物质从一端流向另一端时散发出有毒的烟和气，两种通风系统都要使用。

(5) 个体防护　当作业场所中有害化学品的浓度超标时，工人就必须使用合适的个体防护用品。个体防护用品既不能降低作业场所中有害化学品的浓度，也不能消除作业场所的有害化学品，而只是一道阻止有害物进入人体的屏障。保护用品本身的失效就意味着保护屏障的消失，因此个体防护不能被视为控制危害的主要手段，而只能作为一种辅助性措施。

防护用品主要有头部防护器具、呼吸防护器具、眼防护器具、身体防护用品、手足防护用品等。

(6) 卫生　卫生包括保持作业场所清洁和作业人员的个人卫生两方面。

经常清洗作业场所，对废物、溢出物加以适当处置，保持作业场所清洁，也能有效地预防和控制化学品危害。

作业人员应养成良好的卫生习惯，防止有害物附着在皮肤上，防止有害物通过皮肤渗入体内。

6.2.4　泄压装置与稳定装置

万一发生爆炸毒物泄漏时，应防止灾害扩大，把灾害局限在某一范围内。考虑到工厂的厂址、化工装置的特殊性、企业内组织的不同及其他情况，还必须具体问题具体分析，补充必要的事项。

在化学反应装置中，经常处理不同的原料，或尽管处理同种原料，其组分也不相同。由于催化剂的活性降低等原因，有时也必须改变操作条件，操作条件未必固定不变。因此，从安全上考虑，装置、设备的结构需按苛刻的条件设计。

由于装置、设备的耐压试验以规定的设计压力为基础，所以设计压力因工艺种类的不同而有较大的差异。对于设计温度，在石油炼制装置中一般按使用温度加上10～20℃的温度。化工装置在进行蒸馏、抽提、反应等化学工程的条件操作时，有时会偏离正常的运转状态而超温、超压引起事故。具体的泄压装置的种类及特性见表6-3。

表6-3　泄压装置的种类及特性

种　类	特　性
安全阀	可以将过压排放系统外部，恢复到正常压力继续运转的有以下几种 安全阀：用于气体或蒸气(包括空气、水蒸气) 排泄阀：主要用于液体、气体及液体兼用 安全排泄阀：气体及液体兼用
放泄阀(排泄阀)	可以将液体排放到系统外部，恢复到正常液压而继续运转
防爆板	虽然只排出过压，但用于即使用安全阀也不会有良好的效果，有可能引起压力上升现象的设备，放出内压而保护容器等与安全阀并用，可隔开腐蚀性物料，保护安全
通风管	排除内部液体的蒸气或空气，对气温的变化有呼吸作用，防止内部过压或负压

因此，在安全上需设置：①使异常状态恢复成正常状态而保持在最佳条件的压力控制装置；②在变化明显偏离正常状态有可能导致危险时为避免发生危险的稳定装置；③异常状态进一步发展时的紧急控制装置。

压力控制装置有以下两种：①迅速将压力排出系统外的泄压装置；②在超过一定压力时，自动减少设备内的气体流入量，控制压力的装置。

6.2.5　压力容器分类

压力容器的压力等级、品种、介质毒性程度和易燃介质的划分。

(1) 按压力容器的设计压力(p)分为低压、中压、高压、超高压四个压力等级，具体划分如下：

① 低压（代号L）　$0.1\text{MPa} \leqslant p < 1.6\text{MPa}$；

② 中压（代号M）　$1.6\text{MPa} \leqslant p < 10\text{MPa}$；

③ 高压（代号H）　$10\text{MPa} \leqslant p < 100\text{MPa}$；

④ 超高压（代号U）　$p \geqslant 100\text{MPa}$。

(2) 按压力容器在生产工艺过程中的作用原理，分为反应压力容器、换热压力容器、分离压力容器、贮存压力容器。具体划分如下：

① 反应压力容器（代号R） 主要是用于完成介质的物理、化学反应的压力容器，如反应器、反应釜、分解锅、硫化罐、分解塔、聚合釜、高压釜、超高压釜、合成塔、变换炉、蒸煮锅、蒸球、蒸压釜、煤气发生炉等；

② 换热压力容器（代号E） 主要是用于完成介质的热量交换的压力容器，如管壳式余热锅炉、热交换器、冷却器、冷凝器、蒸发器、加热器、消毒锅、染色器、烘缸、蒸炒锅、预热锅、溶剂预热器、蒸锅、蒸脱机、电热蒸气发生器、煤气发生炉水夹套等；

③ 分离压力容器（代号S） 主要是用于完成介质的流体压力平衡缓冲和气体净化分离的压力容器，如分离器、过滤器、集油器、缓冲器、洗涤器、吸收塔、铜洗塔、干燥塔、汽提塔、分汽缸、除氧器等；

④ 贮存压力容器（代号C，其中球罐代号B） 主要是用于贮存、盛装气体、液体、液化气体等介质的压力容器，如各种型式的贮罐。

在一种压力容器中，如同时具备两个以上的工艺作用原理时，应按工艺过程中的主要作用来划分品种。

(3) 介质毒性程度的分级和易燃介质的划分

① 压力容器中化学介质毒性程度和易燃介质的划分参照HG 20660《压力容器中化学介质毒性危害和爆炸危险程度分类》的规定。无规定时，按下述原则确定毒性程度：

a. 极度危害（Ⅰ）最高允许浓度$<0.1mg/m^3$；

b. 高度危害（Ⅱ）最高允许浓度$0.1\sim1.0mg/m^3$；

c. 中度危害（Ⅲ）最高允许浓度$1.0\sim10mg/m^3$；

d. 轻度危害（Ⅳ）最高允许浓度$\geq10mg/m^3$。

② 压力容器中的介质为混合物质时，应以介质的组分并按上述毒性程度或易燃介质的划分原则，由设计单位的工艺设计或使用单位的生产技术部门提供介质毒性程度或是否属于易燃介质的依据，无法提供依据时，按毒性危害程度或爆炸危险程度最高的介质确定。

6.2.6 压力容器上的安全装置

(1) 安全阀 容器内压力高时可自动排出一定数量的流体以减压；当容器内的压力恢复正常后，阀门自行关闭。

安全阀在系统中起安全保护作用。当系统压力超过规定值时，安全阀打开，将系统中的一部分气体/流体排入大气/管道外，使系统压力不超过允许值，从而保证系统不因压力过高而发生事故。

安全阀结构主要有两大类：弹簧式和杠杆式。弹簧式是指阀瓣与阀座的密封靠弹簧的作用力。杠杆式是靠杠杆和重锤的作用力。随着大容量的需要，又有一种脉冲式安全阀，也称为先导式安全阀，由主安全阀和辅助阀组成。当管道内介质压力超过规定压力值时，辅助阀先开启，介质沿着导管进入主安全阀，并将主安全阀打开，使增高的介质压力降低。

安全阀按其整体结构及加载机构的不同可以分为重锤杠杆式、弹簧微启式和脉冲式三种。

① 重锤杠杆式安全阀 重锤杠杆式安全阀是利用重锤和杠杆来平衡作用在阀瓣上的力。根据杠杆原理，如图6-1所示，它可以使用质量较小的重锤通过杠杆的增大作用获得较大的作用力，并通过移动重锤的位置（或变换重锤的质量）来调整安全阀的开启压力。

重锤杠杆式安全阀结构简单，调整容易而又比较准确，所加的载荷不会因阀瓣的升高而有较大的增加，适用于温度较高的场合，过去用得比较普遍，特别是用在锅炉和温度较高的压力容器上。但重锤杠杆式安全阀结构比较笨重，加载机构容易振动，并常因振动而产生泄漏；其回座压力较低，开启后不易关闭及保持严密。

② 弹簧微启式安全阀 弹簧微启式安全阀是利用压缩弹簧的力来平衡作用在阀瓣上的

力。如图 6-2 所示，螺旋圈形弹簧的压缩量可以通过转动弹簧微启式安全阀上面的调整螺母来调节，利用这种结构就可以根据需要校正安全阀的开启（整定）压力。弹簧微启式安全阀结构轻便紧凑，灵敏度也比较高，安装位置不受限制，而且因为对振动的敏感性小，所以可用于移动式的压力容器上。这种安全阀的缺点是所加的载荷会随着阀的开启而发生变化，即随着阀瓣的升高，弹簧的压缩量增大，作用在阀瓣上的力也跟着增加。这对安全阀的迅速开启是不利的。另外，阀上的弹簧会由于长期受高温的影响而使弹力减小。用于温度较高的容器上时，常常要考虑弹簧的隔热或散热问题，从而使结构变得复杂起来。

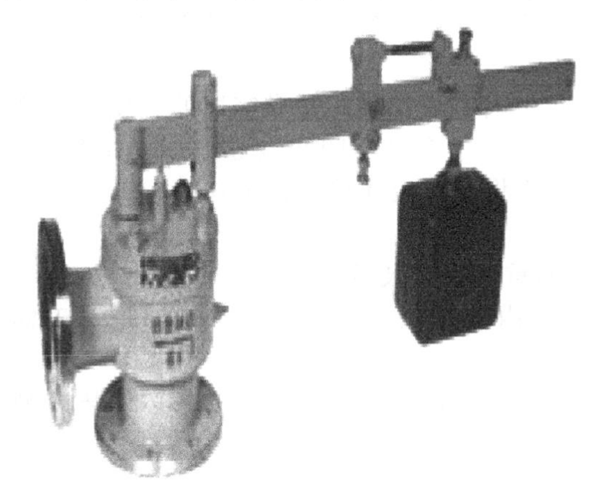

图 6-1　重锤杠杆式安全阀

图 6-2　弹簧微启式安全阀

③ 脉冲式安全阀　脉冲式安全阀由主阀和辅阀构成，通过辅阀的脉冲作用带动主阀动作，其结构复杂，通常只适用于安全泄放量很大的锅炉和压力容器。

上述三种形式的安全阀中，用得比较普遍的是弹簧式安全阀。

（2）爆破片　由进口静压使爆破片受压爆破而泄放出介质以减压，爆破后即不可再用，须更换，即具有非重闭性。

按照结构型式来分类，爆破片主要有三种，即平板型、正拱型和反拱型。平板型爆破片的综合性能较差，主要用于低压和超低压工况，尤其是大型料仓。正拱型和反拱型的应用场合较多。对于传统的正拱型爆破片，其工作原理是利用材料的拉伸强度来控制爆破压力，爆破片的拱出方向与压力作用方向一致。在使用中发现，所有的正拱型爆破片都存在相同的局限：爆破时，爆破片碎片会进入泄放管道；由于爆破片的中心厚度被有意减弱，易于因疲劳而提前爆破；操作压力不能超过爆破片最小爆破压力的 65%。由此导致了反拱型爆破片的出现。这种爆破片利用材料的抗压强度来控制其爆破压力，较之传统的正拱型爆破片，其具有抗疲劳性能优良、爆破时不产生碎片且操作压力可达其最小爆破压力 90%以上的优点。细分之下，反拱型爆破片包括反拱刻槽型、反拱腭齿型以及反拱刀架型等。

爆破片的特点：

① 适用于浆状、有黏性、腐蚀性工艺介质，这种情况下安全阀不起作用；

② 惯性小，可对急剧升高的压力迅速做出反应；

③ 在发生火灾或其他意外时，在主泄压装置打开后，可用爆破片作为附加泄压装置；

④ 严密无泄漏，适用于盛装昂贵或有毒介质的压力容器；

⑤ 规格型号多，可用各种材料制造，适应性强；

⑥ 便于维护、更换。

爆破片的适用场所：

① 工作介质为不洁净气体的压力容器；

② 由于物料的化学反应可能使压力迅速上升的压力容器；

③ 工作介质为剧毒气体的压力容器；

④ 介质为强腐蚀性介质的压力容器。

(3) 安全阀与爆破片装置的组合　可有安全阀与爆破片装置并联组合、安全阀进口和容器之间串联安装爆破片装置、安全阀出口侧串联安装爆破片装置三种组合方式。

(4) 爆破帽　超压时其薄弱面发生断裂，泄放出介质以减压。爆破后不可再用，须更换。

(5) 易熔塞　属于“熔化型”（“温度型”）安全泄放装置，容器壁温度超限时动作，主要用于中、低压的小型压力容器（如液化气钢瓶）。

(6) 紧急切断阀、减压阀　紧急切断阀通常与截止阀串联安装在紧靠容器的介质出口管道上，以便在管道发生大量泄漏时进行紧急止漏；一般还具有过流闭止及超温闭止的性能。减压阀间隙小，介质通过时产生节流，压力下降，用于将高压流体输送到低压管道。

(7) 压力表、温度计、液位计

① 压力表　指示容器内介质压力，是压力容器的重要安全装置。

② 液位计　又称液面计，是用来观察和测量容器内液面位置变化情况。特别是对于盛装液化气体的容器，液位计是一个必不可少的安全装置。

③ 温度计　用来测量压力容器介质的温度，对于需要控制壁温的容器，还必须装设测试壁温的温度计。

6.3 典型化学制药反应过程安全技术

在化学制药生产中不同的化学反应有不同的反应工艺条件，不同的反应过程有不同的操作规程。评价一套化学制药生产装置的危险性，不单要看它所加工的介质、中间产品、产品的性质和数量，还要看它所包含的化学反应类型及生产过程和设备的操作特点。因此，化学制药安全技术与化学制药工艺是密不可分的。

6.3.1 氧化反应

绝大多数氧化反应都是放热反应。这些反应很多是易燃易爆物质与空气或氧气参加，其物料比接近爆炸下限。倘若配比及反应温度控制失调，即能发生爆炸。某些氧化反应能生成危险性更大的过氧化物，它们的化学稳定性极差，受高温、摩擦或撞击便会分解，引燃或爆炸。

有些参加氧化反应物料的本身是强氧化剂，如高锰酸钾、氯酸钾、铬酸钾、铬酸酐、过氧化氢，它们的危险性很大，在与酸、有机物等作用时危险性就更大了。

因此，在氧化反应中，一定要严格控制氧化剂的投料量，氧化剂的加料速度也不宜过快。要有良好的搅拌和冷却装置，防止温升过快、过高。此外，要防止由于设备、物料含有的杂质而引起的不良副反应，例如有些氧化剂遇金属杂质会引起分解。使用空气时一定要净化，除掉空气中的灰尘、水分和油污。

当氧化过程以空气和氧为氧化剂时，反应物料配比应严格控制在爆炸范围以外。例如乙烯氧化制环氧乙烷，乙烯在氧气中的爆炸下限为91%，即含氧量为9%。反应系统中氧含量要求严格控制在9%以下。其产物环氧乙烷在空气中的爆炸极限范围很宽，为3%～100%。其次，反应放出大量的热增加了反应体系的温度。在高温下，由乙烯、氧和环氧乙烷组成的循环气具有更大的爆炸危险性。针对上述两个问题，工业上采用加入惰性气体（N_2、CO_2或甲烷等）的方法，来改变循环气的成分，缩小混合气的爆炸极限，增加反应系统的安全性；其次，这些惰性气体具有较高的热容，能有效地带走部分反应热，增加反应系统的稳定性。

这些惰性气体叫做致稳气体，致稳气体在反应中不被消耗，可循环使用。

6.3.2　还原反应

还原反应种类很多。虽然多数还原反应过程比较缓和，但是许多还原反应会产生氢气或使用氢气，增加了发生火灾爆炸的危险性，从而使防火、防爆问题突出；另外还有些反应使用的还原剂和催化剂具有很大的燃烧爆炸危险性。下面就不同情况做一介绍。

6.3.2.1　利用初生态氢还原

利用铁粉、锌粉等金属在酸、碱作用下生成初态氢起还原作用。例如硝基苯在盐酸溶液中被铁粉还原成苯胺。

在此类反应中，铁粉和锌粉在潮湿空气中遇酸性气体时可能引起自燃，在贮存时应特别注意。

反应时酸、碱的浓度要控制适宜，浓度过高或过低均使产生初生态氢的量不稳定，使反应难以控制。反应温度也不宜过高，否则容易突然产生大量氢气而造成冲料。反应过程中应注意搅拌效果，以防止铁粉、锌粉下沉。一旦温度过高，底部金属颗粒动能加大，将加速反应，产生大量氢气造成冲料。反应结束后，反应器内残渣中仍有铁粉、锌粉可继续作用，不断放出氢气，很不安全，应将残渣放入室外贮槽中，加冷水稀释，槽上加盖并设排气管以导出氢气。待金属粉消耗殆尽，再加碱中和。若急于中和，则容易产生大量氢气并生成大量的热，将导致燃烧爆炸。

6.3.2.2　在催化剂作用下加氢

有机合成工业和油脂化学工业中，常用雷尼镍、钯/碳等作为催化剂使氢活化，然后加入有机物质分子中起还原反应。例如苯在催化作用下，经加氢生产环己烷。

催化剂雷尼镍和钯/碳在空气中吸潮后有自燃的危险。钯/碳更易自燃，平时不能暴露在空气中，而要浸在酒精中保存。反应前必须用氮气置换反应器的全部空气，经测定证实含氧量降低到规定要求后，方可通入氢气。反应结束后应先用氮气把氢气置换掉，并以氮封保存。

此外，无论是利用初生态氢还原，还是用催化加氢，都是氢气存在下，并在加热、加压条件下进行的。氢气的爆炸极限 4%～75%，如果操作失误或设备泄漏，都极易引起爆炸。操作中要严格要求控制温度、压力和流量。厂房内的电气设备必须符合防爆的要求，且应采用轻质屋顶，开设天窗或风帽，使氢气易于飘逸。尾气排放管要高出屋顶并设有阻火器。

高温高压下的氢对金属有渗碳作用，易造成氢腐蚀，所以对设备和管道的选材要符合要求。对设备和管道要定期检测，以防事故。

6.3.2.3　使用其他还原剂还原

常用还原剂中火灾危险性大的有硼氢类、四氢化锂铝、氢化钠、保险粉（连二亚硫酸钠)、异丙醇铝等。

常用的硼氢类还原剂为钾硼氢和钠硼氢。它们都是遇水燃烧物质，在潮湿的空气中能自燃，遇水和酸即分解放出大量的氢，同时产生大量的热，可使氢气燃爆。所以应贮存于密闭容器中，置于干燥处。钾硼氢通常溶解在液碱中比较安全。在生产中，调节酸、碱度时要特别注意防止加酸过多、过快。

四氢化锂铝有良好的还原性，但遇潮湿空气、水和酸极易燃烧，应浸没在煤油中贮存。使用时应先将反应器用氮气置换干净，并在氮气保护下投料和反应。反应热应由油类冷却剂取走，不应用水，防止水漏入反应器内，发生爆炸。

用氢化钠作还原剂与水、酸的反应与四氢化锂铝相似，它与甲醇、乙醇等反应也相当激烈，有燃烧爆炸的危险。

保险粉是一种还原效果不错且较为安全的还原剂。它遇水发热，在潮湿的空气中能分解析出黄色的硫黄蒸气，硫黄蒸气自燃点低，易自燃。使用时应在不断搅拌下，将保险粉缓缓溶于冷水中，待溶解后再投入反应器与物料反应。

异丙醇铝常用于高级醇的还原，反应较温和。但在制备异丙醇铝时须加热回注，将产生大量氢气和异丙醇蒸气，如果铝片或催化剂三氯化铝的质量不佳，反应就不正常。往往先是不反应，温度升高后又突然反应，引起冲料，增加了燃烧爆炸的危险性。

采用还原性强而危险性又小的新型还原剂对安全生产很有意义。例如用硫化钠代替铁粉还原，可以避免氢气产生，同时也消除了铁泥堆积问题。

6.3.3 硝化反应

有机化合物分子中引入硝基（—NO_2）取代氢原子而生成硝基化合物的反应，称为硝化。硝化反应是生产染料、药物及某些炸药的重要反应。常用的硝化剂是浓硝酸或浓硝酸与浓硫酸的混合物（俗称混酸）。

硝化反应使用硝酸作硝化剂，浓硫酸为催化剂，也有使用氧化氮气体作硝化剂的。一般的硝化反应是先把硝酸和硫酸配成混酸，然后在严格控制温度的条件下将混酸滴入反应器，进行硝化反应。

制备混酸时，应先用水将浓硫酸适当稀释，稀释应在有搅拌和冷却情况下将浓硫酸缓缓加入水中，并控制温度。如果温度升高过快，应停止加酸，否则易发生爆溅，引发危险。

浓硫酸适当稀释后，在不断搅拌和冷却条件下加浓硝酸。应严格控制温度和酸的配比，直至充分搅拌均匀为止。配酸时要严防因温度猛升而冲料或爆炸。更不能把未经稀释的浓硫酸与硝酸混合，因为浓硫酸猛烈吸收浓硝酸中的水分而产生高热，将使硝酸分解产生多种氮氧化物，引起暴沸冲料或爆炸。浓硫酸稀释时，不可将水注入酸中，因为水的密度比浓硫酸小，上层的水被溶解放出的热量加热而沸腾，引起四处飞溅。

配制成的混酸具有强烈的氧化性和腐蚀性，必须严格防止触及棉、纸、布、稻草等有机物，以免发生燃烧爆炸。硝化反应的腐蚀性很强，要注意设备及管道的防腐性能，以防渗漏。

硝化反应是放热反应，温度越高，硝化反应速率越快，放出的热量越多，极易造成温度失控而爆炸。所以硝化反应器要有良好的冷却和搅拌，不得中途停水断电及搅拌系统发生故障。要有严格的温度控制系统及报警系统，遇到超温或搅拌故障，能自动报警并自动停止加料。反应物料不得有油类、醋酸酐、甘油、醇类等有机杂质，含水量也不能过高，否则易与酸反应，发生燃烧爆炸。

硝化器应设有泄爆管和紧急排放系统。一旦温度失控，紧急排放到安全地点。

硝化产物具有爆炸性，因此处理硝化物时要格外小心。应避免摩擦、撞击、高温、日晒，不能接触明火、酸、碱。卸料或处理堵塞管道时，可用水蒸气慢慢疏通，绝不能使用黑色金属棒敲打或明火加热。拆卸的管道，设备应移至车间外安全地点，用水蒸气反复冲洗，刷洗残留物，经分析合格后，才能进行检修。

6.3.4 磺化反应

在有机物分子中引入磺酸基或其衍生物的化学反应称为磺化反应。磺化反应使用的磺化剂主要是浓硫酸、发烟硫酸和硫酸酐，它们都是强烈的吸水剂。吸水时放热，会引起温度升高，甚至发生爆炸。磺化剂有腐蚀作用。磺化反应与硝化反应在安全技术上相似，不再赘述。

6.3.5 氯化反应

以氯原子取代有机化合物中氢原子的反应称为氯化反应。常用的氯化剂有液态或气态的氯、气态的氯化氢和不同浓度的盐酸、磷酰氯（三氯氧磷）、三氯化磷、硫酰氯（二氯硫酰）、次氯酸钙（漂白粉）等。最常用的氯化剂是氯气。氯气由氯化钠电解得到，通过液化贮存和运输。常用的容器有贮罐、气瓶和槽车，它们都是压力容器。氯气的毒性很大，要防止设备泄漏。

在化工生产中用以氯化的原料一般是甲烷、乙烷、乙烯、丙烷、丙烯、戊烷、苯、甲苯及萘等，它们都是易燃易爆物质。

氯化反应是放热反应。有些反应比较容易进行，如芳烃氯化，反应温度较低，而烷烃和烯烃氯化则温度高达300～500℃。在这样苛刻的反应条件下，一定要控制好反应温度、配料比和进料速度。反应器要有良好的冷却系统。设备和管道要耐腐蚀，因为氯气和氯化产物（氯化氢）的腐蚀性极强。

气瓶或贮罐中的氯气呈液态，冬天气化甚慢，有时需加热，以促使氯的气化。加热一般用温水而切忌用蒸汽和明火，以免温度过高，液氯剧烈气化，造成内压过高而发生爆炸。停止通氯时，应在氯气瓶尚未冷却的情况下关闭出口阀，以免温度骤降，瓶内氯气体积缩小，造成物料倒灌，形成爆炸性气体。

三氯化磷、三氯氧磷等遇水猛烈分解，会引起冲料或爆炸，所以要防水。冷却剂最好不用水。

氯化氢极易溶于水，可以用水来冷却和吸收氯化反应的尾气。

6.3.6 裂解反应

广义地说，凡是有机化合物在高温下分子发生分解的反应过程都称为裂解。而石油化工中所谓的裂解是指石油烃（裂解原料）在隔绝空气和高温条件下，分子发生分解反应而生成小分子烃类的过程。在这个过程中还伴随着许多其他的反应（如缩合反应），生成一些别的反应物（如由较小分子的烃缩合成较大分子的烃）。

裂解是总称，不同的情况可以有不同的名称，如单纯加热不使用催化剂的裂解称为热裂解；使用催化剂的裂解称为催化裂解；使用添加剂的裂解，随着添加剂的不同，有水蒸气裂解、加氢裂解等。

石油化工中的裂解与石油炼制工业中的裂化有共同点，即都符合前面所说的广义定义，但是也有不同，主要区别有二：一是所用的温度不同，一般大体以600℃为分界，在600℃以上所进行的过程为裂解，在600℃以下的过程为裂化；二是生产的目的不同，前者的目的产物为乙烯、丙烯、乙炔、联产丁二烯、苯、甲苯、二甲苯等化工产品，后者的目的产物是汽油、煤油等燃料油。

在石油化工中用的最为广泛的是水蒸气热裂解，其设备为管式裂解炉。

裂解反应在裂解炉的炉管内并在很高的温度（以轻柴油裂解制乙烯为例，裂解气的出口温度近800℃）、很短的时间（0.7s）内完成，以防止裂解气体二次反应而使裂解炉管结焦。

炉管内壁结焦会使流体阻力增加，影响生产。同时影响传热，当焦层达到一定厚度时，因炉管壁温度过高，而不能继续运行下去，必须进行清焦，否则会烧穿炉管，裂解气外泄，引起裂解炉爆炸。

裂解炉运转中，一些外界因素可能危及裂解炉的安全。这些不安全因素大致有以下几个。

（1）引风机故障　引风机是不断排除炉内烟气的装置。在裂解炉正常运行中，如果由于断电或引风机机械故障而使引风机突然停转，则炉膛内很快变成正压，会从窥视孔或烧嘴等处向外喷火，严重时会引起炉膛爆炸。为此，必须设置联锁装置，一旦引风机故障停车，则裂解炉自动停止进料并切断燃料供应。但应继续供应稀释蒸汽，以带走炉膛内的余热。

（2）燃料气压力降低故障　裂解炉正常运行中，如果燃料系统大幅度波动，燃料气压力过低，则可能造成裂解炉烧嘴回火，使烧嘴烧坏，甚至会引起爆炸。

裂解炉采用燃料油作燃料时，如果燃料油的压力降低，也会使油嘴回火。因此，当燃料油压降低时应自动切断燃料油的供应，同时停止进料。当裂解炉同时用油和气为燃料时，如果油压降低，则在切断燃料油的同时，将燃料气切入烧嘴，裂解炉可继续维持运转。

（3）其他公用工程故障　裂解炉其他公用工程（如锅炉给水）中断，则废热锅炉汽包液面迅速下降，如果不及时停炉，必然会使废热锅炉炉管、裂解炉对流段锅炉给水预热管损坏。

此外，水、电、蒸汽出现故障，均能导致裂解炉事故。在这种情况下，裂解炉应能自动停车。

6.3.7 聚合反应

由低分子单体合成聚合物的反应称为聚合反应。聚合反应的类型很多，按聚合物和单体元素组成和结构的不同，可分成加聚反应和缩聚反应两大类。

单体加成而聚合起来的反应叫做加聚反应。氯乙烯聚合成聚氯乙烯就是加聚反应。加聚反应产物的元素组成与原料单体相同，仅结构不同，其分子量是单体分子量的整数倍。

另外一类聚合反应中，除了生成聚合物外，同时还有低分子副产物产生，这类聚合反应称为缩聚反应。例如己二胺和己二酸反应生成尼龙 66 的缩聚反应。缩聚反应的单体分子中都有官能团，根据单体官能团的不同，低分子副产物可能是水、醇、氨、氯化氢等。

由于聚合物的单体大多数都是易燃易爆物质，聚合反应多在高压下进行，反应本身又是放热过程，所以如果反应条件控制不当，很容易出事故。例如，乙烯在温度为 150～300℃、压力为 130～300MPa 的条件下聚合成聚乙烯，在这种条件下，乙烯不稳定，一旦分解，会产生巨大的热量，进而反应加剧，可能引起暴聚，反应器和分离器可能发生爆炸。

聚合反应过程中的不安全因素有：

① 单体在压缩过程中或在高压系统中泄漏，发生火灾爆炸。

② 聚合反应中加入的引发剂都是化学活泼性很强的过氧化物，一旦配料比控制不当，容易引起暴聚，反应器压力骤增易引起爆炸。

③ 聚合反应热未能及时导出，如搅拌发生故障、停电、停水，由于反应釜内聚合物粘壁作用，使反应热不能导出，造成局部过热或反应釜急剧升温，发生爆炸，引起容器破裂，可燃气外泄。

针对上述不安全因素，可设置可燃气体检测报警器，一旦发现设备、管道有可燃气体泄漏，将自动停车。

对催化剂、引发剂等要加强贮存、运输、调配、注入等工序的严格管理。反应釜的搅拌和温度应有检测和联锁，发现异常能自动停止进料。高压分离系统应设置爆破片、导爆管，并有良好的静电接地系统。一旦出现异常，及时泄压。

6.4 制药过程单元运行安全技术

6.4.1 加热过程

温度是化学制药生产中最常见的需控制的条件之一。加热是控制温度的重要手段，其操作的关键是按规定严格控制温度的范围和升温速度。

温度高会使化学反应速率加快，若是放热反应，则放热量增加，一旦散热不及时，温度失控，发生冲料，甚至会引起燃烧和爆炸。

升温速度过快不仅容易使反应超温，而且还会损坏设备。例如，升温过快会使带有衬里的设备及各种加热炉、反应炉等设备损坏。

化学制药生产中的加热方式有直接火加热（包括烟道气加热）、蒸气或热水加热、载体加热以及电加热。加热温度在100℃以下的，常用热水或蒸气加热；100～140℃用蒸气加热；超过140℃则用加热炉直接加热或用热载体加热；超过250℃时，一般用电加热。

用高压蒸气加热时，对设备耐压要求高，须严防泄漏或与物料混合，避免造成事故。

使用热载体加热时，要防止热载体循环系统堵塞，热油喷出，酿成事故。

使用电加热时，电气设备要符合防爆要求。

直接火加热危险性最大，温度不易控制，可能造成局部过热烧坏设备、引起易燃物质的分解爆炸。当加热温度接近或超过物料的自燃点时，应采用惰性气体保护。若加热温度接近物料分解温度，此生产工艺称为危险工艺，必须设法改进工艺条件，如负压或加压操作。

6.4.2 冷却过程

在化学制药生产中，把物料冷却到大气温度以上时，可以用空气或循环水作为冷却介质；冷却温度在15℃以上，可以用地下水；冷却温度在0～15℃之间，可以用冷冻盐水。

还可以借某种沸点较低的介质的蒸发从需冷却的物料中取得热量来实现冷却。常用的介质有氟利昂、氨等。此时，物料被冷却的温度可达－15℃左右。更低温度的冷却，属于冷冻的范围。例如，石油气、裂解气的分离采用深度冷冻，介质需冷却至－150℃以下。冷却操作时冷却介质不能中断，否则会造成积热，系统温度、压力骤增，引起爆炸。开车时，应先通冷却介质；停车时，应先撤出物料，后停冷却系统。

有些凝固点较高的物料，遇冷易变得黏稠或凝固，在冷却时要注意控制温度，防止物料卡住搅拌器或堵塞设备及管道。

6.4.3 加压过程

凡操作压力超过大气压的都属于加压操作。加压操作所使用的设备要符合压力容器的要求。加压系统不得泄漏，否则在压力下物料以高速喷出，产生静电，极易发生火灾、爆炸。

所用的各种仪表及安全设施（如爆破泄压片、紧急排放管等）都必须齐全好用。

6.4.4 负压操作

负压操作即低于大气压下的操作。负压系统的设备也和压力设备一样，必须符合强度要求，以防在负压下把设备抽瘪。

负压系统必须有良好的密封，否则一旦空气进入设备内部，形成爆炸混合物，易引起爆炸。当需要恢复常压时，应待温度降低后，缓缓放进空气，以防自燃或爆炸。

6.4.5 冷冻过程

在某些化工生产过程中，如蒸发、气体的液化、低温分离，以及某些物品的输送、贮藏等，常需将物料降到比0℃更低的温度，这就需要进行冷冻。

冷冻操作的实质是利用冷冻剂不断地由被冷冻物体取出热量，并传给其他物质（水或空气），以使被冷冻物体温度降低。制冷剂自身通过压缩-冷却-蒸发（或节流、膨胀）循环过程，反复使用。工业上常用的制冷剂有氨、氟利昂。在石油化工生产中常用乙烯、丙烯为深冷分离裂解气的冷冻剂。

对于制冷系统的压缩机、冷凝器、蒸发器以及管路，应注意耐压等级和气密性，防止泄漏。此外还应注意低温部分的材质选择。

6.4.6 物料输送

在化学制药生产过程中，经常需要将各种原料、中间体、产品以及副产品和废弃物从一个地方输送到另一个地方。由于所输送物料的形态不同（块状、粉状、液体、气体），所采用的输送方式机械也各异，但不论采取何种形式的输送，保证它们的安全运行都是十分重要的。

固体块状和粉状物料的输送一般多采用皮带输送机、螺旋输送器、刮板输送机、链斗输送机、斗式提升机以及气流输送等多种方式。

这类输送设备除了其本身会发生故障外，还会造成人身伤害。因此除要加强对机械设备的常规维护外，还应对齿轮、皮带、链条等部位采取防护措施。

气流输送分为吸送式和压送式。气流输送系统除设备本身会产生故障之外，最大的问题是系统的堵塞和由静电引起的粉尘爆炸。

粉料气流输送系统应保持良好的严密性。其管道材料应选择导电性材料并有良好的接地。如果采用绝缘材料管道，则管外应采取接地措施。输送速度不应超过该物料允许的流速。粉料不要堆积管内，要及时清理管壁。

用各种泵类输送可燃液体时，其管内流速不应超过规定的安全速度。

在化学制药生产中，也有用压缩空气为动力来输送一些酸、碱等有腐蚀性液体的。这些输送设备也属于压力容器，要有足够的强度。在输送有爆炸性或燃烧性物料时，要采用氮、二氧化碳等惰性气体代替压缩空气，以防造成燃烧或爆炸。

气体物料的输送采用压缩机。输送可燃气体要求压力不太高时，采用液环泵比较安全。可燃气体的管道应经常保持正压，并根据实际需要安装逆止阀、水封和阻火器等安全装置。

6.4.7 熔融过程

在化学制药生产中常常需将某些固体物料（如氢氧化钠、氢氧化钾、萘、磺酸等）熔融之后进行化学反应。碱熔过程中的碱屑或碱液飞溅到皮肤上或眼睛里会造成灼伤。

碱熔物和磺酸盐中若含有无机盐等杂质应尽量除掉，否则这些无机盐因不熔融会造成局部过热、烧焦，致使熔融物喷出，容易造成烧伤。

熔融过程一般在150～350℃下进行，为防止局部过热，必须不间断地搅拌。

6.4.8 干燥过程

在化学制药生产中将固体和液体分离的操作方法是过滤，要进一步除去固体中液体的方法是干燥。干燥操作有常压和减压，也有连续与间断之分。用来干燥的介质有空气、烟道气等。此外还有升华干燥（冷冻干燥）、高频干燥和红外干燥。

干燥过程中要严格控制温度，防止局部过热，以免造成物料分解、爆炸。在干燥过程中散发出来的易燃易爆气体或粉尘，不应与明火和高温表面接触，防止燃爆。在气流干燥中应有防静电措施，在滚筒干燥中应适当调整刮刀与筒壁的间隙，以防止火花。

6.4.9 蒸发与蒸馏过程

蒸发是借加热作用使溶液中所含溶剂不断气化，以提高溶液中溶质的浓度，或使溶质析出的物理过程。蒸发按其操作压力不同可分为常压、加压和减压蒸发。按蒸发所需热量的利用次数不同可分为单效和多效蒸发。

蒸发的溶液皆具有一定的特性。例如，溶质在浓缩过程中可能有结晶、沉淀和污垢生成，这些都能导致传热效率的降低，并产生局部过热，促使物料分解、燃烧和爆炸，因此要控制蒸发温度。为防止热敏性物质的分解，可采用真空蒸发的方法，降低蒸发温度；或采用高效蒸发器，增加蒸发面积，减少停留时间。

对具有腐蚀性的溶液，要合理选择蒸发器的材质，必要时做防腐处理。

蒸馏是借液体混合物各组分挥发度的不同，使其分离为纯组分的操作。蒸馏操作可分为间歇蒸馏和连续蒸馏。按压力分为常压、减压和加压（高压）蒸馏。此外还有特殊蒸馏——蒸气蒸馏、萃取蒸馏、恒沸蒸馏和分子蒸馏。

在安全技术上，对不同的物料应选择正确的蒸馏方法和设备。在处理难于挥发的物料时（常压下沸点在150℃以上）应采用真空蒸馏，这样可以降低蒸馏温度，防止物料在高温下分解、变质或聚合。

在处理中等挥发性物料（沸点为100℃左右）时，一般采用常压蒸馏。对于沸点低于30℃的物料，则应采用加压蒸馏。

蒸气蒸馏通常用于在常压下沸点较高，或在沸点时容易分解的物质的蒸馏；也常用于高沸点物与不挥发杂质的分离，但只限于所得到的产品完全不溶于水。

萃取蒸馏与恒沸蒸馏主要用于分离由沸点极接近或恒沸组成的各组分所组成的、难以用普通蒸馏方法分离的混合物。

分子蒸馏是一种相当于绝对真空下进行的一种真空蒸馏。在这种条件下，分子间的相互吸引力减少，物质的挥发度提高，使液体混合物中难以分离的组分容易分开。由于分子蒸馏降低了蒸馏温度，所以可以防止或减少有机物的分解。

6.5 化学制药工艺参数安全控制

控制化学制药工艺参数，即控制反应温度、压力，控制投料的速度、配比、顺序以及原材料的纯度和副反应等。工艺参数失控，不但破坏了平稳的生产过程，还常常是导致火灾、爆炸事故的“祸根”之一，所以严格控制工艺参数，使之处于安全限度内，是化工装置防止发生火灾、爆炸事故的根本措施之一。

（1）温度控制　温度是化学制药生产中主要控制参数。准确控制反应温度不但对保证产品质量、降低能耗有重要意义，也是防火防爆所必需的。温度过高，可能引起反应失控发生冲料或爆炸；也可能引起反应物分解燃烧、爆炸；或由于液化气体介质和低沸点液体介质急剧蒸发，造成超压爆炸。温度过低，则有时会因反应速率减慢或停滞造成反应物积聚，一旦温度正常时，往往会因未反应物料过多而发生剧烈反应引起爆炸。温度过低还可能使某些物料冻结造成管路堵塞或破裂，致使易燃物泄漏引起燃烧、爆炸。

为了严格控制温度，须从以下3个方面采取相应措施。

① 有效除去反应热　对于相当多数的放热化学反应应选择有效的传热设备、传热方式及传热介质，保证反应热及时导出，防止超温。

还要注意随时解决传热面结垢、结焦的问题，因为它会大大降低传热效率，而这种结垢、结焦现象在石化生产中又是较常见的。

② 正确选用传热介质　在化学制药生产中常用载体来进行加热。常用的热载体有水蒸气、热水、烟道气、碳氢化合物（如导热油、联苯混合物即道生液）、熔盐、汞和熔融金属等。正确选择热载体对加热过程的安全十分重要。如应避免选择容易与反应物料相作用的物质作为传热介质，如不能用水来加热或冷却环氧乙烷，因为微量水也会引起液体环氧乙烷自

聚发热而爆炸，此种情况宜选用液体石蜡作传热介质。

③ 防止搅拌中断　搅拌可以加速反应物料混合以及热传导。有的生产过程如果搅拌中断，可能会造成局部反应加剧和散热不良而发生超压爆炸。对因搅拌中断可能引起事故的石化装置，应采取防止搅拌中断的措施，例如用双路供电等。

(2) 压力控制　压力是化学制药生产的基本参数之一。在化学制药生产中，有许多反应需要在一定压力下才能进行，或者要用加压的方法来加快反应速率，提高收率。因此，加压操作在化工生产中普遍采用，所使用的塔、釜、器、罐等大部分是压力容器。

但是，超压也是造成火灾爆炸事故的重要原因之一。例如，加压能够强化可燃物料的化学活性，扩大燃爆极限范围；久受高压作用的设备容易脱碳、变形、渗漏，以致破裂和爆炸；处于高压的可燃气体介质从设备、系统连接薄弱处（如焊接处或法兰、螺栓、丝扣连接处甚至因腐蚀穿孔等）泄漏，还会由于急剧喷出或静电而导致火灾爆炸等。反之，压力过低，会使设备变形。在负压操作系统，空气容易从外部渗入，与设备、系统内的可燃物料形成爆炸性混合物而导致燃烧、爆炸。

因此，为了确保安全生产，不因压力失控造成事故，除了要求受压系统中的所有设备、管道必须按照设计要求，保证其耐压强度、气密性；有安全阀等泄压设施；还必须装设灵敏、准确、可靠的测量压力的仪表——压力计。而且要按照设计压力或最高工作压力以及有关规定，正确选用、安装和使用压力计，并在生产运行期间保持完好。

(3) 进料控制

① 进料速度　对于放热反应，进料速度不能超过设备的散热能力，否则物料温度将会急剧升高，引起物料的分解，有可能造成爆炸事故。进料速度过低，部分物料可能因温度过低，反应不完全而积聚。一旦达到反应温度时，就有可能使反应加剧进行，因温度、压力急剧升高而产生爆炸。

② 进料温度　进料温度过高，可能造成反应失控而发生事故；进料温度过低，情况与进料速度过低相似。

③ 进料配比　对反应物料的配比要严格控制，尤其是对连续化程度较高、危险性较大的生产，更需注意。例如环氧乙烷生产中，反应原料乙烯与氧的浓度接近爆炸极限范围，须严格控制，尤其在开、停车过程中，乙烯和氧的浓度在不断变化，且开车时催化剂活性较低，容易造成反应器出口氧浓度过高，为保证安全，应设置联锁装置，经常核对循环气的组成，尽量减少开、停车次数。

对可燃或易燃物与氧化剂的反应，要严格控制氧化剂的投料速度和投料量。两种或两种以上原料能形成爆炸性混合物的生产，其配比应严格控制在爆炸极限范围以外，如果工艺条件允许，可采用水蒸气或惰性气体稀释。

催化剂对化学反应速率影响很大，如果催化剂过量，就可能发生危险。因此，对催化剂的加入量也应严格控制。

④ 进料顺序　有些生产过程，进料顺序是不能颠倒的，如氯化氢合成应先投氢后投氯；三氯化磷生产应先投磷后投氯；磷酸酯与甲胺反应时，应先投磷酸酯，再滴加甲胺等。反之就会发生爆炸。

(4) 控制原料纯度　许多化学反应，由于反应物料中危险杂质的增加导致副反应、过反应的发生而引起燃烧、爆炸。

① 原料中某种杂质含量过高，生产过程中易发生燃烧、爆炸。例如，生产乙炔时要求电石中含磷量不超过0.08%，因为磷（即磷化钙）遇水后生成磷化氢，它遇空气燃烧，可导致乙炔-空气混合气爆炸。

② 循环使用的反应原料气中，如果其中有害杂质气体不清除干净，在循环过程中就会

越积越多，最终导致爆炸。例如空分装置中液氧中的有机物（烃）含量过高，就会引起爆炸。这需要在工艺上采取措施，如在循环使用前将有害杂质吸收清除或将部分反应气体放空，以及加强监测等，以保证有害杂质气体含量不超过标准。

有时为了防止某些有害杂质的存在引起事故，还可采用加稳定剂的办法。

需要说明的是，温度、压力、进料量与进料温度、原料纯度等工艺参数，甚至是一些看起来“较不重要”的工艺参数都是互相影响的，有时是“牵一发而动全身”，所以对任何一项工艺参数都要认真对待，不能“掉以轻心”。

6.6 化学制药的装置运转安全设计

化学制药的装置一般是由下列部分组成的：

① 原料调整部分；

② 反应部分；

③ 回收部分；

④ 产品精制部分。

虽然运转是按上述顺序开始的，但在产品部分能同反应部分分开的情况下，首先准备产品，最初启动产品精制部分，然后启动原料调整部分，最后启动反应部分。在各个部分以冷循环、热循环的顺序进行，在此期间再次调整泵、仪表等，先按所准备的运转要领进入运转。在运转的初期，处理量一般比设计量低，并且是以较低温度的状态进行运转。另外，在使用催化剂的装置中，有时最初要进行还原、脱硫、硫化及其他调整操作。如果运转大致稳定下来，则慢慢接近运转条件进行运转。在此期间需阶段性的进行检验，检查研究实际值同设计值的差异。另外，要分析运转数据，决定以后的运转方针，使全体操作人员透彻地了解操作的进行方法。特别是对新开发的工艺，有可能发生意外的事故，所以必须可靠并安全地调整运转条件。

6.6.1 操作运行安全

操作工在运转中必须注意以下事项：

① 操作工应相互明确各自所担负的任务，可防重复工作和遗漏。

② 阀的开闭、转动机械的启动和停车以及变更运转条件等重要的操作，原则上全部按运转指挥人员的指示进行，不得只以本身单独的判断进行操作。

③ 如果所指示的操作结束，应立即向指挥人员报告结果。

④ 发现异常时，即使是小的异常也应立即向指挥人员报告，并听从指示。

⑤ 不管是液体和气体，都要认真注意泄漏。

⑥ 在最初的运转操作中对每项操作都应不断进行确认，需要时进行各种测定。确认其操作效果后再进行下一项操作。不得不按顺序和不确认操作就往下进行。

⑦ 运转倒班班组之间联系与交接时，特别重要的事项不仅用口头形式，而且还要用运转日记形式全面详细地交接。交接不详细会发生意外的事故，所以在运转日记上对记载的要点要作标记以引起注意。

6.6.2 运转检查

在试运作过程中，由于温度、压力、流量、振动等比正常运转时变化大，所以对各设备的影响也大。也就是说，容易因膨胀、收缩、破损、磨损及杂物引起堵塞现象。因此，应不断注意配管和设备的动作情况，如有异常立即进行应急处理。以下叙述其检验的方法。

(1) 振动、膨胀、收缩　用手摸、耳听、听诊器、听诊棒、振动计等检查振动。检查配管弯曲部分和法兰部分是否因膨胀、收缩等产生异常的情况。

(2) 仪表类　对仪表一开始不能过于全面依赖。对液位计要特别注意，要把仪表的指示和玻璃板液位计的实际液位进行比较后确认。压力表可根据情况换成其他压力表进行观察。对真空计最好要特别仔细地进行检查。

(3) 泄漏　接触空气就会着火的高温流体如果泄漏是很危险的，所以要特别注意。运转一旦停止，配管冷却后再启动时，由于管子的膨胀、收缩等，有时从法兰部位产生泄漏。即使是极少量也会渗入保温材料中，有时会在运转中使温度上升达到燃点突然燃烧起来。为了发现气体泄漏，用合适该气体的气体检测器仔细检验法兰部位及其他部位。

(4) 运转检查　根据试运转的进展情况，有计划地巡回检查装置内重要部位，努力查找泄漏及其他异常。虽然其检查方法很多，但在启动后繁忙的时候，为了加强监视，不仅是操作工要进行检查，而且有时还让维修部门协助。有关巡回检查的要领，例如30min巡检一次，每个倒班班组内巡检四次等，是根据运转的进展和状况来决定的。特别是提高反应温度和压力或者条件变动较大时，应缩短巡检的间隔，加强监视。在巡检中发现的事项和再次紧固及其他应当处理的事项，应将其位置、时间等记在日记中，可靠地传达给下一倒班班组。

6.7 装置停车安全

6.7.1 正常停车

虽然各装置的运转要领书都有关于装置正常停车的详细记载，但还要考虑停车后的维修规模和停车时间的长短以及再启动情况。一般来说，应考虑下列3种情况。

(1) 停车后大修　前提是因装置的设计和制造不良等原因进行大规模的修改。这时由于必须打开塔、槽类的人孔，所以在停车后应完全清除装置内部的易燃物质、有毒物质及其他存留物等。并且对内部进行水洗、蒸气清洗或化学清洗等，以保证在安全状态下开始施工。

(2) 停车后小修　这种停车是只打开某些设备进行维修，如在运转中发生泄漏而采取应急处理进行部分的修理和拆卸，清扫严重污染的设备等情况进行的停车，没有必要动其他设备。但是，由于装置所处理的物质性质不同，有时会在停车中引起杂质的沉积和凝固等，妨碍再启动，所以必须进行必要的处理。

(3) 停车后没必要修理　这是中断时间极短、停车操作接近上述小修的情况，使全部装置准备再启动，处于待命状态。但是，这时由于塔设备内部温度下降，有时会从外部吸入空气等，所以对主要阀的操作及其他操作应充分注意。

6.7.2 紧急停车

紧急停车是因某些原因不能继续运转的情况下，为了装置的安全，使装置的一部分或全部在尽量短的时间内安全地停车。紧急停车的原因有以下几种。

(1) 装置外部原因

① 电力、蒸气、压缩空气、工业用水、冷却水、净化水等公用工程停止供给或供给不足。

② 地震、雷击、水灾、相邻区域发生火灾、爆炸等灾害。

③ 原料供给不足。

(2) 装置内部原因　设备发生重大故障，泄漏严重，不能应急处理时，装置内发生火灾、爆炸事故等。

6.7.3　紧急停车训练

在试运转之前，需进行因停电等假设原因引起的紧急停车的训练。其方法如下：

① 制订各种紧急状态情况下的训练计划，制定详细的顺序书。

② 进行图上演习。

③ 利用装置的模型进行演习。

④ 进行实际的操作训练。

对于各种情况，最好每个倒班班组至少进行两次以上训练。

6.7.4　紧急停车处理

（1）紧急停车判断　对化学制药装置来说，反复停车或开车会损害催化剂，降低设备的机械强度，而且也是引起二次事故的原因，所以这样做不妥。发生紧急情况时，运转指挥人员必须针对下列 3 种情况判断，采取正确的紧急停车方式。

① 是否尽快进入全面停车。

② 是否只是局部停车。

③ 是否暂降负荷运转待命。

另外，如果是下列状态，就不得不立即进行紧急停车，即：

① 装置区内发生火灾和爆炸。

② 紧急报警器发生故障后恢复变送状态需要时间。

③ 运转异常情况复杂，调整点增加，从操作工的能力来看，判断有可能是误操作。

另外，进行暂时降负荷运转的恰当示例有锅炉的故障。虽然也要根据故障的程度决定，但蒸气的压力一般很少一下急剧下降，所以在这种情况下，如果在装置上作为安全仪表安装有自动紧急停车设备等，就立即置换成手动，确认蒸气恢复压力后再进行下一阶段的操作。

（2）紧急停车事前处理　进入停车之前，运转指挥人员必须进行下列处理。

① 再次确认紧急状态。

② 通知公用工程及其他与装置运转有关的部门。

③ 指示停车操作的缓、急顺序等。

（3）紧急停车的基本操作　虽然必须根据发生紧急情况的原因选择适应的最好的方法，但其基本操作如下。

① 降低温度（切断热源）。

② 降低压力。

③ 停止供给原料。

（4）紧急停车后处理　将装置内的存留物输送到装置区外。

6.8　化学制药装置停车及停车后的安全处理

停车方案一经确定，应严格按停车方案确定的停车时间、停车程序以及各项安全措施有秩序地进行停车。停车操作及应注意事项如下。

（1）卸压　系统卸压要缓慢，由高压降至低压，应注意压力不得降为零，更不能造成负压，一般要求系统内保持微弱正压。在未做好卸压前，不得拆动设备。

（2）降温　降温应按规定的降温速度进行降温，须保证达到规定要求。高温设备不能急骤降温，避免造成设备损失，以切断电源后强制通风或自然冷却为宜，一般要求设备内介质温度要低于60℃。

(3) 排净　排净生产系统（设备、管道）内贮存的气、液、固体物料。如物料确实不能完全排净，应在“安全检修交接书”中详细记录，并进一步采取安全措施，排放残留物必须严格按规定地点和方法进行，不得随意放空或排入下水道，以免污染环境或发生事故。

停车操作期间，装置周围应杜绝一切火源。

停车过程中，对发生的异常情况和处理方法，要随时做好记录；对关键装置和要害部位的关键性操作，要采取监护制度。

6.9 安全生产的几种防护措施

6.9.1 防毒

(1) 防毒的组织管理措施　企业及其主管部门在组织生产的同时，要加强对防毒工作的领导和管理，要有人分管这项工作，并列入议事日程，作为一项重要工作来抓。

要认真贯彻国家“安全第一，预防为主”的安全生产方针，做到生产工作和安全工作“五同时”，即同时计划、同时布置、同时检查、同时总结、同时评比。对于建设、建设和扩展项目，防毒技术措施要执行“三同时”（即同时设计、同时施工、同时投产）的原则；加强防毒知识的宣传教育；建立健全有关防毒的管理制度。

(2) 防毒的技术措施

① 以无毒、低毒的物料或工艺代替有毒、高毒的物料或工艺。

② 生产装置的密闭化、管道化和机械化。

③ 通风排毒　通风是使车间空气中的毒物浓度不超过国家卫生标准的一项重要防毒措施，分局部通风和全面通风两种。局部通风，即把有害气体罩起来排出去。其排毒效率高，动力消耗低，比较经济合理，还便于有害气体的净化回收。全面通风又称稀释通风，是用大量新鲜空气将整个车间空气中的有毒气体冲淡到国家卫生标准以内。全面通风一般只适用于污染源不固定和局部通风不能将污染物排除的工作场所。

④ 有毒气体的净化回收　净化回收即把排出来的有毒气体加以净化处理或回收利用。

气体净化的基本方法有洗涤吸收法、吸附法、催化氧化法、热力燃烧法和冷凝法等。

⑤ 隔离操作和自动控制　因生产设备条件有限，而无法将有毒气体浓度降低到国家卫生标准时，可采取隔离操作的措施，常用的方法是把生产设备隔在室内，用排风的方法使隔离室处于负压状态，杜绝毒物外逸。

自动化控制就是对工艺设备采用常规仪表或微机控制，使监视、操作地点离开生产设备。自动化控制按其功能分为四个系统，即自动检查系统、自动操作系统、自动调节系统、自动讯号连锁和保护系统。

(3) 个人防护措施　作业人员在正常生产活动或进行事故处理、抢救、检修等工作中，为保证安全与健康，防止意外事故发生，要采取个人防护措施。个人防护措施就其作用分为皮肤防护和呼吸防护两个方面。

① 皮肤防护　采用穿防护服，戴防护手套、帽子等防护用品。除此之外，还应在外露皮肤上涂一些防护油膏来保护。

② 呼吸防护　保护呼吸器官的防毒用具，一般分为过滤式和隔离式两大类。过滤式防毒用具有简易防毒口罩、橡胶防毒口罩和过滤式防毒面具等。隔离式防毒面具又可分为氧气呼吸器、自吸式橡胶长管面具和送风式防毒面具等。

6.9.2　防火防爆

（1）严格管理明火　生产过程中的明火，主要是指生产过程中的加热用火、维修用火及其他用火源。

① 加热用火　加热易燃液体时，应尽可能避免采用明火而用蒸气等加热。如果在高温反应或蒸馏操作中，必须使用明火或烟道气时，燃烧室应与设备分开建筑或隔离，封闭外露明火，并定期检查，防止泄漏。

装置中明火加热设备的布置，应远离可能泄漏易燃气体或蒸气的工艺设备和贮罐区，并应布置在散发易燃物料设备的侧风向。

② 检修动火　检修动火主要指焊割、喷灯和熬炼用火等，应严加管理，办理动火审批手续。

③ 流动火花和飞火　包括电瓶车、汽车及其他机动车辆产生的火花，烟头火，烟囱飞火和穿着化纤衣服引起的静电火花等。电瓶车产生的火花激发能量是比较大的，因此在禁火区域，特别是易燃易爆车间和贮罐区等，都应当禁止电瓶车进入。在允许车辆进入的区域内，为了防止车辆排气管喷火引起火灾，在排气管上必须装有火星熄灭器等安全措施。

④ 其他火源　如高温表面、自燃引起的火灾等。为了防止易燃物料与高温的设备、管道表面相接触，可燃物的排放口应远离高温表面。高温表面的隔热保温层应当完好无损，并防止可燃物因泄漏、溢料、泼溅而积聚在保温层内。不准在高温管道和设备上烘烤衣服或放置可燃物品。

为了防止自燃物品引起的火灾，应将油抹布、油棉纱头等放入有盖的金属桶内，放置在安全地点，并及时处理。

（2）避免摩擦、撞击产生火花和达到危险温度　机器轴承等转动部分的摩擦，铁器的相互撞击或铁器工具打击混凝土地坪等，都可能产生火花或达到危险温度。避免摩擦、撞击产生火花和达到危险温度的措施有以下几点。

① 设备的轴承转动部分应保持良好的润滑，及时添油以保持一定的油位；安装时轴瓦间隙不能太小，轴瓦如用有色金属，有利于消除火花；经常消除附着的可燃油垢。

② 安装在易燃易爆厂房内的、易产生撞击火花的部件，如鼓风机上的叶轮，应采用铝、铜的合金，铍铜锡或铍镍合金；撞击工具用铍铜或镀铜的钢制成；不能使用特种金属制造的设备；应采用惰性气体保护或真空操作。

③ 为了防止铁器随物料进入设备内部发生撞击起火，可在粉碎机、提升机等设备前，安装磁铁分离器，以吸离混入物料中的铁器。当没有磁铁分离器时，易燃易爆危险物质如碳化钙的破碎，应采用惰性气体保护。

④ 搬运盛有可燃气体或易燃液体的铁桶、气瓶时要轻拿轻放，严禁抛掷，防止相互撞击。

⑤ 在易燃易爆场所，不准穿带铁钉的鞋子，以免与地面、设备摩擦撞击产生火花。

（3）消除电气火花和达到危险温度　电气火花和达到危险温度引起的火灾、爆炸是仅次于明火的第二大原因，因此要根据爆炸和火灾危险场所的区域等级和爆炸性物资的性质，对车间内的电气动力设备、仪器仪表、照明装置和电气线路等，分别采用防爆、封闭、隔离等措施。

课后练习

一、填空题

1. 压力容器的安全附件较多，但最常用的安全附件有________、________、

________等。

2. 影响反应的因素有很多，如________、________、________、________、________、________、________、________等。

答案：1. 安全阀、爆破片、压力表　2. 反应浓度、压力、温度、催化剂、溶剂、设备、配料比、pH 值

二、选择题

1. 压力表盘刻度极限最好为最高压力的（　）。

A. 2 倍　　B. 1 倍　　C. 5 倍　　D. 2.5 倍

2. 化工自动化仪表按其功能不同，可分为四个大类，即（　）、显示仪表、调节仪表和执行器。

A. 现场仪表　　B. 异地仪表　　C. 检测仪表　　D. 基地式仪表

答案：1. A　2. C

三、简答题

1. 化学制药生产工艺过程化学物质的分类方法有哪些？
2. 化学制药生产工艺过程中防止生产工艺的危害有哪些措施？
3. 化工生产中用到的泄压装置的种类有哪些？其各有哪些特性？
4. 压力容器的压力等级如何分类？
5. 举例说出化学制药反应过程中包含的化学反应类型。
6. 工业生产中如何做到防火防爆？
7. 压力表出现哪些情况应停止使用？

知识拓展

识别危险化学品的标志
(数字代表危险化学品的分类)

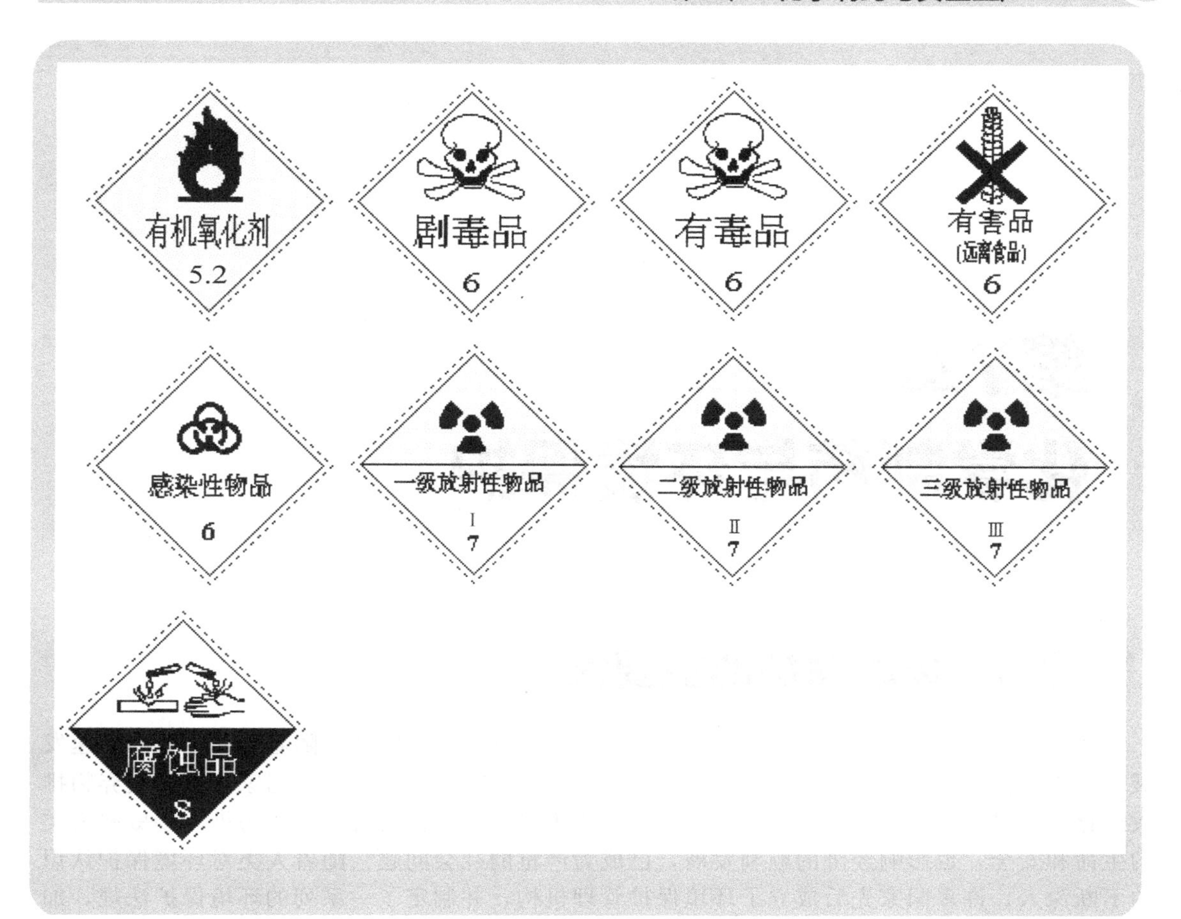
有机氧化剂
5.2
剧毒品
6
有毒品
6
有害品
(远离食品)
6
感染性物品
6
一级放射性物品
Ⅰ
7
二级放射性物品
Ⅱ
7
三级放射性物品
Ⅲ
7
腐蚀品
8

第7章 化学制药与环境保护

7.1 环境保护的重要性

环境是人类赖以生存和社会经济可持续发展的客观条件和空间。随着现代工业的高速发展，环境保护问题已引起人们的极大关注。从 20 世纪 50 年代起，一些国家因工业废弃物排放或化学品泄漏所造成的环境污染，甚至一度成为严重的社会公害。环境污染直接威胁人类的生命和安全，也影响经济的顺利发展，已成为严重的社会问题。随着人类对环境保护认识的不断深入，许多国家先后成立了环境保护管理机构，并制定了一系列的环境保护法规，加强对环境污染的防治工作。通过多年的努力，使环境污染得到了有效的控制，环境质量也有了很大的改善。

我国对环境污染的治理十分重视，自 1973 年建立环境保护机构起，各级环境保护部门就开展了污染的治理和综合利用。几十年来，我国在治理污染方面不仅加强了立法，而且投入了大量的资金，相继建成了大批治理污染的设施，取得了比较显著的成绩。但是，由于我国目前的经济格局和经济的持续高速发展，造成了能源和资源消耗强度过大，加上人们对环境污染的严重性认识不足，致使我国工业污染的治理远远落后于工业生产的发展。许多江河湖泊受到了不同程度的污染，城市河段尤为严重，有的几乎成为臭水沟。一些地区的地下水也受到了污染，饮用水源受到了威胁。废气污染导致空气的质量下降，一些工业城市居民某些疾病的患病率明显高于农村。工业污染不仅严重威胁人类的健康，而且给经济的可持续发展带来了巨大的损害。面对日益严重的环境污染，传统的先污染后治理的治污方案往往难以奏效，必须采取切实可行的措施，走高科技、低污染的跨越式产业发展之路，治理和保护好环境，促进我国经济的可持续发展。

7.2 防治污染的方针政策

如何保护和改善生活环境和生态环境，合理地开发和利用自然环境和自然资源，制定有效的经济政策和相应的环境保护政策，是关系到人体健康和社会经济可持续发展的重大问题。我国历来重视保护生态平衡工作，消除污染、保护环境已成为我国的一项基本国策。特别是改革开放以来，我国先后完善和颁布了《环境保护法》、《大气污染防治法》、《水污染防治法》、《海洋环境保护法》、《固体废物污染环境防治法》、《环境噪声污染防治法》以及与各种法规相配套的行政、经济法规和环境保护标准，基本形成了一套完整的环境保护法律体系。所有企业、单位和部门都要遵守国家和地方的环境保护法规，采取切实有效的措施解决污染问题。凡是新建、扩建和改造项目都必须按国家基本建设项目环境管理办法的规定，切实执行环境评价报告制度和“三同时”制度，做到先评价，后建设，环保设施与主体工程同时设计、同时施工、同时投产，防止发生新的污染。在环境管理工作中，我国借鉴了国外的先进方法和手段，并结合我国国情，在完善“三同时”申报制度、环境影响评价制度和排污收费制度的基础上，决定在全国推行环境保护目标责任制、城市环境综合整治定量考核、污染物排放许可证制度、污染集中控制和污染限期治理等制度。这些制度的实施是加强我国环境管理工作的有力措施。

7.3 化学制药厂污染的特点和现状

(1) 化学制药厂污染的特点　化学制药厂排出的污染物除具有毒性、刺激性和腐蚀性等工业污染的共同特征外，化学制药厂的污染物还具有数量少、组分多、变动性大、间歇排放、pH值不稳定、化学需氧量（COD）高等特点。这些特点与防治措施的选择有直接的关系。

① 数量少、组分多、变动性大　制药工业对环境的污染主要来自于原料药的生产。虽然原料药的生产规模通常较小，但排出的污染物的数量相对较大；且化学原料药的生产具有反应多而复杂、工艺路线较长等特点，因此所用原辅材料的种类较多，反应形成的副产物也多，有的副产物甚至连结构都难以搞清，这给污染的综合治理带来了很大的困难。由于生产规模的改变、工艺路线的变更、新技术和新材料的推广应用，使污染物的种类、成分、数量经常发生变化。因此，制药厂往往很难建成一个综合性的回收中心。

② 间歇排放　由于药品生产的规模通常较小，因此化学制药厂大多采用间歇式生产方式，污染物的排放自然也是间歇性的。间歇排放是一种短时间内高浓度的集中排放，而且污染物的排放量、浓度、瞬时差异都缺乏规律性，这给环境带来的危害要比连续排放严重得多。此外，间歇排放也给污染的治理带来了不少困难，如生物处理法要求流入废水的水质、水量比较均匀，若变动过大，会抑制微生物的生长，导致处理效果显著下降。

③ pH值不稳定　化学制药厂排放的废水，有时呈强酸性，有时呈强碱性，pH值很不稳定，对水生生物、构筑物和农作物都有极大的危害。在生物处理或排放之前必须进行中和处理，以免影响处理效果或者造成环境污染。

④ 化学需氧量（COD）高　化学制药厂产生的污染物一般以有机污染物为主，其中有些有机物能被微生物降解，而有些则难以被微生物降解。因此，一些废水的化学需氧量（COD）很高，但生化需氧量（BOD）却不一定很高。对废水进行生物处理前，一般先要进行生物可降解性实验，以确定废水能否用生物法处理。对于那些浓度高而又不易被生物氧化的废水要另行处理，如萃取、焚烧等。否则，经生物处理后，出水中的化学需氧量仍会高于排放标准。

(2) 化学制药厂污染的现状　制药厂尤其是化学制药厂常是环境污染较为严重的企业。从原料药到药品，整个生产过程都有可造成环境污染的因素。统计表明全国药厂每年排放的废气量约10亿立方米（标），其中含有害物质约10万吨；每天排放的废水量约50万立方米；每年排放的废渣量约10万吨；对环境的危害十分严重。近年来，通过工艺改革、回收和综合利用等方法，在消除或减少危害性较大的污染物方面已做了大量的工作。用于治理污染的投资也逐年增加，各种治理污染的装置相继在各药厂投入运行。然而，由于化学制药工业环境保护的治理难度较大，致使防治污染的速度远远落后于制药工业的发展速度。从总体上看，化学制药行业的污染仍然十分严重，治理的形势相当严峻。行业污染治理的程度也不平衡、条件好的制药厂已达二级处理水平，即大部分污染物得到了妥善的处理；但仍有相当数量的制药厂仅仅是一级处理，甚至还有一些制药厂没能做到清污分流。个别制药企业的法制观念不强，环保意识不深，随意倾倒污染物的现象时有发生，对环境造成了严重的污染。

化学制药工业防治污染，一靠政策，二靠技术，三靠管理。首先要提高认识，增强环境保护意识，严格规章制度，认真执行环境保护法规。其次，要用无废或少废的先进工艺技术和设备，淘汰那些消耗高、污染大的落后的工艺技术。所有新建、扩建和改建项目都必须实行“三同时”政策。对于国内尚无可靠污染治理技术的引进项目，要随同主体生产装置引进环保技术和设备。要加大环保设施的资金投入，没有治理的企业要抓紧治理，限期解决污染问题。对于已有治污装置的企业，要努力使装置正常运行，确保达标排放。限期达不到排放标准的企业要坚决实行关、停、并、转。要建立健全环保科研、监测和管理体制，人员要充实，以保证繁重而艰巨的环保工作能有计划地顺利进行。

7.4 防治污染的主要措施

化学制药工业的生产过程既是原料的消耗过程和产品的形成过程，也是污染物的产生过程；所采取的生产工艺决定了污染物的种类、数量和毒性。因此，防治污染首先应从合成路线入手，尽量采用那些污染少或没有污染的绿色生产工艺，改造那些污染严重的落后生产工艺，以消除或减少污染物的排放。其次，对于必须排放的污染物，要积极开展综合利用，尽可能化害为利。最后才考虑对污染物进行无害化处理。

7.4.1 开发和采用绿色生产工艺

在 20 世纪中叶，人们对污染物的毒性、危害性等缺乏足够的认识，普遍认同“稀释废物可防治环境污染”的观点，即只要将废弃物稀释排放就可以无害，因而没有相应的法规来限制污染物的排放。此后，人们逐渐认识到污染物对环境所造成的危害，各国相继制定了一系列的环境保护法规，以限制污染物的排放量，特别是污染物的排放浓度，从而开发了一系列的污染治理技术，如中和废液、洗涤废气、焚烧废渣等。至 20 世纪 90 年代，人们已认识到环境保护的首选对策是从源头上消除或减少污染物的排放，即在对环境污染进行治理的同时，更要努力采取措施从源头上消除环境污染。

绿色生产工艺是在绿色化学的基础上开发的从源头上消除污染的生产工艺。这类工艺最理想的方法是采用“原子经济反应”，即使原料中的每一个原子都转化成产品，不产生任何废弃物和副产品，以实现废物的“零排放”。未来的化学制药工业一方面要从技术上减少和消除对大气、土地和水域的污染，从合成路线、工艺改革、品种更替和环境控制上解决环境污染和资源短缺等问题。另一方面要全面贯彻药品法，保证化学制药从原料、生产、加工、贮存、运输、销售、使用和废弃处理各环节的安全，保持生态环境发展的可持续性。当前的主要任务是针对生产过程的主要环节和组分，重新设计少污染或无污染的生产工艺，并通过优化工艺操作条件、改进操作方法等措施，实现制药过程的节能、降耗、消除或减少环境污染的目的。

7.4.1.1 开发污染小或无污染的化学制药合成工艺

在重新设计药品的生产工艺时应尽可能选用无毒或低毒的原辅材料来代替有毒或剧毒的原辅材料，以降低或消除污染物的毒性。例如在氯霉素的合成中，原来采用氯化高汞作催化剂制备异丙醇铝，后改用三氯化铝代替氯化高汞作催化剂，从而彻底解决了令人棘手的汞污染问题。

$$2Al+6(CH_3)_2CHOH \xrightarrow{催化剂} 2Al[(CH_3)_2CHO]_3+3H_2\uparrow$$

在药物合成中，许多药品常常需要多步反应才能得到。尽管有时单步反应的收率很高，但反应的总收率一般不高。在重新设计生产工艺时，简化合成步骤，可以减少污染物的种类和数量，从而减轻处理系统的负担，有利于环境保护。

非甾体消炎镇痛药布洛芬（ibuprofen，7-1）的合成曾采用 Darzens 合成路线，从原料异丁苯（7-2）到成品需如下六步反应：

$CH_2CH(CH_3)_2$ (7-2) $\xrightarrow[AlCl_3]{(CH_3CO)_2O}$ $CH_2CH(CH_3)_2$ / $COCH_3$ $\xrightarrow[ClCH_2COOC_2H_5]{C_2H_5ONa}$ $CH_2CH(CH_3)_2$ / $H_3C-C-CHCOOC_2H_5$ (O)

$\xrightarrow{NaOH}$ $CH_2CH(CH_3)_2$ / $H_3C-C-CHCOONa$ (O) $\xrightarrow{水蒸气}$ $CH_2CH(CH_3)_2$ / $H_3C-CH-CHO$ $\xrightarrow{AgNO_3,\ KOH}$

$CH_2CH(CH_3)_2$ / $H_3C-CH-COOK$ $\xrightarrow{HCl}$ $CH_2CH(CH_3)_2$ / $H_3C-CH-COOH$ (7-1)

美国 BHC 公司发明了生产布洛芬的新方法，该方法只采用三步反应即可得到产品布洛芬。采用新发明的方法生产布洛芬，废物量可减少 37%。

(7-2) $\xrightarrow[HF]{(CH_3CO)_2O}$ $CH_2CH(CH_3)_2$ / $COCH_3$ $\xrightarrow[H_2]{Raney\ Ni}$ $CH_2CH(CH_3)_2$ / $H_3C-CH-OH$ $\xrightarrow{CO,\ Pd}$ (7-1)

设计无污染的绿色生产工艺是消除环境污染的根本措施。例如，苯甲醛（7-3）是一种重要的中间体，传统的合成路线是以甲苯（7-4）为原料通过亚苄基二氯（7-5）水解而得：

CH_3 (7-4) $\xrightarrow[光和热]{Cl_2}$ $CHCl_2$ (7-5) $\xrightarrow[H^+]{H_2O}$ CHO (7-3)

选择适当的条件进行甲苯侧链氯化，得到以亚苄基二氯为主的产物。再经水解、精馏等步骤而得到苯甲醛。该工艺在生产过程中不仅要产生大量需治理的废水，而且由于有伴随光和热的大量氯气参与反应，因此，对周围的环境将造成严重的污染。间接电氧化法制备苯甲醛是一条绿色生产工艺，其基本原理是在电解槽中将 Mn^{2+} 电解氧化成 Mn^{3+}，然后将 Mn^{3+} 与甲苯在槽外反应器中定向生成苯甲醛，同时 Mn^{3+} 被还原成 Mn^{2+}。经油水分离后，水相返回电解槽电解氧化，油相经精馏分出苯甲醛后返回反应器。反应方程式如下：

$$Mn^{2+} \xrightarrow[电解氧化反应]{} Mn^{3+}+e^-$$

CH_3 (7-4) $+4Mn^{3+}+H_2O \longrightarrow$ CHO (7-3) $+4Mn^{2+}+4H^+$

上述工艺中油相和水相分别构成闭路循环，整个工艺过程无污染物排放，是一条绿色生产工艺。

7.4.1.2 优化化学制药工艺的条件

化学反应的许多工艺条件，如原料纯度、投料比、反应时间、反应温度、反应压力、溶剂、pH 值等，不仅会影响产品的收率，而且也会影响污染物的种类和数量。对化学反应的工艺条件进行优化，获得最佳工艺条件，是减少或消除污染的一个重要手段。例如在药物生产中，为促使反应完全，提高收率或兼作溶剂等原因，生产上常使某种原料过量，这样往往会增加污染物的数量。因此必须统筹兼顾，既要使反应完全，又要使原料不致过量太多。例如乙酰苯胺（7-6）的硝化反应：

$$C_6H_5NHCOCH_3\ (7\text{-}6) + HNO_3 \xrightarrow{H_2SO_4} p\text{-}O_2NC_6H_4NHCOCH_3 + H_2O$$

原工艺要求将乙酰苯胺溶于硫酸中，再加混酸进行硝化反应。后经研究发现，乙酰苯胺硫酸溶液中的硫酸浓度已足够高，混酸中的硫酸可以省去。这样不但节省了大量的硫酸，而且大大减轻了污染物的处理负担。

7.4.1.3 改进操作方法

在生产工艺条件已经确定的前提下，从改进操作方法入手，减少或消除污染物的形成。例如抗菌药诺氟沙星合成中的对氯硝基苯（7-7）氟化反应，原工艺采用二甲基亚砜（DMSO）作溶剂。由于 DMSO 的沸点和产物对氟硝基苯（7-8）的沸点接近，难以直接用精馏方法分离，需采用水蒸气蒸馏才能获得对氟硝基苯，因而不可避免地产生一部分废水。后改用高沸点的环丁砜作溶剂，反应液除去无机盐后，可直接精馏获得对氟硝基苯，避免了废水的生成。

$$p\text{-}ClC_6H_4NO_2\ (7\text{-}7) + KF \xrightarrow[\text{加热}]{\text{DMSO}} p\text{-}FC_6H_4NO_2$$

$$p\text{-}ClC_6H_4NO_2\ (7\text{-}7) + KF \xrightarrow[\text{加热}]{\text{环丁砜}} p\text{-}FC_6H_4NO_2\ (7\text{-}8)$$

7.4.1.4 采用新技术

使用新技术不仅能显著提高生产技术水平，而且有时也十分有利于污染物的防治和环境保护。例如在药物中间体 4-氨基吡啶（7-9）的合成中，原工艺采用铁粉还原硝基氧化吡啶（7-10）制备 4-氨基吡啶，反应中要消耗大量的溶剂醋酸，并产生较多的废水和废渣。现采用催化加氢还原技术，既简化了工艺操作，又消除了环境污染。

$$\text{4-硝基吡啶-N-氧化物}\ (7\text{-}10) \xrightarrow{Fe,\ CH_3COOH} \text{4-氨基吡啶}$$

$$\text{4-硝基吡啶-N-氧化物}\ (7\text{-}10) \xrightarrow{H_2,\ \text{Raney Ni},\ CH_3CH_2OH} \text{4-氨基吡啶}\ (7\text{-}9)$$

又如，苯乙酸（7-11）是合成药物的重要中间体。目前工业上仍以苯乙腈水解来制备，而苯乙腈又是由苄氯（7-12）和氢氰酸反应来合成的。现在通过苄氯羰化合成苯乙酸已经获得成功。

$$C_6H_5CH_2Cl\ (7\text{-}12) + CO \xrightarrow[OH^-]{H_2O} C_6H_5CH_2COOH\ (7\text{-}11)$$

这一合成路线不仅经济，而且避免使用剧毒的氰化物，减少了对环境的危害。

其他新技术，如手性药物制备中的化学控制技术、生物控制技术、相转移催化技术、超临界萃取技术和超临界色谱技术等的使用都能显著提高产品的质量和收率，降低原辅材料的消耗，提高资源和能源的利用率，同时也有利于减少污染物的种类和数量，减轻后处理过程的负担，有利于环境保护。

7.4.2 循环套用

在化学药物合成中，反应往往不能进行得十分完全，且大多存在副反应，产物也不可能从反应混合物中完全分离出来，因此分离母液中常含有一定数量的未反应原料、副产物和产物。在某些药物合成中，通过工艺设计人员周密而细致的安排可以实现反应母液的循环套用或经适当处理后套用，这不仅可降低原辅材料的单耗，提高产品的收率，而且可减少环境污染。例如，氯霉素合成中的乙酰化反应：

$$p\text{-}O_2NC_6H_4COCH_2NH_2\cdot HCl + (CH_3CO)_2O + CH_3COONa \xrightarrow{H_2O} p\text{-}O_2NC_6H_4COCH_2NHCOCH_3\ (7\text{-}13) + 2CH_3COOH + NaCl$$

原工艺是在反应后将母液经蒸发浓缩以回收乙酸钠，残液废弃。现将母液循环套用，将母液按含量代替乙酸钠直接应用于下一批反应，从而革除了蒸发、结晶、过滤等操作。此外，由于母液中含有一些反应产物（乙酰化物，7-13），循环使用母液后不仅降低了原料消耗量，提高了产物收率，而且减少了废水的处理量。再如，甲氧苄氨嘧啶（trimethoprim，TMP）生产中的氧化反应是将三甲氧基苯甲酰肼（7-14）在氨水及甲苯（7-4）中用赤血盐钾（铁氰化钾，7-15）氧化，得到三甲氧基苯甲醛（7-16），同时副产物黄血盐钾铵（亚铁氰化钾铵，7-17）溶解在母液中。黄血盐钾铵分子内含有氰基，需处理后方可随母液排放。后对含黄血盐钾铵的母液进行适当处理，再用高锰酸钾氧化，使黄血盐钾铵转化为原料赤血盐钾，其含量在13%以上，可套用于氧化反应中。

$$3,4,5\text{-}(H_3CO)_3C_6H_2CONHNH_2\ (7\text{-}14) + 2K_3Fe(CN)_6\ (7\text{-}15) + 2NH_4OH \xrightarrow{甲苯} 3,4,5\text{-}(H_3CO)_3C_6H_2CHO\ (7\text{-}16) + 2K_3(NH_4)Fe(CN)_6\ (7\text{-}17) + N_2\uparrow + 2H_2O$$

$$3K_3(NH_4)Fe(CN)_6\ (7\text{-}17) + KMnO_4 + 2H_2O \xrightarrow{加热} 3K_3Fe(CN)_6\ (7\text{-}15) + MnO_2 + KOH + 3NH_4OH$$

将反应母液循环套用，可显著地减少环境污染。若设计得当，则可构成一个闭路循环，是一个理想的绿色生产工艺。除了母液可以循环套用外，药物生产中大量使用的各种有机溶剂，均应考虑循环套用，以降低单耗，减少环境污染。其他的如催化剂、活性炭等经过处理后也可考虑反复使用。

化学制药工业中冷却水的用量占总用水量的比例一般很大，必须考虑水的循环使用，尽可能实现水的闭路循环。在设计排水系统时应考虑清污分流，将间接冷却水与有严重污染的废水分开，这不仅有利于水的循环使用，而且可大幅度降低废水量。由生产系统排出的废水经处理后，也可采取闭路循环。水的重复利用和循环回用是保护水源、控制环境污染的重要技术措施。

7.4.3 综合利用

从某种意义上讲，化学制药过程中产生的废弃物也是一种“资源”，能否充分利用这种资源，反映了一个企业的生产技术水平。从排放的废弃物中回收有价值的物料，开展综合利用，是控制污染的一个积极措施。近年来在制药行业的污染治理中，资源综合利用的成功例子很多。例如，氯霉素生产中的副产物邻硝基乙苯（7-18），是重要的污染物之一，将其制成杀草胺（7-19），就是一种优良的除草剂。

$$\text{(7-18) 邻硝基乙苯 } o\text{-}C_2H_5C_6H_4NO_2 \xrightarrow{\text{还原}} o\text{-}C_2H_5C_6H_4NH_2 \xrightarrow[\text{②NaOH}]{\text{①}CH_3CH(Br)CH_3}$$

$$o\text{-}C_2H_5C_6H_4NHCH(CH_3)_2 \xrightarrow{ClCH_2COCl} o\text{-}C_2H_5C_6H_4N(COCH_2Cl)CH(CH_3)_2 \text{ (7-19)}$$

又如，叶酸合成中的丙酮（7-20）氯化反应：

$$\underset{(7\text{-}20)}{H_3C-\overset{O}{\overset{\|}{C}}-CH_3} + 3Cl_2 \longrightarrow H_3C-\overset{O}{\overset{\|}{C}}-CCl_3 + 3HCl\uparrow$$

反应过程中放出大量的氯化氢废气，直接排放将对环境造成严重污染。经依次用水和碱液吸收后，既消除了氯化氢气体造成的污染，又可回收得到一定浓度的盐酸。又如，对氯苯酚是制备降血脂药氯贝丁酯的主要原料，其生产过程中的副产物邻氯苯酚（7-21）是重要的污染物之一，将其制成 2,6-二氯苯酚（7-22），可用作解热镇痛药双氯芬酸钠的原料。

$$\underset{(7\text{-}21)}{o\text{-}ClC_6H_4OH} + Cl_2 \xrightarrow[{[(CH_3)_2CH]_2NH}]{Cl_2C=CCl_2} \underset{(7\text{-}22)}{2,6\text{-}Cl_2C_6H_3OH} + HCl\uparrow$$

7.4.4 改进生产设备，加强设备管理

改进生产设备，加强设备管理是药品生产中控制污染源、减少环境污染的又一个重要途径。设备的选型是否合理、设计是否恰当，与污染物的数量和浓度有很大的关系。例如，甲苯磺化反应中，用连续式自动脱水器代替人工操作的间歇式脱水器，可显著提高甲苯的转化率，减少污染物的数量。又如，在直接冷凝器中用水直接冷凝含有机物的废气，会产生大量的低浓度废水。若改用间壁式冷凝器用水进行间接冷却，可以显著减少废水的数量，废水中有机物的浓度也显著提高。数量少而有机物浓度高的废水有利于回收处理。再如，用水吸收含氯化氢的废气可以获得一定浓度的盐酸，但水吸收塔的排出尾气中常含有一定量的氯化氢气体，直接排放将对环境造成污染。实际设计时在水吸收塔后再增加一座碱液吸收塔，可使尾气中的氯化氢含量降至 $4mg/m^3$ 以下，低于国家排放标准。

化学制药工业中，系统的“跑、冒、滴、漏”往往是造成环境污染的一个重要原因，必须引起足够的重视。在药品生产中，从原料、中间体到产品，以至排出的污染物，往往具有

易燃、易爆、有毒、有腐蚀性等特点。就整个工艺过程而言，提高设备、管道的严密性，使系统少排或不排污染物，是防止产生污染物的一个重要措施。因此，无论是设备或管道，从设计、选材，到安装、操作和检修，以及生产管理的各个环节，都必须重视，以杜绝“跑、冒、滴、漏”现象，减少环境污染。

7.5 废水的处理

在采用新技术、改变生产工艺和开展综合利用等措施后，仍可能有一些不符合现行排放标准的污染物需要进行处理。因此，必须采用科学的处理方法，对最后无法综合利用又必须排出的污染物进行无害化处理。

在化学制药厂的污染物中，以废水的数量最大，种类最多，且十分复杂，危害最严重，对生产可持续发展的影响也最大；它也是化学制药厂污染物无害化处理的重点和难点。

7.5.1 废水的污染控制指标

7.5.1.1 控制废水污染的基本概念

(1) 水质指标　水质指标是表征废水性质的参数。对废水进行无害化处理，控制和掌握废水处理设备的工作状况和效果，必须定期分析废水的水质。表征废水水质的指标很多，比较重要的有 pH 值、悬浮物 (SS)、生化需氧量 (BOD)、化学需氧量 (COD) 等。

pH 值是反映废水酸碱性强弱的重要指标。它的测定和控制，对维护废水处理设施的正常运行，防止废水处理及输送设备的腐蚀，保护水生生物和水体自净化功能都有重要的意义。处理后的废水应呈中性或接近中性。

悬浮物 (suspended substance，简称 SS) 是指废水中呈悬浮状态的固体，是反映水中固体物质含量的一个常用指标，可用过滤法测定，单位为 mg/L。

生化需氧量 (biochemical oxygen demand，简称 BOD) 是指在一定条件下，微生物氧化分解水中的有机物时所需的溶解氧的量，单位为 mg/L。微生物分解有机物的速度和程度与时间有直接关系。实际工作中，常在 20℃的条件下，将废水培养 5 日，然后测定单位体积废水中溶解氧的减少量，即 5 日生化需氧量作为生化需氧量的指标，以 BOD_5 表示。BOD 反映了废水中可被微生物分解的有机物的总量，其值越大，表示水中的有机物越多，水体被污染的程度也就越高。

化学需氧量 (chemical oxygen demand，简称 COD) 是指在一定条件下，用强氧化剂氧化废水中的有机物所需的氧的量，单位为 mg/L。我国的废水检验标准规定以重铬酸钾作氧化剂，标记为 COD_{Cr}。COD 与 BOD 均可表征水被污染的程度，但 COD 能够更精确地表示废水中的有机物含量，而且测定时间短，不受水质限制，因此常被用作废水的污染指标。COD 和 BOD 之差表示废水中没有被微生物分解的有机物含量。

(2) 清污分流　清污分流是指将清水 (如间接冷却用水、雨水和生活用水等) 与废水 (如制药生产过程中排出的各种废水) 分别用各自不同的管路或渠道输送、排放或贮留，以利于清水的循环套用和废水的处理。排水系统的清污分流是非常重要的。制药工业中清水的数量通常超过废水的许多倍，采取清污分流，不仅可以节约大量的清水，而且可大幅度降低废水量，提高废水的浓度，从而大大减轻废水的输送负荷和治理负担。

除清污分流外，还应将某些特殊废水与一般废水分开，以利于特殊废水的单独处理和一般废水的常规处理。例如，含剧毒物质 (如某些重金属) 的废水应与准备生物处理的废水分开；含氰废水、含硫化合物废水以及酸性废水不能混合等。

(3) 废水处理级数　按处理废水的程度不同，废水处理可分为一级、二级和三级处理。

一级处理通常是采用物理方法或简单的化学方法除去水中的漂浮物和部分处于悬浮状态的污染物，以及调节废水的 pH 值等。通过一级处理可减轻废水的污染程度和后续处理的负荷。一级处理具有投资少、成本低等特点，但在大多数场合，废水经一级处理后仍达不到国家规定的排放标准，需要进行二级处理，必要时还需进行三级处理。因此，一级处理常作为废水的预处理。

二级处理主要指废水的生物处理。废水经过一级处理后，再经过二级处理，可除去废水中的大部分有机污染物，使废水得到进一步净化。二级处理适用于处理各种含有机污染物的废水。废水经二级处理后，BOD_5可降至 20～30mg/L，水质一般可以达到规定的排放标准。

三级处理是一种净化要求较高的处理，目的是除去二级处理中未能除去的污染物，包括不能被微生物分解的有机物、可导致水体富营养化的可溶性无机物（如氮、磷等）以及各种病毒、病菌等。三级处理所使用的方法很多，如过滤、活性炭吸附、臭氧氧化、离子交换、电渗析、反渗透以及生物法脱氮除磷等。废水经三级处理后，BOD_5可从 20～30mg/L 降至 5mg/L 以下，可达到地面水和工业用水的水质要求。

7.5.1.2 废水的污染控制指标

化学制药废水的来源很多，如废母液、反应残液、蒸馏残液、清洗液、废气吸收液、废渣稀释液、排入下水道的污水以及系统跑、冒、滴、漏的各种料液等。由于药品的种类很多，生产规模大小不一，生产过程多种多样，因此废水的水质和水量的变化范围很大，且十分复杂。化学制药废水中的污染物通常为有机物，有时还有悬浮物、油类和各种重金属等。在《国家污水综合排放标准》中，按污染物对人体健康的影响程度，将污染物分为两类。

（1）第一类污染物　指能在环境或生物体内积累，对人体健康产生长远不良影响的污染物。《国家污水综合排放标准》中规定的此类污染物有 9 种，即总汞、烷基苯、总镉、总铬、六价铬、总砷、总铅、总镍、苯并（*a*）芘。含有这一类污染物的废水，不分行业和排放方式，也不分受纳水体的功能差别，一律在车间或车间处理设施的排出口取样，其最高允许排放浓度必须符合表 7-1 中的规定。

表 7-1　第一类污染物最高允许排放浓度　　单位：mg/L

序号	污染物	最高允许排放浓度	序号	污染物	最高允许排放浓度
1	总汞	0.05	6	总砷	0.5
2	烷基苯	不得检出	7	总铅	1.0
3	总镉	0.1	8	总镍	1.0
4	总铬	1.5	9	苯并(*a*)芘	0.00005
5	六价铬	0.5			

（2）第二类污染物　指其长远影响小于第一类的污染物。在《国家污水综合排放标准》中规定的有 pH 值、化学需氧量、生化需氧量、色度、悬浮物、石油类、挥发性酚类、氰化物、硫化物、氟化物、硝基苯类、苯胺类等共 20 项。含有第二类污染物的废水在排污单位排出口取样，根据受纳水体的不同，执行不同的排放标准。部分第二类污染物的最高允许排放浓度列于表 7-2 中。

国家按地面水域的使用功能要求和排放去向，对向地面水域和城市下水道排放的废水分别执行一级、二级、三级标准。对特殊保护水域及重点保护水域，如生活用水水源地、重点风景名胜和重点风景游览区水体、珍贵鱼类及一般经济渔业水域等执行一级标准；对一般保护水域，如一般工业用水区、景观用水区、农业用水区、港口和海洋开发作业区等执行二级标准；对排入城镇下水道并进入二级污水处理厂进行生物处理的污水执行三级标准；对排入

表 7-2　部分第二类污染物最高允许排放浓度　　单位：mg/L

污染物	一级标准		二级标准		三级标准
	新扩建	现有	新扩建	现有	
pH 值	6～9	6～9	6～9	6～9	6～9
悬浮物(SS)	70	100	200	250	400
生化需氧量(BOD_5)	30	60	60	80	300
化学需氧量(COD_{Cr})	100	150	150	200	500
石油类	10	15	10	20	30
挥发酚	0.5	1.0	0.5	1.0	2.0
氰化物	0.5	0.5	0.5	3.5	1.0
硫化物	1.0	1.0	1.0	2.0	2.0
氟化物	10	15	10	15	20
硝基苯类	2.0	3.0	3.0	5.0	5.0

未设置二级污水处理厂的城镇污水，必须根据下水道出水受纳水体的功能要求，分别执行一级或二级标准。

7.5.2　废水处理的基本方法

废水处理的实质就是利用各种技术手段，将废水中的污染物分离出来，或将其转化为无害物质，从而使废水得到净化。废水处理技术很多，按作用原理一般可分为物理法、化学法、物理化学法和生物法。

物理法是利用物理作用将废水中呈悬浮状态的污染物分离出来，在分离过程中不改变其化学性质，如沉降、气浮、过滤、离心、蒸发、浓缩等。物理法常用于废水的一级处理。

化学法是利用化学反应原理来分离、回收废水中各种形态的污染物，如中和、凝聚、氧化和还原等。化学法常用于有毒、有害废水的处理，使废水达到不影响生物处理的条件。

物理化学法是综合利用物理和化学作用除去废水中的污染物，如吸附法、离子交换法和膜分离法等。近年来，物理化学法处理废水已形成了一些固定的工艺单元，得到了广泛的应用。

生物法是利用微生物的代谢作用，使废水中呈溶解和胶体状态的有机污染物转化为稳定、无害的物质，如 H_2O 和 CO_2 等。生物法能够去除废水中的大部分有机污染物，是常用的二级处理法。

上述每种废水处理方法都是一种单元操作。由于制药废水的特殊性，仅用一种方法一般不能将废水中的所有污染物除去。在废水处理中，常常需要将几种处理方法组合在一起，形成一个处理流程。流程的组织一般遵循先易后难、先简后繁的规律，即首先使用物理法进行预处理。以除去大块垃圾、漂浮物和悬浮固体等，然后再使用化学法和生物法等处理方法。对于某种特定的制药废水，应根据废水的水质、水量、回收有用物质的可能性和经济性以及排放水体的具体要求等确定具体的废水处理流程。

7.5.3　废水的生物处理法

在自然界中，存在着大量依靠有机物生活的微生物。实践证明，利用微生物氧化分解废水中的有机物是十分有效的。根据生物处理过程中起主要作用的微生物对氧气需求的不同，废水的生物处理可分为好氧生物处理和厌氧生物处理两大类，其中好氧生物处理又可分为活性污泥法和生物膜法，前者是利用悬浮于水中的微生物群使有机物氧化分解，后者是利用附着于载体上的微生物群进行处理的方法。由于制药工业的废水种类繁多，水质各异，因此，必须根据废水的水量、水质等情况，选择适宜的生物处理方法。

7.5.3.1 生物处理的基本原理

好氧生物处理是在有氧条件下，利用好氧微生物的作用将废水中的有机物分解为 CO_2 和 H_2O，并释放出能量的代谢过程。有机物（$C_xH_yO_z$）在氧化过程中释放出的氢与氧结合生成水，如下所示：

$$C_xH_yO_z + O_2 \xrightarrow{\text{酶}} CO_2 + H_2O + \text{能量}$$

在好氧生物处理过程中，有机物的分解比较彻底，最终产物是含能量最低的 CO_2 和 H_2O，故释放的能量较多，代谢速度较快，代谢产物也很稳定。从废水处理的角度考虑，这是一种非常好的代谢形式。

用好氧生物法处理有机废水，基本上没有臭气产生，所需的处理时间比较短，在适宜的条件下，BOD_5 可除去 80%～90%，有时可达 95%以上。因此，好氧生物法已在有机废水处理中得到了广泛应用，活性污泥法、生物滤池、生物转盘等都是常见的好氧生物处理法。好氧生物法的缺点是对于高浓度的有机废水，要供给好氧生物所需的氧气（空气）比较困难，需先用大量的水对废水进行稀释，且在处理过程中要不断地补充水中的溶解氧，从而使处理的成本较高。

厌氧生物处理是在无氧条件下，利用厌氧微生物，主要是厌氧菌的作用，来处理废水中的有机物。厌氧生物处理中的受氢体不是游离氧，而是有机物、含氧化合物和酸根，如 SO_4^{2-}、NO_3^-、NO_2^- 等。因此，最终的代谢产物不是简单的 CO_2 和 H_2O，而是一些低分子有机物、CH_4、H_2S 和 NH_4^+ 等。

厌氧生物处理是一个复杂的生物化学过程，主要依靠三大类细菌，即水解产酸细菌、产氢产乙酸细菌和产甲烷细菌的联合作用来完成。厌氧生物处理过程可粗略地分为三个连续的阶段，即水解酸化阶段、产氢产乙酸阶段和产甲烷阶段，如图 7-1 所示。

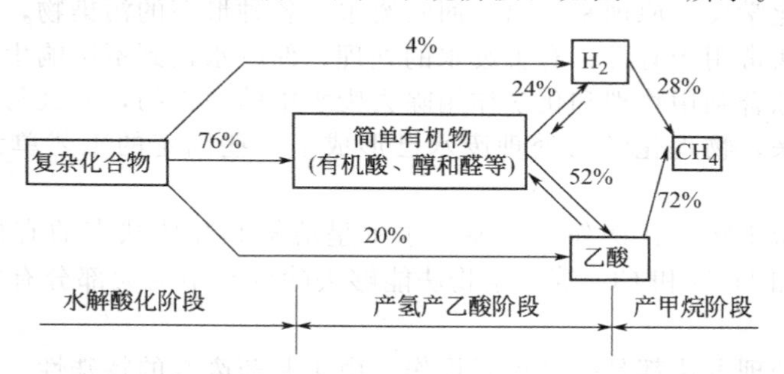

图 7-1 厌氧生物处理的三个阶段和 COD 转化率

第一阶段为水解酸化阶段。在细胞外酶的作用下，废水中复杂的大分子有机物、不溶性有机物先水解为溶解性的小分子有机物，然后渗透到细胞体内，并分解产生简单的挥发性有机酸、醇类和醛类物质等。

第二阶段为产氢产乙酸阶段。在产氢产乙酸细菌的作用下，第一阶段产生的或原来已经存在于废水中的各种简单有机物被分解转化成乙酸和 H_2，在分解有机酸时还有 CO_2 生成。

第三阶段为产甲烷阶段。在产甲烷菌的作用下，将乙酸、乙酸盐、CO_2 和 H_2 等转化为甲烷。

厌氧生物处理过程中不需要供给氧气（空气），故动力消耗少，设备简单，并能回收一定数量的甲烷气体作为燃料，因而运行费用较低。目前，厌氧生物法主要用于中、高浓度有机废水的处理，也可用于低浓度有机废水的处理。该法的缺点是处理时间较长，处理过程中常有硫化氢或其他一些硫化物生成，硫化氢与铁质接触就会形成黑色的硫化铁，从而使处理后的废水既黑又臭，需要进一步处理。

7.5.3.2 生物处理对水质的要求

废水的生物处理是以废水中的污染物作为营养源，利用微生物的代谢作用使废水得到净化。当废水中存在有毒物质，或环境条件发生变化，超过微生物的承受限度时，将会对微生物产生抑制或有毒作用。因此，进行生物处理时，给微生物的生长繁殖提供一个适宜的环境条件是十分重要的。生物处理对废水的水质要求主要有以下几个方面。

(1) 温度　温度是影响微生物生长繁殖的一个重要的外界因素。当温度过高时，微生物会发生死亡；而温度过低时，微生物的代谢作用将变得非常缓慢，活力受到限制。一般的，好氧生物处理的水温宜控制在20～40℃。而厌氧生物处理的水温与各种产甲烷菌的适宜温度条件有关。一般认为，产甲烷菌适宜的温度范围为5～60℃，在35℃和53℃上下可以分别获得较高的处理效率；温度为40～45℃时，处理效率较低。根据产甲烷菌适宜温度条件不同，厌氧生物处理的适宜水温可分别控制在10～30℃、35～38℃和50～55℃。

(2) pH值　微生物的生长繁殖都有一定的pH值条件。pH值不能突然变化很大，否则将使微生物的活力受到抑制，甚至造成微生物的死亡。对好氧生物处理，废水的pH值宜控制在6～9的范围内；对厌氧生物处理，废水的pH值宜控制在6.5～7.5的范围内。

微生物在生活过程中常常由于某些代谢产物的积累而使周围环境的pH值发生改变。因此，在生物处理过程中常加入一些廉价的物质（如石灰等）以调节废水的pH值。

(3) 营养物质　微生物的生长繁殖需要多种营养物质，如碳源、氮源、无机盐及少量的维生素等。生活废水中具有微生物生长所需的全部营养，而某些工业废水中可能缺乏某些营养。当废水中缺少某些营养成分时，可按所需比例投加所缺营养成分或加入生活污水进行均化，以满足微生物生长所需的各种营养物质。

(4) 有毒物质　废水中凡对微生物的生长繁殖有抑制作用或杀害作用的化学物质均为有毒物质。有毒物质对微生物生长的毒害作用，主要表现在使细菌细胞的正常结构遭到破坏以及使菌体内的酶变质，并失去活性。废水中常见的有毒物质包括大多数重金属离子（铅、镉、铬、锌、铜等）、某些有机物（酚、甲醛、甲醇、苯、氯苯等）和无机物（硫化物、氰化物等）。有些有毒物质虽然能被某些微生物分解，但当浓度超过一定限度时，则会抑制微生物的生长、繁殖，甚至杀死微生物。不同种类的微生物对有毒物质的忍受程度不同，因此，对废水进行生物处理时，应具体情况具体分析，必要时可通过实验确定有毒物质的最高允许浓度。

(5) 溶解氧　好氧生物处理需在有氧的条件下进行，溶解氧不足将导致处理效果明显下降，因此，一般需从外界补充氧气（空气）。实践表明，对于好氧生物处理，水中的溶解氧宜保持在2～4mg/L，如出水中的溶解氧不低于1mg/L，则可以认为废水中的溶解氧已经足够。而厌氧微生物对氧气很敏感，当有氧气存在时，它们就无法生长。因此，在厌氧生物处理中，处理设备要严格密封，隔绝空气。

(6) 有机物浓度　在好氧生物处理中，废水中的有机物浓度不能太高，否则会增加生物反应所需的氧量，容易造成缺氧，影响生物处理效果。而厌氧生物处理是在无氧条件下进行的，因此，可处理较高浓度的有机废水。此外，废水中的有机物浓度不能过低，否则会造成营养不良，影响微生物的生长繁殖，降低生物处理效果。

7.5.4 好氧生物处理法

7.5.4.1 活性污泥法

活性污泥是由好氧微生物（包括细菌、微型动物和其他微生物）及其代谢和吸附的有机物和无机物组成的生物絮凝体，具有很强的吸附和分解有机物的能力。活性污泥的制备可在一含粪便的污水池中连续鼓入空气（曝气）以维持污水中的溶解氧，经过一段时间后，由于污水中微生物的生长和繁殖，逐渐形成褐色的污泥状絮凝体，这种生物絮凝体即为活性污泥，其中含有大量的微生物。活性污泥法处理工业废水，就是让这些生物絮凝体悬浮在废水中形成混合液，使废水中的有机物与絮凝体中的微生物充分接触。废水中呈悬浮状态和胶态的有机物被活性污泥吸附后，在微生物的细胞外酶作用下，分解为溶解性的小分子有机物。溶解性的有机物进一步渗透到微生物细胞体内，通过微生物的代谢作用而分解，从而使废水得到净化。

(1) 活性污泥的性能指标　活性污泥法处理废水的关键在于具有足够数量且性能优良的活性污泥。衡量活性污泥数量和性能好坏的指标主要有污泥浓度、污泥沉降比（SV）和污泥容积指数（SVI）等。

① 污泥浓度　污泥浓度是指1L混合液中所含的悬浮固体（MLSS）或挥发性悬浮固体（MLVSS）的量，单位为g/L或mg/L。污泥浓度的大小可间接地反映混合液中所含微生物的数量。

② 污泥沉降比　污泥沉降比是指一定量的曝气混合液静置30min后，沉淀污泥与原混合液的体积分数。污泥沉降比可反映正常曝气时的污泥量以及污泥的沉淀和凝聚性能。性能良好的活性污泥，其沉降比一般在15%～20%的范围内。

③ 污泥容积指数　又称污泥指数，是指一定量的曝气混合液静置30min后，1g干污泥所占有的沉淀污泥的体积，单位为mg/L。污泥指数的计算方法为：

$$SVI=\frac{SV\times 1000}{MLSS}$$

例如，曝气混合液的污泥沉降比SV为25%，污泥浓度MLSS为2.5g/L，则污泥指数为：

$$SVI=\frac{25\%\times 1000}{2.5}=100mg/L$$

污泥指数是反映活性污泥松散程度的指标。SVI值过低，说明污泥颗粒细小紧密，无机物较多，缺乏活性；反之，SVI值过高，说明污泥松散，难以沉淀分离，有膨胀的趋势或已处于膨胀状态。多数情况下，SVI值宜控制在50～100mg/L之间。

(2) 活性污泥法的基本工艺流程　活性污泥法处理工业废水的基本工艺流程如图7-2所示。

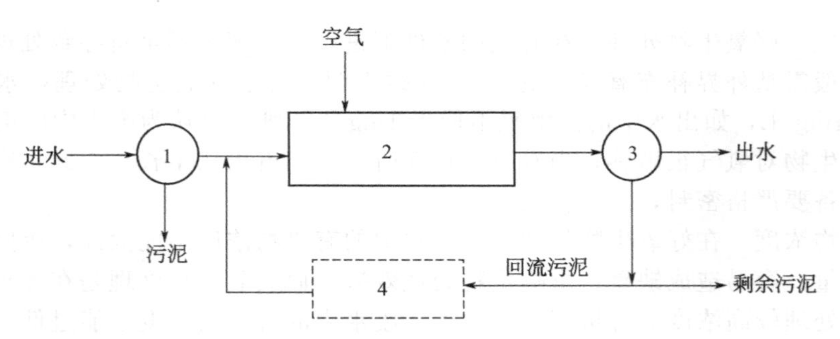

图7-2　活性污泥法的基本工艺流程

1—初次沉淀池；2—曝气池；3—二次沉淀池；4—再生池

废水首先进入初次沉淀池中进行预处理，以除去较大的悬浮物及胶体状颗粒等，然后进入曝气池。在曝气池内，通过充分曝气，一方面使活性污泥悬浮于废水中，以确保废水与活性污泥充分接触；另一方面可使活性污泥混合液始终保持好氧条件，保证微生物的正常生长和繁殖。废水中的有机物被活性污泥吸附后，其中的小分子有机物可直接渗入到微生物的细胞体内，而大分子有机物则先被微生物的细胞外酶分解为小分子有机物，然后再渗入到细胞体内。在微生物的细胞内酶作用下，进入细胞体内的有机物一部分被吸收形成微生物有机体，另一部分则被氧化分解，转化成 CO_2、H_2O、NH_3、SO_4^{2-}、PO_4^{3-} 等简单无机物或酸根，并释放出能量。

处理后的废水和活性污泥由曝气池流入二次沉淀池进行固液分离，上清液即是被净化了的水，由二次沉降池的溢流堰排出。二次沉淀池底部的沉淀污泥，一部分回流到曝气池入口，与进入曝气池的废水混合，以保持曝气池内具有足够数量的活性污泥；另一部分则作为剩余污泥排入污泥处理系统。

(3) 常用曝气方式　按曝气方式不同，活性污泥法可分为普通曝气法、逐步曝气法、完全混合曝气法、纯氧曝气法和深井曝气法等多种方法。其中普通曝气法是最基本的曝气方法，其他方法都是在普通曝气法的基础上逐步发展起来的。我国应用较多的是完全混合曝气法。

① 普通曝气法　该法的工艺流程如图 7-2 所示。废水和回流污泥从曝气池的一端流入，净化后的废水由另一端流出。曝气池进口处的有机物浓率较高，生物反应速率较快，需氧量较大。随着废水沿池长流动，有机物浓度逐渐降低，需氧量逐渐下降。而空气的供给常常沿池长平均分配，故供应的氧气不能被充分利用。普通曝气法 BOD_5 的去除率可达 90%以上，出水水质较好，适用于处理要求高而水质较为稳定的废水。

② 逐步曝气法　为改进普通曝气法供氧不能被充分利用的缺点，将废水改由几个进口入池（见图 7-3），使有机物沿池长分配比较均匀，池内需氧量也比较均匀，从而避免了普通曝气法池前段供氧不足，池后段供氧过剩的缺点。逐步曝气法适用于大型曝气池及高浓度有机废水的处理。

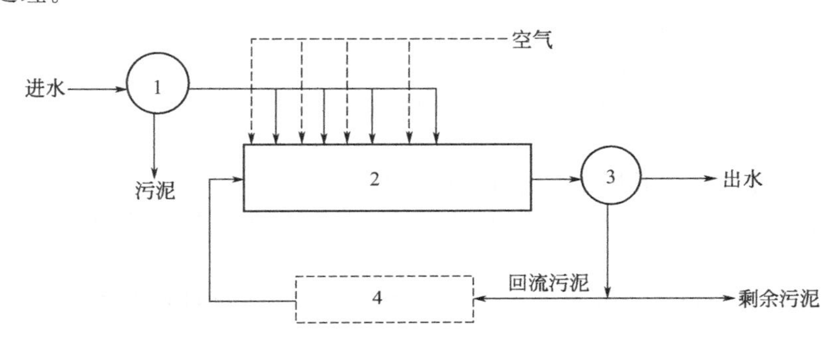

图 7-3　逐步曝气法的工艺流程

1—初次沉淀池；2—曝气池；3—二次沉淀池；4—再生池

③ 完全混合曝气法　这是目前应用较多的活性污泥处理法，它与普通曝气法的主要区别在于混合液在池内循环流动，废水和回流污泥进入曝气池后立即与池内混合液充分混合，进行吸附和代谢活动。由于废水和回流污泥与池内大量低浓度、水质均匀的混合液混合，因而进水水质的变化对活性污泥的影响很小，适用于水质波动大、浓度较高的有机废水的处理。图 7-4 所示的圆形曝气沉淀池为常用的完全混合式曝气池。

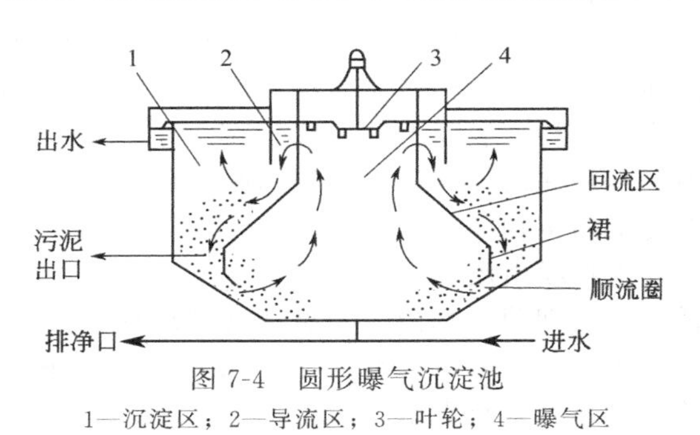

图 7-4　圆形曝气沉淀池

1—沉淀区；2—导流区；3—叶轮；4—曝气区

④ 纯氧曝气法　与普通曝气法相比，纯氧曝气的特点是水中的溶解氧增加，可达 6～10mg/L，氧的利用率由空气曝气法的 4%～10%提高到 85%～95%。高浓度的溶解氧可使污泥保持较高的活性和浓度，从而提高废

水处理的效率。当曝气时间相同时，纯氧曝气法比空气曝气法的BOD及COD去除率分别提高3%和5%，而且降低了成本。

纯氧曝气法的土建要求较高，而且必须有稳定价廉的氧气。此外，废水中不能含有酯类，否则有发生爆炸的危险。

⑤ 深井曝气法　以地下深井作为曝气池，井内水深可达50～150m，纵向被分隔为下降区和上升区两部分，废水在沿下降区和上升区的反复循环中得到净化，如图7-5所示。由于曝气池的深度大、静水压力高，从而大幅度提高了水中的溶解氧浓度和氧传递推动力，氧的利用率可达50%～90%。

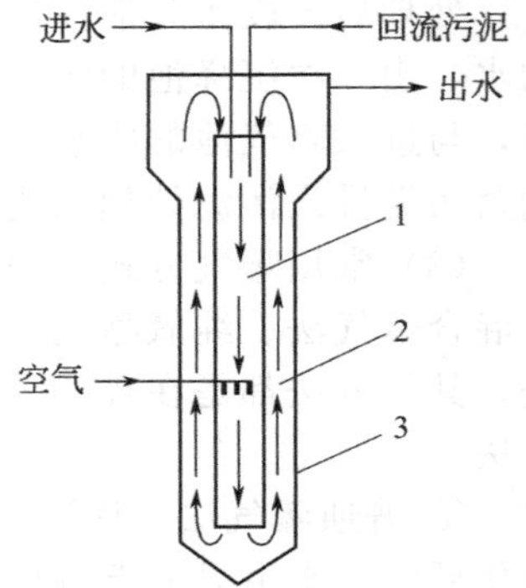

图7-5　深井曝气池
1—下降区；2—上升区；3—衬筒

深井曝气法具有占地面积少、耐冲击负荷性能好、处理效率高、剩余污泥少等优点，适合于高浓度有机废水的处理。此外，因曝气筒在地下，故在寒冷地区也可稳定运行。

(4) 剩余污泥的处理　好氧法处理废水会产生大量的剩余污泥。这些污泥中含有大量的微生物、未分解的有机物甚至重金属等毒物。剩余污泥量大、味臭、成分复杂，如不妥善处理，也会造成环境污染。剩余污泥的含水率很高，体积很大，这对污泥的运输、处理和利用均带来一定的困难。因此，一般先要对污泥进行脱水处理，然后再对其进行综合利用和无害化处理。

污泥脱水的方法主要有：

① 沉淀浓缩法　利用重力的作用自然浓缩，脱水程度有限。

② 自然晾晒法　将污泥在场地上铺成薄层日晒风干。此法占地大、卫生条件差，易污染地下水，同时易受气候影响，效率较低。

③ 机械脱水法　如真空吸滤法、压滤法和离心法。此法占地少、效率高，但运行费用也高。

脱水后的污泥可采取以下几种方法进行最终处理。

① 焚烧　这是目前处理有机污泥最有效的方法，可在各式焚烧炉中进行，但此法的投资较大，能耗较高。

② 作建筑材料的掺和物　污泥经无害化处理后可作为建筑材料的掺和物，此法主要用于含无机物的污泥。

③ 作肥料　污泥中含有丰富的氮、磷、钾等营养成分，经堆肥发酵或厌氧处理后是良好的有机肥料。但含有重金属和其他有害物质的污泥，一般不能用作肥料。

④ 繁殖蚯蚓　蚯蚓可以改善污泥的通气状况，从而使有机物的氧化分解速度大大加快，并能去掉臭味，杀死大量的有害微生物。

7.5.4.2 生物膜法

生物膜法是依靠生物膜吸附和氧化废水中的有机物并同废水进行物质交换，从而使废水得到净化的另一种好氧生物处理法。生物膜不同于活性污泥悬浮于废水中，它是附着于固体介质（滤料）表面上的一层黏膜。同活性污泥法相比，生物膜法具有生物密度大、适应能力强、不存在污泥回流与污泥膨胀、剩余污泥较少和运行管理方便等优点，是一种具有广阔发展前景的生物净化方法。

生物膜由废水中的肢体、细小悬浮物、溶质物质和大量的微生物所组成，这些微生物包括大量的细菌、真菌、藻类和微型动物。微生物群体所形成的一层黏膜状物即生物膜，附着于载体表面，厚度一般为1～3mm。随着净化过程的进行，生物膜将经历一个由初生、生长、成熟到老化剥落的过程。

生物膜净化有机废水的原理如图 7-6 所示。由于生物膜的吸附作用，其表面常吸附着一层很薄的水层，此水层基本上是不流动的，称为“附着水”。其外层为可自由流动的废水，称为“运动水”。由于附着水层中的有机物不断地被生物膜吸附，并被氧化分解，故附着水层中的有机物浓度低于运动水层中的有机物浓度，从而发生传质过程，有机物从运动水层不停地向附着水层传递，被生物膜吸附后由微生物氧化分解。与此同时，空气中的氧依次通过运动水层和附着水层进入生物膜；微生物分解有机物产生的二氧化碳及其他无机物、有机酸等代谢产物则沿相反方向释出，如图 7-6 所示。

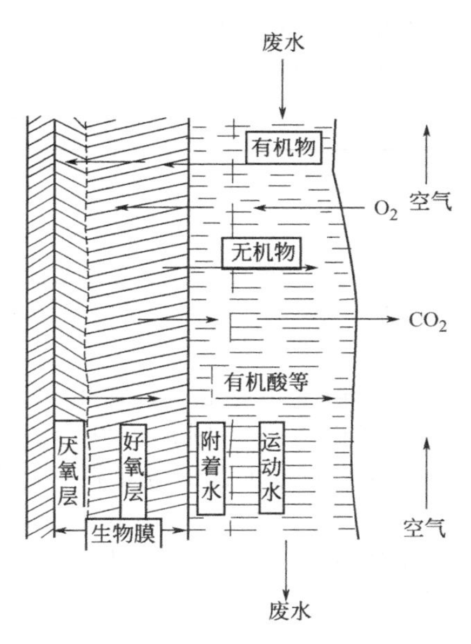

图 7-6　生物膜的净化原理

微生物除氧化分解有机物外，还利用有机物作为营养合成新的细胞质，形成新的生物膜。随着生物膜厚度的增加，扩散到膜内部的氧很快就被膜表层中的微生物所消耗，离开表层稍远（约 2mm）的生物膜由于缺氧而形成厌氧层。这样，生物膜就形成了两层，即外层的好氧层和内层的厌氧层。

进入厌氧层的有机物在厌氧微生物的作用下分解为有机酸和硫化氢等产物，这些产物将通过膜表面的好氧层而排入废水中。当厌氧层厚度不大时，好氧层能够保持净化功能。随着厌氧层厚度的增大，代谢产物将逐渐增多，生物膜将逐渐老化而自然剥落。此外，水力冲刷或气泡振动等原因也会导致小块生物膜剥落。生物膜剥离后，介质表面得到更新，又会逐渐形成新的生物膜。

根据处理方式与装置的不同，生物膜法可分为生物滤池法、生物转盘法和生物流化床法等。

（1）生物滤池法

① 工艺流程　生物滤池处理有机废水的工艺流程如图 7-7 所示。废水首先在初次沉淀池中除去悬浮物、油脂等杂质，这些杂质可能会堵塞滤料层。经预处理后的废水进入生物滤池进行净化。净化后的废水在二次沉淀池中除去生物滤池中剥落下来的生物膜，以保证出水的水质。

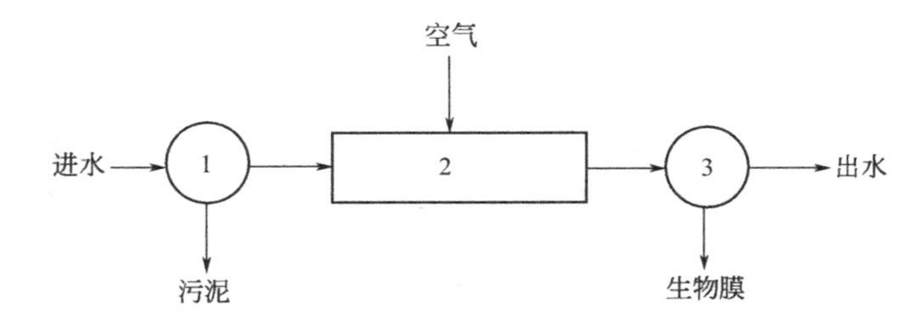

图 7-7　生物滤池法工艺流程

1—初次沉淀池；2—生物滤池；3—二次沉淀池

② 生物滤池的负荷　负荷是衡量生物滤池工作效率高低的重要参数，生物滤池的负荷有水力负荷和有机物负荷两种。水力负荷是指单位体积滤料或单位滤池面积每天处理的废水量，单位为 $m^3/(m^3 \cdot d)$ 或 $m^3/(m^2 \cdot d)$，后者又称为滤率。有机物负荷是指单位体积滤料每天可除去废水中的有机物的量（DOD_5），单位为 $kg/(m^3 \cdot d)$。

根据承受废水负荷的大小，生物滤池可分为普通生物滤池（低负荷生物滤池）和高负荷生物滤池。两种生物滤池的工作指标如表 7-3 所示。

表 7-3 生物滤池的负荷值

生物滤池类型	水力负荷 /[m^3/(m^2·d)]	有机物负荷 /[kg/(m^3·d)]	BOD_5去除率/%
普通生物滤池	1～3	100～250	80～95
高负荷生物滤池	10～30	800～1200	75～90

注：1. 本表主要适用于生活污水的处理（滤料用碎石），生产废水的负荷应经试验确定。
2. 高负荷生物滤池进水的 BOD_5 应小于 200mg/L。

③ 普通生物滤池　普通生物滤池主要由滤床、分布器和排水系统三部分组成。滤床的横截面可以是圆形、方形或矩形，常用碎石、卵石、炉渣或焦炭铺成，高度为 1.5～2m。滤池上部的分布器可将废水均匀分布于滤床表面，以充分发挥每一部分滤料的作用，提高滤池的工作效率。池底的排水系统不仅用于排出处理后的废水，而且起支撑滤床和保证滤池通风的作用。图 7-8 是常用的具有旋转分布器的圆形普通生物滤池。

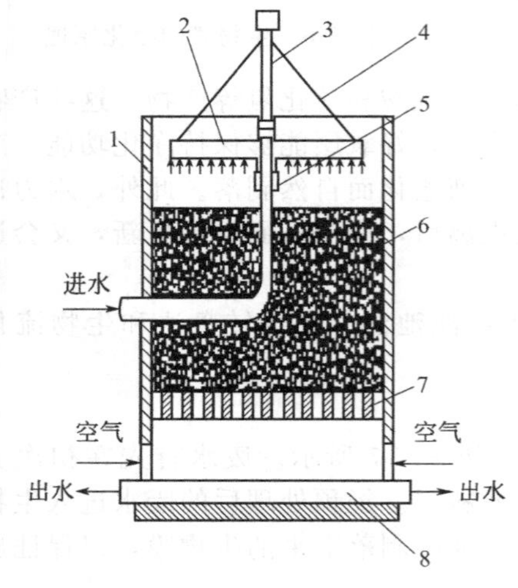

图 7-8 普通生物滤池

1—池体；2—旋转分布器；3—旋转柱；4—钢丝绳；5—水银液封；6—滤床；7—滤床支撑；8—集水管

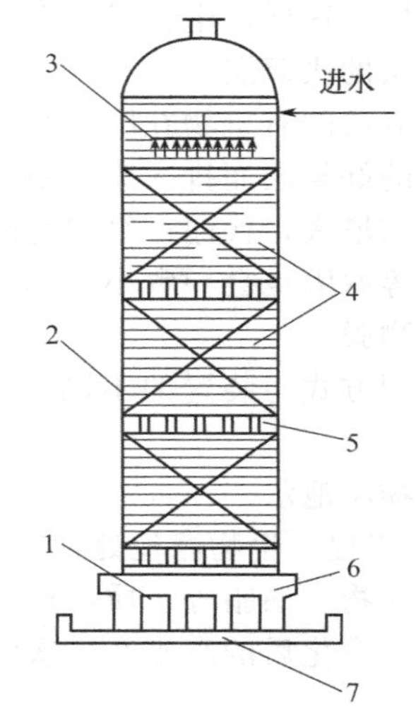

图 7-9 塔式生物滤池

1—进风口；2—塔身；3—分布器；4—滤料；5—滤料支撑；6—底座；7—集水器

普通生物滤池的水力负荷和有机物负荷均较低，废水与生物膜的接触时间较长，废水的净化较为彻底。普通生物滤池的出水水质较好，曾经被广泛应用于生活污水和工业废水的处理。但普通生物滤池的工作效率较低，且容易滋生蚊蝇，卫生条件较差。

④ 塔式生物滤池　它是一种在普通生物滤池的基础上发展起来的新型高负荷生物滤池，其结构如图 7-9 所示。塔式生物滤池的高度可达 8～24m，直径一般为 1～3.5m。这种形如塔式的滤池，抽风能力较强，通风效果较好。由于滤池较高，废水与空气及生物膜的接触非常充分，水力负荷和有机物负荷均大大高于普通生物滤池。同时塔式生物滤池的占地面积较小，基建费用较少，操作管理比较方便，因此，塔式生物滤池在废水处理中得到了广泛应用。

塔式生物滤池也可以采用机械通风，但要注意空气在滤池平面上必须均匀分配，以免影响处理效果。此外，还要防止冬天寒冷季节因池温降低而影响处理效果。塔式生物滤池运行时需用泵将废水提升至塔顶的入口处，因此操作费用较高。

(2) 生物转盘法　生物转盘是一种从传统生物滤池演变而来的新型生物膜法废水处理设备，其工作原理和生物滤池基本相同，但结构形式却完全不同。

生物转盘是由装配在水平横轴上的一系列间隔很近的等直径转动圆盘组成，结构如图7-10所示。工作时，圆盘近一半的面积浸没在废水中。当废水在槽中缓慢流动时，圆盘也缓慢转动，盘上很快长了一层生物膜。浸入水中的圆盘，其生物膜吸附水中的有机物，转出水面时，生物膜又从空气中吸收氧气，从而将有机物分解破坏。这样，圆盘每转动一圈，即进行一次吸附-吸氧-氧化分解过程，圆盘不断转动，如此反复，废水得到净化处理。

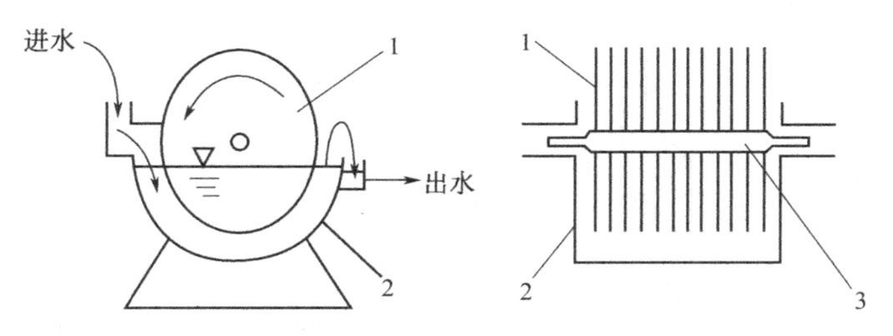

图 7-10　单轴单级生物转盘

1—盘片；2—氧化槽；3—转轴

同一般的生物滤池相比，生物转盘法具有较高的运行效率和较强的抗冲击负荷的能力，既可处理BOD_5大于10000mg/L的高浓度有机废水，又可处理BOD_5小于10mg/L的低浓度有机废水。但生物转盘法也存在一些缺点，如适应性较差，生物转盘一旦建成后，很难通过调整其性能来适应进水水质的变化或改变出水的水质。此外，仅依靠转盘转动所产生的传氧速率是有限的，如处理高浓度有机废水时，单纯用转盘转动来提供全部需氧量较为困难。

(3) 生物流化床法　生物流化床是将固体流态化技术用于废水的生物处理，使处于流化状态下的载体颗粒表面上生长、附着生物膜，是一种新型的生物膜法废水处理技术。

生物流化床主要由床体、载体和分布器等组成。床体通常为一圆筒形塔式反应器，其内装填一定高度的无烟煤、焦炭、活性炭或石英砂等。分布器是生物流化床的关键设备，其作用是使废水在床层截面上均匀分布。图7-11是三相生物流化床处理废水的工艺流程示意图。废水和空气从底部进入床体，生物载体在水流和空气的作用下发生流化。在流化床内，气、液、固（载体）三相剧烈搅动，充分接触，废水中的有机物在载体表面上的生物膜作用下氧化分解，从而使废水得到净化。

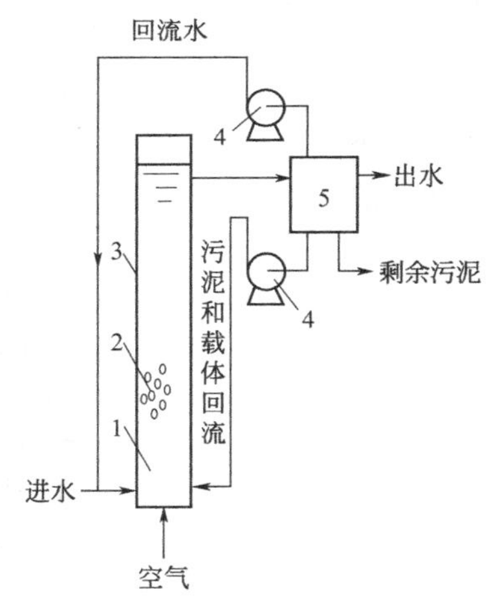

图 7-11　三相生物流化床工艺流程

1—分布器；2—载体；3—床体；4—循环泵；5—二次沉淀池

生物流化床对水质、负荷、床温等变化的适应能力较强。由于载体的粒径一般为0.5～1.5mm，比表面积较大，能吸附大量的微生物。由于载体颗粒处于流化状态，废水从其下部、左侧、右侧流过，不断地和载体上的生物膜接触，使传质过程得到强化，同时由于载体不停地流动，可有效地防止生物膜的堵塞现象。近年来，由于生物流化床具有处理效果好、有机物负荷高、占地少和投资省等优点，已越来越受到人们的重视。

7.5.4.3 厌氧生物处理法

废水的厌氧生物处理是环境工程和能源工程中的一项重要技术。人们有目的地利用厌氧生物处理已有近百年的历史，农村广泛使用的沼气池，就是利用厌氧生物处理原理进行工作的。与好氧生物处理相比，厌氧生物处理具有能耗低（不需充氧）、有机物负荷高、氮和磷的需求量小、剩余污泥产量少且易于处理等优点，不仅运行费用较低，而且可以获得大量的生物能——沼气。多年来，结合高浓度有机废水的特点和处理经验，人们开发了多种厌氧生物处理工艺和设备。

（1）传统厌氧消化池　传统消化池适用于处理有机物及悬浮物浓度较高的废水，其工艺流程如图 7-12 所示。废水或污泥定期或连续加入消化池，经消化的污泥和废水分别从消化池的底部和上部排出，所产的沼气也从顶部排出。

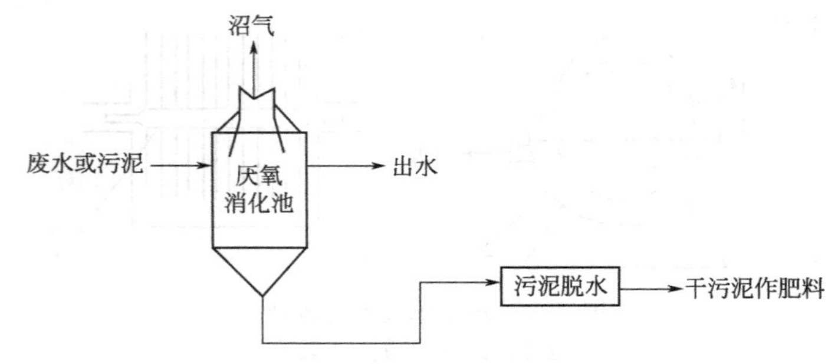

图 7-12　传统消化法工艺流程

传统厌氧消化池的特点是在一个池内实现厌氧发酵反应以及液体与污泥的分离过程。为了使进料与厌氧污泥充分接触，池内可设置搅拌装置，一般情况下每隔 2～4h 搅拌一次。此法的缺点是缺乏保留或补充厌氧活性污泥的特殊装置，故池内难以保持大量的微生物，且容积负荷低，反应时间长，消化池的容积大，处理效果不佳。

（2）厌氧接触法　厌氧接触法是在传统消化池的基础上开发的一种厌氧处理工艺。与传统消化法的区别在于增加了污泥回流。其工艺流程如图 7-13 所示。

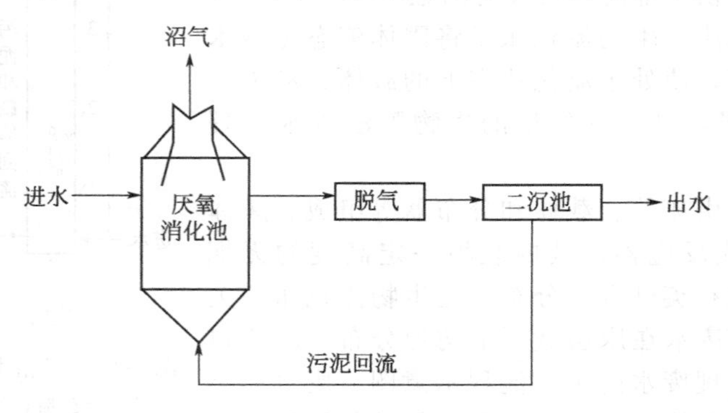

图 7-13　厌氧接触法工艺流程

在厌氧接触工艺中，消化池内是完全混合的。由消化池排出的混合液通过真空脱气，使附着于污泥上的小气泡分离出来，有利于泥水分离。脱气后的混合液在沉淀池中进行固液分离，废水由沉淀池上部排出，沉降下来的厌氧污泥回流至消化池，这样既可保证污泥不会流失，又可提高消化池内的污泥浓度，增加厌氧生物量，从而提高了设备的有机物负荷和处理效率。

厌氧接触法可直接处理含较多悬浮物的废水，而且运行比较稳定，并有一定的抗冲击负荷的能力。此工艺的缺点是污泥在池内呈分散、细小的絮状，沉淀性能较差，因而难以在沉淀池中进行固液分离，所以出水中常含有一定数量的污泥。此外，此工艺不能处理低浓度的有机废水。

(3) 上流式厌氧污泥床　上流式厌氧污泥床是20世纪70年代初开发的一种高效生物处理装置，是一种悬浮生长型的生物反应器，主要由反应区、沉淀区和气室三部分组成。

如图7-14所示，反应器的下部为浓度较高的污泥层，称为污泥床。由于气体（沼气）的搅动，污泥床上部形成一个浓度较低的悬浮污泥层，通常将污泥床和悬浮污泥层统称为反应区。在反应区的上部设有气、液、固三相分离器。待处理的废水从污泥床底部进入，与污泥床中的污泥混合接触，其中的有机物被厌氧微生物分解产生沼气，微小的沼气气泡在上升过程中不断合并形成较大的气泡。由于气泡上升产生的剧烈扰动，在污泥床的上部形成了悬浮污泥层。气、液、固（污泥颗粒）的混合液上升至三相分离器内，沼气气泡碰到分离器下部的挡气环时，折向气室而被有效地分离排出。污泥和水则经孔道进入三相分离器的沉淀区，在重力作用下，水和污泥分离，上清液由沉淀区上部排出，沉淀区下部的污泥沿着挡气环的斜壁回流至悬浮层中。

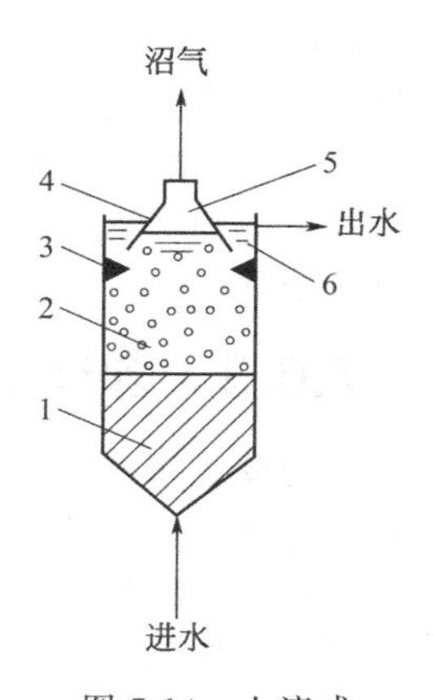

图7-14　上流式厌氧污泥床
1—污泥床；2—悬浮层；3—挡气环；4—集气罩；5—气室；6—沉淀区

上流式厌氧污泥床的体积较小，且不需要污泥回流，可直接处理含悬浮物较多的废水，不会发生堵塞现象。但装置的结构比较复杂，特别是气-液-固三相分离器对系统的正常运行和处理效果影响很大，设计与安装要求较高。此外，装置对水质和负荷的突然变化比较敏感，要求废水的水质和负荷均比较稳定。

7.6 各类制药废水的处理

7.6.1 含悬浮物或脂体的废水

废水中所含的悬浮物一般可通过沉淀、过滤或气浮等方法除去。气浮法的原理是利用高度分散的微小气泡作为载体去黏附废水中的悬浮物，使其密度小于水而上浮到水面，从而实现固液分离。例如，对于密度小于水或疏水性悬浮物的分离，沉淀法的分离效果往往较差，此时可向水中通入空气，使悬浮物黏附于气泡表面并浮到水面，从而实现固液分离。也可采用直接蒸气加热、加入无机盐等，使悬浮物聚集沉淀或上浮分离。对于极小的悬浮物或胶体，则可用混凝法或吸附法处理。例如，4-甲酰氨基安替比林是合成解热镇痛药安乃近（analgin）的中间体，在生产过程中要产生一定量的废母液，其中含有许多必须除去的树脂状物，这种树脂状物不能用静置的方法分离。若在此废母液中加入浓硫酸铵废水，并用蒸气加热，使其相对密度增大到1.1，即有大量的树脂沉淀和上浮物，从而将树脂状物从母液中分离出来。

除去悬浮物和胶体的废水若仅含无毒的无机盐类，一般稀释后即可直接排入下水道。若达不到国家规定的排放标准，则需采用其他方法进一步处理。

从废水中除去悬浮物或胶体可大大降低二级处理的负荷，且费用一般较低，是一种常规的废水预处理方法。

7.6.2 酸碱性废水

化学制药过程中常排出各种含酸或碱的废水，其中以酸性废水居多。酸、碱性废水直接排放不仅会造成排水管道的腐蚀和堵塞，而且会污染环境和水体。对于浓度较高的酸性或碱性废水应尽量考虑回收和综合利用，如用废硫酸制硫酸亚铁，用废氨水制硫酸铵等。回收后的剩余废水或浓度较低、不易回收的酸性或碱性废水必须中和至中性。中和时应尽量使用现有的废酸或废碱，若酸、碱废水互相中和后仍达不到处理要求，可补加药剂（酸性或碱性物质）进行中和。若中和后的废水水质符合国家规定的排放标准，可直接排入下水道，否则需进一步处理。

7.6.3 含无机物废水

制药废水中所含的无机物通常为卤化物、氰化物、硫酸盐以及重金属离子等，常用的处理方法有稀释法、浓缩结晶法和各种化学处理法。对于不含毒物又不易回收利用的无机盐废水可用稀释法处理。较高浓度的无机盐废水应首先考虑回收和综合利用，例如，含锰废水经一系列化学处理后可制成硫酸锰或高纯碳酸锰，较高浓度的硫酸钠废水经浓缩结晶法处理后可回收硫酸钠，等等。

对于含有氰化物、氟化物等剧毒物质的废水一般可通过各种化学法进行处理。例如，用高压水解法处理高浓度含氰废水，去除率可达99.99%以上。

$$NaCN + 2H_2O \xrightarrow[170\sim180^{\circ}C,\ 1.47MPa]{1\%\sim1.5\%\ NaOH} HCOONa + NH_3$$

含氟废水也可用化学法进行处理。例如用中和法处理醋酸氟轻松生产中的含氟废水，去除率可达99.99%以上。

$$2NH_4F + Ca(OH)_2 \xrightarrow{pH=13} CaF_2 + 2H_2O + 2NH_3\uparrow$$

重金属在人体内可以累积，且毒性不易消除，所以含重金属离子的废水排放要求是比较严格的。废水中常见的重金属离子包括汞、镉、铬、铅、镍等离子，此类废水的处理方法主要为化学沉淀法，即向废水中加入某些化学物质作为沉淀剂，使废水中的重金属离子转化为难溶于水的物质而发生沉淀，从而从废水中分离出来。在各类化学沉淀法中，尤以中和法和硫化法的应用最为广泛。中和法是向废水中加入生石灰、消石灰、氢氧化钠或碳酸钠等中和剂，使重金属离子转化为相应的氢氧化物沉淀而除去。硫化法是向废水中加入硫化钠或通入硫化氢等硫化剂，使重金属离子转化为相应的硫化物沉淀而除去。在允许排放的pH值范围内，硫化法的处理效果较好，尤其是处理含汞或铬的废水，一般都采用此法。

7.6.4 含有机物废水

在化学制药厂排放的各类废水中，含有机物废水的处理是最复杂、最重要的课题。此类废水中所含的有机物一般为原辅材料、产物和副产物等，在进行无害化处理前，应尽可能考虑回收和综合利用。常用的回收和综合利用方法有蒸馏、萃取和化学处理等。回收后符合排放标准的废水，可直接排入下水道。对于成分复杂、难以回收利用或者经回收后仍不符合排放标准的有机废水，则需采用适当方法进行无害化处理。

有机废水的无害化处理方法很多，可根据废水的水质情况加以选用。对于易被氧化分解的有机废水，一般可用生物处理法进行无害化处理。对于低浓度、不易被氧化分解的有机废水，采用生物处理法往往达不到规定的排放标准，这些废水可用沉淀、萃取、吸附等物理、化学或物理化学方法进行处理。对于浓度高、热值高又难以用其他方法处理的有机废水，可用焚烧法进行处理。

7.7 废气的处理

化学制药厂排出的废气具有种类繁多、组成复杂、数量大、危害严重等特点，必须进行综合治理，以免危害操作者的身体健康，造成环境污染。按所含主要污染物的性质不同，化学制药厂排出的废气可分为三类，即含尘（固体悬浮物）废气、含无机污染物废气和含有机污染物废气。含尘废气的处理实际上是一个气、固两相混合物的分离问题，可利用粉尘质量较大的特点，通过外力的作用将其分离出来；而处理含无机或有机污染物的废气则要根据所含污染物的物理性质和化学性质，通过冷凝、吸收、吸附、燃烧、催化等方法进行无害化处理。

目前，对化学制药厂排放废气中的污染物的管理，主要执行《工业“三废”排放试行标准》（GB J4—73），该标准规定了13类有害物质的排放浓度。在评价污染源对外界环境的影响时，可执行《工业企业设计卫生标准》（TJ 36—79）中《居住区大气中有害物质的最高容许浓度》的规定；在评价大气污染物对车间空气的影响时，可执行《车间空气有害物质的最高容许浓度》的规定（TJ 36—79）。

7.7.1　含尘废气的处理

化学制药厂排出的含尘废气主要来自粉碎、碾磨、筛分等机械过程所产生的粉尘，以及锅炉燃烧所产生的烟尘等。常用的除尘方法有三种，即机械除尘、洗涤除尘和过滤除尘。

7.7.1.1　机械除尘

机械除尘是利用机械力（重力、惯性力、离心力）将固体悬浮物从气流中分离出来。常用的机械除尘设备有重力沉降室、惯性除尘器、旋风除尘器等。重力沉降室是利用粉尘与气体的密度不同，依靠粉尘自身的重力从气流中自然沉降下来，从而达到分离或捕集气流中含尘粒子的目的。惯性除尘器是利用粉尘与气体在运动中的惯性力不同，使含尘气流方向发生急剧改变，气流中的尘粒因惯性较大，不能随气流急剧转弯，便从气流中分离出来。旋风除尘器是利用含尘气体的流动速度，使气流在除尘装置内沿一定方向作连续的旋转运动，尘粒在随气流的旋转运动中获得了离心力，从而从气流中分离出来。常见机械除尘设备的基本结构如图7-15所示。

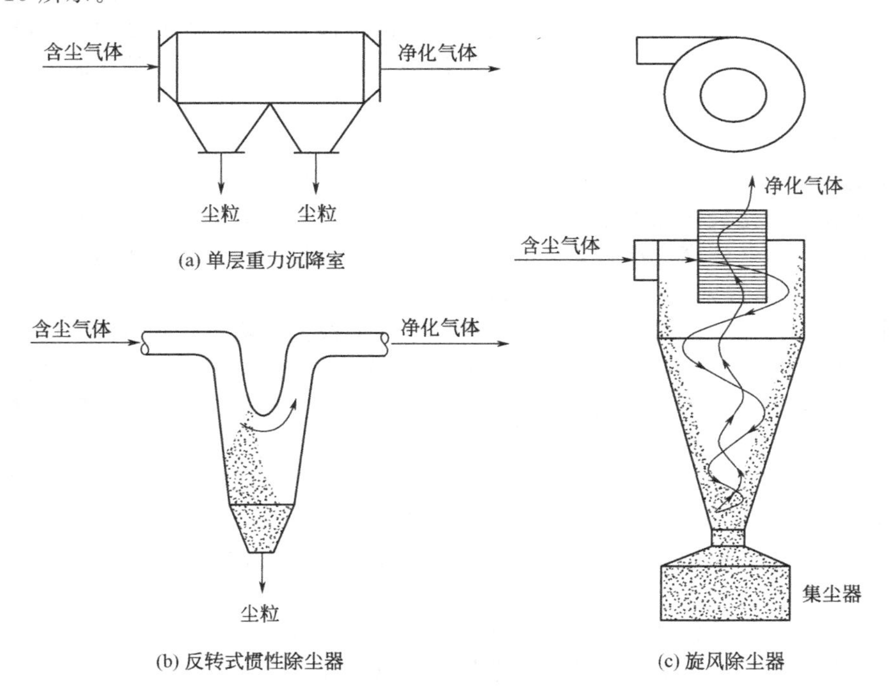

图7-15　常见机械除尘设备的基本结构

机械除尘设备具有结构简单、易于制造、阻力小和运转费用低等特点，但此类除尘设备只对大粒径粉尘的去除效率较高，而对小粒径粉尘的捕获率很低。为了取得较好的分离效率，可采用多级串联的形式，或将其作为一级除尘使用。

7.7.1.2 洗涤除尘

又称湿式除尘，它是用水（或其他液体）洗涤含尘气体，利用形成的液膜、液滴或气泡捕获气体中的尘粒，尘粒随液体排出，气体得到净化。洗涤除尘设备形式很多，图 7-16 为常见的填料式洗涤除尘器。

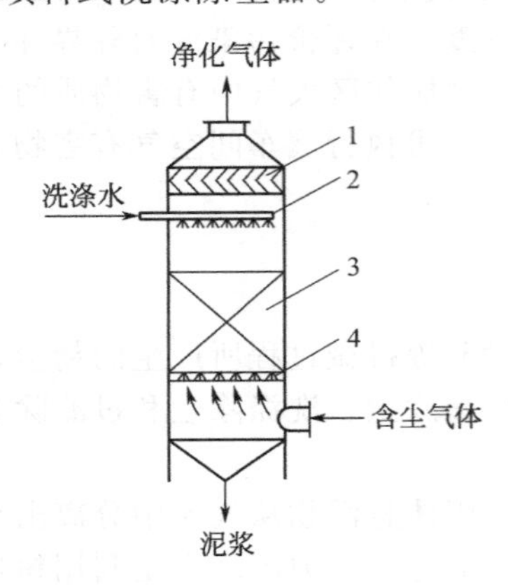

图 7-16 填料式洗涤除尘器

1—除沫器；2—分布器；3—填料；4—填料支撑

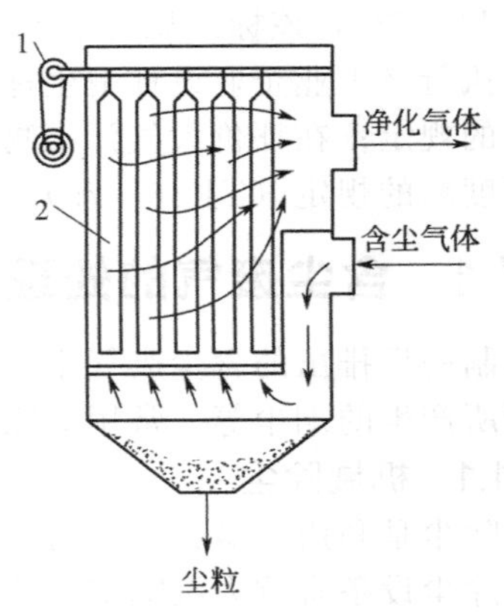

图 7-17 袋式除尘器示意图

1—振动装置；2—滤袋

洗涤除尘器可以除去直径在 0.1μm 以上的尘粒，且除尘效率较高，一股为 80%～95%，高效率的装置可达 99%。洗涤除尘器的结构比较简单，设备投资较少，操作维修也比较方便。洗涤除尘过程中，水与含尘气体可充分接触，有降温增湿和净化有害有毒废气等作用，尤其适合高温、高湿、易燃、易爆和有毒废气的净化。洗涤除尘的明显缺点是除尘过程中要消耗大量的洗涤水，而且从废气中除去的污染物全部转移到水中，因此必须对洗涤后的水进行净化处理，并尽量回用，以免造成水的二次污染。此外，洗涤除尘器的气流阻力较大，因而运转费用较高。

7.7.1.3 过滤除尘

过滤除尘是使含尘气体通过多孔材料，将气体中的尘粒截留下来，使气体得到净化。目前，我国使用较多的是袋式除尘器，其基本结构是在除尘器的集尘室内悬挂若干个圆形或椭圆形的滤袋，当含尘气流穿过这些滤袋的袋壁时，尘粒被袋壁截留，在袋的内壁或外壁聚集而被捕集。图 7-17 为常见的袋式除尘器示意图。

袋式除尘器在使用一段时间后，滤布的孔隙可能会被尘粒堵塞，从而使气体的流动阻力增大。因此袋壁上聚集的尘粒需要连续或周期性地被清除下来。图 7-17 所示的袋式除尘器是利用机械装置的运动，周期性地振打布袋而使积尘脱落。此外，利用气流反吹袋壁而使灰尘脱落，也是常用的清灰方法。

袋式除尘器结构简单，使用灵活方便，可以处理不同类型的颗粒污染物，尤其对直径在 0.1～20μm 范围内的细粉有很强的捕集效果，除尘效率可达 90%～99%，是一种高效除尘设备。但袋式除尘器的应用要受到滤布的耐温和耐腐蚀等性能的限制，一般不适用于高温、高湿或强腐蚀性废气的处理。

各种防尘装置各有其优缺点。对于那些粒径分布范围较广的尘粒，常将两种或多种不同性质的除尘器组合使用。例如，某化学制药厂用沸腾干燥器干燥氯霉素成品，排出气流中含有一定量的氯霉素粉末，若直接排放不仅会造成环境污染，而且损失了产品。该厂采用图

7-18所示的净化流程对排出气流进行净化处理。含有氯霉素粉末的气流首先经两只串联的旋风除尘器除去大部分粉末，再经一只袋式除尘器滤去粒径较小的细粉，未被袋式除尘器捕获的粒径极细的粉末经鼓风机出口处的洗涤除尘器而除去。这样不仅使排出尾气中基本不含氯霉素粉末，保护了环境，而且可回收一定量的氯霉素产品。

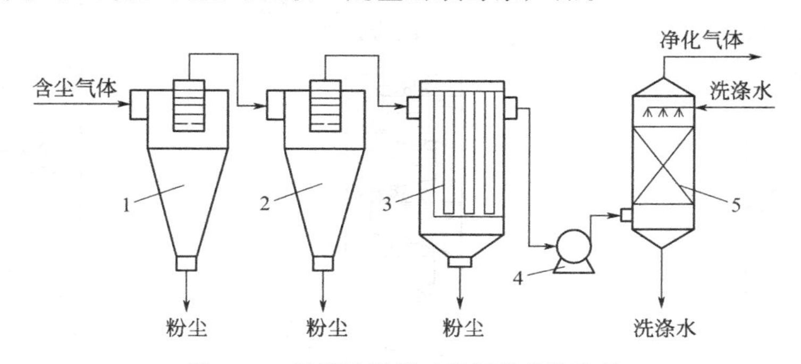

图7-18 氯霉素干燥工段气流净化流程

1，2—旋风除尘器；3—袋式除尘器；4—鼓风机；5—洗涤除尘器

7.7.2 含无机物废气的处理

化学制药厂排放的废气中，常见的无机污染物有氯化氢、硫化氢、二氧化硫、氮氧化物、氯气、氨气和氰化氢等，这一类废气的主要处理方法有吸收法、吸附法、催化法和燃烧法等，其中以吸收法最为常用。

7.7.2.1 吸收装置

吸收是利用气体混合物中不同组分在吸收剂中的溶解度不同，或者与吸收剂发生选择性化学反应，从而将有害组分从气流中分离出来的过程。吸收过程一般需要在特定的吸收装置中进行。吸收装置的主要作用是使气液两相充分接触，实现气液两相间的传质。用于气体净化的吸收装置主要有填料塔、板式塔和喷淋塔。

填料塔的结构如图7-19所示。在塔筒内装填一定高度的填料（散堆或规整填料），以增加气液两相间的接触面积。用作吸收的液体由液体分布器均匀分布于填料表面，并沿填料表面下降。需净化的气体由塔下部通过填料孔隙逆流而上，并与液体充分接触，其中的污染物由气相进入液相中，从而达到净化气体的目的。

板式塔的结构如图7-20所示。在塔筒内装有若干块水平塔板，塔板两侧分别设有降液管和溢流堰，塔板上安设泡罩、浮阀等元件，或按一定规律开成筛孔，即分别称为泡罩塔、浮阀塔和筛板塔。操作时，吸收液首先进入最上层塔板，然后经各板的溢流堰和降液管逐板下降，每块塔板上都积有一定厚度的液体层。需净化的气体由塔底进入，通过塔板向上穿过液体层，鼓泡而出，其中的污染物被板上的液体层所吸收，从而达到净化的目的。

喷淋塔的结构如图7-21所示，其内既无填料也无塔板，是一个空心吸收塔。操作时，吸收液由塔顶进入，经喷淋器喷出后，形成雾状或雨滴状下落。需净化的气体由塔底进入，在上升过程中与雾状或雨滴状的吸收液充分接触，其中的污染物进入吸收液，从而使气体得到净化。

7.7.2.2 吸收法处理无机废气实例

吸收法处理含无机物的废气，技术比较成熟，操作经验比较丰富，适应性较强，废气中常见的无机污染物一般都可选择适宜的吸收剂和吸收装置进行处理，并可回收有价值的副产物。例如，用水吸收废气中的氯化氢可获得一定浓度的盐酸；用水或稀硫酸吸收废气中的氨可获得一定浓度的氨水或铵盐溶液，可用作农肥；含氰化氢的废气可先用水或液碱吸收，然

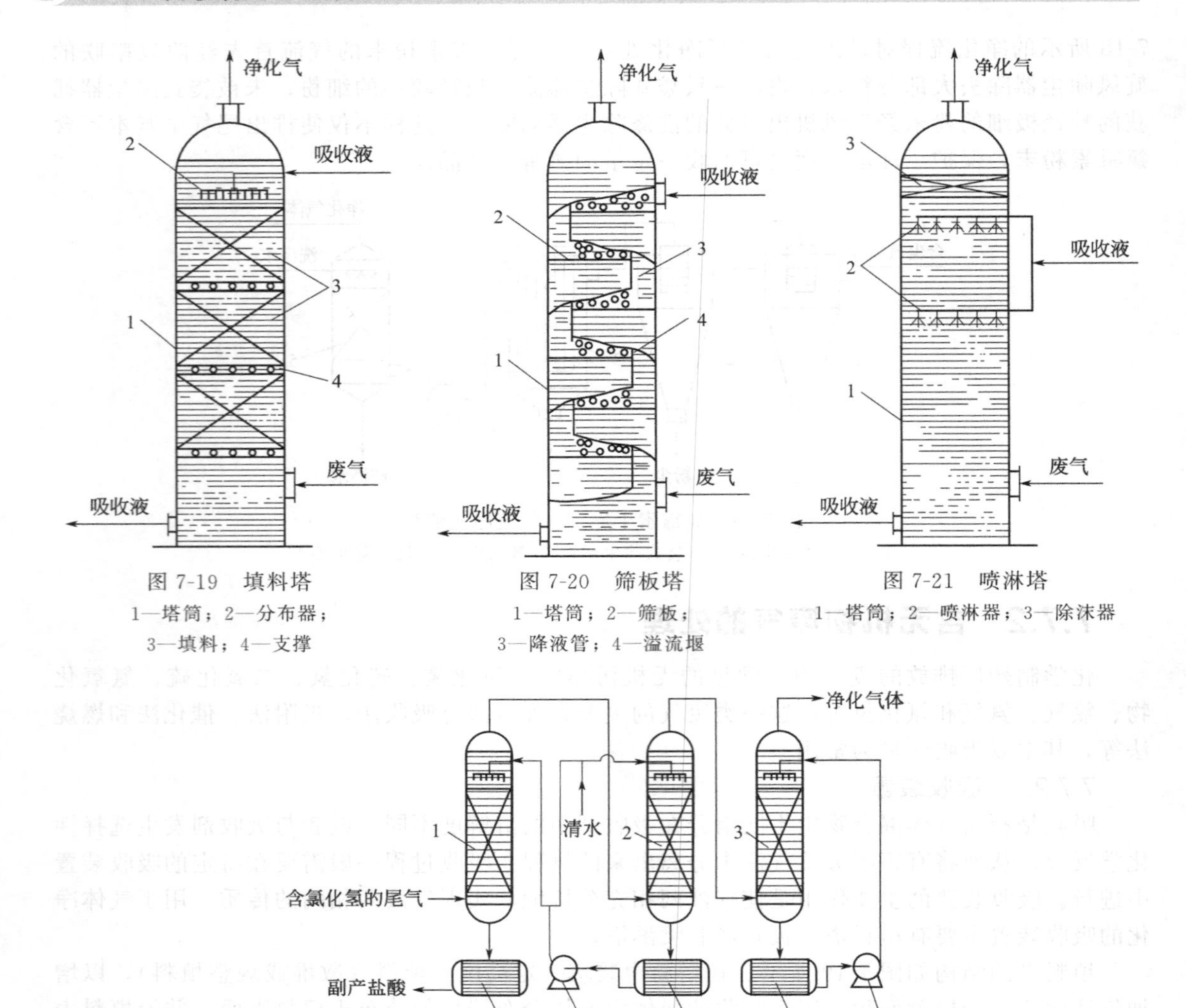

图 7-19 填料塔

1—塔筒；2—分布器；3—填料；4—支撑

图 7-20 筛板塔

1—塔筒；2—筛板；3—降液管；4—溢流堰

图 7-21 喷淋塔

1—塔筒；2—喷淋器；3—除沫器

图 7-22 氯化氢尾气吸收工艺流程图

1—一级吸收塔；2—二级吸收塔；3—液碱吸收塔；4—浓盐酸贮罐；5—稀盐酸循环泵；6—稀盐酸贮罐；7—液碱贮罐；8—液碱循环泵

后再用氧化、还原及加压水解等方法进行无害化处理；含二氧化硫、硫化氢、二氧化氮等酸性气体的废气，一般可用氨水吸收，根据吸收液的情况可用作农肥或进行其他综合利用。下面以氯化氢尾气的吸收处理为例，介绍吸收法在处理无机废气方面的应用。

药物合成中的氯化、氯磺化等反应过程中都伴有一定量的氯化氢尾气产生。这些尾气如果直接排入大气，不仅浪费资源，增加生产成本，而且会造成严重的环境污染。因此，回收利用氯化氢尾气具有十分重要的意义。

常温常压下，氯化氢在水中的溶解度很大，因此，可用水直接吸收氯化氢尾气，这样不仅可消除氯化氢气体造成的环境污染，而且可获得一定浓度的盐酸。吸收过程通常在吸收塔中进行，塔体一般以陶瓷、搪瓷、玻璃钢或塑料等为材质，塔内填充陶瓷、玻璃或塑料制成的散堆或规整填料。为了提高回收盐酸的浓度，通常采用多塔串联的方式操作。图 7-22 是采用双塔串联吸收氯化氢尾气的工艺流程。含氯化氢的尾气首先进入一级吸收塔的底部，与二级吸收塔产生的稀盐酸逆流接触，获得的浓盐酸由塔底排出。经一级吸收塔吸收后的尾气进入二级吸收塔的底部，与循环稀盐酸逆流接触，其间需补充一定流量的清水。由二级吸收塔排出的尾气中还残留一定量的氯化氢，将其引入液碱吸收塔，用循环液碱（30%氢氧化钠溶液）作吸收剂，以进一步降低尾气中的氯化氢含量，使尾气达到规定的排放标准。实际操作中，通过调节补充的清水量，可以方便地调节副产盐酸的浓度。

7.7.3 含有机物废气的处理

根据废气中所含有机污染物的性质、特点和回收的可能性，可采用不同的净化和回收方法。目前，含有机污染物废气的一般处理方法主要有冷凝法、吸收法、吸附法、燃烧法和生物法。

7.7.3.1 冷凝法处理废气

通过冷却的方法使废气中所含的有机污染物凝结成液体而分离出来。冷凝法所用的冷凝器可分为间壁式和混合式两大类，相应的，冷凝法有直接冷凝与间接冷凝两种工艺流程。

图 7-23 为间接冷凝的工艺流程。由于使用了间壁式冷凝器，冷却介质和废气由间壁隔开，彼此互不接触，因此可方便地回收被冷凝组分，但冷却效率较低。

图 7-24 为直接冷凝的工艺流程。由于使用了直接混合式冷凝器，冷却介质与废气直接接触，冷却效率较高。但被冷凝组分不易回收，且排水一般需要进行无害化处理。

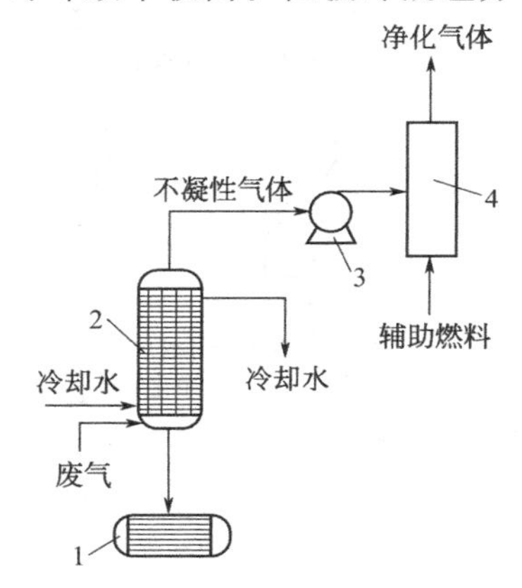

图 7-23 间接冷凝工艺流程

1—冷凝液贮罐；2—间壁式冷凝器；3—风机；4—燃烧净化炉

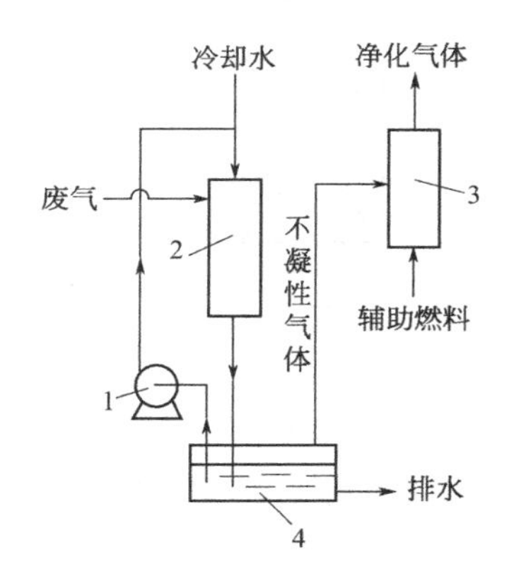

图 7-24 直接冷凝工艺流程

1—循环泵；2—直接混合式冷凝器；3—燃烧净化炉；4—水槽

冷凝法的特点是设备简单，操作方便，适用于处理有机污染物含量较高的废气。冷凝法常用作燃烧或吸附净化废气的预处理，当有机污染物的含量较高时，可通过冷凝回收的方法减轻后续净化装置的负荷。但此法对废气的净化程度受冷凝温度的限制，当要求的净化程度很高或处理低浓度的有机废气时，需要将废气冷却到很低的温度，经济上通常是不合算的。

7.7.3.2 吸收法处理废气

选用适宜的吸收剂和吸收流程，通过吸收法除去废气中所含的有机污染物是处理含有机物废气的有效方法。吸收法在处理含有机污染物废气中的应用不如在处理含无机污染物废气中的应用广泛，其主要原因是适宜吸收剂的选择比较困难。

吸收法可用于处理有机污染物含量较低或沸点较低的废气，并可回收获得一定量的有机化合物，如用水或乙二醛水溶液吸收废气中的胺类化合物，用稀硫酸吸收废气中的吡啶类化合物，用水吸收废气中的醇类和酚类化合物，用亚硫酸氢钠溶液吸收废气中的醛类化合物，用柴油或机油吸收废气中的某些有机溶剂（如苯、甲醇、乙酸丁酯等）等。但当废气中所含的有机污染物浓度过低时，吸收效率会显著下降，因此，吸收法不宜处理有机污染物含量过低的废气。

7.7.3.3 吸附法处理废气

吸附法是将废气与大表面多孔性固体物质（吸附剂）接触，使废气中的有害成分吸附到固体表面上，从而达到净化气体的目的。吸附过程是一个可逆过程，当气相中某组分被吸附的同时，部分已被吸附的该组分又可以脱离固体表面而回到气相中，这种现象称为脱附。当吸附速率与脱附速率相等时，吸附过程达到动态平衡，此时的吸附剂已失去继续吸附的能力。因此，当吸附过程接近或达到吸附平衡时，应采用适当的方法将被吸附的组分从吸附剂中解脱下来，以恢复吸附剂的吸附能力，这一过程称为吸附剂的再生。吸附法处理含有机污染物的废气包括吸附和吸附剂再生的全部过程。

吸附法处理废气的工艺流程可分为间歇式、半连续式和连续式三种，其中以间歇式和半连续式较为常用。图 7-25 是间歇式吸附工艺流程，适用于处理间歇排放，且排气量较小、排气浓度较低的废气。图 7-26 是有两台吸附器的半连续吸附工艺流程。运行时，一台吸附器进行吸附操作，另一台吸附器进行再生操作，再生操作的周期一般小于吸附操作的周期，否则需增加吸附器的台数。再生后的气体可通过冷凝等方法回收被吸附的组分。

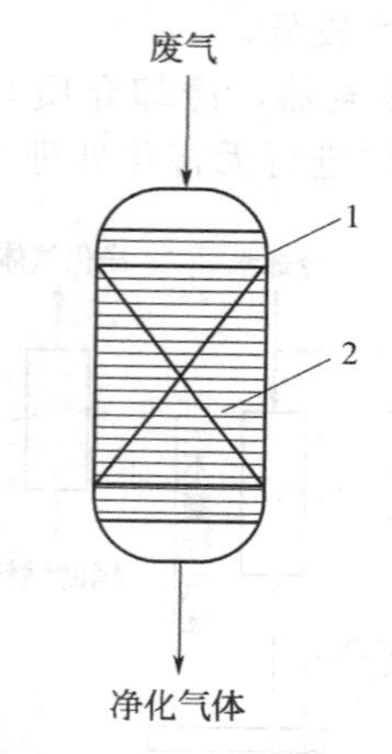

图 7-25 间歇式吸附工艺流程
1—吸附器；2—吸附剂

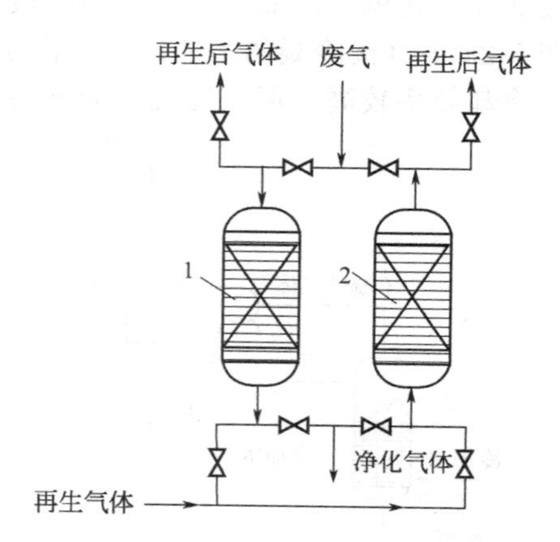

图 7-26 半连续吸附工艺流程
1—吸附器；2—再生器

与吸收法类似，合理地选择和利用高效吸附剂，是吸附法处理含有机污染物废气的关键。常用的吸附剂有活性炭、活性氧化铝、硅胶、分子筛和褐煤等。吸附法的净化效率较高，特别是当废气中的有机污染物浓度较低时其仍具有很强的净化能力。因此，吸附法特别适用于处理排放要求比较严格或有机污染物浓度较低的废气。但吸附法一般不适用于高浓度、大气量的废气处理。否则，需对吸附剂频繁地进行再生处理，影响吸附剂的使用寿命，并增加操作费用。

7.7.3.4 燃烧法处理废气

燃烧法是在有氧的条件下，将废气加热到一定的温度，使其中的可燃污染物发生氧化燃烧或高温分解而转化为无害物质。当废气中的可燃污染物浓度较高或热值较高时，可将废气作为燃料直接通入焚烧炉中燃烧，燃烧产生的热量可予以回收。当废气中的可燃污染物浓度较低或热值较低时，可利用辅助燃料燃烧放出的热量将混合气体加热到所要求的温度，使废气中的可燃有害物质进行高温分解而转化为无害物质。图 7-27 是一种常用的燃气配焰燃烧炉，其特点是辅助燃

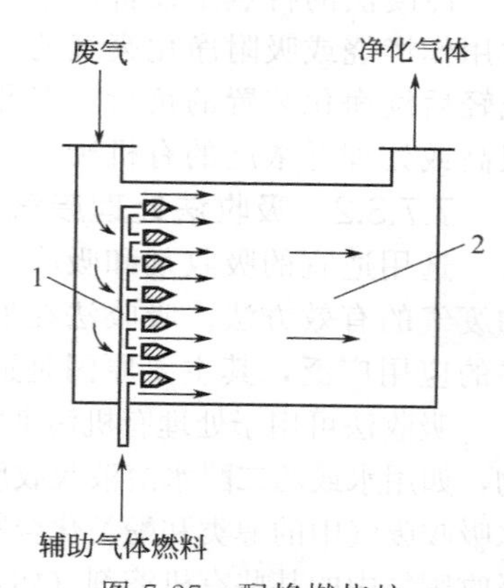

图 7-27 配焰燃烧炉
1—配焰燃烧器；2—燃烧室

料在燃烧炉的断面上形成许多小火焰，废气围绕小火焰进入燃烧室，并与小火焰充分接触进行高温分解反应。

燃烧过程一般需控制在800℃左右的高温下进行。为了降低燃烧反应的温度，可采用催化燃烧法。即在氧化催化剂的作用下，使废气中的可燃组分或可高温分解组分在较低的温度下进行燃烧反应而转化成 CO_2 和 H_2O。催化燃烧法处理废气的流程一般包括预处理、预热、反应和热回收四个部分，如图7-28所示。

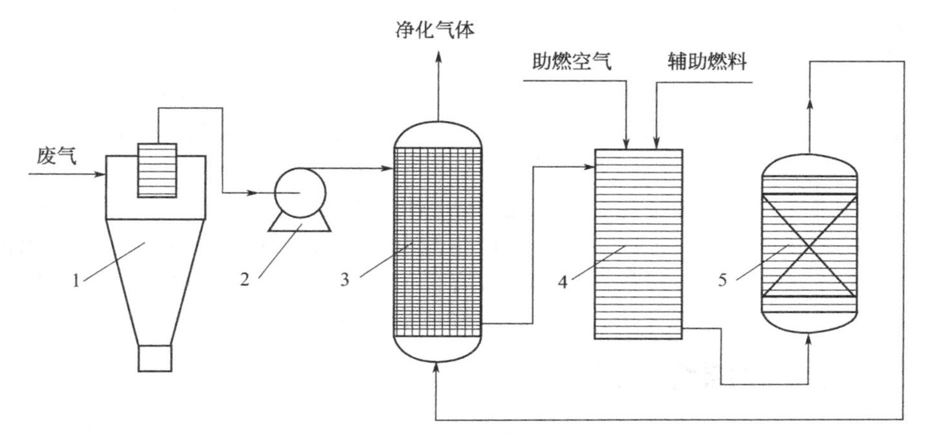

图7-28　催化燃烧法废气处理工艺流程

1—预处理装置；2—风机；3—预热器；4—混合器；5—催化燃烧反应器

燃烧法是一种常用的处理含有机污染物废气的方法。此法的特点是工艺比较简单，操作比较方便，并可回收一定的热量。其缺点是不能回收有用物质，并容易造成二次污染。

7.7.3.5　生物法处理废气

生物法处理废气的原理是利用微生物的代谢作用，将废气中所含的污染物转化成低毒或无毒的物质。图7-29是用生物过滤器处理含有机污染物废气的工艺流程。含有机污染物的废气首先在增湿器中增湿，然后进入生物过滤器。生物过滤器是由土壤、堆肥或活性炭等多孔材料构成的滤床，其中含有大量的微生物。增湿后的废气在生物过滤器中与附着在多孔材料表面的微生物充分接触，其中的有机污染物被微生物吸附吸收，并被氧化分解为无机物，从而使废气得到净化。

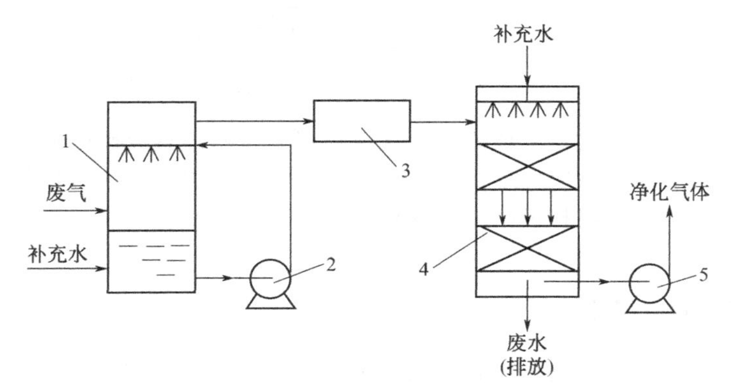

图7-29　生物法处理废气的工艺流程

1—增湿器；2—循环泵；3—调温装置；4—生物过滤器；5—风机

与其他气体净化方法相比，生物处理法的设备比较简单，且处理效率较高，运行费用较低。因此，生物法在处理废气领域中的应用越来越广泛，特别是含有机污染物废气的净化。

但生物法只能处理有机污染物含量较低的废气，且不能回收有用物质。

7.8 废渣的处理

药厂废渣是指在制药过程中产生的固体、半固体或浆状废物，是制药工业的主要污染源之一。在制药过程中，废渣的来源很多。如活性炭脱色精制工序产生的废活性炭，铁粉还原工序产生的铁泥，锰粉氧化工序产生的锰泥，废水处理产生的污泥，以及蒸馏残渣、失活催化剂、过期的药品、不合格的中间体和产品等。一般的，药厂废渣的数量比废水、废气的少，污染也没有废水、废气的严重，但废渣的组成复杂，且大多含有高浓度的有机污染物，有些还是剧毒、易燃、易爆的物质。因此，必须对药厂废渣进行适当的处理，以免造成环境污染。

防治废渣污染应遵循"减量化、资源化和无害化"的"三化"原则。首先，要采取各种措施，最大限度地从"源头"上减少废渣的产生量和排放量。其次，对于必须排出的废渣，要从综合利用上下工夫，尽可能从废渣中回收有价值的资源和能量。最后，对无法综合利用或经综合利用后的废渣进行无害化处理，以减轻或消除废渣的污染危害。

7.8.1 回收和综合利用

废渣中常有相当一部分是未反应的原料或反应副产物，是宝贵的资源。因此，在对废渣进行无害化处理前，应尽量考虑回收和综合利用。许多废渣经过某些技术处理后，可回收有价值的资源。例如，含贵金属的废催化剂是化学制药过程中常见的废渣，制造这些催化剂要消耗大量的贵金属，从控制环境污染和合理利用资源的角度考虑，都应对其进行回收利用。图 7-30 是利用废钯/碳催化剂制备氯化钯的工艺流程。废钯/碳催化剂首先用焚烧法除去碳和有机物，然后用甲酸将钯渣中的钯氧化物（PdO）还原成粗钯。粗钯再经王水溶解、水溶、离子交换除杂等步骤制成氯化钯。

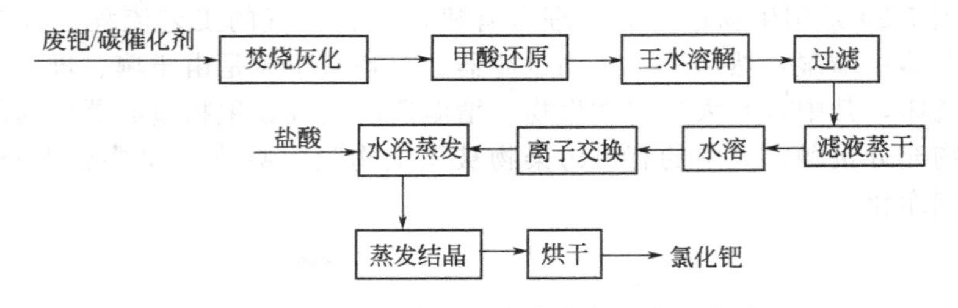

图 7-30 由废钯/碳催化剂制备氯化钯的工艺流程

再如，铁泥可以制备氧化铁红或磁芯，锰泥可以制备硫酸锰或碳酸锰，废活性炭经再生后可以回用，硫酸钙废渣可制成优质建筑材料，等等。从废渣中回收有价值的资源，并开展综合利用，是控制污染的一项积极措施。这样不仅可以保护环境，而且可以产生显著的经济效益。

7.8.2 废渣的处理

综合利用后的残渣或无法进行综合利用的废渣，应采用适当的方法进行无害化处理。由于废渣的组成复杂，性质各异，故废渣的治理还没有像废气和废水的治理那样形成系统。目前，对废渣的处理方法主要有化学法、焚烧法、热解法和填埋法等。

（1）化学法处理废渣　化学法是利用废渣中所含污染物的化学性质，通过化学反应将其转化为稳定、安全的物质，是一种常用的无害化处理技术。例如，铬渣中常含有可溶性的六价铬，对环境有严重危害，可利用还原剂将其还原为无毒的三价铬，从而达到消除污染的目的。再如，将氢氧化钠溶液加入含氰化物的废渣中，再用氧化剂使其转化为无毒的氰酸钠（NaCNO）或加热回流数小时后，再用次氯酸钠分解，可使氰基转化成 CO_2 和 N_2，从而达到无害化的目的。

（2）焚烧法处理废渣　焚烧法是使被处理的废渣与过量的空气在焚烧炉内进行氧化燃烧反应，从而使废渣中所含的污染物在高温下氧化分解而被破坏，是一种高温处理和深度氧化的综合工艺。焚烧法不仅可以大大减少废渣的体积，消除其中的许多有害物质，而且可以回收一定的热量，是一种可同时实现减量化、无害化和资源化的处理技术。因此，对于一些暂时无回收价值的可燃性废渣，特别是当用其他方法不能解决或处理不彻底时，焚烧法常是一个有效的方法。图 7-31 是常用的回转炉焚烧装置的工艺流程。回转炉保持一定的倾斜度，并以一定的速度旋转。加入炉中的废渣由一端向另一端移动，经过干燥区时，废渣中的水分和挥发性有机物被蒸发掉。温度开始上升，达到着火点后开始燃烧。回转炉内的温度一般控制在 650～1250℃。为了使挥发性有机物和由气体中的悬浮颗粒所夹带的有机物能完全燃烧，常在回转炉后设置二次燃烧室，其内温度控制在 1100～1370℃。燃烧产生的热量由废热锅炉回收，废气经处理后排放。

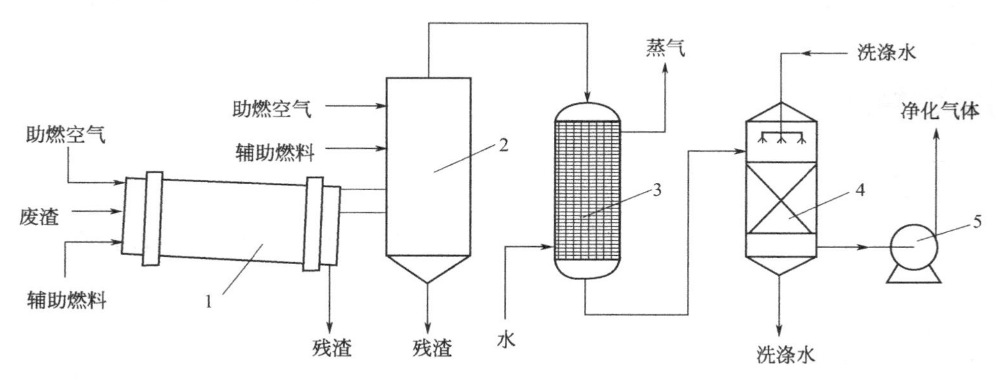

图 7-31　回转炉废渣焚烧装置工艺流程
1—回转炉；2—二次燃烧室；3—废热锅炉；4—水洗塔；5—风机

焚烧法可使废渣中的有机污染物完全氧化成无害物质，COD 的去除率可达 99.5%以上，因此，适宜处理有机物含量较高或热值较高的废渣。当废渣中的有机物含量较少时，可加入辅助燃料。此法的缺点是投资较大，运行管理费用较高。

（3）热解法处理废渣　热解法是在无氧或缺氧的高温条件下，使废渣中的大分子有机物裂解为可燃的小分子燃料气体、油和固态炭等。热解法与焚烧法是两个完全不同的处理过程。焚烧过程放热，其热量可以回收利用；而热解则是吸热的。焚烧的产物主要是水和二氧化碳，无利用价值；而热解产物主要为可燃的小分子化合物，如气态的氢、甲烷，液态的甲醇、丙酮、乙酸、乙醛等有机物以及焦油和溶剂油等，固态的焦炭或炭黑，这些产品可以回收利用。图 7-32 是热解法处理废渣的工艺流程示意图。

（4）填埋法处理废渣　填埋法是将一时无法利用、又无特殊危害的废渣埋入土中，利用微生物的长期分解作用而使其中的有害物质降解。一般情况下，首先要经过减量化和资源化处理，然后才对剩余的无利用价值的残渣进行填埋处理。同其他处理方法相比，此法的成本较低，且简便易行，但常有潜在的危险性。例如，废渣的渗滤液可能会导致填埋场地附近的地表水和地下水被严重污染；某些含有机物的废渣分解时要产生甲烷、氨气和硫化氢等气体，造成场地恶臭，严重破坏周围的环境卫生，而且甲烷的积累还可能引起火灾或爆炸。因此，要认真仔细地选择填埋场地，并采取妥善措施，防止对水源造成污染。

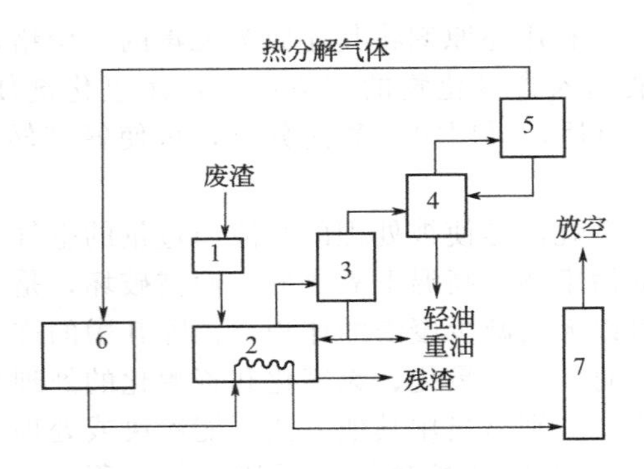

图 7-32 热解法工艺流程示意图

1—碾碎机；2—热解炉；3—重油分离塔；
4—轻油分离塔；5—气液分离器；6—燃烧室；7—烟囱

除以上几种方法外，废渣的处理方法还有生物法、湿式氧化法等多种方法。生物法是利用微生物的代谢作用将废渣中的有机污染物转化为简单、稳定的化合物，从而达到无害化的目的。湿式氧化法是在高压和150～300℃的条件下，利用空气中的氧对废渣中的有机物进行氧化，以达到无害化的目的，整个过程在有水的条件下进行。

课后练习

一、填空题

1. 工业除尘的主要方法有______、______、______和______等。

2. 化学需氧量（COD）是指______，中国规定工厂排放口废水的COD最高为______mg/L。

3. 釜式反应器适用的反应：______、______、______、______、______。

4. 搅拌器的型式有：______、______、______、______、______。

5. 影响微生物生长的环境因素：______、______、______、______。

6. 工业生产对催化剂的要求要具有______、______、______、______和______。

7. 搅拌装置的目的有利于____________、____________。

8. 生化需氧量（BOD）是指______，中国规定工厂排放口废水的BOD最高为______mg/L。

9. 废水处理的方法：______、______、______、______。

10. 反应器的釜底形状分为______、______、______和______。

11. 反应釜的结构包括______、______、______、______、______。

答案：1. 机械除尘、洗涤除尘、过滤除尘、静电除尘

2. 废水中的有机物用化学试剂氧化所测得的耗氧量、100

3. 气液相、液相、液液相、液固相、气液固相。

4. 浆式、锚式、框式、螺带式、螺杆式

5. 温度、pH值、营养物质、有害物质

6. 较高的活性、良好的选择性、抗毒害性、热稳定性、一定的机械强度

7. 加强反应釜内物料的均匀混合、以强化传质和传热

8. 废水中有机物被微生物氧化分解时的耗氧量、60

9. 物理法、化学法、物理化学法、生物处理法

10. 平面形、碟形、椭圆形、球形

11. 釜体、换热装置、搅拌装置、轴封装置、传动装置

二、选择题

1. 对于属于易燃易爆性质的压缩气体，在启动往复式压缩机前，应该采用（ ）将缸内、管路和附属容器内的空气或其他非工作介质置换干净，并达到合格标准，以杜绝爆炸和设备事故的发生。

A. 氮气 B. 氧气 C. 水蒸气 D. 过热蒸气

2. 流化床干燥器发生尾气含尘量大的原因是（ ）。

A. 风量大 B. 物料层高度不够

C. 热风温度低 D. 风量分布分配不均匀

3. 对于吸收的有利条件是（ ）。

A. 高压、低温 B. 高压、高温 C. 低压、高温 D. 低压、低温

4. 吸收塔尾气超标，可能引起的原因是（ ）。

A. 塔压增大 B. 吸收剂降温

C. 吸收剂用量增大 D. 吸收剂纯度下降

5. 倒淋阀安装在设备的（ ）。

A. 最低点 B. 管段上 C. 最高处 D. 任意一点

6. 人员进入设备作业，氧含量不能低于（ ）。

A. 2% B. 18% C. 21% D. 10%

7. 保护听力而言，一般认为每天 8 小时长期工作在（ ）分贝以下，听力不会损失。

A. 110 B. 100 C. 80 D. 50

8. 纯碱生产的碳化塔属于（ ）。

A. 釜式反应器 B. 管式反应器

C. 塔式反应器 D. 间歇式反应器

9. 下列有关列管式换热器操作的叙述中，不正确的是（ ）。

A. 开车时，应先进冷物料，后进热物料

B. 停车时，应先停热物料，后停冷物料

C. 开车时要排不凝气

D. 发生管堵或严重结垢时，应分别加大冷、热物料流量，以保持传热量

10. 会引起列管式换热器冷物料出口温度下降的事故有（ ）。

A. 正常操作时，冷物料进口管堵 B. 热物料流量太大

C. 冷物料泵坏 D. 热物料泵坏

11. 催化剂一般由（ ）、助催化剂和载体组成。

A. 黏结剂 B. 分散剂 C. 活性主体 D. 固化剂

12. 可燃液体的蒸气与空气混合后，遇到明火而引起瞬间燃烧，液体能发生燃烧的最低温度，称为该液体的（ ）。

A. 闪点 B. 沸点 C. 燃点 D. 自燃点

13. 要小批量干燥晶体物料，该晶体在摩擦下易碎，但又希望产品保留较好的晶形，应选用下面的（ ）。

A. 厢式干燥器 B. 滚筒干燥器

C. 气流干燥器 D. 沸腾床干燥器

14. 若需从牛奶料液直接得到奶粉制品，选用（ ）。

A. 沸腾床干燥器 B. 气流干燥器

C. 转筒干燥器 D. 喷雾干燥器

答案：1. A 2. A 3. A 4. D 5. A 6. B 7. C 8. C 9. D 10. D 11. C 12. A 13. A 14. D

三、简答题

1. 简述化学制药厂“三废”的特点。

2. 按曝气方式不同，活性污泥法可分为哪几种？

3. 防治“三废”的主要措施有哪些？

知识拓展

微波合成

在微波的条件下，利用其加热快速、均质与选择性等优点，应用于现代有机合成研究中的技术，称为微波合成。

1986 年，Lauventian 大学化学教授 Gedye 及其同事发现在微波中进行的 4-氰基酚盐与苯甲基氯的反应比传统加热回流要快 240 倍，这一发现引起人们对微波加速有机反应这一问题的广泛注意。自 1986 年至今短短二十多年里，微波促进有机反应的研究已成为有机化学领域中的一个热点。大量的实验研究表明，借助微波技术进行有机反应，反应速率较传统的加热方法快数十倍甚至上千倍，且具有操作简便、产率高及产品易纯化、安全卫生等特点，因此，微波有机反应发展迅速。

微波合成的特点如下：

(1) 加热速度快　由于微波能够深入物质的内部，而不是依靠物质本身的热传导，因此只需要常规方法 1/100～1/10 的时间就可完成整个加热过程。

(2) 热能利用率高　微波加热的热能利用率高，节省能源，无公害，有利于改善劳动条件。

(3) 反应灵敏　常规的加热方法不论是电热、蒸气、热空气等，要达到一定的温度都需要一段时间，而利用微波加热，调整微波输出功率，物质加热情况立即无惰性地随着改变，这样便于自动化控制。

(4) 产品质量高　微波加热温度均匀，表里一致，对于外形复杂的物体，其加热均匀性也比其他加热方法好。对于有的物质还可以产生一些有利的物理或化学作用。

第8章 对乙酰氨基酚的制备

解热镇痛药是临床上常用的一类药物，有的已人工合成100多年，至今被广泛使用，此类药物种类繁多有水杨酸类、酚类、乙酰苯胺类、吲哚类、嘧啶类等。这些药物能使升高的体温高降至正常水平，并可解除某些躯体疼痛。其解热原理是作用于下丘脑的体温调节中枢，通过皮肤血管扩张，散热，出汗，而使升高的体温恢复正常。对乙酰氨基酚属于乙酰苯胺类的解热镇痛药。

对乙酰氨基酚（又称扑热息痛）于20世纪40年代开始在临床上广泛使用，现已收入各国药典。尤其自20世纪60年代以来，因发现非那西丁对肾小球及视网膜有严重毒副作用，故逐渐形成以对乙酰氨基酚代替非那西丁的局面。据1990年统计全世界产量已达3万吨，美国的消费量占世界的20%～25%。目前解热镇痛药的世界总产量中以阿司匹林和对乙酰氨基酚为主。国内阿司匹林和对乙酰氨基酚的生产正处于新的转折点，要求在几年内更多发展以对乙酰氨基酚和阿司匹林为主的单方品种和多种剂型，逐步取代复方阿司匹林片、去痛片等含非那西丁、氨基比林的老品种，含对乙酰氨基酚的新复方阿司匹林片作用效果更好。

对乙酰氨基苯酚结构式为：

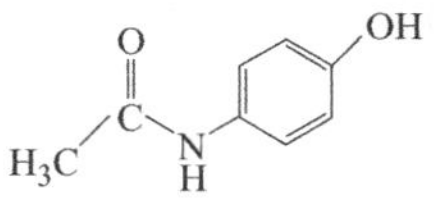

分子式: $C_8H_9NO_2$
精确分子量: 151.06
分子量: 151.16
m/z: 151.06(100.0%),152.07(8.8%)
元素分析: C,63.56; H,6.00; N,9.27; O,21.17

该物质为白色、类白色结晶或结晶性粉末，分子式为 $C_8H_9NO_2$，精确分子量为151.06。无臭，味微苦。在热水或乙醇中易溶，在丙酮中溶解，在水中微溶。熔点为168～172℃。

对乙酰氨基酚是乙酰苯胺或非那西丁在体内的代谢产物。它的解热镇痛作用与非那西丁相仿，其解热效果与阿司匹林相似，但消炎效果较阿司匹林差。口服后吸收较迅速，在血液中的浓度能较快地达到高峰（0.5～1h）。在体内代谢产物主要为葡萄糖醛酸盐及少量硫酸盐，自尿中排出。对乙酰氨基酚对胃无刺激作用，故胃病患者宜用；无阿司匹林的过敏反应，婴儿、儿童及妇女用于退烧、镇痛较为安全。到目前为止，未见有明显的危害和致病性的报道。可用于治疗发烧、关节痛、肌肉痛、神经痛及痛经等。

8.1 对乙酰氨基酚合成路线设计

对乙酰氨基酚的合成路线可以根据形成其功能基——乙酰氨基和羟基的化学反应类型来区分。在苯环上引入氨基和羟基所得到的对氨基苯酚是各条件合成的路线共同的中间体，该中间体再经过乙酰化反应即可得对乙酰氨基酚。由对乙酰氨基酚合成的 5-氨基水杨酸经反应生成具有如下结构的物质，可进一步用于制备各种麻醉剂。

OR^1 / $COOR^2$ / NHR^3

无论用哪条合成路线制备对乙酰氨基酚，最后一步乙酰化是相通的。

8.1.1 以对硝基苯酚钠为原料的合成路线设计

对硝基苯酚钠既是染料或农药的中间体，也广泛的应用于制药工业生产。它的工艺路线较成熟，产量很大，成本低廉，是由氯苯出发经硝化和碱水解等反应制得的。对硝基苯酚钠再经盐酸化、铁屑-盐酸还原和醋酸的乙酰化反应而得对乙酰氨基酚。

Cl →(HNO_3,H_2SO_4) Cl/NO_2 →(NaOH) ONa/NO_2 →(HCl) OH/NO_2 →(Fe,HCl) OH/NH_2 →(AcOH) OH/$NHCOCH_3$

对硝基苯酚钠　对氨基苯酚　对乙酰氨基酚

此路线虽然简捷，也适合于大规模生产，但原料供应常常受染料和农药生产的制约，有时很紧张；制备对硝基苯酚钠的中间体对硝基氯苯毒性又很大，且用铁屑-盐酸还原后，产生的铁泥在“三废”防治和处理上也存在困难。因此，改变原料来源，改革生产工艺是当前对乙酰氨基酚生产中迫切需要解决的问题。中间体对氨基苯酚具有刺激性，能引起皮炎及过敏症，处理时应避免与皮肤或呼吸道接触。

8.1.2 以苯酚为原料的合成路线设计

(1) 苯酚亚硝化法　苯酚在冷却下（0～5℃）与亚硝酸钠和硫酸作用生成对亚硝基苯酚，再经过还原可得对氨基苯酚，此条合成路线较成熟；收率为 80%～85%，但使用硫化钠作还原剂，成本尚嫌高。

OH →($NaNO_2(HNO_2)$,H_2SO_4; 0～5℃) OH/NO →(Na_2S) OH/NH_2

在对硝基苯酚钠供应不足的情况下，本法还是有应用价值的。用对亚硝基苯酚还原制取对氨基苯酚时，在选择还原剂和设备方面可以因地制宜。

(2) 苯酚硝化法　由苯酚硝化法可得对硝基苯酚，反应时需冷却（0～5℃），且有二氧化氮气体产生。因此，设备要求较严。

$$\text{苯酚} \xrightarrow[0\sim5℃]{HNO_3,H_2SO_4} \text{对硝基苯酚} \xrightarrow{Fe,HCl} \text{对氨基苯酚}$$

由对硝基苯酚还原成对氨基苯酚，一般有两种方法。

① 铁屑还原法　该法是相对比较老的方法，在酸性介质中进行，可采用盐酸、硫酸或醋酸。因为对氨基苯酚在水中的溶解度较低，需制成钠盐后才能使成品溶解，但钠盐在水中极易氧化，成品质量差，必须精制。由于产率低，质量差，且排出的废渣、废液量大，几乎每产 1t 对氨基苯酚就有 2t 铁泥，环境污染严重，目前生产上已很少使用。

② 加氢还原法　该法是目前工业上优先采用之法。因铁屑还原法有诸多缺点，促进了工业上对加氢还原工艺的研究和应用。工业上实现加氢还原有两种不同的工艺，即气相加氢法与液相加氢法。前者仅适用于沸点较低、容易气化的硝基化合物的还原；后者则不受硝基化合物沸点的限制，所以其适用范围更广。一般用水作溶剂并添加无机酸、氢氧化钠或碳酸钠，催化剂可采用骨架镍、贵金属铂、钯、铑（以活性炭为载体）或其氧化物。为了使反应时间缩短、催化剂易于回收、消耗能量降低，并使产品质量提高，可添加一种不溶于水的惰性溶剂如甲苯，反应后成品在水层中，催化剂则留在甲苯层中。

催化剂反应可在常压或低压下进行，氢压一般在 0.5MPa 以下，反应温度在 60～100℃之间，产率在 85%以上，高者可接近理论量。加氢还原法的优点是产品质量较高，且“三废”少。

(3) 苯酚偶合法　苯酚与苯胺重氮盐在碱性环境中偶合，然后将混合物酸化得对羟基偶氮苯，再用钯/碳为催化剂在甲醇溶液中氢解得对氨基苯酚。

$$\text{苯酚} \xrightarrow{PbN_2Cl,NaOH} \text{对羟基偶氮苯} \xrightarrow[0.15\sim0.3MPa]{H_2,Pd/C} \text{对氨基苯酚}$$

本法原料易得、工艺简单，收率亦很高（95%～98%），氢解后生成的苯胺有可能回收套用。但其中间体对羟基偶氮苯需在甲醇中氢解，并需用昂贵的钯/碳作催化剂，从成本考虑，这条路线并不理想。

8.1.3 以硝基苯为原料的合成路线设计

硝基苯为价廉易得的化工原料，它可由铝屑还原或电解还原或催化氢化等方法直接制成中间体对氨基苯酚。工艺流程较短，值得我们探讨。用电解还原法生产对氨基苯酚的装置于 1979 年由 Harting Chemicals 公司建成。

(1) 铝屑还原法　苯胲是中间产物，不分离。此路线流程短，所得氨基苯酚质量较好，副产物氢氧化铝可通过加热过滤回收。

$$\text{硝基苯} \xrightarrow{Al,H_2SO_4} [\text{苯胲 (NHOH)}] \xrightarrow[\triangle]{[Bamberger重排]} \text{对氨基苯酚}$$

(2) 电解还原法　该法也是经苯胲一步合成对氨基苯酚。一般采用硫酸为阳极溶剂，铜作阴极，铅作阳极，反应温度为 80～90℃。除日本某些公司采用外，本法在工业生产中应用不多，一般仅限于实验室合成或中型规模生产。原因是电解设备要求高，需用密封电解槽防止有毒的硝基苯蒸气溢出，且电极腐蚀较多等。但在电力资源充足，成本可进一步降低的情况下，用该法是可行的。优点是可对还原过程进行控制，收率较高，副产物少。

(3) 催化氢化法　此法同样是经苯胲一步合成对氨基苯酚的。但苯胲能继续加氢，在酸性介质中生成苯胺，这是本法最主要的副反应，其副产物生成量约达10%～15%。铁、镍、钴、锰、铬等金属有利于苯胲转化成苯胺，而铝、硼、硅等元素及其卤化物可使硝基苯加速转化成对氨基苯酚，并使苯胲生成苯胺的反应降至最低程度。生成的苯胺等副产物可加少量氯仿、氯乙烷处理除去。

NO_2 —— $Pt/C,H_2,H_2SO_4$ ——→ [NHOH 苯胲] —— H_2SO_4 / 十二烷基三甲基氯化铵 ——→ OH, NH_2

目前生产上一般采用贵金属为催化剂，如铂、钯、铑等，以活性炭为载体，用它们作催化剂时，反应可在常压或低压下进行；如用活性低的催化剂，要求反应压力为5～10MPa，有时甚至更高，操作不安全。山东新华制药厂从德国引进的设备和工艺就是采用铂/碳为催化剂。此外，还可以用铂-钌混合催化剂，它可部分抑制副反应并减少对氨基苯酚的进一步加氢。前苏联专利以硫化物（如 PtS_2/C）为催化剂。Kopper 公司则采用 MoS_3/C，优点是价格便宜，不易中毒，可多次循环使用而不丧失活性。近年来对铑（Rh）的研究增多，主要原因是它的选择性好，可以只还原硝基而不影响其他官能团。如要节约贵金属用量，降低成本，可以采用双金属或多金属型催化剂（如 Pt-V、Pd-V 等）或“薄壳型”钯、铂催化剂。国内曾对硝基苯催化氢化制备对氨基苯酚的工艺路线进行过系统研究，分别选用钯、铂、镍等催化剂进行实验，发现在温和条件下，用镍催化剂也可获得较好效果，收率可达70%。镍催化剂实验成功，为对氨基苯酚的生产提供了十分有价值的工艺。

在反应条件方面，原料硝基苯应分批缓慢加入，这样可以缩短反应时间，如将硝基苯一次加入，反应时间延长一倍以上。反应温度一般在80～90℃，氢压较低，仅0.1～0.2MPa。

添加表面活性剂有利于加快反应速率和提高收率，一般采用溶于水而在硫酸中稳定的季铵盐，如十二烷基三甲基氯化铵等。

在反应物料中加入一部分不溶于水的有机溶剂如正丁醇、二甲基亚砜（DMSO）等，可提高对氨基苯酚的质量和收率。

8.2 合成路线比较

在以上合成路线中，以硝基苯为原料，通过还原经由苯胲一步合成对氨基苯酚的方法有电解还原、催化氢化还原和铝屑还原。国外大多采用以活性炭为载体和贵金属催化的催化氢化还原法，如美国 Mallinckrodt 公司、英国 Winthroy 公司等。但酸性重排的设备要求耐压、耐酸。偶合法是经对羟基偶氮苯再催化氮化合成对氨基苯酚的。其他以对硝基苯酚或对亚硝基苯酚为中间体的路线均可采用硫化钠（多硫化钠）、铁屑-盐酸或催化氢化还原制取对氨基苯酚，但硫化钠还原成本较高，铁屑-盐酸还原产率低，质量较差，“三废”处理困难，故国外已较少使用，而优先采用催化加氢还原法，并适当加入惰性溶剂，以使反应时间缩短，产品质量提高，催化剂易于回收。

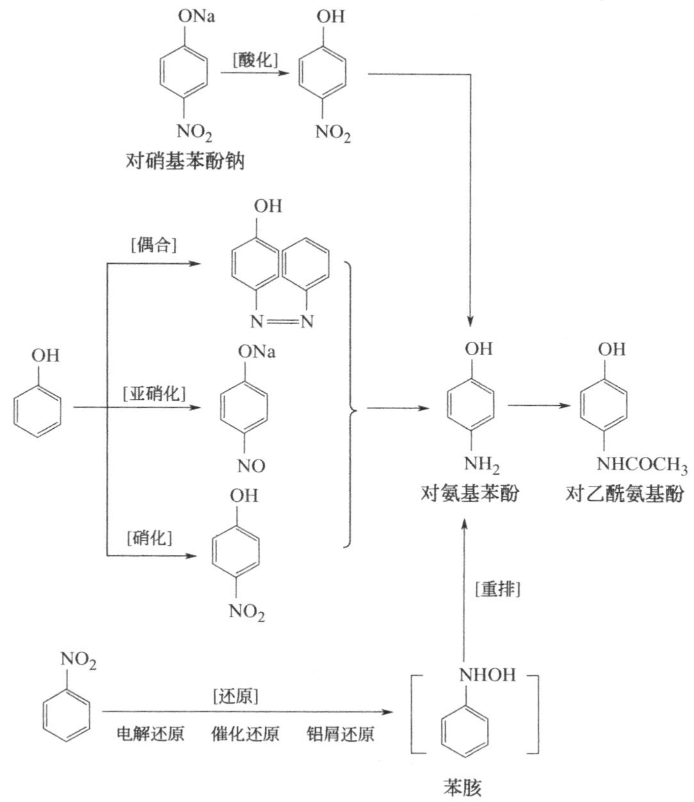

ONa OH
[酸化]
NO_2 NO_2
对硝基苯酚钠

OH
[偶合]
N═N
OH ONa
[亚硝化]
NO
OH
[硝化]
NO_2

OH OH
NH_2 $NHCOCH_3$
对氨基苯酚 对乙酰氨基酚

[重排]

NO_2 NHOH
[还原]
电解还原 催化还原 铝屑还原
苯胲

8.3 对硝基苯酚为原料制备工艺

8.3.1 对亚硝基苯酚的制备

8.3.1.1 制备工艺原理

苯酚的亚硝化反应过程是亚硝酸钠先与硫酸在低温下作用生成亚硝酸和硫酸氢钠：

$$NaNO_2 + H_2SO_4 \longrightarrow HNO_2 + NaHSO_4$$

生成的亚硝酸即在低温下与苯酚迅速反应生成对亚硝基苯酚：

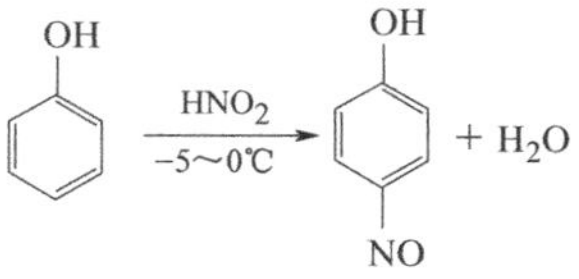

OH → (HNO₂, −5～0℃) → OH / NO + H_2O

由于亚硝酸不稳定，故在生产上采用直接加亚硝酸钠和硫酸进行反应：

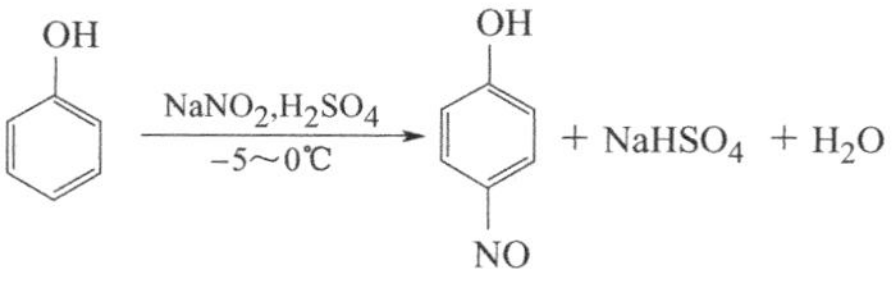

OH → ($NaNO_2$, H_2SO_4, −5～0℃) → OH / NO + $NaHSO_4$ + H_2O

亚硝化反应的副反应是亚硝酸在水溶液中分解成一氧化氮和二氧化氮，后者为红色有强烈刺激性的气体。它们与空气中的氧气及水作用可产生硝酸：

$$2HNO_2 \longrightarrow H_2O + N_2O_3 \longrightarrow H_2O + NO\uparrow + NO_2\uparrow$$

$$NO + NO_2 + H_2O + O_2 \longrightarrow 2HNO_3$$

反应生成的硝酸又可氧化对亚硝基苯酚，生成苯醌或对硝基苯酚：

$$\text{对亚硝基苯酚（OH, NO）} \xrightarrow{HNO_3} \text{对硝基苯酚（OH, }NO_2\text{）}$$

$$\updownarrow$$

$$\text{对苯醌单肟（O, N—OH）} \xrightarrow{HNO_3} \text{对苯醌（O, O）}$$

苯醌能与苯酚聚合生成有色聚合物，对亚硝基苯酚也可与苯酚缩合生成靛酚（在碱性溶液中呈蓝色）：

$$\text{对亚硝基苯酚（OH, NO）} \underset{}{\overset{[\text{互变异构}]}{\rightleftharpoons}} \text{对苯醌单肟（O, N—OH）} \xrightarrow{\text{苯酚}} \underset{\text{靛酚}}{\text{O=}C_6H_4\text{=N—}C_6H_4\text{—OH}} \xrightarrow{NaOH} \underset{\text{靛酚钠盐(蓝色)}}{\text{O=}C_6H_4\text{=N—}C_6H_4\text{—ONa}}$$

8.3.1.2 制备工艺

配料比为苯酚∶亚硝酸钠∶硫酸＝1∶1.3∶0.8（摩尔比）。将苯酚与亚硝酸钠于－5～0℃分别均匀加入装有冷水的反应罐内，搅拌下滴加酸，约2h滴完，继续搅拌约1h，反应液色泽变浅，反应结束。静置，过滤，水洗至pH＝5，滤干得对硝基苯酚，存放于冰库中，避空气和光照，供短期使用。

注意事项：亚硝化反应是放热反应，因此反应时温度控制好，就能尽量避免副反应的发生。

① 温度的控制　亚硝化反应是放热反应，因此反应时温度的控制（－5～0℃）是很重要的。生产上用冰-盐水冷却，也可用亚硝酸钠与冰形成低熔物（溶液温度可达－20℃），达到降温的目的。同时应注意控制投料速度并进行强烈搅拌，避免反应液局部过热。

② 原料苯酚的分散状况　亚硝化反应是固态（苯酚）与液态（亚硝酸水溶液）间进行的，工业用苯酚的熔点为40℃左右，若苯酚凝结成较大的晶粒，则亚硝化时会在晶粒表面生成一层对亚硝基苯酚，阻碍亚硝化反应的继续进行，这会影响对亚硝基苯酚的质量和收率。所以必须采用强力搅拌使其分散成均匀的絮状微晶。

③ 配料比　理论上，亚硝酸钠与苯酚的摩尔比应为1∶1，但由于亚硝酸钠容易吸潮和氧化，反应过程中难免有少量分解。为使亚硝化反应完全，在生产工艺上应适当增加亚硝酸钠用量。根据实践，亚硝酸钠与苯酚用量的摩尔比为1.39∶1.00时，收率为80%～85%；1.32∶1.00时，收率为80%左右；1.20∶1.00时，收率则为75%左右。

8.3.2 对氨基苯酚的制备

8.3.2.1 制备工艺原理

对亚硝基苯酚与硫化钠溶液共热，在碱性条件下还原生成对氨基苯酚钠，用稀硫酸中和，即析出对氨基苯酚。此系放热反应，温度只需控制在38～50℃之间就能进行。

$$2\ \text{HO—}C_6H_4\text{—NO} + Na_2S + H_2O \xrightarrow{38\sim50℃} 2\ \text{NaO—}C_6H_4\text{—}NH_2 + Na_2S_2O_3$$

$$2\,\text{(对氨基苯酚钠, ONa/NH}_2\text{)} + H_2SO_4 \longrightarrow 2\,\text{(对氨基苯酚, OH/NH}_2\text{)} + Na_2SO_4$$

若反应不全，则有 4,4′-二羟基氧化偶氮苯、4,4′-二羟基偶氮苯和 4,4′-二羟基氢化偶氮苯等中间产物生成，即成为反应中间产物中的杂质。

8.3.2.2 制备工艺

对亚硝基苯酚还原成对氨基苯酚的工艺过程分两步进行。

（1）还原　配料比为对亚硝基苯酚：硫化钠＝1：1.2（摩尔比）。在 38～50℃及搅拌下，将对亚硝基苯酚缓缓加入盛有 38%～45%的硫化钠溶液的还原罐中，约 1h 加毕，继续搅拌 20min，检查终点合格，升温至 70℃保温反应 20min，冷至 40℃以下，析出结晶，抽滤，得粗对氨基苯酚。

（2）精制　配料比为粗对氨基苯酚：硫酸：氢氧化钠：活性炭＝1：0.477：0.418：0.108（摩尔比）。将粗对氨基苯酚加入水中，用硫酸调节 pH＝5～6；加热至沸腾，加入用水浸泡过的活性炭，继续加热至沸腾，保温 5～10min，静置 30min，加入重亚硫酸钠，冷却至 25℃以下，用氢氧化钠调节至 pH＝9，过滤，用少量水洗涤，甩干得对氨基苯酚精品。收率为 75%～78%。

注意事项：为了避免许多中间副产物混入还原产物中，必须注意反应温度、配料比和 pH 值的控制。

① 反应温度　还原反应是放热反应，若反应温度超过 55℃，不仅使生成的对氨基苯酚钠易被氧化，且对亚硝基苯酚有自燃的危险。一般控制在 38～50℃为好。若低于 30℃，则该还原反应不易完成。生产上采取缓慢加入对亚硝基苯酚、加强搅拌和冷却等措施来控制反应温度。

② 配料比　生产中硫化钠的投料应比理论量高些。若硫化钠用量过少，反应有停留在中间还原状态的可能。实际生产中，对亚硝基苯酚与硫化钠的分子配料比为 1.00：1.20 左右，若低于 1.00：1.05，则反应不完全，影响产品质量。

③ 中和时的 pH 值、温度和加酸速度　对氨基苯酚钠生成后，须用硫酸中和析出。实践得知，pH 值为 10 时，对氨基苯酚已基本游离完全；pH 值为 8 时析出少量硫黄和对氨基苯酚；继续中和到 pH 值为 7.0～7.5 时，则有大量硫化氢有毒气体产生。因此，调节 pH 值，必须考虑加酸速度，注意避免硫黄析出或局部硫酸浓度过大，防止硫酸加入反应液时放出热量而使局部温度过高。温度过高产生的另一个副反应是反应生成的硫代硫酸钠遇酸分解析出硫黄，其析出速度与温度有关，40℃左右析出较快。工艺上利用对氨基苯酚在沸水中溶解度较大的性质与析出的硫黄和活性炭分离。析出的对氨基苯酚以颗粒状结晶为好。

8.4 硝基苯为原料的制备工艺

8.4.1 加氢还原制备工艺

8.4.1.1 制备工艺原理

$$\text{硝基苯 (NO}_2\text{)} \xrightarrow[H_2]{[\text{还原}]} \left[\text{苯胲 (NHOH)}\right] \xrightarrow[H_2SO_4]{[\text{Bamberger重排}]} \text{对氨基苯酚 (OH/NH}_2\text{)}$$

苯胲

反应生成的苯胲不经分离，直接进行酸性重排得对氨基苯酚。但是苯胲亦能继续加氢，在酸性介质中生成苯胺，这是该法最主要的副反应，苯胺生成量约占10%～15%，也有少量4,4′-二氨基二苯醚、4-羟基-4-氨基二苯胺等副产物生成。

$$C_6H_5NHOH \xrightarrow{H_2,H_2SO_4} C_6H_5NH_2$$

$$2\ HO{-}C_6H_4{-}NH_2 \xrightarrow{H^+} NH_2{-}C_6H_4{-}O{-}C_6H_4{-}NH_2$$

$$C_6H_5NHOH + HO{-}C_6H_4{-}NH_2 \xrightarrow{H^+} HO{-}C_6H_4{-}NH{-}C_6H_4{-}NH_2$$

为避免上述副产物混入产品中，可加入某些有机溶剂，如异丙醇、各种酮类（脂肪族、脂环族和芳香族）、羟基乙酸、羟基丙酸或氯乙烷、氯仿等，以除去苯胺等杂质。同时还应避免与铁、镍、钴、锰、铬等金属接触，因为它们能促进苯胲转化成苯胺。

加氢还原是一个很强的放热反应，为控制反应温度，通常采用水或其他耐高温有机载热体作为传热介质，并利用过量氢气带出热量。

8.4.1.2 制备工艺过程

在60℃左右将硝基苯分批缓慢加入有10%硫酸溶液的还原釜内，并通入高于理论量3倍的氢气，釜压从0.1MPa升至0.2MPa，不能超过0.51MPa，釜温升至80～90℃，反应至不吸氢，压力降为0.1MPa，冷却后料液至沉淀罐，过滤，洗涤，甩干得对氨基苯酚粗品。精制方法可采用高温升华精制，也可以将粗品的盐酸盐水溶液用活性炭处理，在处理过程中添加亚硫酸钠、保险粉或乙二胺四乙酸钠等可使产品质量提高。后一种精制方法应用更为广泛。

8.4.2 电解还原制备工艺

8.4.2.1 制备工艺原理

当硝基苯在硫酸中电解还原时，得对氨基苯酚。

$$C_6H_5NO_2 + 4H^+ + 4e^- \xrightarrow{[电解]} HO{-}C_6H_4{-}NH_2 + H_2O$$

8.4.2.2 制备工艺过程

将一定配料比的硝基苯在含硫酸的电解溶液（铜作阴极，铅作阳极）中还原，所得反应液在60～65℃下用碳酸钙中和至pH=4.5。滤除硫酸钙沉淀，用约65℃的热水洗涤沉淀，合并滤液和水洗液，用适量苯（其用量为反应液的1/10）萃取2次，水相用活性炭处理，滤除活性炭，将滤液冷却，过滤，甩干得对氨基苯酚。

废活性炭可先以热稀苛性碱处理，再用热稀酸洗涤使之再生，如此处理，至少可再用3次。另外，氢氧化钙、氢氧化钡、氯化钡或其他碱土金属盐中能形成不溶性硫酸盐者，均可代替碳酸钙作中和剂。

8.5 对硝基苯酚钠为原料的制备工艺

8.5.1 对硝基苯酚的制备

8.5.1.1 制备工艺原理

对硝基苯酚钠用酸中和，即析出对硝基苯酚，它易溶于热水中。因此，向对硝基苯酚钠中加入强酸，中和到 pH＜4 以后，放置冷却，使对硝基苯酚结晶析出。

$$p\text{-}NaOC_6H_4NO_2 \xrightarrow{HCl} p\text{-}HOC_6H_4NO_2$$

8.5.1.2 制备工艺过程

配料比为对硝基苯酚钠（65％）：盐酸（工业）：水＝1：0.5：1.7（质量比）。在酸化罐中，先投常水及盐酸，开动搅拌后将对硝基苯酚钠投入，搅拌，加热到 48～50℃，滴加盐酸，调 pH＝2～3，继续升温至 75℃，复调 pH＝2～3，保温 30min，降温到 25℃。为防止结晶时出现结晶挂壁现象，应渐渐冷却。放料，过滤，得对硝基苯酚湿品。生产工艺流程如图 8-1 所示。

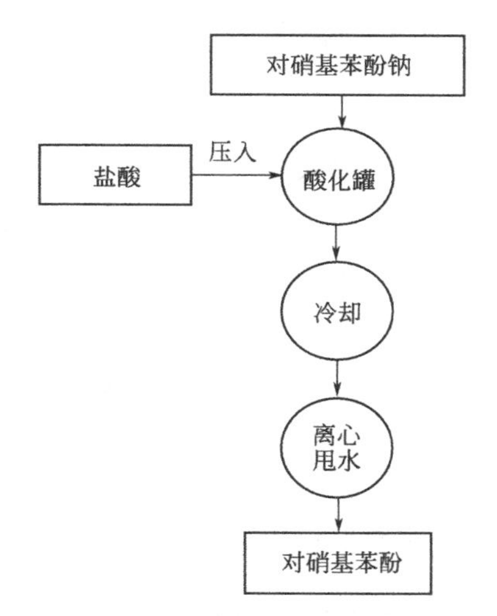

图 8-1　对硝基苯酚湿品的制备

8.5.2 对氨基苯酚的制备

8.5.2.1 制备工艺原理

对硝基苯酚用铁屑还原法将其还原成对氨基苯酚。

$$p\text{-}HOC_6H_4NO_2 \xrightarrow{Fe,HCl} p\text{-}HOC_6H_4NH_2$$

8.5.2.2 制备工艺过程

(1) 还原过程　配料比为对硝基苯酚（湿品）：盐酸（工业）：铁粉（60～80 目）：上批

母液：亚硫酸氢钠：活性炭＝1：0.23：0.88：0.11：0.031：0.067（质量比）。向反应罐中投入约一半量的母液，开动搅拌加热升温到80℃，加入约1/4～1/3量的铁粉及盐酸全量，继续升温至95℃，分次投入对硝基苯酚和铁粉，反应中随时用棒蘸取反应液滴在洁净滤纸上，观察尚未反应的对硝基苯酚的黄色判断反应终点。达到终点后，用母液或常水使体积增加1倍，然后用碳酸钠调pH＝7.5～8，加活性炭，搅拌脱色10min，静置30min后，放料过滤，滤液中加亚硫酸氢钠，冷却至40℃后，转入结晶罐中，温度降至30℃时离心甩干，得对氨基苯酚粗品，如图8-2所示。

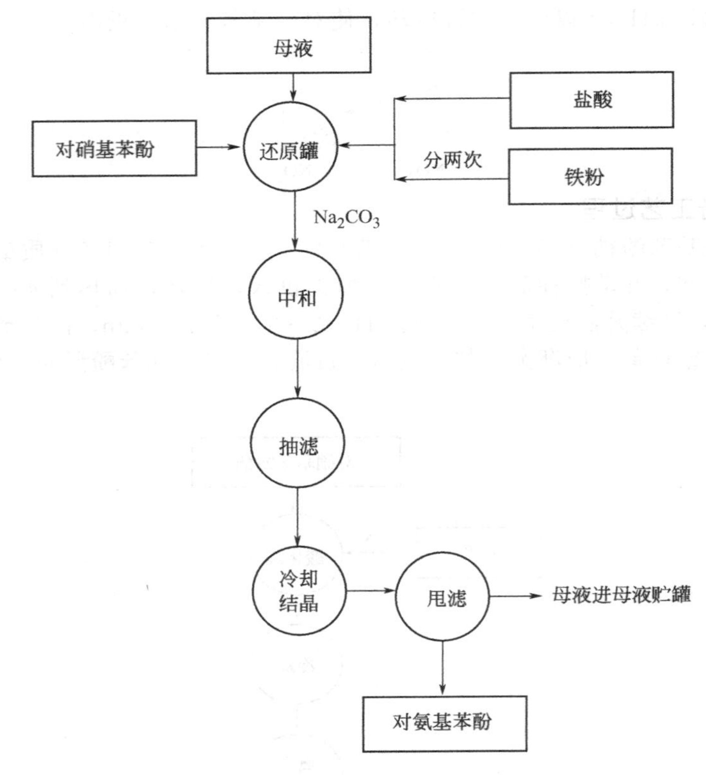

图 8-2 对氨基苯酚粗品的制备

（2）精制过程 精品用水洗甩滤后，再用热水溶解，加入活性炭脱色，冷却结晶，抽滤得精品。

（3）干燥过程 依次开动负压和正压鼓风机，搅拌，控制第一旋风分离器的气温在50℃以上即可。

8.6 对乙酰氨基酚的制备过程

8.6.1 制备工艺原理

对氨基苯酚与醋酸或醋酐加热脱水，便生成对乙酰氨基酚。

$$HO\text{-}C_6H_4\text{-}NH_2 + \begin{matrix} CH_3COOH \\ \text{或} \\ (CH_3CO)_2O \end{matrix} \underset{[\text{水解}]}{\overset{[\text{乙酰化}]}{\rightleftharpoons}} HO\text{-}C_6H_4\text{-}NHCOCH_3 + H_2O$$

这是一个可逆反应，通常采用蒸去水的方法，使反应趋于完全，以提高收率。

由于该反应在较高温度（达148℃）下进行，未乙酰化的对氨基苯酚有可能与空气中的氧气作用，生成亚胺醌及其聚合物等，致使产品变成深褐色或黑色，故通常需加入少量抗氧剂（如亚硫酸氢钠等）。此外，对氨基苯酚也能缩合，生成深灰色的4,4′-二羟基二苯胺。

$$HO-C_6H_4-NH_2 + O_2 \longrightarrow O=C_6H_4=NH + 2H_2O$$

$$x\ O=C_6H_4=NH \xrightarrow{[聚合]} [O=C_6H_4=NH]_x$$

$$2\ HO-C_6H_4-NH_2 \xrightarrow{\triangle} HO-C_6H_4-NH-C_6H_4-OH + NH_3\uparrow$$

上述副反应均是由于对氨基苯酚在较高温度下反应所引起的。如用醋酐为乙酰化剂，反应可在较低温度下进行，容易控制副反应。例如用醋酐-醋酸作酰化剂，可在80℃下进行反应；用醋酐-吡啶作酰化剂，在100℃下可以进行反应；用乙酰氯-吡啶-甲苯为酰化剂，反应在60℃以下就能进行。当然，醋酐价格较贵，生产上一般采用稀醋酸（35%～40%）与之混合使用，即先套用回收的稀醋酸，蒸馏脱水，再加入冰醋酸回流去水，最后加醋酐减压，蒸出稀醋酸。反应终点要取样测定，也就是测定对氨基苯酚的剩余量和反应液的酸度。该工艺充分利用了原辅料醋酸，节约了开支。为避免氧化等副反应的发生，反应前可先加入少量抗氧剂。

另外，乙酰化时，采用适量的分馏装置严格控制蒸馏速度和脱水量是反应的关键，也可利用三元共沸的原理把乙酰化生成的水及时蒸出，使乙酰化反应完全。

8.6.2 制备工艺过程

配料比为对氨基苯酚：冰醋酸：母液（含酸50%以上）=1：1：1（质量比）。将料液投入酰化罐内，打开夹层蒸气，加热至110℃左右，打开反应罐冷凝器的冷凝水，回流反应4h，控制蒸出稀醋酸速度为每小时1/10的量，待内温升至130℃以上，取样检查对氨基苯酚残留量低于2.5%时，加入稀酸（含量50%以上），转入结晶罐，冷却结晶。甩滤，先用少量稀酸洗涤，甩干，干燥得对乙酰氨基酚成品。滤液经浓缩、结晶，甩滤后再精制。对乙酰氨基酚粗品的制备流程如图8-3所示，其精制流程见图8-4。

8.6.3 对乙酰氨基酚的收率计算

$$总收率=酰化收率\times精制收率\times干燥收率=\frac{成品}{对氨基苯酚\times1.385\times0.95}\times100\%$$

$$酰化收率=\frac{粗品}{对氨基苯酚\times1.385\times0.95}\times100\%$$

$$精制收率=\frac{精品}{粗品}\times100\%$$

$$干燥收率=\frac{成品}{精品}\times100\%$$

通常规定对氨基苯酚的含量在95%以上，故计算收率时以其95%折。

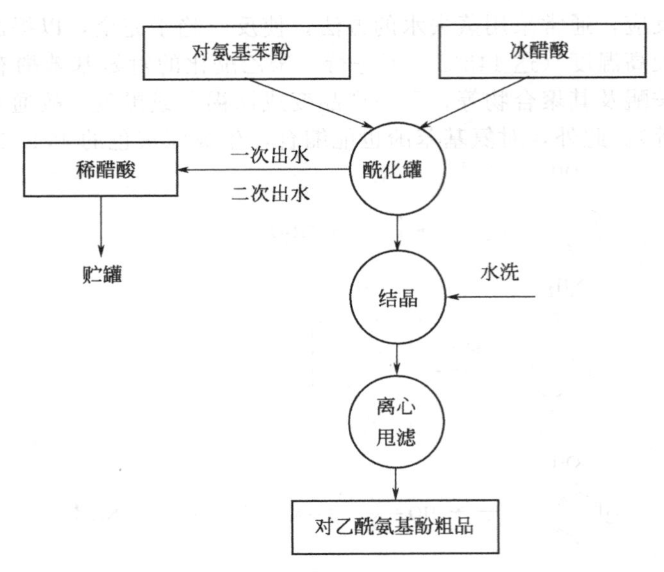

图 8-3　对乙酰氨基酚粗品的制备

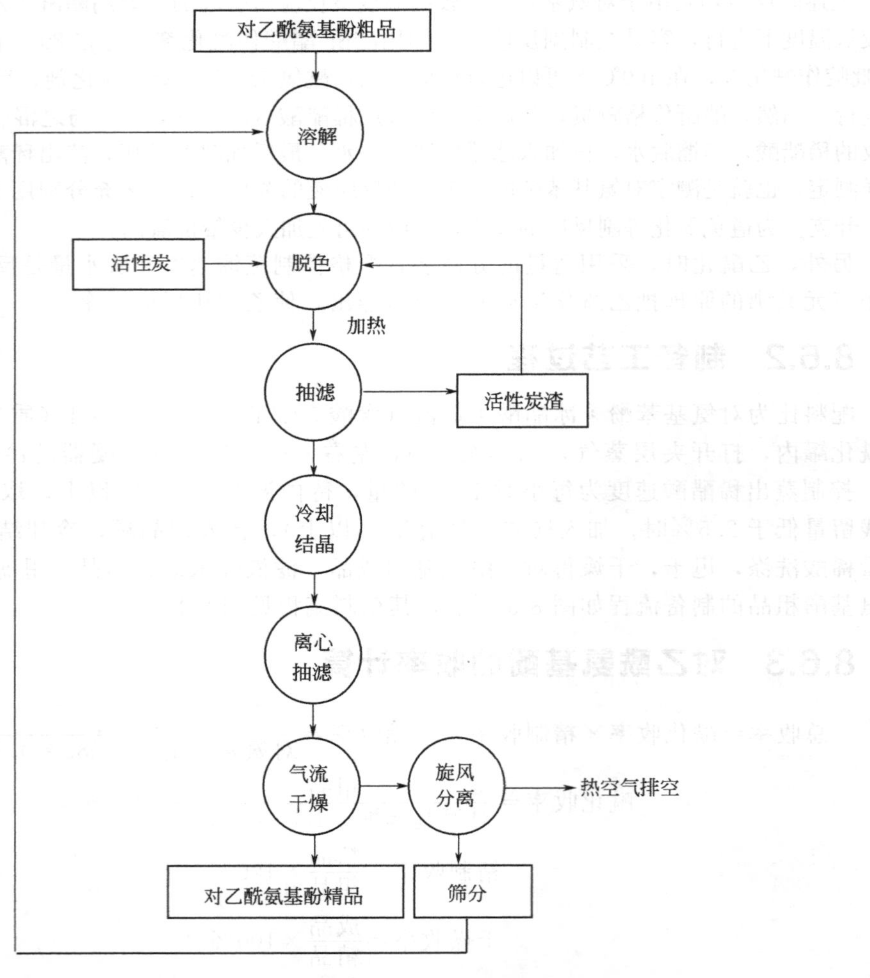

图 8-4　对乙酰氨基酚粗品的精制

课后练习

一、填空题

1. 乙酰氨基酚为白色、类白色结晶或结晶性粉末，分子式为______，分子量为______。

2. 对硝基苯酚钠再经______、铁屑-盐酸还原和______反应而得对乙酰氨基酚。

3. 苯酚在冷却（0～5℃）下与__________作用生成对亚硝基苯酚，再经过还原可得对氨基苯酚。

4. 对亚硝基苯酚与硫化钠溶液共热，在碱性条件下还原生成对氨基苯酚钠，用稀硫酸中和，即析出______。

5. 对氨基苯酚钠生成后，需用硫酸中和析出。pH 值为______时，对氨基苯酚已基本游离完全。

答案： 1. $C_8H_9NO_2$、151.06　2. 盐酸化、醋酸的乙酰化　3. 亚硝酸钠和硫酸　4. 对氨基苯酚　5. 10

二、简答题

1. 简述对乙酰氨基酚的化学结构与生物活性。

2. 简述对乙酰氨基酚合成路线的分类。

3. 简述以苯酚为原料合成乙酰氨基酚的工艺原理。

4. 对硝基苯酚为原料制备乙酰氨基酚的反应条件如何控制？并加以说明。

5. 简述以对硝基苯酚钠为原料制备乙酰氨基酚的制备工艺原理。

6. 由对硝基苯酚还原成对氨基苯酚，有哪几种方法？

7. 对亚硝基苯酚还原成对氨基苯酚的工艺过程条件如何控制？

知识拓展

对乙酰氨基酚的发展历史

在古老的中世纪时期，仅有的退热药物是一种存在于柳树树皮中的物质（一类叫做水杨酸的物质，后来导致了阿司匹林的发展）和一种存在于金鸡纳树树皮里的物质。金鸡纳树皮也是用来制造抗疟疾药物奎宁的主要原料，奎宁本身也有退热的功效。直到 19 世纪中后期才发展出提炼分离水杨苷和水杨酸的技术。

19 世纪 80 年代以来，随着金鸡纳树日益减少，人们开始寻找其替代品。1886 年科学家发明了退热冰（乙酰苯胺），1887 年又发明了非那西丁（乙酰对氨苯乙醚）。1873 年，Harmon Northrop Morse 首先通过对硝基苯酚和冰醋酸在锡的催化下反应合成了对乙酰氨基酚，但是在之后二十年之内对乙酰氨基酚并没有用于医学领域。1893 年，在某些服用了非那西丁的患者的尿液里发现了对乙酰氨基酚的存在，并浓缩成白色、稍有苦味的晶体。1899 年对乙酰氨基酚被发现是退热冰的代谢产物，但是这些发现在当时并没有被重视。

1946 年美国止痛与镇静剂研究所（The Institute for the Study of Analgesic and Sedative Drugs）拨款给纽约市卫生局（New York City Department of Health）研究止痛剂的问题。伯纳德·布罗迪（Bernard Brodie）和朱利叶斯·爱梭罗德（Julius Axelrod）被分配研究非阿司匹林类退热剂为何产生高铁血红蛋白症（一种非致命的血液疾病）这一副作用。1948 年伯纳德和爱梭罗德发现退热冰的作用归功于它的代谢产物对乙酰氨基酚，因此他们提倡使用对乙酰氨基酚替代退热冰，因为对乙酰氨基酚没有类似退热冰的毒副作用。

1955 年，对乙酰氨基酚在美国境内上市销售，商品名泰诺（Tylenol）。

1956 年，500mg 一片的对乙酰氨基酚在英国境内上市销售，商品名必理通（Panadol）。

1963 年，对乙酰氨基酚列入英国药典，并因其较小的副作用和与其他药物的相互作用而流行开来。

第9章
布洛芬的制备

布洛芬（Ibuprofen，Brufen）的化学名称为2-(4-异丁基苯基）丙酸。化学结构如下：

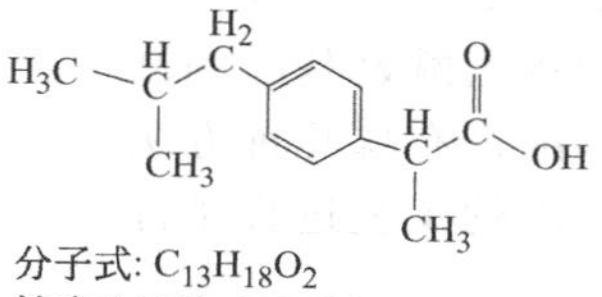

分子式: $C_{13}H_{18}O_2$
精确分子量: 206.1307
分子量: 206.2808
m/z: 206.1307(100.0%),207.1340(14.1%)
元素分析:C,75.69; H,8.80; O,15.51

布洛芬为白色结晶性粉末，稍有特异臭，几乎无味，几乎不溶于水，易溶于甲醇、乙醇、丙酮等有机溶剂及碱液中，熔点为74.5～77.5℃。

布洛芬是一种非甾体消炎镇痛药，其消炎、镇痛、解热作用比阿司匹林大16～32倍。与一般消炎镇痛药相比，它的作用强而副作用小，对肝、肾及造血系统无明显副作用，特别是对胃肠道的副作用很小，这是布洛芬的优势。适用于治疗风湿性关节炎、类风湿性关节炎、骨关节炎、强直性脊椎炎、神经炎、咽喉炎和支气管炎等。布洛芬是1967年由英国试制成功并首先生产的，此后日本、加拿大、前联邦德国、美国等国家相继投产。1972年，国际风湿病学会推荐本品为优秀的风湿病药品之一。1975年后，国内有厂家开始试制生产。

近年来，国内外对布洛芬的合成做了大量研究，推出了许多合成路线，但由于有的合成路线较长，有的原料来源困难，有的条件要求较高，有的成本较高，还有的存在着组织生产的困难等原因，都没能为国内生产厂家所采用。

9.1 布洛芬合成工艺设计

9.1.1 以异丁苯为原料的合成工艺路线设计

9.1.1.1 乳酸衍生物与异丁苯合成路线(简称一步法)

乳酸对甲苯磺酸酯与丁苯在过量的 $AlCl_3$ 存在下一步反应生成布洛芬。

$$(CH_3)_2CH-CH_2-C_6H_4-H + H_3C-C_6H_4-SO_3-CH(CH_3)-COOH \xrightarrow[AlCl_3]{[烃化]} (CH_3)_2CH-CH_2-C_6H_4-CH(CH_3)COOH$$

此法的主要缺点是产物中有大量的异构体，使产品质量、收率都差。

9.1.1.2　格氏反应合成路线

本法系用异丁苯的衍生物为原料，经格氏反应合成布洛芬。

$$(CH_3)_2CH-CH_2-C_6H_4-CHCl-CH_3 + Mg \xrightarrow[n\text{-}C_8H_{14}]{(C_4H_9)_2O,THF,N_2}$$

$$(CH_3)_2CH-CH_2-C_6H_4-CH(MgCl)CH_3 \xrightarrow[CO_2]{[羧基化]} (CH_3)_2CH-CH_2-C_6H_4-CH(CH_3)COOH$$

收率88.5%

本反应收率较高，但需用格氏试剂，条件要求苛刻，大多数原料需自制，所用试剂价格昂贵，乙醚易燃易爆不适宜工业化生产。

9.1.1.3　氰化物经甲基化、水解合成布洛芬

以对异丁基苯乙腈为中间体，再经甲基化、水解得布洛芬。

$$(CH_3)_2CH-CH_2-C_6H_5 \xrightarrow[HCHO,AlCl_3,HCl]{[氯甲基化]} (CH_3)_2CH-CH_2-C_6H_4-CH_2Cl \xrightarrow[NaCN]{[氰化]}$$

$$(CH_3)_2CH-CH_2-C_6H_4-CH_2CN \xrightarrow[(CH_3)_2SO_4,NaOH,TEBA]{[甲基化]}$$

$$(CH_3)_2CH-CH_2-C_6H_4-CH(CH_3)CN \xrightarrow[H^+或OH^-]{[水解]} (CH_3)_2CH-CH_2-C_6H_4-CH(CH_3)COOH$$

路线中氯甲基化、氰化步骤中所用原料均为有毒性，故操作要求较高，且存在设备腐蚀和“三废”问题。由于相转移催化剂的使用，使得甲基化可在较方便的条件下进行。

9.1.2　以乙苯为原料的合成路线设计

以乙苯与异丁酰氯经酰化、溴化、氰化、水解、还原制备布洛芬。

$$C_6H_5-C_2H_5 + (CH_3)_2CHCOCl \xrightarrow[AlCl_3]{[酰化]} (CH_3)_2CH-CO-C_6H_4-C_2H_5 \xrightarrow[(CH_2CO)_2NBr]{[溴化]}$$

$$(CH_3)_2CH-CO-C_6H_4-CHBr-CH_3 \xrightarrow[NaCN]{[氰化]} (CH_3)_2CH-CO-C_6H_4-CH(CN)-CH_3 \xrightarrow[KOH,C_2N_2OH]{[水解]}$$

$$(CH_3)_2CH-CO-C_6H_4-CH(CH_3)-COOH \xrightarrow[N_2H_4]{[还原]} (CH_3)_2CH-CH_2-C_6H_4-CH(CH_3)-COOH$$

本合成过程所用异丁酰氯需自制，其原料异丁酸、溴代丁二酰亚胺不能满足供应，且价格昂贵。

9.1.3　以异丁基苯乙酮为原料的合成方法

以异丁基苯乙酮与氯仿在相转移催化剂的存在下反应，产物再经还原制得布洛芬。

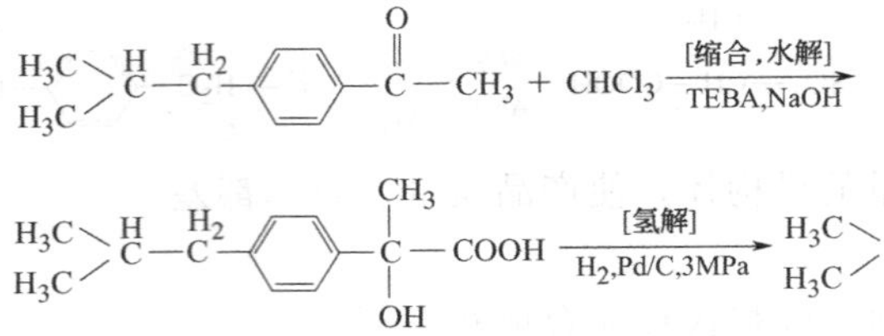

$$(CH_3)_2CH-CH_2-C_6H_4-CO-CH_3 + CHCl_3 \xrightarrow[\text{TEBA,NaOH}]{[\text{缩合，水解}]}$$

$$(CH_3)_2CH-CH_2-C_6H_4-C(CH_3)(OH)-COOH \xrightarrow[H_2,\text{Pd/C,3MPa}]{[\text{氢解}]} (CH_3)_2CH-CH_2-C_6H_4-CH(CH_3)-COOH$$

合成过程中除反应条件要求较高外，副反应也较多。

由于缩水甘油酸酯法合成工艺的不断改进和生产水平的持续提高，其他方法都难以达到该法水平。

9.1.4 目前国内采用的合成路线

目前，国内采用的是缩水甘油酸酯法，即异丁苯与乙酰氯经傅-克（Friedel-Crafts）反应得异丁基苯乙酮，再与氯乙酸异丙酯发生达森（Darzens）缩合，生成物经碱水解、酸中和、脱羧反应得异丁基苯丙醛，最后再将异丁基苯丙醛转化（氧化或成肟水解）成布洛芬。本反应各步收率比较高，是目前较成熟的适合工业生产的方法（见图 9-1）。

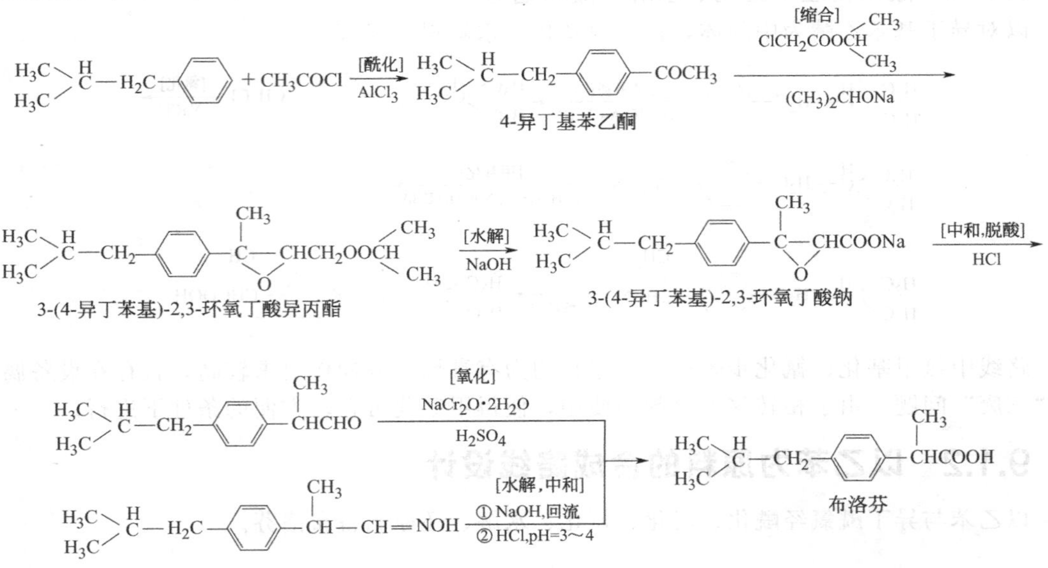

$$(CH_3)_2CH-H_2C-C_6H_5 + CH_3COCl \xrightarrow[AlCl_3]{[\text{酰化}]} (CH_3)_2CH-CH_2-C_6H_4-COCH_3 \xrightarrow[(CH_3)_2CHONa]{[\text{缩合}]\ ClCH_2COOCH(CH_3)_2}$$

4-异丁基苯乙酮

$$(CH_3)_2CH-CH_2-C_6H_4-\overset{CH_3}{C}(-O-)CHCH_2OOCH(CH_3)_2 \xrightarrow[NaOH]{[\text{水解}]} (CH_3)_2CH-CH_2-C_6H_4-\overset{CH_3}{C}(-O-)CHCOONa \xrightarrow[HCl]{[\text{中和,脱酸}]}$$

3-(4-异丁苯基)-2,3-环氧丁酸异丙酯　　3-(4-异丁苯基)-2,3-环氧丁酸钠

$$(CH_3)_2CH-CH_2-C_6H_4-CH(CH_3)CHO \xrightarrow[H_2SO_4]{[\text{氧化}]\ NaCr_2O\cdot 2H_2O} (CH_3)_2CH-CH_2-C_6H_4-CH(CH_3)COOH$$

$$(CH_3)_2CH-H_2C-C_6H_4-CH(CH_3)-CH=NOH \xrightarrow[\text{① NaOH,回流　② HCl,pH}=3\sim4]{[\text{水解,中和}]} (CH_3)_2CH-CH_2-C_6H_4-CH(CH_3)COOH$$

布洛芬

图 9-1　缩水甘油酸酯法制布洛芬合成路线

但本法反应步骤较多，工艺过程中个别环节扩大生产尚有困难。例如合成异丁基苯丙醛的反应中需要过量的异丙醇钠，若用金属钠，则存在着安全问题，而使用 NaOH 则反应周期需经 16h。再如，由异丁基苯丙醛转化成异丁基苯丙酸时可采用氧化法或醛肟法，氧化法中的氧化剂可选用硝酸银、亚氯酸钠-过氧化氢、重铬酸钠-硫酸-水等，均不同程度存在原料消耗大、成本高、收率低、质量差、“三废”多等缺点；而醛肟法比氧化法表现出更多的优越性。

9.2 布洛芬制备工艺过程

9.2.1 4-异丁基苯乙酮的合成

9.2.1.1 制备的工艺原理

在三氯化铝的催化下，乙酰氯与异丁苯发生傅-克酰化反应。由于异丁基是体积较大的邻、对位定位基，乙酰基主要进入其对位，生成4-异丁基苯乙酮。反应需无水操作，否则三氯化铝和乙酰氯将水解。

$$(CH_3)_2CH-CH_2-C_6H_5 + CH_3COCl \xrightarrow[AlCl_3]{[乙酰化]} (CH_3)_2CH-CH_2-C_6H_4-COCH_3 + HCl$$

9.2.1.2 制备工艺过程

将计量好的石油醚、三氯化铝加入反应罐内，搅拌降温，使温度不超过5℃，加入计量的异丁苯，此间，同样控制罐内温度不得超过5℃，再加入计量的乙酰氯，加毕，搅拌反应4h，其制备工艺流程如图9-2所示。

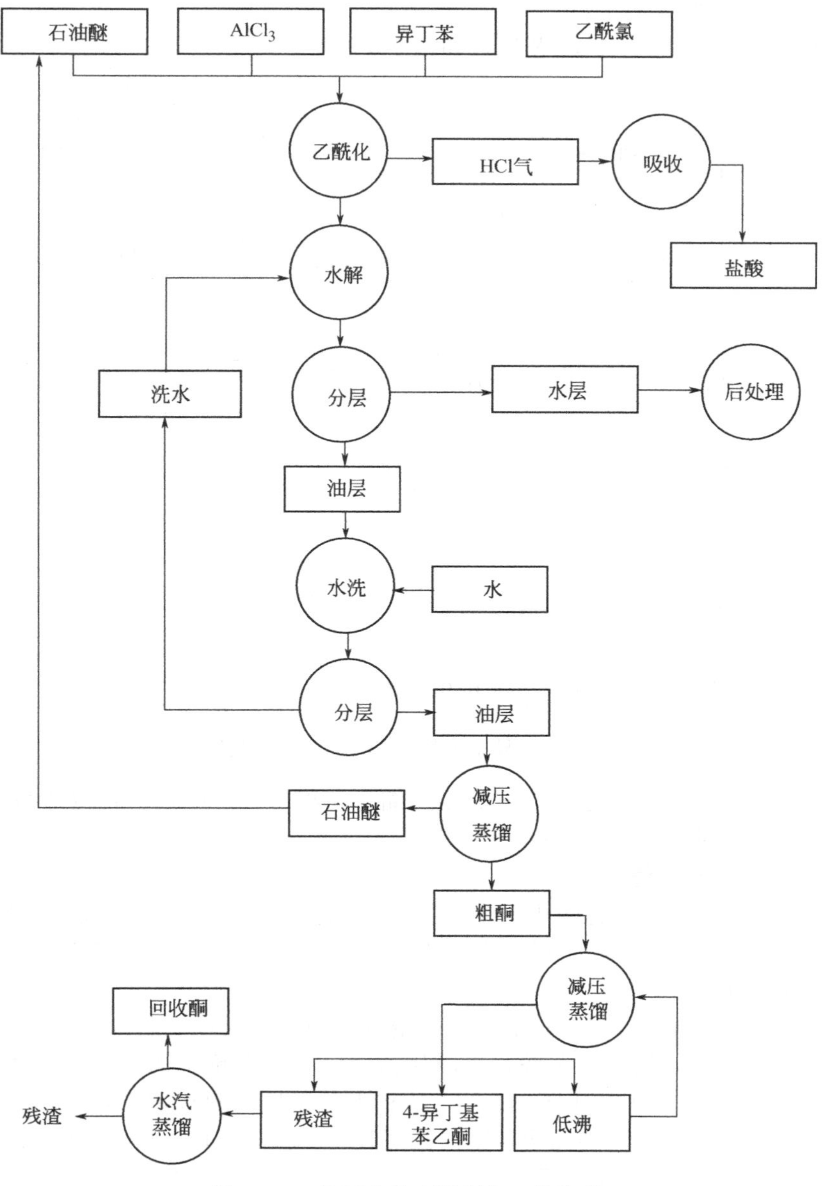

图9-2 4-异丁基苯乙酮制备工艺流程

将反应液在10℃下压入水解罐中，滴加稀硫酸，保持罐内温度不超过10℃，搅拌反应30min。水解完毕，静置分层，有机层为粗酮，水洗至pH=6。然后进行减压蒸馏，回收石油醚，再减压蒸馏收集 130℃/2kPa 馏分，即为 4-异丁基苯乙酮。收率 80%。

原料无水三氯化铝结块（因吸水所致）时，不可使用。

对傅-克反应的搅拌要适当，太快易产生副反应，从而影响收率和产品质量。

本工艺过程要注意防火、防暴、防毒。

乙酰氯遇水或醇分解生成的氯化氢，对皮肤黏膜刺激强烈，注意排风，并经吸收塔回收盐酸。

9.2.2 2-(4-异丁苯基)丙醛的合成

9.2.2.1 工艺原理

2-(4-异丁苯基）丙醛的合成工艺原理如图 9-3 所示。

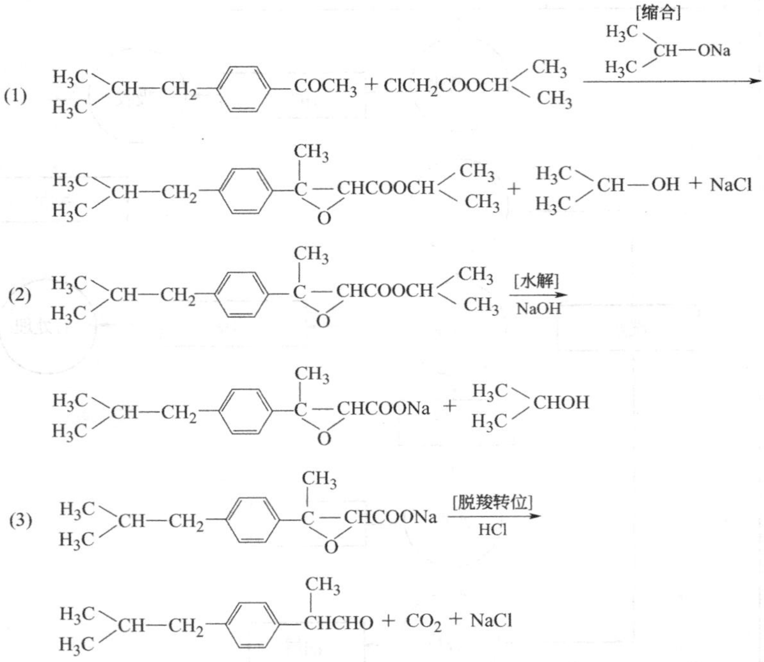

$$(1)\quad (H_3C)_2CH-CH_2-C_6H_4-COCH_3 + ClCH_2COOCH(CH_3)_2 \xrightarrow[]{[\text{缩合}]\ (H_3C)_2CH-ONa}$$

$$(H_3C)_2CH-CH_2-C_6H_4-\underset{\backslash O /}{C(CH_3)-CH}COOCH(CH_3)_2 + (H_3C)_2CH-OH + NaCl$$

$$(2)\quad (H_3C)_2CH-CH_2-C_6H_4-\underset{\backslash O /}{C(CH_3)-CH}COOCH(CH_3)_2 \xrightarrow[NaOH]{[\text{水解}]}$$

$$(H_3C)_2CH-CH_2-C_6H_4-\underset{\backslash O /}{C(CH_3)-CH}COONa + (H_3C)_2CHOH$$

$$(3)\quad (H_3C)_2CH-CH_2-C_6H_4-\underset{\backslash O /}{C(CH_3)-CH}COONa \xrightarrow[HCl]{[\text{脱羧转位}]}$$

$$(H_3C)_2CH-CH_2-C_6H_4-CH(CH_3)CHO + CO_2 + NaCl$$

图 9-3 2-(4-异丁苯基）丙醛的合成工艺原理

本反应中第一步反应称为达森（Darzens）缩合，再水解、脱羧、转位即得 2-(4-异丁苯基）丙醛。其反应机理如图 9-4 所示。

9.2.2.2 制备工艺过程

将合格的异丙醇钠压入缩合罐中，于搅拌下控制温度在 15℃左右，将计量的 4-异丁基苯乙酮与氯乙酸异丙酯的混合物慢慢滴入，于 20～25℃反应 6h。再加热升温，控制温度在 75℃以下，回流反应 1h。

冷水降温，压入水解罐，将计量的氢氧化钠溶液慢慢加入，控制罐内温度不超过 25℃，搅拌水解 4h。反应完毕，先常压蒸醇，再减压蒸醇。将水贮罐中的热水加入水解罐，保温 70℃，搅拌溶解 1h。将 3-(4-异丁苯基)-2,3-环氧丁酸钠压入脱羧罐中，慢慢滴加计量的盐酸，控制罐内温度为 60℃，滴加完毕，罐内温度升至 100℃以上，回流脱羧 3h。反应结束，降温，静置 2h 分层。有机层吸入蒸馏罐，升温，减压蒸馏，收集 120～128℃/2kPa 馏分，即得 2-(4-异丁苯基）丙醛。收率 77%～80%。脱羧液水层静置后尚存少量油层，应予以回收。水层取样分析，测化学需氧量，达标后方可排入下水道。减压蒸馏所剩残渣，应再进行提取，以回收所含 2-(4-异丁苯基）丙醛。在脱羧反应中，产生大量泡沫，应注意慢慢加酸，

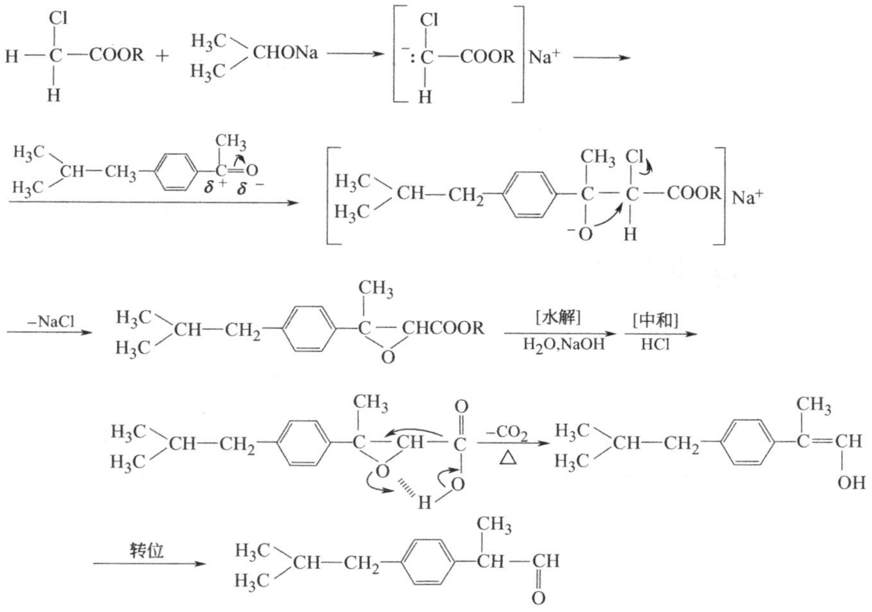

$$H-\underset{H}{\overset{Cl}{C}}-COOR + \begin{matrix}H_3C\\H_3C\end{matrix}\!\!>CHONa \longrightarrow \left[{}^{-}:\underset{H}{\overset{Cl}{C}}-COOR\right]Na^{+} \longrightarrow$$

$$\xrightarrow{\begin{matrix}H_3C\\H_3C\end{matrix}>CH-CH_2-C_6H_4-\overset{CH_3}{C}{=}O\ (\delta^{+}\ \delta^{-})} \left[\begin{matrix}H_3C\\H_3C\end{matrix}>CH-CH_2-C_6H_4-\underset{{}^{-}O}{\overset{CH_3}{C}}-\underset{H}{\overset{Cl}{C}}-COOR\right]Na^{+}$$

$$\xrightarrow{-NaCl} \begin{matrix}H_3C\\H_3C\end{matrix}>CH-CH_2-C_6H_4-\overset{CH_3}{C}\overset{O}{-}CHCOOR \xrightarrow[H_2O,NaOH]{[水解]} \xrightarrow[HCl]{[中和]}$$

$$\begin{matrix}H_3C\\H_3C\end{matrix}>CH-CH_2-C_6H_4-\overset{CH_3}{C}\overset{O}{-}CH-\overset{O}{\overset{\|}{C}}-O\cdots H \xrightarrow[\triangle]{-CO_2} \begin{matrix}H_3C\\H_3C\end{matrix}>CH-CH_2-C_6H_4-\overset{CH_3}{C}{=}\underset{OH}{CH}$$

$$\xrightarrow{转位} \begin{matrix}H_3C\\H_3C\end{matrix}>CH-CH_2-C_6H_4-\overset{CH_3}{CH}-\underset{O}{\underset{\|}{CH}}$$

图 9-4　2-(4-异丁苯基）丙醛的反应机理

以防止冲料。2-(4-异丁苯基）丙醛不稳定，要及时转入下一步反应，其生产流程如图 9-5 所示。

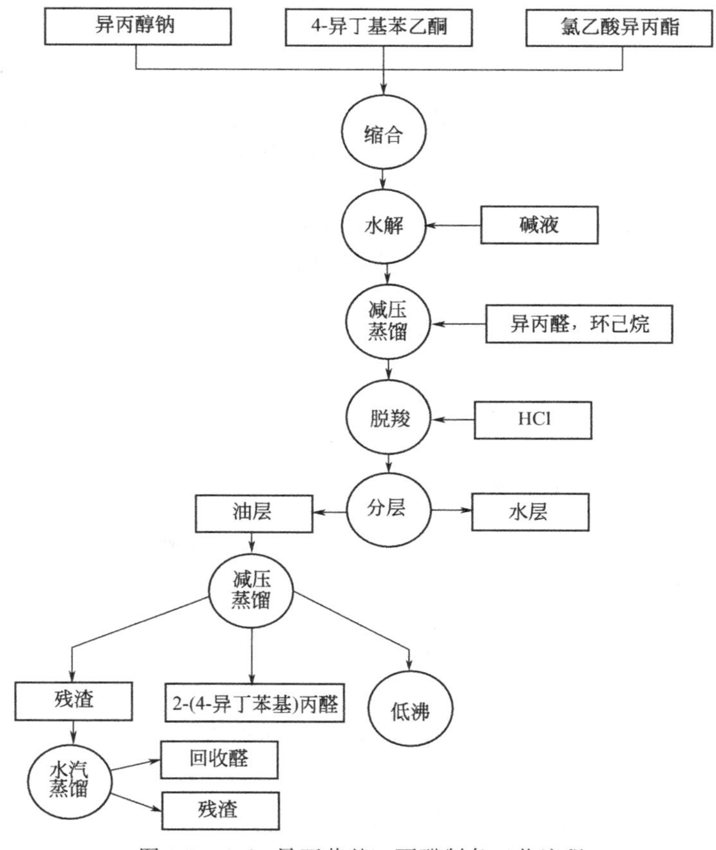

图 9-5　2-(4-异丁苯基）丙醛制备工艺流程

［注 1］ 异丙醇钠的制备

$$(CH_3)_2CHOH + NaOH \xrightarrow[\text{三元共沸}]{\text{环己烷}} (CH_3)_2CHONa + H_2O$$

［注 2］ 氯乙酸异丙酯的制备

$$(CH_3)_2CHOH + ClH_2C-\overset{O}{\overset{\|}{C}}-OH \xrightarrow[\text{环己烷,三元共沸脱水}]{\text{对甲苯磺酸}} ClH_2C-\overset{O}{\overset{\|}{C}}-O-CH(CH_3)_2 + H_2O$$

9.2.3 布洛芬的合成

9.2.3.1 制备工艺原理

目前，国内各生产厂家用 2-(4-异丁苯基）丙醛制布洛芬的主要方法有两种：①氧化法，即用重铬酸钠氧化制得；②醛肟法，即先使羟胺与 2-(4-异丁苯基)丙醛反应，得中间体 2-(4-异丁苯基）丙醛肟，再经水解、酸化得布洛芬。后一种方法由于不使用重铬酸钠，使后处理更为方便，同时也避免了环境污染等问题，此外，以水作溶剂，操作安全。该法也已用于制药工业生产。

（1）氧化法

$$3\,(CH_3)_2CH-H_2C-C_6H_4-CH(CH_3)-CHO + \underset{\text{重铬酸钠}}{Na_2Cr_2O_7\cdot 2H_2O} + 4H_2SO_4 \longrightarrow$$

$$3\,(CH_3)_2CH-CH_2-C_6H_4-CH(CH_3)-COOH + Na_2SO_4 + Cr_2(SO_4)_3 + 6H_2O$$

（2）醛肟法

(1)

$$(CH_3)_2CH-H_2C-C_6H_4-CH(CH_3)-CHO + \underset{\text{盐酸羟胺}}{NH_2OH\cdot HCl} + NH_3\cdot H_2O \xrightarrow[pH=5]{}$$

$$\underset{\text{2-(4-异丁苯基)丙腈}}{(CH_3)_2CH-H_2C-C_6H_4-CH(CH_3)-CH{=}NOH} + NH_4Cl + H_2O$$

(2)

$$(CH_3)_2CH-H_2C-C_6H_4-CH(CH_3)-CH{=}NOH \xrightarrow[NaOH]{[\text{水解}]}$$

$$\underset{\text{2-(4-异丁苯基)丙醛肟}}{(CH_3)_2CH-CH_2-C_6H_4-CH(CH_3)-CN}$$

(3)

$$(CH_3)_2CH-CH_2-C_6H_4-CH(CH_3)-CN + NaOH + H_2O \xrightarrow{[\text{水解}]}$$

$$(CH_3)_2CH-CH_2-C_6H_4-CH(CH_3)-COONa + NH_3$$

(4)

$$(CH_3)_2CH-CH_2-C_6H_4-CH(CH_3)-COONa + HCl \xrightarrow{[\text{中和}]}$$

$$(CH_3)_2CH-CH_2-C_6H_4-CH(CH_3)-COOH + NaCl$$

9.2.3.2 制备工艺过程(氧化法)

将重铬酸钠溶于配量的水中，开真空吸入氧化剂配制罐，搅拌使之溶解，再将其水溶液压入氧化反应罐，降温搅拌下，将计量的浓硫酸慢慢滴入反应罐，滴加完后，继续降温，准备氧化用。

待氧化反应罐内温度降至5℃以下时，将计量的丙酮、2-(4-异丁苯基)丙醛的混合液于搅拌下慢慢滴加至反应罐内，保持温度于25℃，加完后，继续反应1h，直至反应液呈棕红色不褪，即达终点。然后加入适量焦亚硫酸钠水溶液，使反应液呈蓝绿色。

将上述反应液吸入丙酮回收釜中，升温蒸馏，直至蒸不出丙酮为止。残留物中加入计量的水和石油醚，开动搅拌，0.5h后静置分层，水层用石油醚提取两次，石油醚层水洗至无Cr^{3+}为止。

石油醚层加入配制好的稀碱液，搅拌15min，静置0.5h，将碱层（即布洛芬钠盐水溶液）分入钠盐贮罐。再将计量水加入石油醚层，搅拌15min，静置0.5h，水层并入钠盐贮罐。有机层吸入石油醚回收氧。

将钠盐贮罐中的碱水溶液压回提取罐，开动搅拌，慢慢滴加盐酸，待pH值降至7.5～8.5时，再加入石油醚，升温，搅拌，静置分层。

水层加入酸化罐，保持温度35～45℃，滴加盐酸，调节pH值为1～2（此时析出布洛芬油层），降温至5℃，复测pH值仍为2～3，继续降温、固化、结晶、离心，即得粗制布洛芬。收率在90%以上。

布洛芬粗品再经溶解、脱色、结晶、离心、干燥，即得精品。布洛芬制备工艺流程见图9-6。

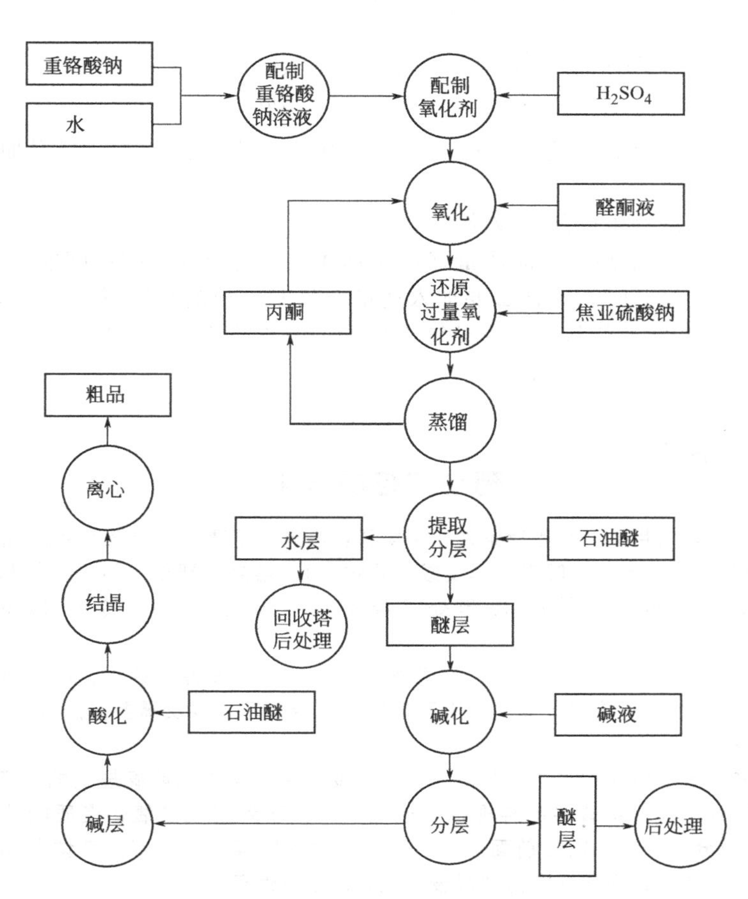

图9-6 布洛芬制备工艺流程

石油醚为一级易燃液体，闪点<17℃，爆炸极限1.1%～59%（体积分数）。应盛于密闭容器内，贮存于阴凉通风处，严禁烟火，与氧化剂、硝酸、氧气等施行隔离。发生火险可用泡沫、干粉、二氧化碳、砂土等灭火。制备过程中注意通风。另外，所用重铬酸钠毒性较大，应注意防毒。含铬废液不得随意排放。

[备注] 含铬废液的处理方法：将NaOH溶液加入废铬液中，调节pH≤7，则产生氢氧化铬沉淀，再行分离，集中处理。

$$Cr_2(SO_4)_3 + 6NaOH \longrightarrow 2Cr(OH)_3\downarrow + 3Na_2SO_4$$

课后练习

一、填空题

1. 布洛芬（Ibuprofen，Brufen）的化学名称为____________，化学结构为__________。

2. 乳酸对甲苯磺酸酯与丁苯在过量的____________存在下一步反应生成布洛芬。

3. 4-异丁基苯乙酮的合成过程中在三氯化铝的催化下，乙酰氯与异丁苯发生____________。反应需____________操作，否则三氯化铝和乙酰氯将水解。

4. 国内各生产厂家对布洛芬的合成主要方法有两种，分别为____________和____________。

5. 在脱羧反应中，产生大量泡沫，应注意____________，以防止冲料。

答案：1. 2-(4-异丁基苯基) 丙酸、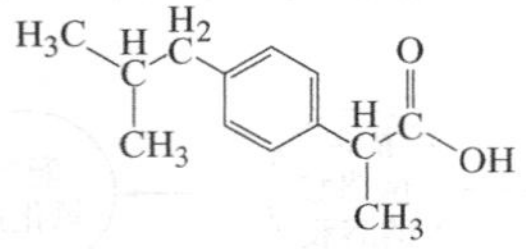

2. $AlCl_3$ 3. 傅-克酰基化反应、无水 4. 氧化法、醛肟法 5. 慢慢加酸

二、简答题

1. 试写出国内布洛芬生产的合成路线。
2. 为使傅-克反应收率高、产品质量好，在具体操作时应注意哪些问题？
3. 氧化法合成布洛芬时，为什么要加入适量的焦亚硫酸钠？试写出有关反应式。
4. 试写出由2-(4-异丁苯基) 丙醛经氧化合成布洛芬的工艺流程框图。
5. 简述用氧化法制备布洛芬的工艺流程。

知识拓展

药物贮存的要求

中国药典凡例中对常用的8个贮存条件作了解释：避光（不透光的容器包装）、密闭（防止尘土和异物进入）、密封（防止风化、吸潮、挥发或异物进入）、熔封或严封（防止空气和水分侵入并防止污染）、阴凉处（不超过20℃）、凉暗处（避光并不超过20℃）、冷处（2～10℃）、常温（10～30℃）。

一般原料药"密闭保存"；液体药品，易吸潮、风化或有挥发性的药物，以及遇湿能引起变质的药品采用"密封保存"；直接制备成注射用无菌粉末的原料药，以及需要减压或充氮保存的药品，用"熔封或严封保存"。

对光不稳定药品需在前面加"遮光"等字样，不要使用药典中无明确规定的"避光"字样。为充分保证药品稳定性，药典中较多品种规定了遮光要求；遇到空气易氧化变质的药品需在前面加"充氮"等字样；部分气体药品需在前面加"置耐压钢瓶内"等字样；部分液体药品需注明指定贮存容器，如稀盐酸和醋酸贮藏均规定为"置玻璃瓶内，密封保存"。

有些药品需增加对贮存环境的要求，则在“密闭”、“密封”、“熔封或严封”与“保存”之间添加要求，如“在干燥处”、“在阴凉处”、“在阴凉干燥处”、“在凉暗处”、“在冷处”等。冷处场地要求条件较高，选用应比较慎重，药典收载的品种也较少，如卡莫司汀及注射液分别采用“遮光，严封，在冷处保存”和“遮光，密闭，在冷处保存”。生物制品及部分化学药品的贮藏温度习惯规定为2～8℃，虽在冷处（2～10℃）范围内，但不采用冷处表述，需严格注明贮藏温度，如酒石酸长春瑞滨注射液的贮藏为“遮光，密闭，在2～8℃保存”。常温为2010版药典新增贮存条件，各论中许多品种尚未采用，如甲硝唑栓的贮藏原规定为“遮光，密闭，在30℃以下阴凉处保存”，新版药典规范为“遮光，密闭，在30℃以下保存”，而未进一步修订为“遮光，密闭，常温保存”。

注射液的分装容器如安瓿或西林瓶等、眼用制剂的容器均为该制剂的组成部分，不同于片剂或其他制剂的包装容器，因而在贮藏项下对包装的要求，可写为“密闭保存”等，而不再采用“熔封”或“严封”等字样。

药典各论中有部分品种采用“冷冻”保存，如酒石酸长春瑞滨和硫酸长春地辛的贮藏均为“遮光，密封，冷冻保存”，药典凡例及制剂通则中均未规定冷冻温度，可参考执行美国药典贮藏规定的冷冻温度范围-25～-10℃；部分需冷冻保存的品种也可采用规定具体冷冻温度方式表达，如重组人胰岛素规定为“遮光，密闭，在-15℃以下保存”。

第10章 萘普生的制备

萘普生（naproxen，10-1），化学名称为（＋）6-甲氧基 α-甲基-2-萘乙酸。萘普生结构图如下：

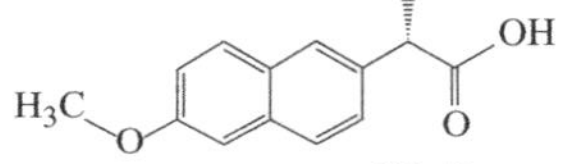

(10-1)

分子式: $C_{14}H_{14}O_3$
精确分子量: 230.09
分子量: 230.26
m/z: 230.09(100.0%), 231.10(15.4%), 232.10(1.7%)
元素分析: C, 73.03; H, 6.13; O, 20.85

该物质为白色或类白色结晶性粉末；无臭或几乎无臭。在甲醇、乙醇或三氯甲烷中溶解，在乙醚中略溶，在水中几乎不溶。熔点为 153～158℃。萘普生为芳基丙酸类非甾体消炎镇痛药，具有明显抑制前列腺素合成的作用，并可稳定酶体活性。具有较强的抗炎、抗风湿和解热镇痛作用。动物实验证明，该药物的抗炎作用约为保泰松的 11 倍，镇痛作用是阿司匹林的 7 倍，解热作用是阿司匹林的 22 倍。临床上主要用于治疗风湿、类风湿性关节炎、骨关节炎、强直性脊椎炎、急性痛风、运动系统的慢性变性疾病及轻、中度疼痛如手术后疼痛、产后子宫疼痛、痛经等。对于因贫血、胃肠系统疾病或其他原因不能耐受阿司匹林、消炎痛及其他消炎镇痛药的病人，试用萘普生效果良好。萘普生毒性较低，副作用少而轻、耐受性良好。服药后仅有少数病例出现胃肠道轻度不适，偶尔有皮疹、眩晕、头痛、耳鸣、嗜睡等不良反应。

芳基丙酸类药物因作用强、毒副作用小，在非甾体消炎镇痛药物中，研究进展很快，产品的种类较多。芳基丙酸类消炎镇痛药布洛芬（10-2）投入市场，标志着此类药物的研究进入了一个新时代。先后开发了萘普生（10-1）、酮基布洛芬（10-3）、氟比洛芬（10-4）、洛索洛芬（10-5）、扎托洛芬（10-6）等，该类药物已上市品种有 30 多个。

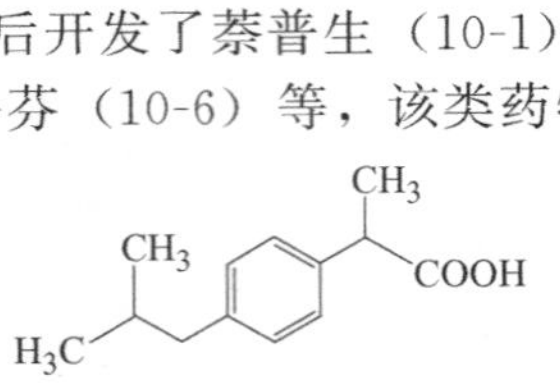

(10-2) 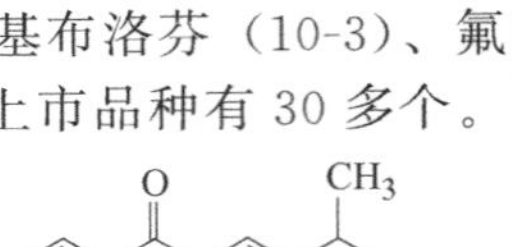　　(10-3)

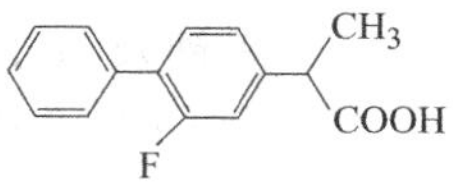

(10-4) 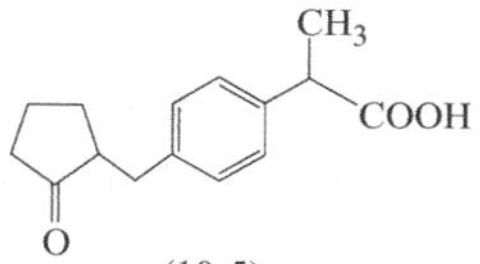 (10-5) 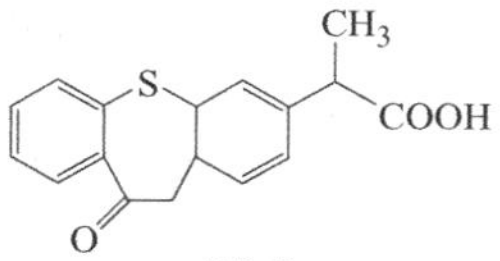 (10-6)

萘普生由美国 Syntex 公司开发，1968 年获美国专利权，1972 年正式生产并在墨西哥出售，1976 年在美国上市。目前已在全世界广泛使用。1994 年被美国食品和药物管理局（Food and Drug Administration，FDA）批准进入非处方药行列（商品名，Aleve），从而与阿司匹林、扑热息痛、布洛芬并列成为世界消炎镇痛药市场的主要品种。

10.1 萘普生合成路线选择

萘普生的化学结构较简单，它的基本骨架为萘环，六位上是甲氧基，二位为 α-甲基乙酸。其中六位甲氧基可由 2-萘酚甲基化引入，因此，如何在二位引入 α-甲基乙酸是合成萘普生的关键。此外，萘普生分子中二位 α-甲基乙酸中含不对称碳原子，因而共有 2 个光学异构体，萘普生为 *S*-异构体（D-型），其药效为 *R*-异构体的 35 倍。因而，萘普生（10-1）的合成还必须要考虑立体构型的问题。在合成路线的设计上应先合成（±）-萘普生（10-7），再进行外消旋体拆分。

10.1.1 以 6-甲氧基-2-乙酰萘为原料的合成路线设计

10.1.1.1 Darzens 反应合成

6-甲氧基-2-乙酰萘（10-8）在醇钠的作用下，与氯乙酸乙酯缩合后生成缩水甘油酸酯，再经碱水解、酸中和及脱羧得 6-甲氧基-2-萘丙醛，氧化后生成（±）-萘普生（10-7）。

合成工艺路线的优点为：原料易得，收率较高，成本较低，各步反应的工艺条件要求不高，易于工业化。缺点如下：

（1）制备 6-甲氧基-2-乙酰萘反应收率偏低，副反应也较难控制，所用溶剂毒性大。以 2-甲氧基萘为原料经乙酰化制备 6-甲氧基-2-乙酰萘时，常有大量的一位异构体生成。为了避免一位异构体生成，常用毒性大的硝基苯作溶剂，但收率仍较低，使用乙酸酐或乙酰氯乙酰化收率分别为 50%和 70%。如在萘环一位先引入保护基（如磺酸基、卤素）后，再乙酰化，可大幅度提高收率，但需增加保护基引入和脱除两步反应。

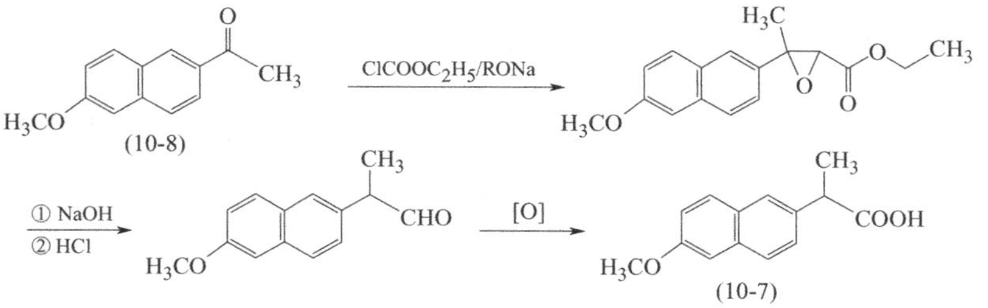

$ClCOOC_2H_5/RONa$；① NaOH ② HCl；[O]

(10-8) (10-7)

（2）Darzens 缩水甘油酸酯水解制备 6-甲氧基-2-萘丙醛时常有一定量 6-甲氧基-2-乙酰萘副产物生成。从而造成（±）-萘普生的收率和质量下降，有关物质含量增高。据认为其生成的原因，是由于在碱性条件下，环氧环开裂后，经反醛醇缩合所致。

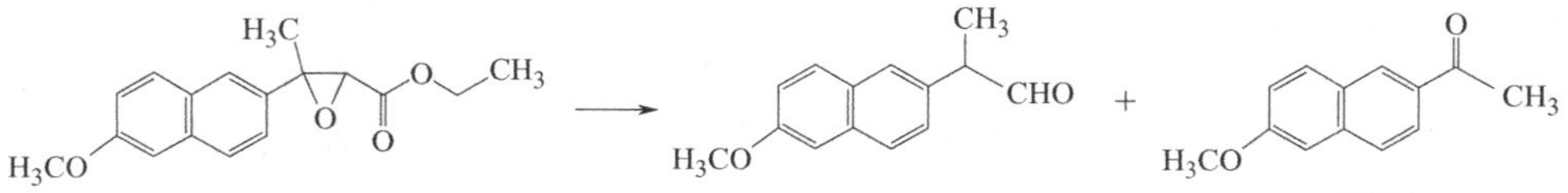

(10-8)

此外，缩合使用的催化剂醇钠（钾）制备烦琐，无水条件要求较严格。缩合所用醇钠（钾）对反应成败影响很大。甲（乙）醇钠效果较差，异丙（仲丁）醇钠及叔丁醇钾效果较好。但仲丁醇及叔丁醇较贵，一般常用异丙醇钠，但制备较繁，且醇钠的烷氧基与氯乙酸乙酯的烷氧基是否一致对反应也有影响。

(3) 6-甲氧基-2-萘丙醛的氧化。常用 CrO_3 和 Ag_2O 等氧化剂，需要解决铬盐污染或银的回收等问题。氧化醛成羧酸除采用氧化剂直接氧化外，也可与盐酸羟胺反应生成肟，经氧化水解完成，收率较好。若以此法氧化 5-溴-6-甲氧基-2-萘丙醛至相应羧酸，收率可达 94%。

10.1.1.2 氰乙酸乙酯缩合法

6-甲氧基-2-乙酰萘（10-8）与氰乙酸乙酯经 Knoevenagel 缩合、氧化、酯水解、脱羧、腈水解及酸化得（±）-萘普生（10-7）。

合成工艺路线原料易得，但合成步骤长，反应操作较繁，收率较低。

(10-8) $\xrightarrow[NH_4Ac/HAc]{CNCH_2COOC_2H_5}$ $\xrightarrow{H_2O_2/NaWO_4}$ $\xrightarrow[②\,HCl]{①\,NaOH}$ $\xrightarrow[②\,HCl]{①\,NaOH}$ (10-7)

10.1.1.3 腈醇法

6-甲氧基-2-乙酰萘（10-8）与氰化钠反应生成腈醇后经脱水、水解和氢化得（±）-萘普生（10-7）。

酮与氰化钠进行加成反应是制备增加一个碳原子的羧酸的简便方法，但此方法用于萘普生效果不好。反应中，腈醇与 6-甲氧基-2-乙酰萘酮基之间存在可逆平衡，收率较低。而且，反应使用剧毒的氰化钠，应认真解决生产中劳动保护的问题。

(10-8) $\xrightarrow{NaCN/C_2H_5OH}$ $\xrightarrow{-H_2O}$ $\xrightarrow{KOH/H_2O}$ $\xrightarrow{H_2/Pd/C/CH_3OH}$ (10-7)

10.1.1.4 二氯卡宾法

氯仿在氢氧化钾的作用下形成二氯卡宾（$:CCl_2$），$:CCl_2$ 在相转移催化剂存在下与 6-甲氧基-2-乙酰萘（10-8）进行相转移碳烯反应，得 2-(6-甲氧基-2-萘基)乳酸与 2-(6-甲氧基-2-萘基)丙烯酸的混合物，经雷尼 Ni 还原，得 6-甲氧基-2-丙酰萘（10-9）。

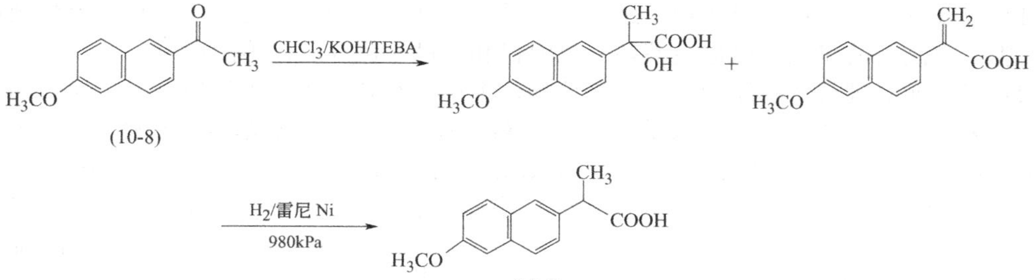

本合成路线所用原料较便宜，但由于二氯卡宾中间体活性高，副反应不可避免，反应产物分离纯化困难。另外，相转移反应的一次转化率也较低。

10.1.1.5　羧基加成法

6-甲氧基-2-乙酰萘经还原得 1-(6-甲氧基-2-萘基)乙醇，然后在钯、铑等盐类催化下与 CO 加成，得（±)-萘普生（10-7）。与 CO 加成的底物除 1-(6-甲氧基-2-萘基)乙醇外，也可以是 1-氯-1-(6-甲氧基-2-萘基）乙烷、6-甲氧基-2-萘乙烯。本合成路线制备萘普生有一定量副产物（β-芳基丙酸）生成，产物分离精制较困难，反应需用高压设备，稀有金属催化剂的回收、套用也有问题。但从试剂考虑，合成工艺路线消耗较少，反应步骤也较少。

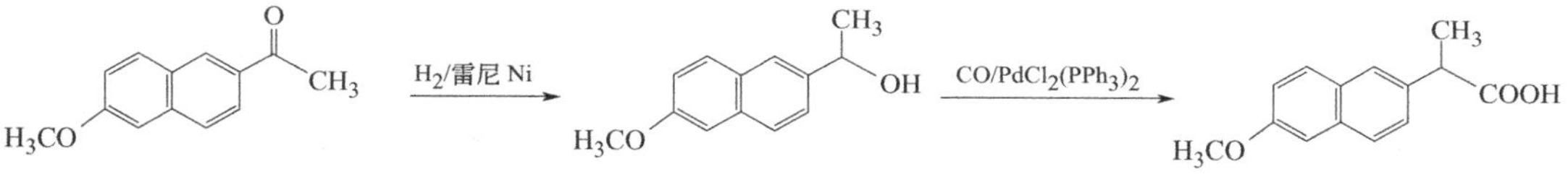

该合成方法在布洛芬合成路线工艺改进中获得了极大成功。以异丁苯为原料经乙酰化、还原、羰基加成三步即可制得布洛芬。羰基加成法如能较好地解决催化剂的选择性以及回收套用等问题，用于萘普生的制备也将是一条有发展前景的合成路线。

10.1.2　以 6-甲氧基-2-丙酰萘为原料的合成路线设计

10.1.2.1　直接重排法

6-甲氧基-2-丙酰萘（10-9）直接重排为萘普生酯，水解得（±）萘普生（10-7）。

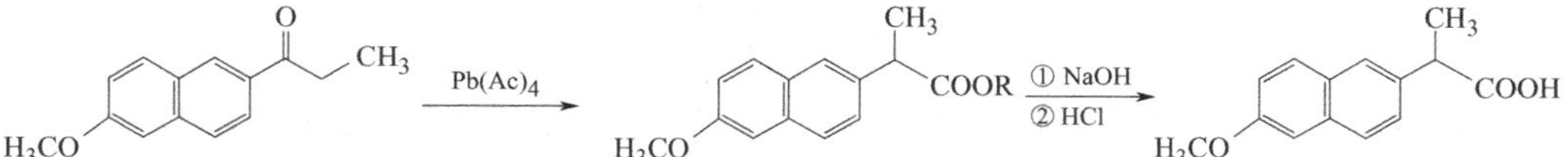

直接重排催化剂较多，较早多以 $Tl(NO_3)_3$ 为重排试剂，但铊的资源有限、价格贵、毒性较大，限制了其应用。此外，还有 $Pb(Ac)_4$、三价碘化合物 $PbI(Ac)_2$、氯化碘及碘等直接重排试剂。

10.1.2.2　α-卤代丙酰萘重排法

6-甲氧基-2-丙酰萘（10-9）经侧链羰基 α-溴代、缩酮化，然后 Lewis 酸催化下经 1,2-芳基重排得萘普生甲酯，水解得（±)-萘普生。

合成路线便捷、操作简单、收率高而引人注目。后经不断改进，已成为萘普生的工业制备方法。缺点在于：6-甲氧基-2-丙酰萘的制备和其侧链羰基 α-单溴代两步反应仍未妥善解决；因使用剧毒溶剂硝基苯和吡啶氢溴酸盐过溴化物，其劳动保护、“三废”污染、产物分离等问题颇为棘手；此外，缩酮、重排反应时间长，能耗高；生产成本较 Darzens 法未有明显下降，难以形成规模生产。国内外对本法进行了广泛研究和改进工作，生产中采取了如下的措施。

（1）以苯基三甲基铵过溴化物、过溴型三甲基苄基铵树脂、溴化铜等选择性溴化剂进行6-甲氧基-2-丙酰萘的溴化，以避免萘环五位溴代和侧链 α 位双溴代等副反应。

（2）以二元醇进行环状缩酮化，并将缩酮、重排、水解三步一锅反应缩短反应时间。

（3）采用“一卤占位法”。此法早在1981年就已提出，以2-甲氧基萘为原料，氯代生成1-氯-2-甲氧基萘，然后丙酰化高收率地在六位引入丙酰基制得1-(5-氯-6-甲氧基-2-萘基)丙-1-酮（10-11）。以溴直接溴化，继而经缩酮化、重排、水解、氢解脱氯得（±）-萘普生（10-7），见图10-1。

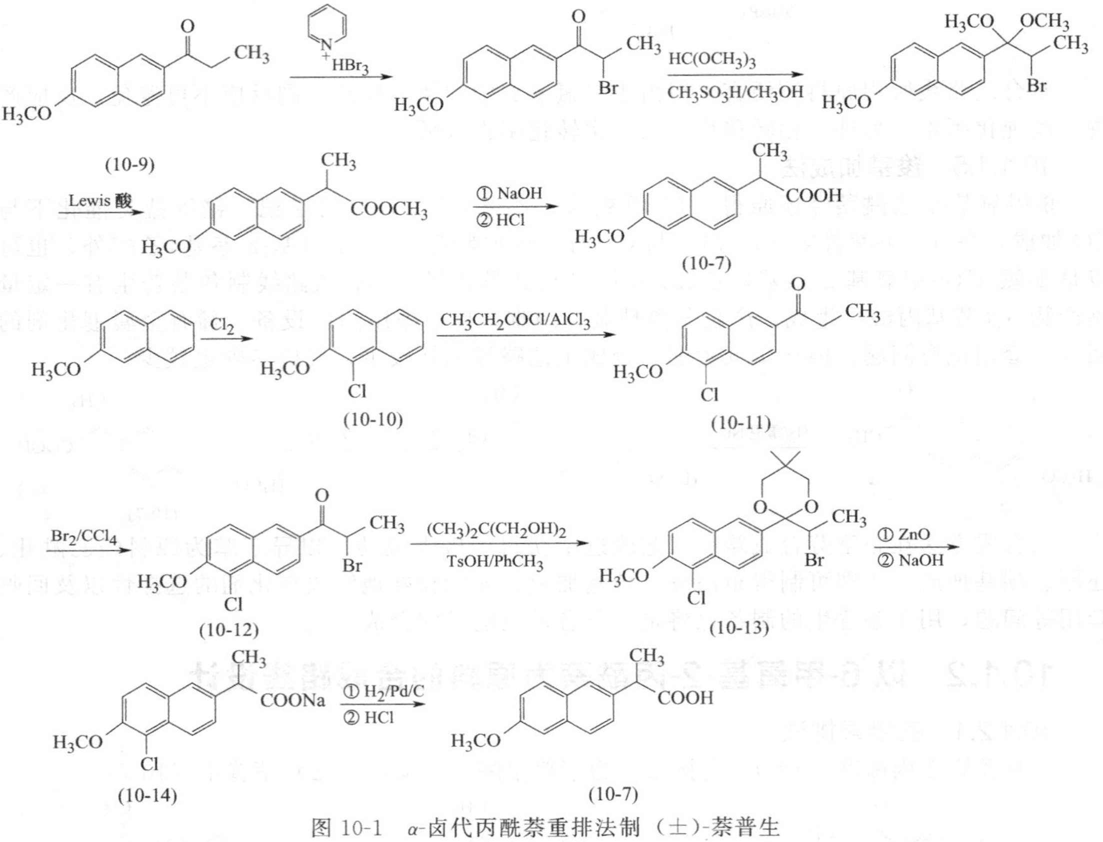

图10-1　α-卤代丙酰萘重排法制（±）-萘普生

本工艺原料易得，收率高，产品质量好，成本低，国内已成功应用于工业生产。

10.1.3　以6-甲氧基-2-溴萘为原料的合成路线设计

6-甲氧基-2-溴萘（10-15）与金属镁反应制得Grignard试剂，进而与2-溴丙酸钠或2-溴丙酸酯缩合、水解得（±）-萘普生（10-7）。

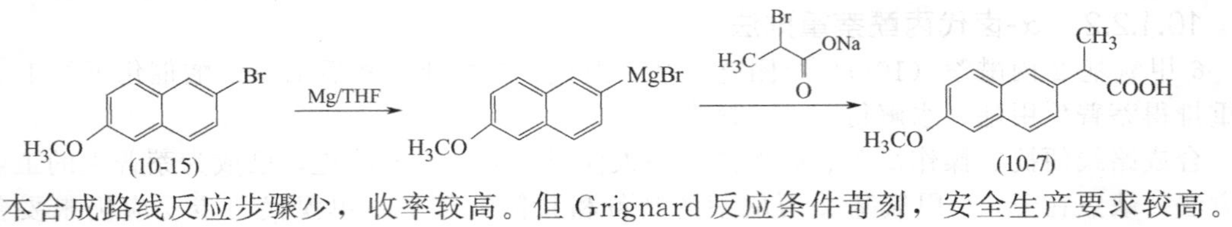

本合成路线反应步骤少，收率较高。但Grignard反应条件苛刻，安全生产要求较高。

10.1.4　以2-甲氧基萘为原料的合成路线设计

10.1.4.1　氯甲基化法

2-甲氧基萘经氯代、氯甲基化、氰化、水解、侧链 α-甲基化、脱氯得（±）-萘普生（10-7）。

NCS → $HCHO/H_2SO_4/NaCl$ → (10-16) $\xrightarrow{NaCN}$ (10-17) $\xrightarrow{H^+/H_2O}$ $\xrightarrow{Me_2SO_4/TEBA}$ $\xrightarrow{H_2/Pd/C}$ (10-7)

10.1.4.2 直羧烷基化法

2-甲氧基萘与对甲苯磺酰乳酸或对甲苯磺酰乳酸酯进行 Friedel-Crafts 反应，直接在萘环上引入羧烷基得（±）-萘普生（10-7）。

$\xrightarrow{AlCl_3}$ (10-7)

本法路线简捷，但具有萘环 Friedel-Crafts 反应的通病，位置异构体难以避免。反应中会产生萘环一位和六位及多羧烷基化产物。以 1-卤代-2-甲氧基萘为起始原料，进而羧烷基化、脱卤制得（±）-萘普生，可避免位置异构副产物。此外，以 2-氯-2-烷硫基丙酸酯为羧烷基化剂也可克服萘环 Friedel-Crafts 反应位置选择性低的缺点。

$\xrightarrow{SnCl_4}$ $\xrightarrow{雷尼\ Ni}$ $\xrightarrow{①\ NaOH\ ②\ HCl}$ (10-7)

（±）-萘普生的合成路线较多，各种方法均各有优缺点。可根据原料来源、资金、设备及技术条件等，因地制宜选用。目前，国内多以 Darzens 法和 α-卤代丙酰萘 1,2-芳基重排法组织生产。

10.2 （±）-萘普生的拆分

（±）-萘普生经光学拆分得萘普生（10-1）。（±）-萘普生直接拆分较困难，通用的方法是：先将消旋体衍生化，制成对映体或非对映体衍生物——酯、酰胺或盐，利用衍生物理化性质差异，采用相应的分离方法将两种异构体分开，然后去衍生恢复成单一异构体酸。所应用的分离方法如下。

10.2.1 有择结晶法

（±）-萘普生乙酯适合用本法分离，在乙醇钠-乙醇（7.2%，质量分数）的溶液中，制成（±）-萘普生乙酯的饱和溶液，加入（±）-萘普生乙酯纯的单旋体结晶作为晶种，控制降温，结晶生长并析出同种单旋体的结晶，过滤分离经诱导析出的（±）-萘普生乙酯结晶，一次析晶可分离出（±）-萘普生乙酯 63%，光学纯度 95%，酯水解恢复成萘普生（10-1）。酯水解应选择酸性条件，碱性水解可引起部分消旋。本法操作简单，不需要光学活性的拆分剂，但其受制于酯化、析晶、重结晶、水解四步操作，总收率较低。

10.2.2 生物酶法

利用生物酶对光学异构体具有选择性的酶解作用，使消旋体中一个光学异构体优先酶解，另一个因难酶解而被保留，进而达到分离。(±)-萘普生酯可用脂肪酶选择性催化水解，其中以 Candida Cylindracea 脂肪酶选择性催化水解（±)-萘普生酯中的（±)-单旋体，可直接得萘普生（10-1)，收率 78%，光学纯度大于 98%。本法立体选择性强，条件温和，拆分率高，具有广泛的应用前景。但其能否用于工业生产主要取决于酶的成本及其回收再利用，酶的固相化是其发展方向。

10.2.3 色谱分离法

色谱分离适用于（±)-萘普生及其衍生物的拆分，(±)-萘普生的手性衍生物可用常规高效液相色谱分离。(−)-α-苯乙胺、(−)-丝氨酸甲酯或（−)-α-苯基-β-羟乙胺与（±)-萘普生形成的酰胺，以硅胶作固定相，乙酸乙酯-正己烷（1∶1）作流动相，可定量地分离，酰胺衍生化、色谱分离、去衍生恢复成萘普生三步总收率 64%。而（±)-萘普生不经衍生化，直接以液相色谱分离，则需使用手性固定相柱（α-酸性糖蛋白、β-环糊精等)。色谱法分离（±)-萘普生有快速、准确、灵敏度高的特点。但需特定设备条件，且常需用手性试剂衍生化或用价格昂贵的手性固定相柱，因此有较大局限性，其常用于常规或生物样品的分析和小规模制备。

10.2.4 非对映异构体结晶拆分法

以手性有机含氮碱为光学拆分剂，(±)-萘普生与光学拆分剂作用生成两种非对映体盐，然后利用这两种非对映体盐在溶剂中溶解度之差异加以分离，脱去拆分剂，便可分别得到左旋体和右旋体。该方法用于（±)-萘普生拆分操作方便易于控制，工业化生产上常采用葡辛胺为拆分剂。

10.3 萘普生的不对称合成

通过上述路线制备（±)-萘普生（10-7)，然后进行拆分，得到萘普生（10-1)，供临床应用。但外消旋体拆分要消耗大量溶剂和手性拆分剂，且其对映体的利用增加了工序。近年来随着手性技术的发展，萘普生（10-1）的不对称合成已有了很大进展。

10.3.1 分子内的不对称诱导合成

Piccolo 等选择光学活性的 *S*-氯丙酰氯为原料，经萘环氯丙酰化、缩酮、Lewis 酸催化 1,2-芳基重排，成功立体定向合成光学活性的萘普生。

Giordano 等用廉价的光学活性的 L-酒石酸酯-(2*R*,3*R*) 酒石酸甲酯与 6-甲氧基-2-丙酰萘（10-9）反应，得光学活性的缩酮，进而溴代，在酒石酸酯缩酮手性中心的诱导下，立体选择性地生成两种非对映体（10-18）和（10-19)，再经水解、重排、脱溴可得光学活性的萘普生（10-1)。

O CH$_3$ H$_3$CO (10-9) O O H$_3$CO OCH$_3$ HO OH O O H$_3$CO OCH$_3$ O O CH$_3$ H$_3$CO

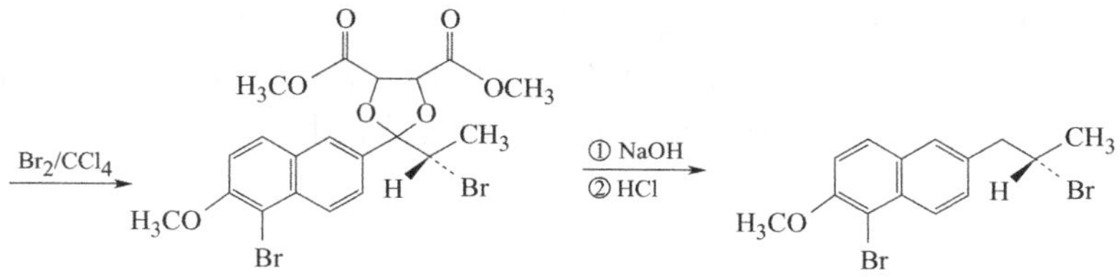

(10-18):(4*S*,5*R*,1*S*)
(10-19):(4*S*,5*R*,1*S*)

99% e.e.

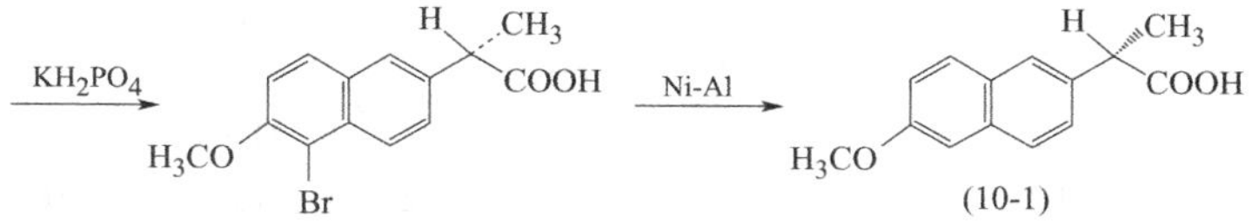

(10-1)

本合成方法与1,2-芳基重排制备（±）-萘普生所用原料基本相同，L-酒石酸酯价廉易得，各步反应条件温和，产率高，而且光学收率亦很高。

10.3.2　不对称催化合成

（1）不对称氢化　手性双膦配体（BIAP，10-20）与Ru形成的络合物（10-21），在催化不对称氢化反应时表现出很高的立体选择性。2-(6-甲氧基-2-萘基)丙烯酸以络合物（10-21）为催化剂的不对称氢化反应，得光学活性的萘普生（10-1）。光学收率高达97%，化学收率92%。

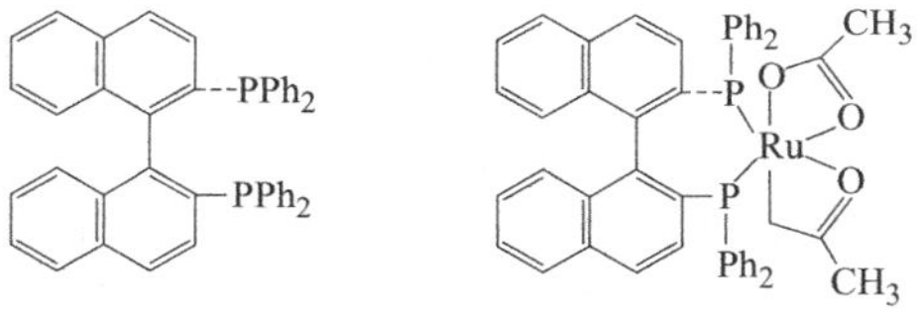

(10-20)　(10-21)

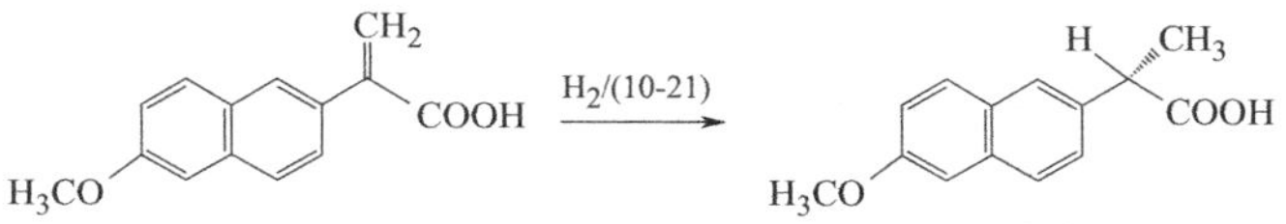

(10-1)

国外以此法进行了工业生产，但过渡金属催化剂的分离和循环使用以及产物的分离困难，并且1.37×10^4kPa的高压也大大限制了其推广应用。

（2）不对称氢甲酰化　以（－）-BPPM的铂配合物（10-22）为手性催化剂，从芳基乙烯出发经不对称氢甲酰化合成芳醛，$KMnO_4$氧化得光学活性2-芳基丙酸。以此方法由6-甲氧基-2-萘乙烯出发可得光学活性萘普生（10-1）。

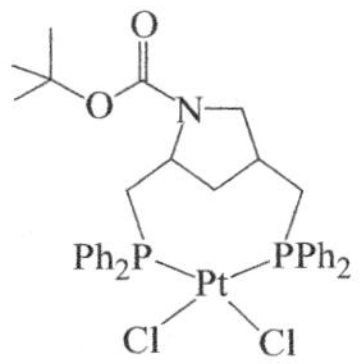

(10-22)

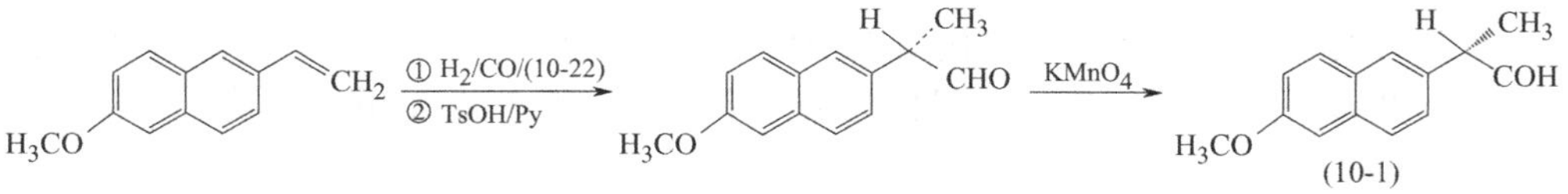

(10-1)

该合成方法的缺点是氢甲酰化的区域选择性差，中间体醛需经液相色谱分离。

(3) 不对称氢羧化 6-甲氧基-2-萘乙烯在手性配体（10-23）存在下，于室温和常压下不对称氢羧化，能高效率高对映选择性地得光学活性的萘普生。

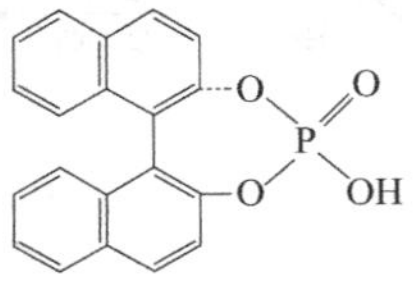

(10-23)

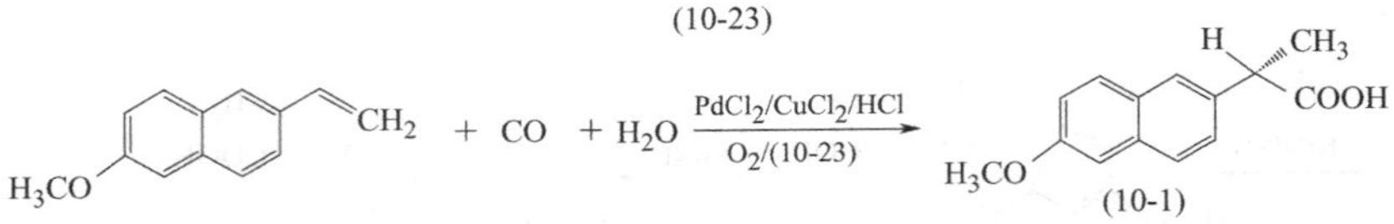

$$\text{6-甲氧基-2-萘乙烯} + CO + H_2O \xrightarrow[O_2/(10\text{-}23)]{PdCl_2/CuCl_2/HCl} (10\text{-}1)$$

用手性膦配体 DDPPI（10-24）对 2-(6-甲氧基-2-萘基)乙醇进行不对称羰基化也合成得光学活性的萘普生甲酯。

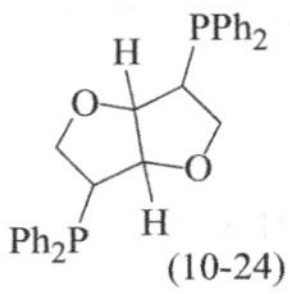

(10-24)

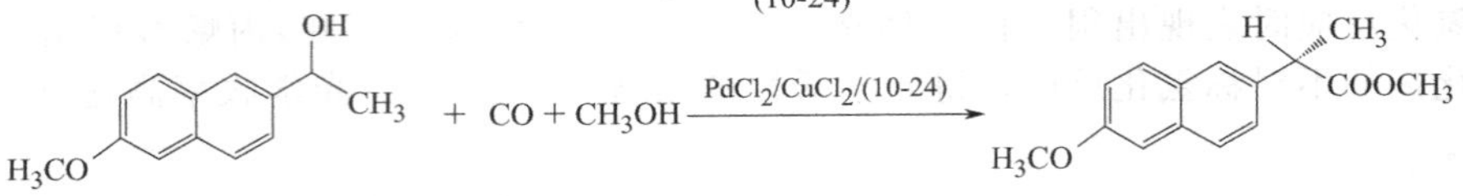

$$\text{2-(6-甲氧基-2-萘基)乙醇} + CO + CH_3OH \xrightarrow{PdCl_2/CuCl_2/(10\text{-}24)} \text{萘普生甲酯}$$

综上所述，萘普生（10-1）的不对称合成已引起广大化学和药物工作者的极大关注。其中分子内诱导 1,2-芳基重排的不对称合成的研究已相当成熟，并已用于工业化生产，但由于使用化学计量的手性二醇诱导，而且路线较长，其应用受到限制。人们将目光集中于不对称催化合成反应，从理论和应用上对其进行了广泛的探讨，也取得了重要的进展。虽然目前应用不对称催化反应工业生产萘普生（10-1）的制药公司不多，但不对称催化反应具有路线短、成本低、产物光学纯度高、环保问题易解决等优点。因此，无论从经济效益，还是从环境保护来看，这种技术是生产萘普生的最佳选择。

10.4 萘普生制备工艺过程

10.4.1 1-氯-2-甲氧基萘的制备

(1) 工艺原理 2-甲氧基萘在环己烷溶液中通氯气进行一位氯化反应，得 1-氯-2-甲氧基萘（10-10）。

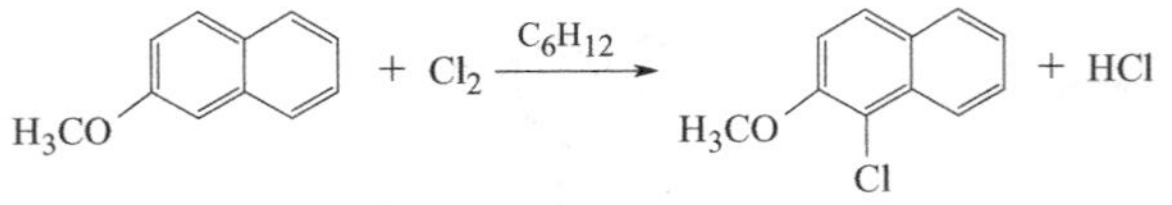

$$\text{2-甲氧基萘} + Cl_2 \xrightarrow{C_6H_{12}} (10\text{-}10) + HCl$$

此反应中以氯气为氯代试剂直接进行萘环一位氯代。此外，也有报道用次氯酸钠、*N*-氯代琥珀酰亚胺等为氯代剂，但效果和成本不及氯气。

2-甲氧基萘的氯代属芳环亲电取代。因一位电子云密度较高，反应中极化的氯分子首先进攻一位碳，生成 σ-络合物。然后，很快失去一个质子，得 1-氯-2-甲氧基萘。

氯气过量有如下副反应：

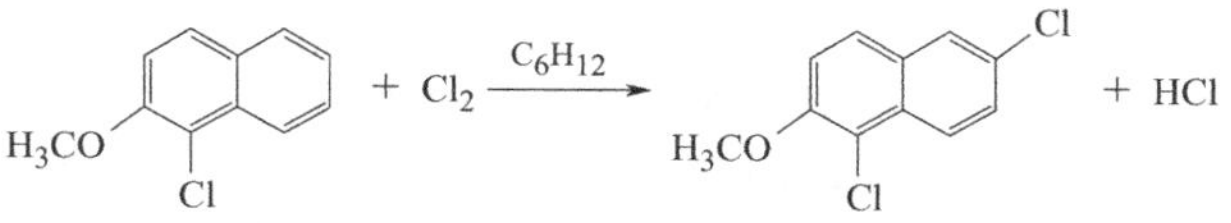

H_3CO, Cl (10-10) $+ Cl_2 \xrightarrow{C_6H_{12}}$ H_3CO, Cl, Cl $+ HCl$

(10-10)

（2）制备工艺过程　在干燥的反应罐中，加入2-甲氧基萘、环己烷，搅拌加热至回流，通入干燥氯气至气相色谱（GC）跟踪原料2-甲氧基萘峰消失，主峰占99%，即停止通氯气。反应产生的氯化氢用真空抽出，以水吸收，制成盐酸回收。反应完毕，回收部分溶剂，冷却至20℃，过滤，干燥，得1-氯-2-甲氧基萘。熔点65～67℃。收率98.5%。

（3）反应条件及影响因素　通氯量、搅拌效果、氯气的分布状况直接决定氯代效果和副产物的比例，通氯过量或局部氯过多都会造成二氯副产物比例增大。一般通氯量为理论量的1.1倍左右。此外，通氯速度对反应也有影响，过慢反应效果差，过快将造成氯气逸出污染环境。

10.4.2 1-(5-氯-6-甲氧基-2-萘基)丙-1-酮的制备

（1）工艺原理　1-氯-2-甲氧基萘（10-10）与丙酰氯在三氯化铝催化下，进行Friedel-Crafts酰基化反应，得1-(5-氯-6-甲氧基-2-萘基)丙-1-酮（10-11）。

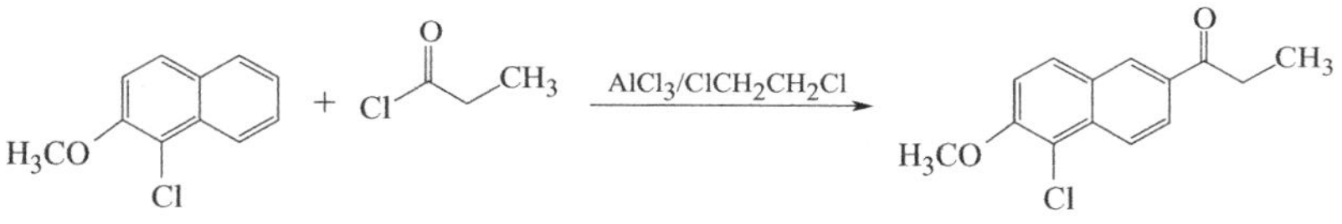

H_3CO, Cl (10-10) $+$ Cl, O, CH_3 $\xrightarrow{AlCl_3/ClCH_2CH_2Cl}$ H_3CO, Cl, O, CH_3 (10-11)

(10-10)　(10-11)

反应的机理是分步反应，三氯化铝先与丙酰氯生成络合物，再对萘环进行亲电取代，生成1-(5-氯-6-甲氧基-2-萘基)丙-1-酮。反应过程中有下述络合物（10-25）、（10-26）以及酰基正离子（10-27）存在。以络合物（10-26）或酰基正离子（10-27）的形式与萘环反应。

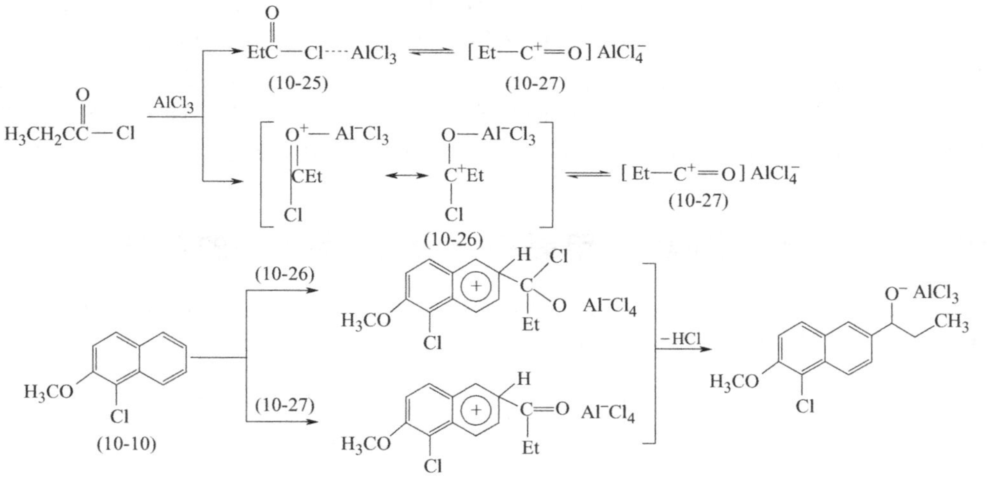

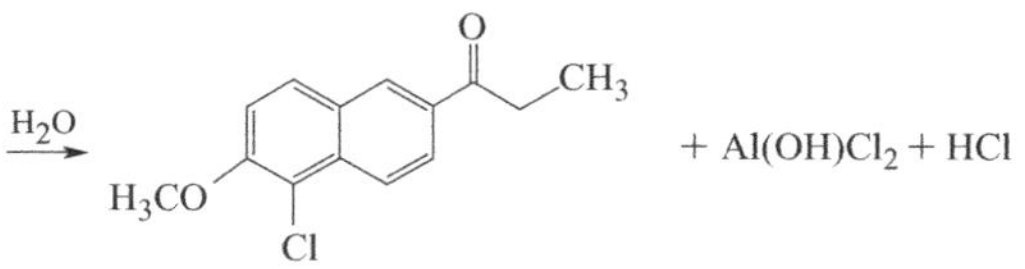

$H_3CH_2C(=O)—Cl \xrightarrow{AlCl_3}$

→ $EtC(=O)—Cl\cdots AlCl_3$ (10-25) $\rightleftharpoons$ $[Et—C^+{=}O]AlCl_4^-$ (10-27)

→ $[O^+—Al^-Cl_3$, $C(Et)$, Cl $\longleftrightarrow$ $O—Al^-Cl_3$, C^+Et, Cl$]$ (10-26) $\rightleftharpoons$ $[Et—C^+{=}O]AlCl_4^-$ (10-27)

H_3CO, Cl (10-10) $\xrightarrow{(10-26)}$ H_3CO, Cl, H, Cl, C, O, Et, Al^-Cl_4

$\xrightarrow{(10-27)}$ H_3CO, Cl, H, C=O, Et, Al^-Cl_4

$\xrightarrow{-HCl}$ H_3CO, Cl, O^-AlCl_3, CH_3

$\xrightarrow{H_2O}$ H_3CO, Cl, O, CH_3 (10-11) $+ Al(OH)Cl_2 + HCl$

在2-甲氧基萘分子的一位上引入封闭基团氯原子，丙酰基只能引入到六位，高收率地生成六位丙酰化产物（10-11）。较好地解决了萘环Friedel-Crafts酰基化选择性差（生成一位、六位酰化混合物）的问题。

（2）工艺过程　在干燥的反应罐中，加入无水三氯化铝、1-氯-2-甲氧基萘、1,2-二氯乙烷，于室温搅拌30min后，缓慢滴加丙酰氯，滴毕。于20～25℃搅拌反应2h，静置。将反应物压至盛有冰水及少量盐酸的水解罐中搅拌，静置，分出有机层，水层用1,2-二氯乙烷提取，合并有机层，供下一步溴化工序用。

（3）反应条件及影响因素　三氯化铝、丙酰氯均易水解。因此，丙酰化应在无水条件下进行，所用设备应干燥，溶剂应进行无水处理。

在酰化反应中，溶剂的选择十分重要，直接影响反应收率和异构体的比例。常用的溶剂有二硫化碳、硝基苯、石油醚及四氯化碳、二氯甲烷、二氯乙烷等氯代烷烃。其中硝基苯极性大，可与三氯化铝形成复合物，该复合物易于溶解而形成均相反应，反应效果好。同时，也有利于萘环六（β）位酰化产物的形成。如2-甲氧基萘的Friedel-Crafts丙酰化反应，一般得到两种异构体2-甲氧基-1-丙酰基萘（α位）（10-28）和2-甲氧基-6-丙酰基萘（β位）（10-29）的混合物。

H_3CO-萘 + CH_3CH_2COCl $\xrightarrow{AlCl_3}$ (10-28) + (10-29)

(10-28)

(10-29)

在硝基苯溶剂中，以生成六位丙酰化产物为主。硝基苯的影响归结为它会和酰氯、三氯化铝形成络合物，由于该络合物有庞大的体积，故进攻发生在有较大空间的六位。丙酰化反应是可逆的，所生成产物中，2-甲氧基-6-丙酰基萘（β位）较稳定，是热力学控制产物。而2-甲氧基-1-丙酰基萘（α位）属动力学控制产物，其丙酰基与甲氧基相邻，使得酰基与萘环之间不存在共轭效应，稳定性差，不稳定的2-甲氧基-1-丙酰基萘（α位）室温放置可转变为热力学稳定的产物2-甲氧基-6-丙酰基萘（β位），生产上采用静置来达到这个目的。硝基苯还可防止甲氧基脱甲基副反应的发生。但硝基苯毒性大，且水蒸气蒸馏除去溶剂时，操作较繁，耗时、耗能较多，限制了其工业应用。目前，生产上常用二氯乙烷为溶剂进行萘环丙酰化，酰基化效果较好。

10.4.3　2-溴-1-(5-氯-6-甲氧基-2-萘基)丙-1-酮的制备

（1）制备工艺原理　溴对1-(5-氯-6-甲氧基-2-萘基)丙-1-酮（10-11）的羰基α位取代，得2-溴-1-(5-氯-6-甲氧基-2-萘基)丙-1-酮（10-12）。

(10-11) + Br_2 $\xrightarrow{CCl_4}$ (10-12) + HBr

副反应：

(10-12) + Br_2 $\xrightarrow{CCl_4}$ 二溴产物 + HBr

(10-12)

本反应属于离子型反应。羰基先互变为烯醇式，然后，溴对烯醇双键进行加成，脱去一分子溴化氢，得（10-12）。

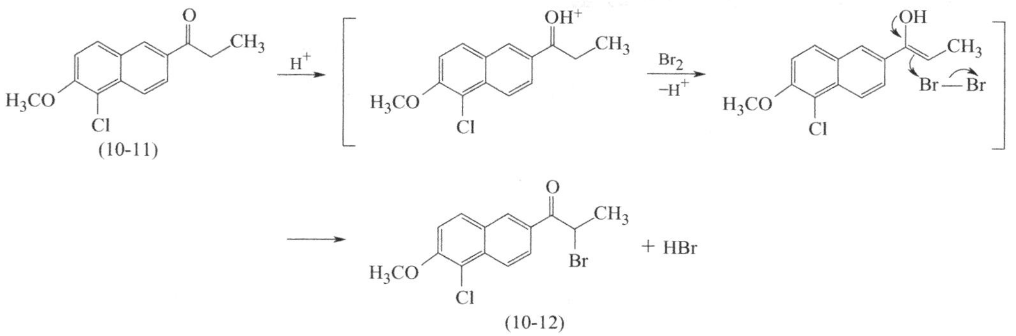

(10-11)

(10-12)

（2）制备工艺过程　在反应罐中加如上各工序的酰化液，加热蒸馏至馏出液澄清。然后，于20℃搅拌下滴加溴，约1～1.5h滴毕，继续搅拌反应3h，回收溶剂，加入水搅拌，过滤，水洗至中性，干燥，得酮（10-12）。

（3）反应条件及影响因素　1-(5-氯-6-甲氧基-2-萘基)丙-1-酮溴代反应时，水分的存在对反应不利，应控制溶剂的水分（含水量低于0.2%）。

溴的用量影响反应产物的生成，当溴不足则溴化不完全，溴过量或局部溴过多，则能产生二溴化物。生产中溴与酮（10-11）摩尔比为1∶1。此外，应避免与金属接触，因为金属离子的存在可能引起萘环上的溴代反应。

10.4.4 5,5-二甲基-2-(1-溴乙基)-2-(5-氯-6-甲氧基-2-萘基)-1,3-二氧己环的制备

（1）制备工艺原理　2-溴-1-(5-氯-6-甲氧基-2-萘基)丙-1-酮（10-12）在对甲苯磺酸存在下，与新戊二醇共热脱水环合得5,5-二甲基-2-(1-溴乙基)-2-(5-氯-6-甲氧基-2-萘基)-1,3-二氧己环（10-13）。

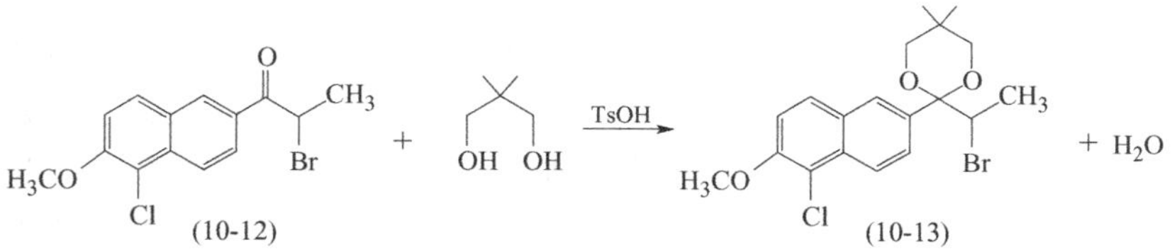

(10-12)　(10-13)

在对甲苯磺酸催化下，新戊二醇其中一个羟基首先与酮羰基亲核加成形成半缩酮，进而另一羟基与半缩酮脱去一分子水得环状缩酮（10-13）。缩酮反应是一个可逆反应，在实际生产中为了加快反应速率、缩短反应时间，多采用加热回流的方法以提高反应温度，使反应尽快达到平衡，但对于可逆反应要想提高环状缩酮的收率则必须设法打破平衡，使反应不断右移。打破平衡的方法是根据质量作用定律可采取增大反应物（10-11）或新戊二醇的配比，或不断将反应过程中所生成的水从反应系统中除去。生产中采用溶剂甲苯与水形成共沸混合物，通过蒸馏不断把水带出，从而提高收率。

（2）制备工艺过程　将2-溴-1-(5-氯-6-甲氧基-2-萘基)丙-1-酮、新戊二醇、对甲苯磺酸、甲苯置于装有分水装置的反应罐中，加热搅拌回流脱水16h，直至TLC跟踪表明原料斑点完全消失为止（展开剂为乙酸乙酯∶环已烷＝1∶4）。反应毕，冷却至室温，将反应物放入洗涤罐中，水洗，分出有机层，水层用甲苯提取。合并有机层供重排工序使用。

（3）反应条件及影响因素　反应为可逆反应，新戊二醇应过量，以保证反应完全，酮（10-12）与新戊二醇配料比为1∶1.5。此外，反应时间直接决定缩酮反应是否完全，缩酮

不完全对萘普生（10-1）的质量和收率均有很大影响。生产中以 TLC 跟踪指示反应终点。

10.4.5 (±)-萘普生的制备

（1）工艺原理 5,5-二甲基-2-(1-溴乙基)-2-(5-氯-6-甲氧基-2-萘基)-1,3-二氧己环（10-13）在氧化锌催化下发生 1,2-芳基迁移得萘普生酯，进而水解得氯代萘普生钠（10-14），氢解脱氯得（±）-萘普生（10-7）。

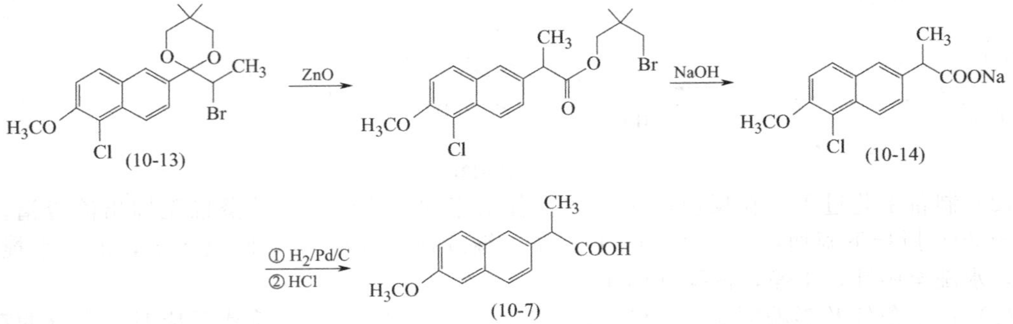

(10-13) —ZnO→ —NaOH→ (10-14) —① H_2/Pd/C ② HCl→ (10-7)

在 Lewis 酸催化下，C—Br 键极化，离去溴负离子，生成碳正离子，然后萘环进行 1,2-亲核迁移重排。反应机理如下：

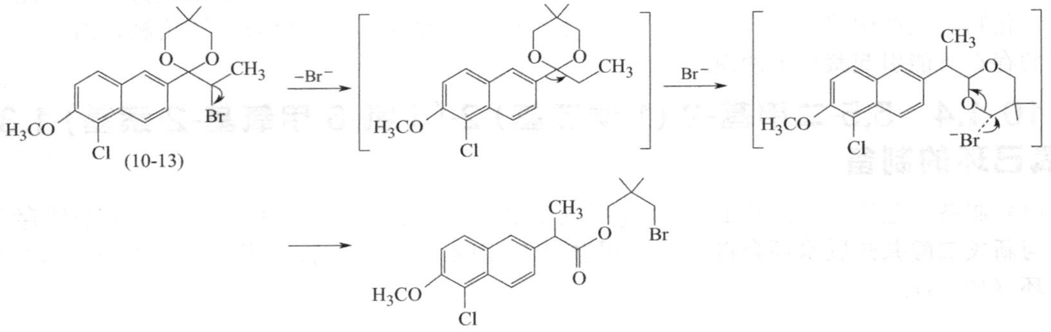

(10-13) —$-Br^-$→ [ ] —Br^-→ [ ] →

（2）工艺制备过程 将上述缩酮液加入重排反应罐中，共沸脱水至无水分后，减压回收大部分甲苯。冷却降温，加入氧化锌，于 130～135℃搅拌 2～3h，减压回收甲苯，加入 30%氢氧化钠溶液、水，加热搅拌回流 2.5h，活性炭脱色，过滤，将滤液压入氢解罐，加入 10% Pd/C，用氮气置换空气后，通氢，于 60～65℃、500～600kPa 氢压下搅拌直至反应液不吸氢为止。冷却至室温，过滤，回收催化剂（套用，为避免活性下降，应将 Pd/C 浸没在水中备用，不能使 Pd/C 暴露在空气中）。滤液用盐酸调至 pH＝1～2，析出白色固体，过滤，水洗至中性，干燥，得（±）-萘普生。

（3）反应条件及影响因素

① 水分对反应的影响 重排反应应在无水条件下进行，水分的存在会导致重排反应的失败。因此在重排前必须将缩酮液中水尽量除尽。

② 催化剂对反应的影响 α-卤代缩酮 1,2-芳基重排的催化剂可以是 Ag^+、Cu^+、卤化锌、氧化锌、羧酸锌盐、氧化亚铜和乙酸钾（钠）等。在这些催化剂中，银盐价格昂贵，吸水性强，反应条件特别是无水操作要求严格。锌盐具有选择性高、价格便宜的特点，但使用卤化锌作催化剂，反应过程中反应液往往变黑及板结，分离操作不方便，从而使重排产物颜色较差，直接影响萘普生（10-1）的质量。氧化锌作催化剂，重排收率较高，产物质量、色泽有明显改观。但也必须严格控制水分，少量水分的存在可能导致重排反应的失败。羧酸锌盐（特别是长碳链的羧酸锌盐）作催化剂，可提高催化剂的溶解度，催化效果较好。乙酸钾

作催化剂，收率中等，但操作方便，反应无需在无水条件下进行。除采用单一催化剂外，为强化催化剂重排活性，促进C—Br键断裂，可在反应体系中加入少量助催化剂。以氧化锌作催化剂，选择6种Lewis酸作助催化剂，催化2-(1-溴乙基)-2-(6-甲氧基-2-萘基)-1,3-二氧戊环重排结果见表10-1，6种Lewis酸助催化剂的添加均可显著地使反应速率加快。

表10-1 不同Lewis酸对氧化锌催化重排时间的影响

序号	Lewis酸	时间/min	收率/%
1	Cu_2O	25	97.2
2	$Cu(OAc)_2$	20	97.5
3	CuCl	30	96.8
4	$CuCl_2$	25	96.5
5	CuI	15	97.0
6	CuBr	15	96.9

③ 离去基对反应的影响　在1,2-芳基重排反应中，离去基常是卤素、磺酰氧基等。离去基的活性（吸电子效应）直接影响芳基迁移和烷氧基迁移反应的速率和产物比例。一般来说，离去基活性越高，越有利于芳基迁移。催化剂能强化离去基的"吸电子效应"，从而加速离去基的离去。对于2-卤代缩酮的重排反应，不同的卤素离去基的活性顺序是：I＞Br＞Cl。

在以碘代缩酮作重排底物时，无需事先制备，由于碘易离去，在制备碘代缩酮时即可发生芳基重排。一般是采用丙酰基芳烃和碘在原甲酸酯中反应的方法，一步得到重排产物。

$I_2/HC(OR)_3$　I_2

磺酰氧基较卤素更易离去，磺酰氧基缩酮能在较温和条件下（$CaCO_3$水溶液）重排。但经磺酰氧基缩酮的路线较长，从原料价格和离去基的活性等多方面考虑，工业上多以溴代缩酮，特别是溴代环状缩酮为底物重排合成萘普生（10-1）。

④ 缩酮结构对反应的影响　对于重排底物α-取代芳基丙酮，由于羰基与芳基共轭效应的存在，羰基碳与芳基相连的σ键难以断裂，限制了芳基迁移重排。1,2-芳基迁移法，通过将α-取代芳基丙酮缩酮化而将酮基的sp^2杂化碳原子转化为易于重排的sp^3杂化碳原子，然后通过Lewis酸对α-取代基的碳杂键的极化作用，促使发生1,2-芳基迁移而重排为α-芳基丙酸酯。但重排时也可以发生缩酮烷氧基的迁移，实际上在重排反应中，缩酮的芳基迁移与烷氧基迁移常是一对竞争反应。例如，2-磺酰氧基缩酮（10-30）在弱碱性介质（$CaCO_3$）中重排，得到的产物是苯基迁移（10-31）和甲氧基迁移（10-32）的混合物。

$CaCO_3/H_2O/CH_3OH$

(10-30)　(10-31)　(10-32)

缩酮的结构、离去基活性和芳基迁移的活性是影响重排产率的主要因素。对于链状缩酮（10-30）因苯基迁移能力相对较弱，因而重排反应中应考虑烷氧基迁移竞争反应。若将缩酮做成环状化合物（10-33），以该化合物（10-33）为底物，重排只得到苯基迁移的产物，收率很高。

Ph OMs CH_3 O O　$NaAc/CH_3OH/H_2O$　CH_3 Ph O O OH

(10-33)

环状缩酮（10-33）不发生烷氧基迁移，是因为该烷氧基迁移相当于六元环向七元环的扩环，这对烷氧基迁移是不利的过程。对于萘普生（10-1）的制备，以溴代-1,3-二氧环戊(己)烷衍生物（10-34）、（10-35）、（10-36）为重排底物，芳基迁移重排收率亦佳。

H_3CO O O CH_3 Br　H_3CO O O CH_3 Br　H_3CO O O CH_3 Br

(10-34) (10-35) (10-36)

一般说来，五元或六元环状缩酮较链状缩酮稳定。环状缩酮较难发生烷氧基迁移，这是由于该烷氧基迁移相当于五（六）元环向六（七）元环的扩环，这对烷氧基迁移是不利的。因而，制备萘普生（10-1）常采用五（六）元环状缩酮作重排底物，重排收率较高。

⑤ 芳基迁移基对反应的影响　在1,2-芳基重排反应中，芳基本身的迁移能力是影响重排收率的关键因素。不同芳基的2-甲磺酰氧基缩酮的重排收率见表10-2。

H_3CO OCH_3 CH_3 Ar OMs　$CaCO_3/H_2O/CH_3OH$　CH_3 Ar $COOCH_3$ + Ar CH_3 OCH_3 O

(10-37) (10-38) (10-39)

表 10-2　不同芳基的2-甲磺酰氧基缩酮的重排收率

序号	芳基	(10-38)的收率/%	(10-39)的收率/%
1	4-氟苯基	75	20
2	苯基	66	30①
3	4-异丁基苯基	84	—
4	4-甲氧基苯基	93	—
5	6-甲氧基-2-萘基	94	—
6	2-噻吩基	95	—

① 重排底物为2-对甲苯磺酰氧基缩酮。

从表10-2可见，苯基和缺电子芳环（氟苯基）是迁移能力较弱的芳基，重排是芳基(10-38)和烷氧基迁移（10-39）的混合物。而富电子芳环迁移能力较强，仅得芳基迁移产物（10-38）。不同芳基2-卤代缩酮也有类似结果。1,2-芳基重排反应属于亲核重排反应，芳基的亲核能力越大，越易迁移，重排收率较高。

10.4.6　萘普生的制备

(1) 制备工艺原理　非对映异构体结晶拆分法以手性有机含氮碱为光学拆分剂，(±)-萘普生与光学拆分剂作用生成两种非对映体盐，然后利用这两种非对映体盐在溶剂中溶解度之差异加以分离，脱去拆分剂，便可分别得到左旋体和右旋体。本法用于（±）-萘普生拆分操作方便易于控制，工业生产上常以葡辛胺为拆分剂。

(2) 工艺制备过程　在反应罐中依次加入甲醇、葡辛胺和（±）-萘普生，搅拌，加热回流1h。缓慢冷至25℃，离心分离，得（±）-萘普生葡辛胺盐，熔点约为143℃。将上述滤饼和水加入反应罐中，加热搅拌至全溶，加入30% NaOH至pH=10以上，析出葡辛胺。降温至30℃，甩滤回收葡辛胺。滤液加活性炭脱色后，用盐酸酸化至pH=1，析出结晶，过滤，水洗，干燥得萘普生（10-1），$[\alpha]_D$ 为 $+63°$ 以上（C=1，$CHCl_3$）。分出（+）-萘普生葡辛胺盐后的甲醇母液蒸去甲醇后加入水，加热使剩余物溶解。依上述方法回收葡辛胺后，加盐酸酸化，过滤，得（−）-萘普生。将（−）-萘普生、KOH 和水投入反应罐，加热至回流反应 3h。滴加适量水，再回流 30min，盐酸酸化，冷却，过滤，得（±）-萘普生，$[\alpha]_D=0°$。所得（±）-萘普生投入下批拆分。

（3）反应条件及影响因素

① 拆分剂　用于（±）-萘普生拆分的手性有机碱类拆分剂较多，有辛可尼丁、奎宁、去氢枞胺和松香胺、（−）-α-苯乙胺、（−）-苏式-1-对硝基苯基-2-氨基-1,3-丙二醇及葡辛胺等。在上述光学拆分剂中，辛可尼丁最早用于工业生产，工艺成熟，一次拆分率高。但其价格昂贵，国内短缺。去氢枞胺也因价格较贵，难用于工业生产。松香胺价廉易得，但拆分步骤较繁，质量和收率易波动，拆分剂耗量大。（−）-α-苯乙胺和（−）-苏式-1-对硝基苯基-2-氨基-1,3-丙二醇分别为磷霉素、氯霉素生产的副产物，价廉、来源方便，但一次拆分率较低。目前，我国工业生产上普遍采用的拆分剂为葡辛胺。

② 溶剂　拆分溶剂用甲醇较好，所得非对映体盐质量好。如果用乙醇则产品质差量少，且溶剂耗量大。

③ 消旋方法　（±）-萘普生在适当的溶剂中加热回流可发生消旋，变成（±）-萘普生。常用溶剂有 DMF、DMSO、二甲基乙酰胺、氢氧化钠或氢氧化钾的水溶液。其中以氢氧化钾的水溶液消旋效果较好，反应时间短，所得（±）-萘普生质量较好。

10.5 原辅材料的制备、综合利用与“三废”治理

10.5.1 拆分剂葡辛胺的制备

葡辛胺是由正辛胺与葡萄糖制得，可先在甲醇或乙醇中生成 Schiff 碱，再用 Raney 镍催化氢化制得；也可直接用正辛胺与葡萄糖进行缩合、氢化制得。

将正辛胺、葡萄糖、甲醇和 Raney 镍投入高压反应釜中。在高速搅拌下，通入氢气。加热至 60℃，控制氢压为 1～1.2MPa，反应至不吸氢为止。压滤除去催化剂（再生后可套用），滤液冷却，析出大量结晶，过滤，干燥，得葡辛胺。熔点为 122～125℃，$[\alpha]_D=-16°\sim18°$（C=2，DMSO）。

10.5.2 综合利用与“三废”治理

1,2-芳基重排法制备萘普生工艺中，“三废”较少，主要是氯化和溴代工序的 HCl 和 HBr 废气以及丙酰化工序的 $AlCl_3$ 水解液。其中 HCl 和 HBr 废气可经水吸收成为稀盐酸和氢溴酸回收利用。$AlCl_3$ 水解液可采用中和法转变为高效净水剂聚合氯化铝，其工艺过程如下。

在搅拌下向三氯化铝水解液中加入适量浓硫酸，然后在回流条件下，滴加 NaOH 和 $Al(OH)_3$（摩尔比 1.5∶1）的混合液，加完后回流 1h，自然降温，沉降。上清液则为聚合氯化铝。将上述液体浓缩 1/5～1/4 体积，过滤除去 NaCl，得液态聚合氯化铝，pH=4，相对密度为 1.24。

课后练习

一、填空题

1. 萘普生的基本骨架为萘环，六位上是____________，二位为____________。

2. 6-甲氧基-2-乙酰萘与＿＿＿＿＿＿反应生成腈醇后经脱水、水解和氢化得（±）-萘普生。

3. 2-甲氧基萘与对甲苯磺酰乳酸或对甲苯磺酰乳酸酯进行 Friedel-Crafts 反应，直接在萘环上引入＿＿＿＿得（±）-萘普生。

4. 色谱法分离（±）-萘普生有＿＿＿＿＿＿、＿＿＿＿＿＿、＿＿＿＿＿＿的特点。

5. 对于2-卤代缩酮的重排反应，不同的卤素离去基的活性是：＿＿＿＿＿＿。

答案：1. 甲氧基、α-甲基乙酸　2. 氰化钠　3. 羧烷基　4. 快速、准确、灵敏度高　5. I>Br>Cl

二、简答题

1. 试写出国内萘普生生产的合成路线。
2. 如何选择萘普生的合成路线？
3. 制备（±）-萘普生的反应条件及影响因素是什么？
4. 简述萘普生的制备工艺原理。
5. 如何处理萘普生生产过程中的“三废”问题？
6. 简述对硝基乙苯制备过程中的安全注意事项及相关原理。

知识拓展

药品的不良反应

药品不良反应（adverse drug reaction，ADR），是指合格药品在正常用法用量下出现的与用药目的无关的有害反应。药品不良反应是药品固有特性所引起的，任何药品都有可能引起不良反应。

药品不良反应分类有很多种，这里仅介绍一种最简单的药理学分类。这种分类是根据药品不良反应与药理作用的关系将药品不良反应分为三类：A 型反应、B 型反应和 C 型反应。A 型反应是由药物的药理作用增强所致，其特点是可以预测，常与剂量有关，停药或减量后症状很快减轻或消失，发生率高，但死亡率低。通常包括副作用、毒性作用、后遗效应、继发反应等。B 型反应是与正常药理作用完全无关的一种异常反应，一般很难预测，常规毒理学筛选不能发现，发生率低，但死亡率高，包括特异性遗传素质反应、药物过敏反应等。C 型反应是指 A 型和 B 型反应之外的异常反应。一般在长期用药后出现，潜伏期较长，没有明确的时间关系，难以预测。发病机理有些与致癌、致畸以及长期用药后心血管疾患、纤溶系统变化等有关，有些机理不清，尚在探讨之中。

药品不良反应的临床表现：从总体上来说，药品的不良反应可能涉及人体的各个系统、器官、组织，其临床表现与常见病、多发病的表现很相似，如表现为皮肤附件损害（皮疹、瘙痒等）、消化系统损害（恶心、呕吐、肝功能异常等）、泌尿系统损害（血尿、肾功能异常等）、全身损害（过敏性休克、发热等）等。

第11章 赛莱克西的制备

赛莱克西（Celecoxib，11-1），化学名称为 4-[5-(4-甲基苯基)-3-(三氟甲基)-1*H*-吡唑-1-基] 苯磺酰胺。

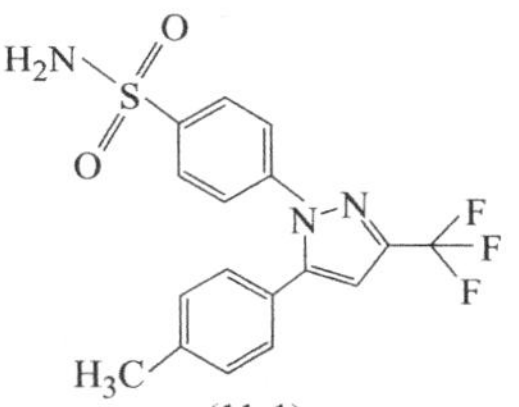

(11-1)

分子式: $C_{17}H_{14}F_3N_3O_2S$
精确分子量: 381.08
分子量: 381.37
m/z: 381.08(100.0%),382.08(19.4%),383.07(4.5%),383.08(2.4%),382.07(1.1%)
元素分析: C,53.54;H,3.70;F,14.94;N,11.02;O,8.39;S,8.41

该药物为浅黄色结晶，无臭，味苦，不溶于水，难溶于乙醇，溶于乙醚、乙酸乙酯和氯仿，熔点为 160.5～162.3℃，精确分子量为 381.08，分子式为 $C_{17}H_{14}F_3N_3O_2S$。用于治疗关节炎，具有抗炎镇痛、缓解骨关节炎和类风湿关节炎症状和体征的作用。由于本品对Ⅱ型环氧化酶（COX-2）的选择性抑制作用，几乎不作用Ⅰ型环氧化酶（COX-1），半抑制浓度 IC_{50} 分别为 0.040μmol/L 和 15.0μmol/L，因而避免了传统非甾体抗炎药如阿司匹林、萘普生、布洛芬等由于对 COX-1 的抑制作用而引起胃肠道副作用。同类的药物还包括罗非克西 [11-2(a)]、艾瑞昔布 [11-2(b)] 及帕瑞昔布 [11-2(c)] 等。

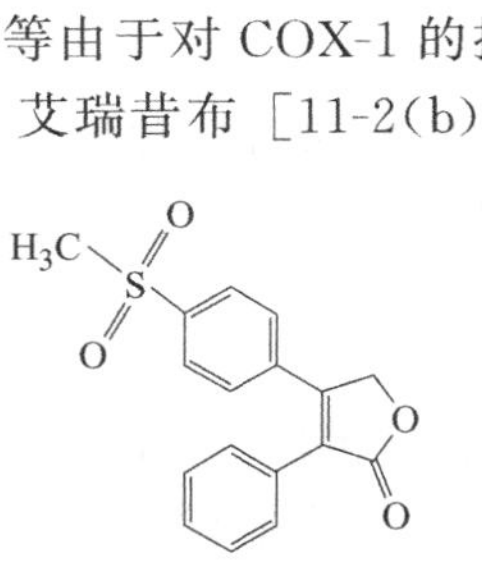

[11-2(a)] 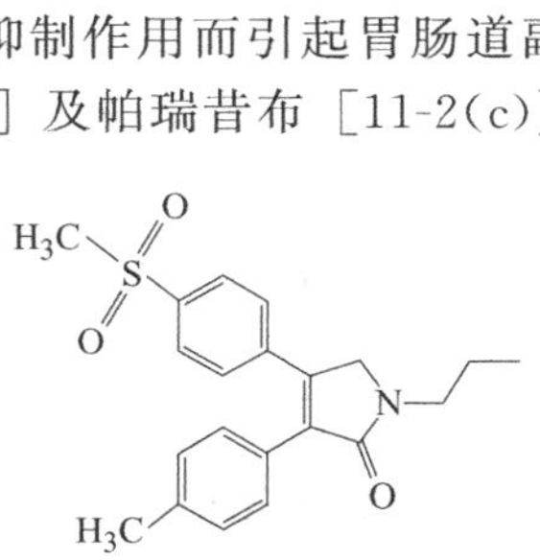　　[11-2(b)] 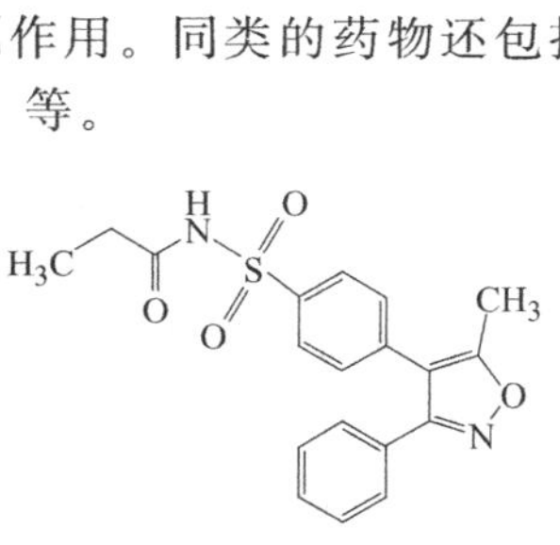　　[11-2(c)]

11.1 合成路线设计与选择

剖析赛莱克西的化学结构，它是一位对胺磺酰苯基、三位三氟甲基、五位对甲基苯基的吡唑衍生物。采用追溯求源法，以吡唑环为拆键部位，赛莱克西可由 1-(4-甲基苯基)-4,4,4-三氟丁烷-1,3-二酮(11-3) 和对胺磺酰苯肼盐酸盐 (11-4) 环合而成。

1-(4-甲基苯基)-4,4,4-三氟丁烷-1,3-二酮可在碱的催化作用下，由对甲基苯乙酮与三氟乙酸酯经 Claisen 缩合而成。对甲基苯乙酮可由甲苯经 Friedel-Crafts 酰化反应制得。

(11-3) (11-4) (11-1)

11.1.1 1-(4-甲基苯基)-4,4,4-三氟丁烷-1,3-二酮的合成

甲苯在三氯化铝作用下与乙酸酐或乙酰氯进行 Friedel-Crafts 酰化反应得到对甲基苯乙酮 (11-5)。对甲基苯乙酮 (11-5) 与三氟乙酸乙酯 (11-6) 或三氟乙酸 β-三氟乙酯 (11-7) 缩合得到 1-(4-甲基苯基)-4,4,4-三氟丁烷-1,3-二酮 (11-3)。

$(CH_3CO)_2O/AlCl_3$ 或$CH_3COCl/AlCl_3$ (11-5) (11-6) (11-7) (11-3)

11.1.1.1 对甲基苯乙酮与三氟乙酸乙酯缩合的路线

对甲基苯乙酮 (11-5) 在甲醇钠作用下与三氟乙酸乙酯 (11-6) 缩合得 1-(4-甲基苯基)-4,4,4-三氟丁烷-1,3-二酮 (11-3)，收率为 94%。该路线原料价廉易得，总收率高。

11.1.1.2 对甲基苯乙酮与三氟乙酸 β-三氟乙酯缩合的路线

在六甲基乙硅叠氮锂 (LHMDS) 作用下，对甲基苯乙酮 (11-5) 与三氟乙酸 β-三氟乙酯 (11-7) 在四氢呋喃中缩合得 1-(4-甲基苯基)-4,4,4-三氟丁烷-1,3-二酮 (11-3)。收率为 86%。该法所用试剂昂贵，收率也低于三氟乙酸乙酯的路线。

11.1.2 4-[5-(4-甲基苯基)-3-(三氟甲基)-1*H*-吡唑-1-基]苯磺酰胺的合成

1-(4-甲基苯基)-4,4,4-三氟丁烷-1,3-二酮 (11-3) 与对胺磺酰苯肼盐酸盐 (11-4) 环合生成 4-[5-(4-甲基苯基)-3-(三氟甲基)-1*H*-吡唑-1-基]苯磺酰胺 (赛莱克西，11-1)。根据环合反应条件的不同，特别是反应溶剂的差别，分为以下两个类型。

11.1.2.1 乙醇为环合溶剂

(1) 中性条件下环合 1-(4-甲基苯基)-4,4,4-三氟丁烷-1,3-二酮 (11-3) 与对胺磺酰苯肼盐酸盐 (11-4) 在氩气流下，在乙醇中回流 24h 得 4-[5-(4-甲基苯基)-3-(三氟甲基)-1*H*-吡唑-1-基]苯磺酰胺 (赛莱克西，11-1)，收率只有 46%。

以金属钠和无水甲醇替代甲醇钠由对甲基苯乙酮（11-5）和三氟乙酸乙酯（11-6）缩合得 1-(4-甲基苯基)-4,4,4-三氟丁烷-1,3-二酮（11-3），后者与对胺磺酰苯肼盐酸盐（11-4）在乙醇中回流 24h，赛莱克西（11-1）的收率也只有 48.3%。本合成方法反应时间长，生成的异构体多，副产物多，收率低。

（2）酸改性条件下环合　1-(4-甲基苯基)-4,4,4-三氟丁烷-1,3-二酮（11-3）与对胺磺酰苯肼盐酸盐（11-4）在乙醇、甲醇和甲基叔丁基醚组成的混合溶剂中，在 4mol/L 盐酸催化下回流 3h，得赛莱克西（11-1），收率为 76.4%，含量为 99.1%（HPLC），异构体（11-8）含量为 0.57%。本合成方法得产品赛莱克西（11-1）的质量和收率俱佳。

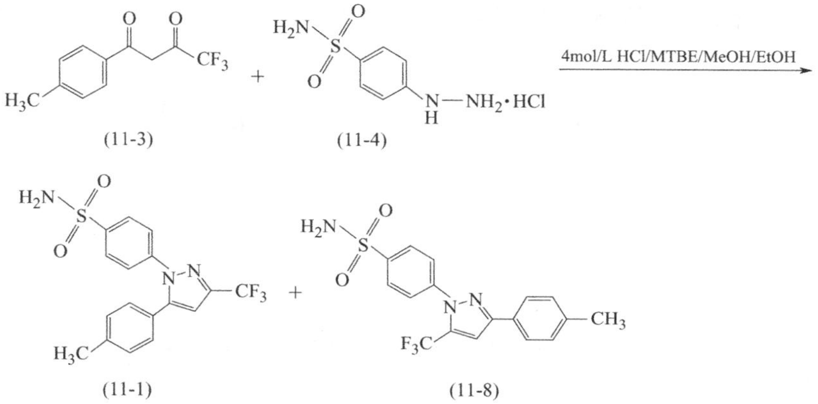

4mol/L HCl/MTBE/MeOH/EtOH

(11-3)　(11-4)　(11-1)　(11-8)

11.1.2.2　酰胺类溶剂

1-(4-甲基苯基)-4,4,4-三氟丁烷-1,3-二酮（11-3）与对胺磺酰苯肼盐酸盐（11-4）在酰胺类极性非质子溶剂中，在 6～12mol/L 盐酸催化下，环合生成赛莱克西与酰胺类溶剂的 1∶1共结晶物，然后在异丙醇及水中除去结晶溶剂得赛莱克西。按溶剂不同又有以下 3 种方法。

（1）*N*,*N*-二甲基乙酰胺（DMAC）为溶剂　1-(4-甲基苯基)-4,4,4-三氟丁烷-1,3-二酮（11-3）与对胺磺酰苯肼盐酸盐（11-4）在 *N*,*N*-二甲基乙酰胺中，12mol/L 盐酸催化下室温反应 24h，加水后于 30℃以下继续反应 20h 得含 1 分子 DMAC 的赛莱克西结晶，然后在异丙醇中加热至 50℃，加水于室温反应 2h，所得结晶在 45℃干燥 96h 得赛莱克西。收率为 89.6%。

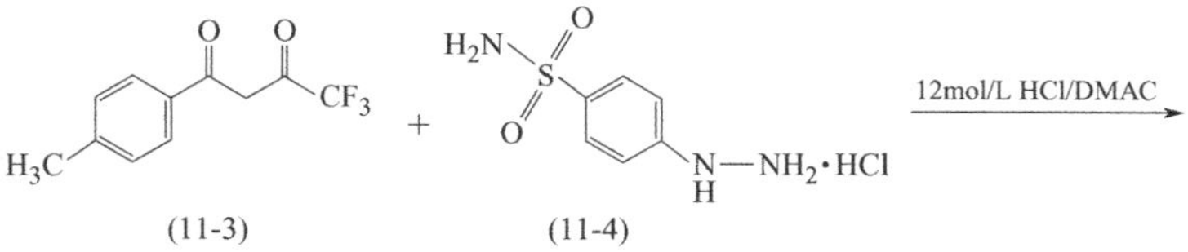

12mol/L HCl/DMAC

(11-3)　(11-4)

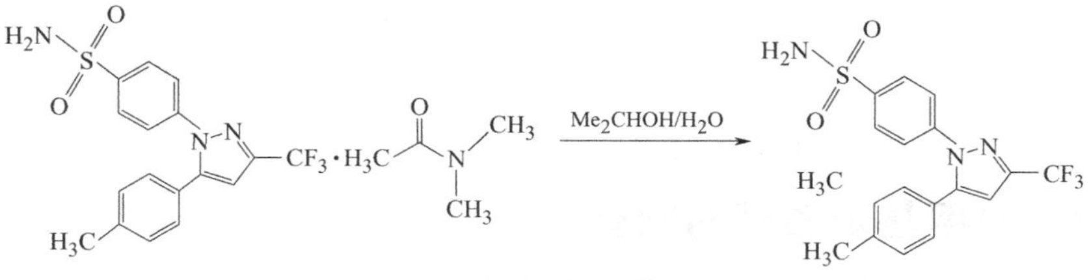

Me_2CHOH/H_2O

（2）1,3-二甲基-3,4,5,6-四氢-2(1*H*)-嘧啶酮（DMPU）为溶剂　1-(4-甲基苯基)-4,4,4-三氟丁烷-1,3-二酮（11-3）与对胺磺酰苯肼盐酸盐（11-4）在 1,3-二甲基-3,4,5,6-四氢-2(1*H*)-嘧啶酮中，6mol/L 盐酸催化下，室温搅拌 16h，HPLC 检测异构体（11-8）的含量只有 0.16%。含 1 分子 DMPU 的赛莱克西结晶收率为 83%。

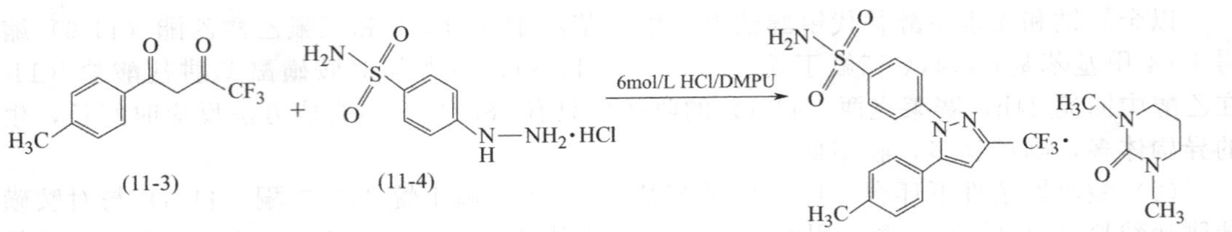

(11-3) + (11-4) $\xrightarrow{6mol/L\ HCl/DMPU}$ 赛莱克西·DMPU

(3) 1-甲基-2-吡咯烷酮 (NMP) 为溶剂 1-甲基-2-吡咯烷酮作溶剂，6mol/L 盐酸催化下，1-(4-甲基苯基)-4,4,4-三氟丁烷-1,3-二酮 (11-3) 与对胺磺酰苯肼盐酸盐 (11-4) 室温环合反应 16h，得含 1 分子结晶 NMP 的赛莱克西，收率为 85%，HPLC 测得异构体 (11-8) 含量只有 0.03%。

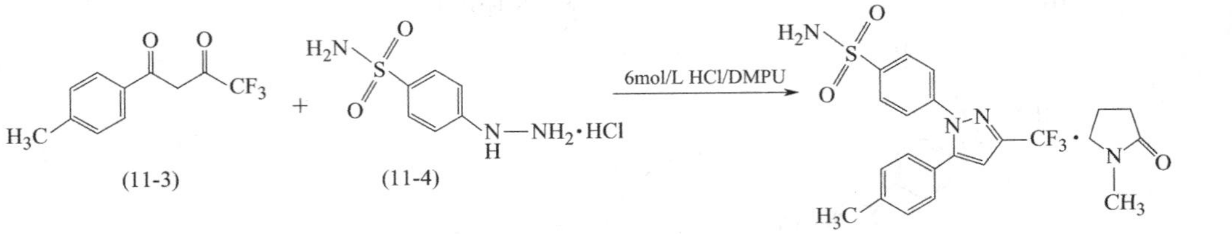

(11-3) + (11-4) $\xrightarrow{6mol/L\ HCl/DMPU}$ 赛莱克西·NMP

本合成方法反应条件温和，产品纯度及收率较高，但酰胺类溶剂 DMAC、DMPU 或 NMP 等用量大，成本较高。

11.2 赛莱克西制备工艺

以甲苯为起始原料，经对甲基苯乙酮 (11-5)、1-(4-甲基苯基)-4,4,4-三氟丁烷-1,3-二酮 (11-3) 和对胺磺酰苯肼盐酸盐 (11-4) 等中间体制取赛莱克西 (11-1)，具有实用价值的生产工艺路线如下。

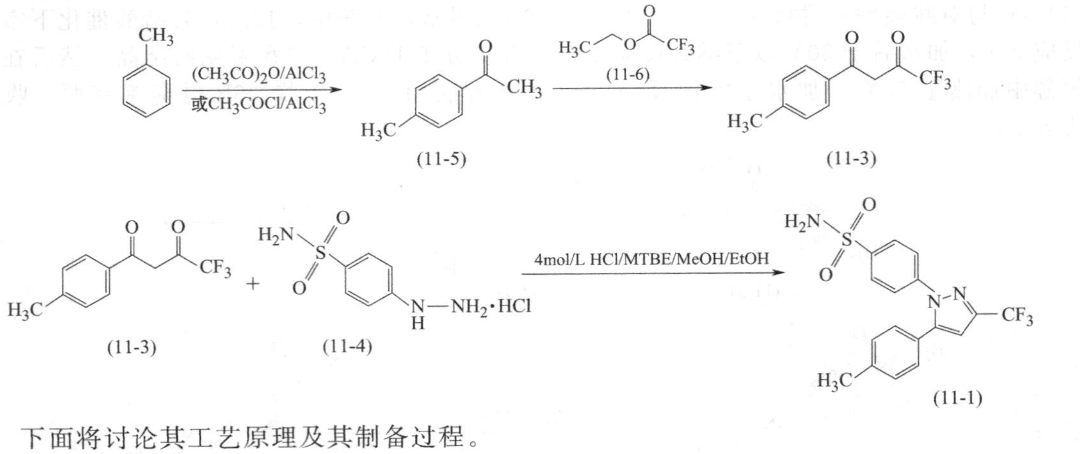

甲苯 $\xrightarrow[\text{或}CH_3COCl/AlCl_3]{(CH_3CO)_2O/AlCl_3}$ (11-5) $\xrightarrow{(11-6)}$ (11-3)

(11-3) + (11-4) $\xrightarrow{4mol/L\ HCl/MTBE/MeOH/EtOH}$ (11-1)

下面将讨论其工艺原理及其制备过程。

11.2.1 对甲基苯乙酮的制备

11.2.1.1 乙酸酐为酰化剂制备对甲基苯乙酮

(1) 工艺原理 甲苯与乙酸酐在无水三氯化铝存在下，经乙酰化得对甲基苯乙酮 (11-5)。芳香环上的 Friedel-Crafts 酰化属于亲电取代反应。乙酸酐在 Lewis 酸三氯化铝催化下，形成乙酰基正离子进攻甲基的邻、对位。

$$CH_3COOCOCH_3 + AlCl_3 \longrightarrow CH_3C(O)OC(=O\cdots AlCl_3)CH_3 \longrightarrow CH_3C(O)OC^+(O-AlCl_3^-)CH_3 \xrightarrow{PhCH_3}$$

$$\left[\,2\text{-}CH_3\text{-}4\text{-}CH_3C_6H_3\text{-}C(OCOCH_3)(OAlCl_3^-)CH_3\,\right] \xrightarrow{-CH_3COOH} 4\text{-}CH_3C_6H_4C(=O\cdots AlCl_3)CH_3 \xrightarrow{H^+/H_2O} 4\text{-}CH_3C_6H_4COCH_3$$

(11-5)

（2）制备工艺　将干燥的甲苯和粉状无水三氯化铝加入反应瓶内，搅拌下滴加乙酸酐，温度逐渐升至90℃，反应放出大量氯化氢气体。反应至不再产生氯化氢气体，冷至室温，将反应液倒入碎冰和浓盐酸的混合物中，搅拌至铝盐全部溶解为止。分出甲苯层，水洗，用10%氢氧化钠溶液洗涤至碱性，再用水洗。经无水硫酸镁干燥后，减压蒸馏，收集93～94℃/9.3MPa（7mmHg）馏分，得对甲基苯乙酮，收率86%。

（3）反应条件及影响因素

① 甲苯的Friedel-Crafts乙酰化可发生在对位，也可以发生在邻位。由于邻位的位阻效应，乙酰化优先发生在对位。如果反应温度过高，会增加邻位乙酰化副产物的生成。

② 催化剂的作用在于增强乙酰基碳原子的正电性，提高其亲电能力。Lewis酸的催化能力强于质子酸。常选$AlCl_3$、BF_3、$SnCl_4$、$ZnCl_2$等Lewis酸为催化剂。其中$AlCl_3$因价廉易得和能溶于有机溶剂而备受青睐。

③ Friedel-Crafts酰化反应常用溶剂有二硫化碳、硝基苯、石油醚、四氯乙烷、二氯乙烷等。其中硝基苯与三氯化铝可形成复合物，反应呈均相，应用较广。甲苯乙酰化反应中，过量甲苯兼作溶剂。

11.2.1.2　乙酰氯为酰化剂制备对甲基苯乙酮

（1）工艺原理　甲苯与乙酰氯在无水三氯化铝作用下，乙酰化得对甲基苯乙酮（11-5）。

$$CH_3COCl + AlCl_3 \longrightarrow CH_3C(=O\cdots AlCl_3)Cl \longrightarrow CH_3C^+(O-AlCl_3^-)Cl \xrightarrow{PhCH_3}$$

$$\left[\,2\text{-}CH_3\text{-}4\text{-}CH_3C_6H_3\text{-}C(Cl)(OAlCl_3^-)CH_3\,\right] \xrightarrow{-HCl} 4\text{-}CH_3C_6H_4C(=O\cdots AlCl_3)CH_3 \xrightarrow{H^+/H_2O} 4\text{-}CH_3C_6H_4COCH_3$$

(11-5)

（2）制备工艺过程　将等物质的量的无水三氯化铝与乙酰氯在加热情况下静置使之结合，再向其中滴入溶于二硫化碳的甲苯。收率65%（按乙酰氯计算）。

（3）反应条件及影响因素　乙酰氯极易吸湿分解形成乙酸，故严格控制无水条件是反应成功的关键。

11.2.2　1-(4-甲基苯基)-4,4,4-三氟丁烷-1,3-二酮的制备

（1）工艺原理　对甲基苯乙酮在甲醇钠作用生成α-碳负离子，后者对三氟乙酸乙酯的酯基进行亲核加成-消除，得到1-(4-甲基苯基)-4,4,4-三氟丁烷-1,3-二酮。

（2）工艺过程　在氩气保护下，将对甲基苯乙酮溶于甲醇中并加入25%的甲醇钠

甲醇溶液，将混合物搅拌 5min，加入三氟乙酸乙酯。回流 24h 后，将混合物冷至室温并浓缩。加入 100mL 的 10%盐酸并将混合物用乙酸乙酯萃取 4 次，萃取液用无水硫酸镁干燥，过滤并浓缩，得棕色油状物，收率 94%。产物无需进一步纯化，可直接投入下一步反应。

(3) 反应条件及影响因素　对甲基苯乙酮的 α-氢活性较小，在甲醇钠作用下缩合效果较好。甲醇钠与对甲基苯乙酮的摩尔比应为 1∶1.1 左右；反应在无水条件下进行。

11.2.3　4-[5-(4-甲基苯基)-3-(三氟甲基)-1*H*-吡唑-1-基]苯磺酰胺的制备

(1) 工艺原理　1-(4-甲基苯基)-4,4,4-三氟丁烷-1,3-二酮（11-3）与对胺磺酰苯肼盐酸盐（11-4）环合生成 4-[5-(4-甲基苯基)-3-(三氟甲基)-1*H*-吡唑-1-基]苯磺酰胺（赛莱克西，11-1）属于亲核加成-消除反应。(11-4) 的肼基的 β-氮原子（末端氮原子）上的未共用电子对，对（11-3）的三位羰基碳原子进行亲核进攻，脱去 1 分子水形成碳氮双键；(11-4) 的肼基的 α-氮原子的未共用电子对再对（11-3）分子中的一位羰基碳原子进行亲核进攻，形成五元环状物，再脱去 1 分子水即得吡唑衍生物赛莱克西（11-1）。

(11-3)　(11-4)　H^+　$-H_2O$　$-H^+, -H_2O$　(11-1)

(2) 制备工艺过程　等物质的量的 1-(4-甲基苯基)-4,4,4-三氟丁烷-1,3-二酮与对胺磺酰苯肼盐酸盐混合后，加入乙醇、甲基叔丁基醚、甲醇和等物质的量的 4mol/L 盐酸。将混合物加热回流 3h。HPLC 检测反应终点。然后冷却，减压浓缩，滴加水使产物结晶析出。室温静置 1h 后，过滤，先后用 60%乙醇和水洗涤滤饼，45℃真空干燥得产品赛莱克西。产品为淡黄色结晶，熔点为 160.5～162.3℃，收率 76.4%，含量（HPLC）99.1%。异构体含量为 0.57%。

(3) 反应条件及影响因素　1-(4-甲基苯基)-4,4,4-三氟丁烷-1,3-二酮与对胺磺酰苯肼盐酸盐环合生成赛莱克西的反应需稀酸催化。(11-3) 结构中与三氟甲基相连的三位羰基的亲电活性大于与苯基相连的一位羰基。稀酸催化剂优先使三位羰基活化，降低了活化能，缩短了反应历程，同时提高了反应区域选择性，生成更多的赛莱克西，而异构体（11-8）生成量很少。

11.3　原辅材料的制备、综合利用与“三废”处理

11.3.1　三氟乙酸乙酯的制备

（1）工艺原理　三氟乙酸与过量的无水乙醇在浓硫酸催化下酯化，生成三氟乙酸乙酯。

（2）制备工艺过程　将三氟乙酸冷却，在搅拌下加入无水乙醇，反应放热。待放热停止后，慢慢加入浓硫酸催化。加热回流0.5h后进行分馏，收集62～64℃馏分。得到三氟乙酰乙酯，收率94%。

（3）反应条件及影响因素　三氟乙酸的酯化属于平衡反应，使用过量的反应物乙醇可使平衡向生成三氟乙酸乙酯方向移动。浓硫酸催化剂可缩短反应进程，同时可去除反应生成的水，使反应平衡向右移动。

11.3.2　综合利用

（1）甲苯的回收套用　在对甲苯乙酮的制备过程中使用过量甲苯兼作溶剂，反应结束后减压回收的甲苯经干燥后可回收套用。

（2）甲醇、乙醇和甲基叔丁基醚的回收套用　1-(4-甲基苯基)-4,4,4-三氟丁烷-1,3-二酮制备过程中回收的甲醇经干燥后可套用。4-[5-(4-甲基苯基)-3-(三氟甲基)-1*H*-吡唑-1-基]苯磺酰胺制备过程中使用的甲醇、乙醇和甲基叔丁基醚可回收套用，乙醇可用于三氟乙酸的酯化。

11.3.3　“三废”治理

赛莱克西生产过程中生成的氯化氢气体可用水及碱液吸收，酸、碱等废水经常规的碱、酸中和处理。

课后练习

一、填空题

1. 赛莱克西，化学名称为____________________，分子式为______________。

2. 对甲基苯乙酮可由甲苯经________________反应制得。

3. 赛莱克西的合成根据环合反应溶剂的差别，分为______________、______________。

4. 甲苯与乙酸酐在无水三氯化铝存在下，经________得对甲基苯乙酮。

5. 三氟乙酸的酯化属于平衡反应，使用______________可使平衡向生成三氟乙酸乙酯方向移动。

答案： 1. 4-[5-(4-甲基苯基)-3-(三氟甲基)-1*H*-吡唑-1-基]苯磺酰胺、$C_{17}H_{14}F_3N_3O_2S$　2. Friedel-Crafts 酰化　3. 乙醇为环合溶剂、酰胺类溶剂　4. 乙酰化　5. 过量的反应物乙醇

二、简答题

1. 简述赛莱克西的化学结构与生物活性。

2. 简述赛莱克西制备工艺原理。

3. 简述对甲基苯乙酮的制备原理。

4. 用乙酸酐制备对甲基苯乙酮的反应条件及影响因素是什么？

5. 赛莱克西生产过程中的“三废”应如何处理？

知识拓展

新药的研发过程

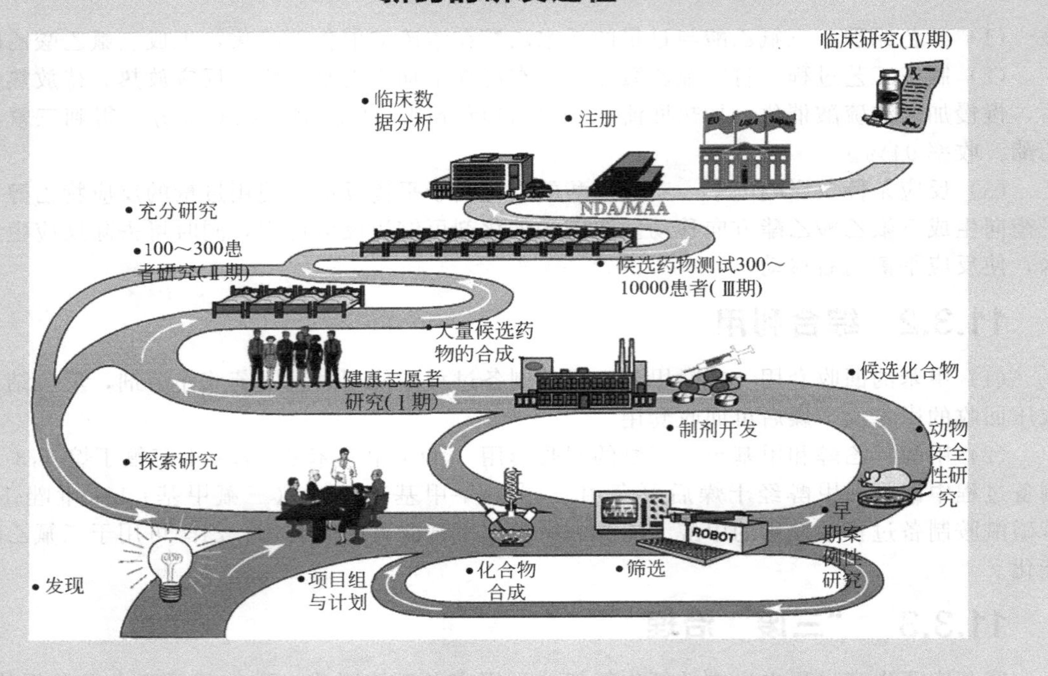

第12章 氯霉素的制备

氯霉素（chloramphenicol）是 20 世纪 40 年代继青霉素、链霉素、金霉素之后，第 4 个得到临床应用的抗生素，也是第一个用全合成方法合成的抗生素。氯霉素的化学名称为 D-苏式-(－)-*N*-[*α*-(羟基甲基)-*β*-羟基-对硝基苯乙基]-2,2-二氯乙酰胺。化学结构式为：

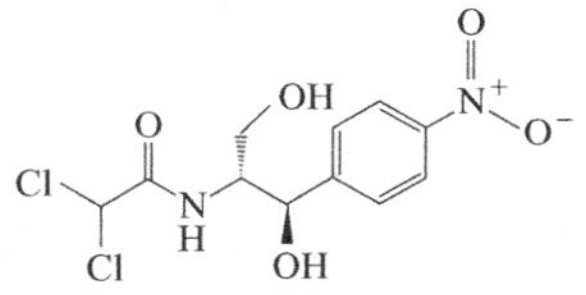

分子式: $C_{11}H_{12}Cl_2N_2O_5$
精确分子量: 322.01
分子量: 323.13
m/z:322.01(100.0%), 324.01(64.0%), 323.02(12.2%), 326.01(10.9%), 325.01(8.2%), 324.02(1.7%), 327.01(1.3%)
元素分析: C, 40.89; H, 3.74; Cl, 21.94; N, 8.67; O, 24.76

氯霉素为白色或微带黄绿色的针状、长片状结晶性粉末；味苦。熔点为 149～153℃。性质稳定，脂溶性强，易溶于甲醇、乙醇、丙二醇、丙酮或乙酸乙酯等有机溶剂，微溶于 25℃水中（25mg/mL）。其水溶液呈中性。比旋度 $[\alpha]_D^{25}=+18.5°\sim+21.5°$（无水乙醇）。氯霉素分子中含 2 个手性碳原子，故有 4 个旋光异构体。

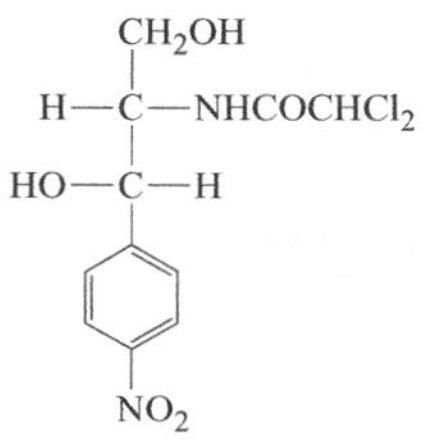

L-(+)-苏阿糖型 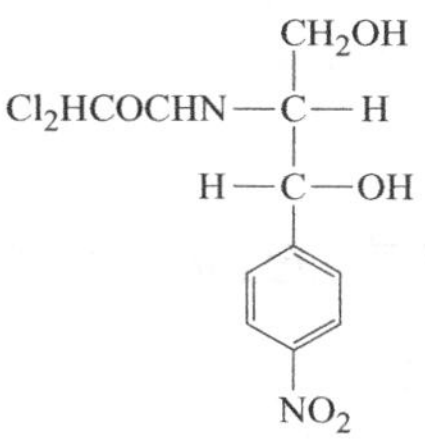　　D-(−)-苏阿糖型 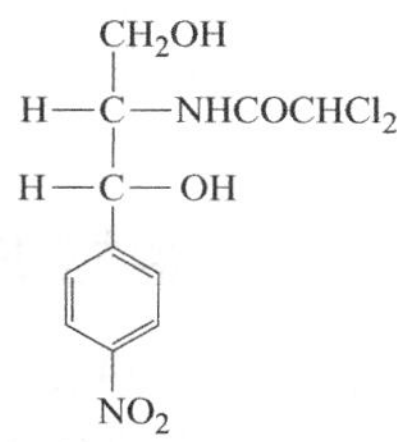　　D-(−)-赤藓糖型 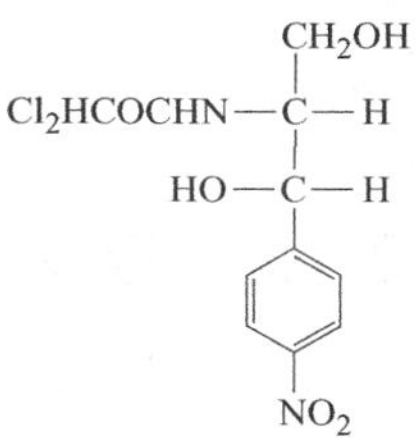　　L-(+)-赤藓糖型

仅 D-(－)-苏阿糖型（或称 1*R*,2*R*-型）具有抗菌活性，称作氯霉素。氯霉素抗菌谱广，

对肺炎球菌、流感杆菌、链球菌、沙门菌属，尤其对伤寒杆菌有抑制作用。胃肠道吸收好，易透过血脑屏障，易渗入细胞内，对细胞内致病菌发挥抗菌作用；副作用包括：对造血系统有肯定的抑制作用，主要抑制红细胞生长，亦可引起白细胞或血小板减少。

12.1 合成路线设计与选择

从对氯霉素化学结构的分析可以看出，它的基本骨架是连接3个碳原子的苯环。功能基则除苯环上的硝基外，C1及C3上各有一个羟基，C2上有二氯乙酰氨基。因此，可用苯或其衍生物为原料进行合成。可能的路线有如下几条：

（1）原料的基本结构为⬡—C—C—C—，再引入必要的基团。

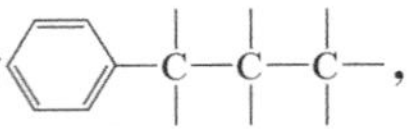

（2）原料的基本结构为⬡—C—C—，侧链上再引入一个碳原子，并引入其他必要的基团。

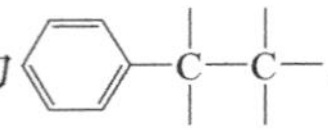

（3）原料的基本结构为⬡—C—，侧链上的另外两个碳原子可以一次引入，也可以分次引入，其他必要基团可分别引入。

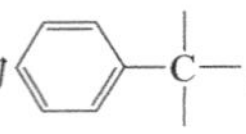

（4）原料的基本结构为⬡，侧链上的三个碳原子一次引入或分次引入；为缩短合成路线，其他必要基团的引入应尽可能与碳原子的引入结合起来。

由于氯霉素结构中侧链上的C1和C2是2个手征性中心，它的异构体共有4种，而4种异构体中只有D-(−)-苏型有疗效，其他三种异构体均无疗效，所以研究合成路线时必须同时考虑立体构型问题。

氯霉素通用的工艺路线有三种：①对硝基苯乙酮法；②苯乙烯法；③肉桂醇法。

在选择合成路线时，除原料的化学结构要符合合成要求外，还需同时考虑原料供应的方便可靠、经济合理。对硝基苯乙酮法以乙苯为原料，从国内情况看，乙苯与苯乙烯的来源是不成问题的；肉桂醇的来源就不易解决。国际市场上，肉桂醇的价格为苯乙烯的32倍，因此，仅就原料来源讲，①法与②法适合国内情况。还要考虑路线简短、环境保护、综合利用等问题。以下主要对氯霉素结构的两种组合方式进行讨论。

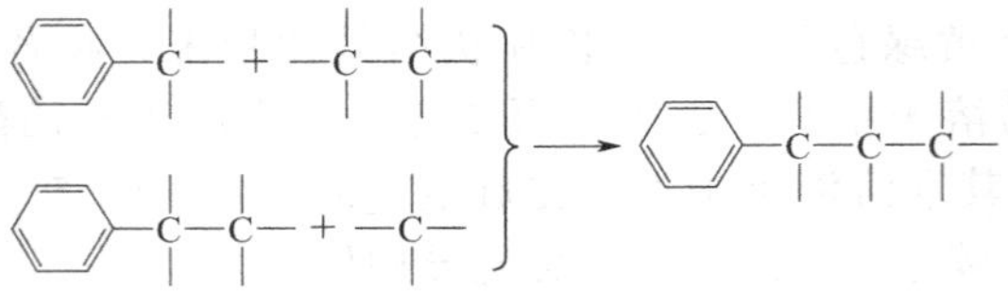

⬡—C— + —C—C—
⬡—C—C— + —C—
⟶ ⬡—C—C—C—

根据上述结构剖析可推测出，具有苯甲基结构的起始原料有苯甲醛或对硝基苯甲醛；具有苯乙基结构的起始原料有苯乙酮、对硝基苯乙酮、苯乙烯、对硝基苯乙烯等化合物。

12.1.1 以具有⬡—C—结构的化合物为原料的合成路线

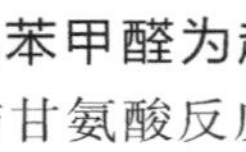

12.1.1.1 以对硝基苯甲醛为起始原料的路线

（1）对硝基苯甲醛与甘氨酸反应的合成路线　对硝基苯甲醛（12-1）与甘氨酸缩合的产物不仅具备了氯霉素的基本骨架，而且苯环上的硝基、C1上的羟基、C2上的氨基也都已具备。C3上的羟基可通过酯基还原得到。合成路线如下：

$O_2N-C_6H_4-CHO$ (12-1) $\xrightarrow{H_2NCH_2COOH}$ $O_2N-C_6H_4-CH(OH)-CH(N{=}CH-C_6H_4-NO_2)-COOH$ (12-2) $\xrightarrow{[水解]}$

$O_2N-C_6H_4-CH(OH)-CH(NH_2\cdot HCl)-COOH$ $\xrightarrow[HCl]{CH_3OH}$ $O_2N-C_6H_4-CH(OH)-CH(NH_2\cdot HCl)-COOH$ $\xrightarrow[D\text{-}酒石酸]{[拆分]}$

D-苏型盐 $\xrightarrow{Ca(BH_4)_2}$ $O_2N-C_6H_4-CH(OH)-CH(NH_2)-CH_2OH$ $\xrightarrow{Cl_2CHCOOCH_3}$ $O_2N-C_6H_4-CH(OH)-CH(NHCOCHCl_2)-CH_2OH$

氯霉素

这条合成路线的特点是两分子苯甲醛与甘氨酸缩合后，就具备了氯霉素的基本骨架，并且缩合的同时在C1与C2上引入所需要的羟基和氨基，而且生成的两个手征性中心几乎全是苏型结构（12-2）。此路线的优点是合成步骤短，所需原料品种与设备少；缺点是要消耗过量的对硝基苯甲醛，若减少用量，产物基本上全是不需要的赤型对映体；另外，原料对硝基苯甲醛和钙硼氢试剂的来源不易解决。我国曾用此法生产过氯霉素。

（2）对硝基苯甲醛与乙醛缩合经对硝基肉桂醇的合成路线　对硝基苯甲醛与乙醛进行羟醛缩合得对硝基肉桂醛（12-3）后，采用选择性还原剂将醛基还原成醇（12-4），然后从反式肉桂醇出发经与溴水加成、环氧化、拆分等步骤而得氯霉素。

$O_2N-C_6H_4-CHO$ $\xrightarrow[CH_3OH,\ KOH,\ 72\%]{CH_3CHO,\ (CH_3CO)_2O}$ $O_2N-C_6H_4-CH{=}CH-CHO$ (12-3) $\xrightarrow[C_2H_5OH,\ 86\%]{NaBH_4}$

$O_2N-C_6H_4-CH{=}CH-CH_2OH$ (12-4) $\xrightarrow[100\%]{Br_2,\ H_2O}$ $O_2N-C_6H_4-CH(OH)-CH(Br)-CH_2OH$ (12-5) $\xrightarrow[0℃,24h,\ 91\%]{KOH,\ CH_3OH}$

$O_2N-C_6H_4-\underset{O}{CH-CH}-CH_2OH$ (12-6) $\xrightarrow[CH_3OH]{L\text{-}(+)\text{-}酒石酸盐}$ $O_2N-C_6H_4-CH(OH)-CH(NH_2)-CH_2OH\cdot L\text{-}(+)\text{-}酒石酸盐$ (12-7)

$\xrightarrow[95\%]{Cl_2CHCOOCH_3}$ $O_2N-C_6H_4-CH(OH)-CH(NHCOCHCl_2)-CH_2OH$

本路线的特点是使用符合立体构型要求的反式对硝基肉桂醇（12-4）为中间体经过溴水加成便可一次引入两个功能基，而且所形成的两个手征性中心均为符合要求的苏型。这条路线的合成步骤少，各步收率比较高，是一条有发展前途的合成路线。

12.1.1.2　以苯甲醛为起始原料的合成路线

此路线是将苯甲醛与乙醛缩合按上述对硝基肉桂醇的制备方法得到肉桂醇（12-8），再经下列过程得到氯霉素。

$$C_6H_5CHO + CH_3CHO \xrightarrow[CH_3OH,\ KOH]{(CH_3CO)_2O} C_6H_5CH{=}CH{-}CHO \xrightarrow{NaBH_4}$$

$$\underset{(12\text{-}8)}{C_6H_5CH{=}CH{-}CH_2OH} \xrightarrow{Br_2,\ H_2O} C_6H_5CH(OH){-}CHBr{-}CH_2OH \xrightarrow{(CH_3)_2CO}$$

$$C_6H_5CH{-}CHBr{-}CH_2\ (\text{O},\text{O}{-}C(CH_3)_2\ \text{缩酮}) \xrightarrow{NH_3} C_6H_5CH{-}CH(NH_2){-}CH_2\ (\text{O},\text{O}{-}C(CH_3)_2) \xrightarrow[\text{D-酒石酸}]{[\text{拆分}]\ Cl_2CHCOCl} \underset{(12\text{-}9)}{C_6H_5CH{-}CH(NHCOCHCl_2){-}CH_2\ (\text{O},\text{O}{-}C(CH_3)_2)} \xrightarrow{HNO_3}$$

$$O_2N{-}C_6H_4{-}CH(ONO_2){-}CH(NHCOCHCl_2){-}CH_2ONO_2 \xrightarrow[Fe^{2+}]{H_2O} O_2N{-}C_6H_4{-}CH(ONO_2){-}CH(NHCOCHCl_2){-}CH_2OH$$

这条合成路线是将硝化放在最后进行，由于缩酮化物（12-9）分子中缩酮基的空间掩蔽效应的影响，有利于硝基进入对位，故硝化反应的产物中对位体的收率高达88%。但硝化反应需在－20℃的低温下进行，需要深度冷却设备是其缺点。

12.1.2 以具有 $C_6H_5{-}\overset{|}{\underset{|}{C}}{-}\overset{|}{\underset{|}{C}}{-}$ 结构的化合物为原料的路线

12.1.2.1 以乙苯为起始原料经对硝基苯乙酮的合成路线

该路线是目前生产上采用的路线。它是以乙苯为原料，经过硝化、氧化、溴化、成盐、水解、乙酰化、羟甲基化、还原、水解、拆分、二氯乙酰化等反应得到氯霉素。

$$C_6H_5CH_2CH_3 \xrightarrow{HNO_3/H_2SO_4} O_2N{-}C_6H_4{-}CH_2CH_3 \xrightarrow{O_2/\text{催化剂}} O_2N{-}C_6H_4{-}CO{-}CH_3 \xrightarrow{Br_2/PhCl}$$

$$O_2N{-}C_6H_4{-}CO{-}CH_2Br \xrightarrow{(CH_2)_6N_4/HCl/C_2H_5OH} O_2N{-}C_6H_4{-}CO{-}CH_2{-}NH_2{\cdot}HCl \xrightarrow{Ac_2O/AcONa}$$

$$O_2N{-}C_6H_4{-}CO{-}CH_2{-}NHCOCH_3 \xrightarrow{HCHO/OH^-} O_2N{-}C_6H_4{-}CO{-}CH(NHCOCH_3){-}CH_2OH \xrightarrow{Me_2CHOH/Al(OCHMe_2)_3}$$

$$O_2N{-}C_6H_4{-}CH(OH){-}CH(NHCOCH_3){-}CH_2OH \xrightarrow{H^+/H_2O} O_2N{-}C_6H_4{-}CH(OH){-}CH(NH_2){-}CH_2OH \xrightarrow{[\text{拆分}]}$$

$$O_2N{-}C_6H_4{-}CH(OH){-}CH(NH_2){-}CH_2OH \xrightarrow{Cl_2CHCOOCH_3} O_2N{-}C_6H_4{-}CH(OH){-}CH(NHCOCHCl_2){-}CH_2OH$$

本路线的优点是原料廉价易得，各步反应收率都比较高，技术条件要求不高。虽然反应步骤多，但中间有5步反应（溴化、成盐、水解、乙酰化、羟甲基化）可以连续进行，无需分离中间体，大大简化了操作。但要注意在乙苯硝化过程中，除生成硝基乙苯外，还生成极微量的硝基酚类，需用碱液洗涤除去，否则后者在硝基乙苯蒸馏过程中可发生剧烈分解而爆炸。因此要增加碱洗工序，以保证安全生产。本路线缺点是硝化、氧化两步安全操作的要求高，而且乙苯硝化产生大量邻硝基乙苯，需要研究寻找综合利用途径。

12.1.2.2　以苯乙烯为原料经α-羟基-对硝基苯乙胺的合成路线

在氢氧化钠甲醇液中，苯乙烯与氯气反应生成氯代甲醚化物，硝化后以氨处理得 α-羟基-对硝基苯乙胺，再经酰化、氧化等反应得乙酰基酮化物，最后经多伦斯缩合、还原、拆分、酰化等制成氯霉素。具体合成路线如下。

$$C_6H_5-CH=CH_2 \xrightarrow{CH_3OH,\ Cl_2} C_6H_5-CH(OCH_3)-CH_2Cl \xrightarrow{HNO_3,\ H_2SO_4} O_2N-C_6H_4-CH(OCH_3)-CH_2Cl \xrightarrow{NH_3}$$

$$\left[O_2N-C_6H_4-\underset{O}{CH-CH_2}\right] \xrightarrow{NH_3} O_2N-C_6H_4-CH(OH)-CH_2NH_2 \xrightarrow[CH_3COOH]{(CH_3CO)_2O}$$

$$O_2N-C_6H_4-CH(OH)-CH_2NHCOCH_3 \xrightarrow{Na_2Cr_2O_7} O_2N-C_6H_4-C(=O)-CH_2NHCOCH_3$$

以后各步与上述路线相同。

以苯乙烯为原料的合成路线的优点是：原料苯乙烯价廉易得，合成路线简单，且各步收率较高，若硝化反应采用连续化工艺则收率高，耗酸又少，而且安全，缺点是胺化一步收率不够理想。国外有用此法生产氯霉素的。

12.1.2.3　以苯乙烯出发制成β-卤代苯乙烯经 Prins 反应的合成路线

在本路线生产中采用了 Prins 反应，即烯烃与醛（通常是甲醛）在酸的催化下生成 1,3-丙二醇及其衍生物。反应结果不仅在碳链上增加一个碳原子，而且处理后还能同时在 C1 及 C3 上各引入一个羟基。

$$C_6H_5-CH=CH_2+HCHO+2CH_3COOH \xrightarrow{H_2SO_4} C_6H_5-CH(OCOCH_3)-CH_2-CH_2(OCOCH_3)$$

意大利曾用这条路线生产，工艺路线如下：

$$C_6H_5-CH=CH_2 \xrightarrow{Br_2,\ H_2O} C_6H_5-CH(OH)-CH_2Br \xrightarrow{H^+} C_6H_5-CH=CHBr \xrightarrow[H^+]{HCHO} \text{4-苯基-5-溴-1,3-二氧六环}$$

$$\xrightarrow[10MPa]{NH_3} \text{4-苯基-5-氨基-1,3-二氧六环} \xrightarrow{H^+} C_6H_5-CH(OH)-CH(NH_2)-CH_2OH \xrightarrow{[拆分]} C_6H_5-CH(OH)-CH(NH_2)-CH_2OH$$

$$\xrightarrow{[硝化]} O_2N-C_6H_4-CH(OH)-CH(NH_2)-CH_2OH \xrightarrow{Cl_2CHCOOCH_3} O_2N-C_6H_4-CH(OH)-CH(NHCOCHCl_2)-CH_2OH$$

这条路线有很多优点，如合成步骤短，前 4 步的中间体均为液体，可节省大量固体中间体分离、干燥及输送的设备，有利于实现连续化、自动化生产等。国内亦曾花费许多精力探索试制，最后发现这条路线中的有些反应需要在 250℃以上高温进行，还有些反应需要在 10MPa 压强下进行，有些中间体要求在高真空下减压蒸馏，这样的“三高”要求，就使这条路线难以在生产上被采用。

近年来，我国对这条路线进行了改进。在三个方面取得了成果：①实现了以 β-氯代苯乙烯代替 β-溴代苯乙烯为原料；②将硝化反应提到开环之前，减少了不必要的原材料消耗；③解决了 DL-(±)-4-苯基-5-氨基-1,3-二氧六环的拆分。

12.2 对硝基苯乙酮法制备氯霉素

12.2.1 对硝基乙苯的制备(硝化)

(1) 工艺原理

$$C_6H_5-C_2H_5 + HNO_3 \xrightarrow[30\sim33℃]{H_2SO_4} O_2N-C_6H_4-C_2H_5 + H_2O$$

在制备过程中，可能产生下述副产物：

$$C_6H_5-C_2H_5 + HNO_3 \xrightarrow[30\sim33℃]{H_2SO_4} (o\text{-}NO_2)C_6H_4-C_2H_5 + O_2N-C_6H_3(NO_2)-C_2H_5 + (O_2N)C_6H_4-C_2H_5$$

为避免产生二硝基乙苯，硝酸的用量不能过多，硫酸脱水值（DVS 值）不能过高，应控制在 2.56。本反应需有良好的搅拌及冷却设备。

(2) 制备工艺过程　配料比为乙苯：硝酸：硫酸：水＝1：0.618：1.219：0.108（质量比）。在装有推进式搅拌器的不锈钢（或搪玻璃）混酸罐中，先加入浓度在 92%以上的硫酸，在搅拌及冷却下慢慢以细流加入水，控制温度在 40～50℃之间，加毕，降温至 35℃，继续加入 96%硝酸，温度不得超过 40℃，加毕，冷却至 20℃，取样化验。要求配制的混酸中硝酸含量约为 32%，硫酸含量约为 56%，水含量约为 12%。

在生产上，配制混酸的加料顺序与实验室不同。在实验室用烧杯作容器，不存在设备腐蚀问题，而生产上必须考虑腐蚀问题。20%～30%的硫酸对铁的腐蚀最强，而浓硫酸的腐蚀作用较弱。配制混酸时，浓硫酸用量比水多得多，将水加入硫酸中可避免硫酸对罐的腐蚀；其次，在良好搅拌下，水以细流加于浓硫酸中产生的稀释热立即被均匀分散，因此不会产生在实验室发生的因热酸沫沸溅的现象。

在装有旋桨式搅拌的铸铁硝化罐中，先加入乙苯，开动搅拌，降温至 28℃后滴加混酸，控制温度在 30～33℃，加毕，升温至 40～45℃，继续搅拌保温反应 1h，使反应完全，然后冷却至 20℃，静置分层。分去下层废酸后，用水洗去硝化产物中的残留酸，再用碱液洗去酚类，最后用水洗去残留碱液，然后送往蒸馏岗位。经减压粗馏，分去水、未反应的乙苯以及多硝基物、高沸物；再经减压分馏，分去邻位体，得粗对位体（气相含量 85%以上）；然后在 150℃/0.1MPa 下精馏，得纯对硝基乙苯。反应收率为 52.5%～53%，工艺流程如图 12-1 所示。

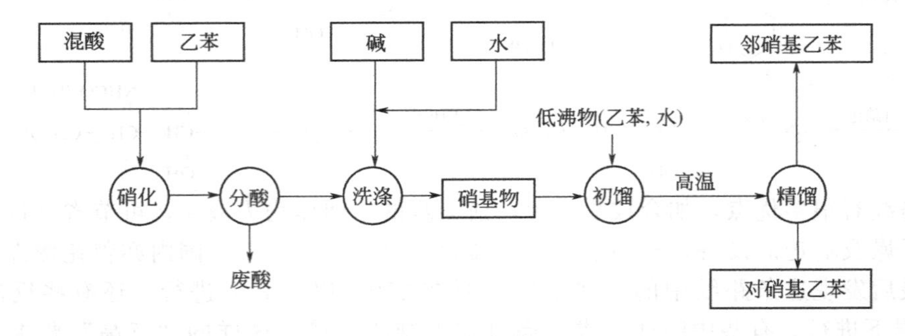

图 12-1　对硝基乙苯的制备

(3) 注意事项

① 在配制混酸进行硝化反应时，不应停止搅拌和冷却。如果发生停电，应立即停止加酸。

② 精馏完毕，不得在高温下解除真空、放进空气，以免热的残渣（含多硝基化合物）氧化爆炸。

12.2.2 对硝基苯乙酮的制备(氧化)

（1）工艺原理

$$O_2N-C_6H_4-C_2H_5+O_2\xrightarrow[120\sim130℃]{(CH_3COO)_2Mn,\ (C_{18}H_{35}O_2)_2Co}O_2N-C_6H_4-COCH_3+H_2O$$

副反应：

$$O_2N-C_6H_4-C_2H_5+5/2O_2\xrightarrow[120\sim130℃]{(CH_3COO)_2Mn,\ (C_{18}H_{35}O_2)_2Co}O_2N-C_6H_4-COOH+HCOOH+H_2O$$

本反应是对硝基乙苯在催化剂作用下与氧气进行的游离基反应。反应分三个阶段：

① 开始反应阶段（亦称诱导期） 在这阶段主要是生成一定数量的对硝基乙苯-α-游离基（Ⅰ）。

② 连锁反应阶段 游离基（Ⅰ）与氧分子生成对硝基乙苯-α-过氧游离基（Ⅱ）再与另一分子对硝基乙苯作用生成对硝基乙苯-α-过氧氢化物（Ⅲ）和游离基（Ⅰ），后者重复上述反应，连锁进行下去。

③ 过氧氢化物的分解和连锁反应中断 该阶段生成对硝基苯乙酮（简称对酮）。

$O_2N-C_6H_4-\dot{C}H_2-CH_3$ (Ⅰ)　　$O_2N-C_6H_4-CH(O-O\cdot)-CH_3$ (Ⅱ)　　$O_2N-C_6H_4-CH(O-O-H)-CH_3$ (Ⅲ)

（2）影响因素 影响本反应的因素主要为催化剂、温度、压力、抑制物等。

① 催化剂 大多数变价的金属的盐类如钴、锰、铬、铜等对反应均有催化活性。早期，我国曾用醋酸锰为催化剂，将对硝基乙苯氧化成对硝基苯乙酮；但随着生产的发展，此步氧化反应出现了一些问题，如收率不够高、反应周期较长等。后来研究人员又在醋酸锰催化剂的基础上进行了高效能新催化剂的筛选研究，选择了在对硝基乙苯中有良好溶解性的高级脂肪酸（硬脂酸、棕榈酸）和高级环酸（松脂酸）的钴、锰等六种盐类作催化剂。结果发现三种盐的钴盐的催化效果不仅较它们各自的锰盐为佳，而且也较醋酸锰为佳，其中尤以硬脂酸钴为最好。其催化特点是催化性能好，选择性高，反应液中生成的对硝基苯乙酮含量（简称含酮量）高，收率较醋酸锰催化收率提高8%～10%，副产物对硝基苯甲酸的含量较低，而且催化剂用量少，反应温度低，反应速率快，周期短，反应平稳易控制，产物的质量也有提高。

② 反应温度 对硝基乙苯的催化氧化反应是强烈的放热反应，虽然开始时需要供给一定的热能使产生游离基，但当反应引发后便进行连锁反应而放出大量热，此时若不能及时将产生的热量移去，则产生的游离基越来越多，温度急剧上升，就会发生爆炸事故。但如冷却过度，又会造成连锁反应中断，使反应过早停止。因此，当反应激烈后必须适当降低反应温度，使反应维持在既不过分激烈又均匀出水的程度。

③ 反应压力 空气氧化较氧气氧化安全，但空气中的氧的含量只占21%，提高反应系统的压力，增大氧气的浓度，有利于氧化反应进行。因反应压力超过0.5MPa时对硝基苯乙酮的含量增加并不显著，故生产是采用0.5MPa压力的空气氧化法。

④ 抑制物 若有苯胺、酚类和铁盐等物质存在时，会使苯基乙苯的催化氧化反应受到强烈抑制，故应防止这类物质混入。

（3）制备工艺过程 配料比为对硝基乙苯：空气：硬脂酸钴＝1：适量：5.33×10^{-5}（质量比）。对硝基乙苯自计量槽加入氧化反应塔，同时加入硬脂酸钴及醋酸锰催化剂，用空压机压入空气使塔内压力为0.5MPa，开始搅拌，加热升温，当温度达到130℃时开始计算反应时间，维持反应温度在130℃左右，定期取样化验反应液中的含酮量与含酸量。反应生成的水与带走的未反应的对硝基乙苯经冷凝回收。当含酮量由最高峰开始下降时为反应终点。在80～90℃下缓缓加入纯碱饱和水溶液调至pH＝7.8～8去酸，将反应液放冷至室温后冷冻至－3℃，结晶过滤。滤液主要是未反应的对硝基乙苯，贮存供再次氧化用。所得结晶在等量热水（最高温度超80℃）中熔化，于50℃下以15％碳酸钠溶液中和至pH＝7～7.5，冷至5℃过滤，滤饼依次用常温水、温水和乙醇洗涤，干燥后得对硝基苯乙酮结晶，熔点为78～80℃，含量为96％以上。收率为57％～58.7％。滤液经酸化回收对硝基苯甲酸，工艺流程如图12-2所示。

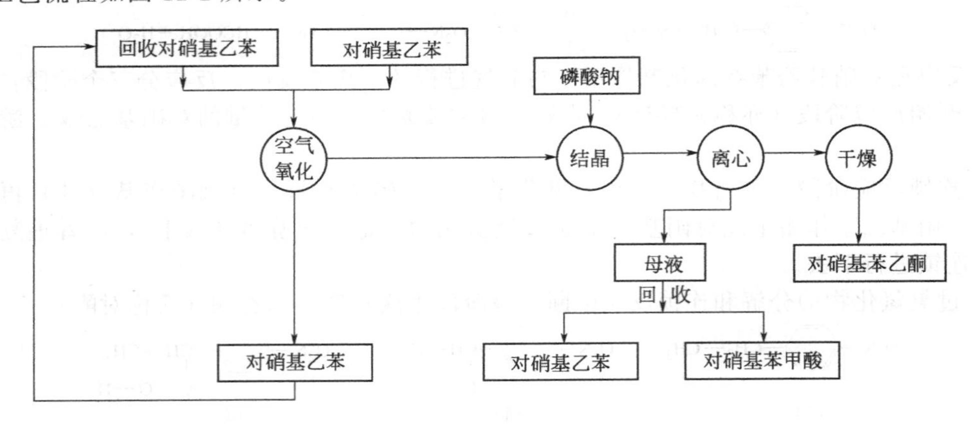

图12-2 对硝基苯乙酮的制备

（4）钴盐的制备 将硬脂酸钴溶于10倍工业乙醇中，用10％氢氧化钠溶液中和至pH＝8.5，在搅拌下将溶液以细流加入到40～50倍量的水溶液（溶有较理论量过量25％的硝酸钴）中，生成紫色的钴盐沉淀，过滤，水洗至无NO_3^-，60℃真空干燥，得钴盐粉末。

（5）注意事项 硬脂酸钴质轻，为防止投料飞扬损失，预先将其与等量的硝基乙苯拌和，然后加入反应塔中。

12.2.3 对硝基-α-溴代苯乙酮(简称溴化物)的制备(溴化)

（1）工艺原理

$$O_2N-C_6H_4-\overset{O}{\overset{\|}{C}}CH_3 + Br_2 \xrightarrow{C_6H_5Cl} O_2N-C_6H_4-\overset{O}{\overset{\|}{C}}CH_2Br + HBr\uparrow$$

溴化物

副反应：

$$O_2N-C_6H_4-\overset{O}{\overset{\|}{C}}CH_3 + 2Br_2 \xrightarrow{C_6H_5Cl} O_2N-C_6H_4-\overset{O}{\overset{\|}{C}}CHBr_2 + 2HBr\uparrow \quad (\text{I})$$

双溴酮

$$O_2N-C_6H_4-\overset{O}{\overset{\|}{C}}CHBr_2 + O_2N-C_6H_4-\overset{O}{\overset{\|}{C}}CH_3 \xrightarrow{HBr} 2O_2N-C_6H_4-\overset{O}{\overset{\|}{C}}CH_2Br \quad (\text{II})$$

第（Ⅱ）步副反应对生产有利。

溴化反应属于离子型反应，溴化的位置发生在羰基的α-碳原子上。对硝基苯乙酮的结构能发生烯醇式与酮式的互变异构。羰基的另一侧是硝基苯基，它能通过共轭体系增加烯醇式的热力学稳定性。

$$O_2N-C_6H_4-\overset{O}{\overset{\|}{C}}CH_3 \rightleftharpoons O_2N-C_6H_4-\overset{OH}{\overset{|}{C}}=CH_2$$

烯醇式与溴进行加成反应，然后消除一分子的溴化氢而生成所需要的溴化物。这里溴化的速率取决于烯醇化的速率。溴化产生的溴化氢是烯醇化催化剂，但由于开始反应时其量尚少，只有经过一段时间产生足够的溴化氢后，反应才能以稳定的速率进行，这就是本反应有一段诱导期的原因。

$$O_2N-C_6H_4-\overset{O}{\overset{\|}{C}}CH_3 \xrightarrow{H^+} O_2N-C_6H_4-\overset{OH}{\overset{|}{C}}=CH_2 \xrightarrow{Br_2}$$

$$O_2N-C_6H_4-\underset{Br}{\underset{|}{\overset{OH}{\overset{|}{C}}}}-CH_2Br \longrightarrow O_2N-C_6H_4-\overset{O}{\overset{\|}{C}}-CH_2Br+HBr$$

（2）工艺过程　配料比为对酮：溴素：氯苯＝1：0.96：9.53（质量比）。将氯苯加入干燥洁净的溴化釜内，搅拌下借真空抽入对酮，用温水调温至25℃左右溶酮约30min，然后滴加溴进行诱导反应，待有大量溴化氢气体发生，母液中溴色消失，表示反应已开始。继续诱导1.5min，然后稍开真空加溴，保持温度在25～28℃，于1.0～1.5h内均匀将余下的溴滴入釜内。加完溴提高温度至31℃，转化1.5h，于33～35℃排溴化氢2h，溴化氢排尽后降温至27～28℃，停真空、停搅拌，待成盐反应。

（3）注意事项

① 溶酮、调温时严禁直接使用蒸汽。

② 釜内无母液时不得先投对酮或溴素。

③ 如遇诱导困难，可采取静置、适当增加诱导溴量、提高温度至36℃左右，加入适量的已反应的溴化液或溴化残渣及分水等措施。

④ 本反应忌金属杂质，过量的铁可导致不必要的副反应。

12.2.4　对硝基-α-溴代苯乙酮六亚甲基四胺盐（简称成盐物）的制备（成盐）

（1）工艺原理

$$O_2N-C_6H_4-\overset{O}{\overset{\|}{C}}CH_2Br+\underset{\text{乌洛托品}}{(CH_2)_6N_4} \xrightarrow{C_6H_5Cl} \underset{\text{成盐物}}{O_2N-C_6H_4-\overset{O}{\overset{\|}{C}}CH_2Br\cdot(CH_2)_6N_4}$$

（2）工艺过程　配料比为溴化物：乌洛托品（六亚甲基四胺）＝1：0.86（质量比）。将合格的成盐母液加入干燥的成盐釜内，搅拌下加入干燥的乌洛托品，降温至5～8℃（夏季0～4℃）。将除尽残渣、终点合格的溴化液（包括残渣洗液）抽入成盐反应釜，溴化液抽至后期，成盐釜内温自行上升至30℃时，开始计时，反应1h，反应温度控制在35～37℃（最高不得超过40℃），反应毕测终点。用冰盐水冷冻至18～20℃，送下步反应岗位。然后用无水新氯苯洗釜并入正料。

反应终点的测试：取成盐物适量过滤，得滤液2mL收入试管，再加入4mL乌洛托品氯仿饱和液，混合加热至50℃，再降至常温，放置3～5min。若溶液呈透明状，表示终点到；如溶液浑浊，则未到终点，应适当补加乌洛托品。

（3）注意事项

① 溴化液 pH 值及溴化氢含量必须合格，残渣分净，洗液归入本批。

② 成盐最高温度不得超过 40℃。

③ 本反应忌水、忌酸。

12.2.5 对硝基-α-氨基苯乙酮盐酸盐(简称水解物)的制备(水解)

(1) 工艺制备原理

$$O_2N-C_6H_4-\overset{O}{\overset{\|}{C}}-CH_2Br\cdot(CH_2)_6N_4+3HCl+6H_2O\xrightarrow{C_2H_5OH}$$

成盐物

$$O_2N-C_6H_4-\overset{O}{\overset{\|}{C}}-CH_2NH_2\cdot HCl+2NH_4Cl+NH_4Br+6HCHO$$

水解物

盐酸浓度越大反应越容易生成伯胺，且反应速率也较快。水解反应后，盐酸应保持在 2%左右，因为水解物是强酸弱碱盐，有过量的盐酸存在时比较稳定。当盐酸含量低于 1.7%时，有游离氨基物产生，并发生双分子缩合，然后与空气接触氧化为紫色吡嗪化合物。

$$O_2N-C_6H_4-\overset{O}{\overset{\|}{C}}-CH_2NH_2\cdot HCl+H_2O\rightleftharpoons O_2N-C_6H_4-\overset{O}{\overset{\|}{C}}-CH_2NH_2+H_3O^++Cl^-$$

$$O_2N-C_6H_4-\overset{O}{\overset{\|}{C}}-CH_2NH_2+O_2N-C_6H_4-\overset{O}{\overset{\|}{C}}-CH_2NH_2\xrightarrow{-2H_2O}$$

$$O_2N-C_6H_4-C\begin{matrix}=N-CH_2\\-CH_2-N=\end{matrix}C-C_6H_4-NO_2\xrightarrow{[O]}O_2N-C_6H_4-(C_4H_2N_2)-C_6H_4-NO_2$$

正是由于这个缘故，水解物不能由对硝基-α-溴代苯乙酮用氨解方法制取。乙醇的作用主要在于与甲醛缩合，生成不溶于水的缩醛。

$$CH_3CH_2OH+HCHO\overset{H^+}{\rightleftharpoons}(CH_3-CH_2O)_2CH_2$$

乙氧基甲烷（缩醛）

(2) 制备工艺过程 配料比为成盐物：盐酸：乙醇＝1：2.44：3.12（质量比）。将盐酸加入水解釜，冰冻至－2℃，压入上步成盐物和洗釜新氯苯，启动搅拌，控制温度于 12～18℃进行结晶分层。待成盐物结成大颗粒状、母液澄清，停搅拌，静置分出氯苯母液，并用真空抽滤 10min，氯苯母液经洗涤脱水后套用。

将乙醇和计算量的冰盐酸加入水解釜，同时加入粗成盐物，开搅拌，调温于 29～32℃反应 4h，当反应 2h 后取样测定酸度，酸度控制在 2.5%～3.5%，再继续反应 2h。反应毕，降温至 28℃，停搅拌。将反应液静置，分离酸性母液，再向釜内加入 40～50℃温水，搅拌得缩醛，反应后停搅拌将缩醛抽出，再于 33～36℃保温反应 0.5h，冷冻至－2℃过滤。用 15%低温甲醇冲洗滤饼，继续甩滤 1h 出料。

(3) 注意事项

① 盐酸量及反应酸度应严格控制，如遇成盐岗位补加乌洛托品，应适量补加盐酸（按 1：1补加）。

② 若反应中母液的量少，可采取加盐盐析的办法或增加洗涤次数。

③ 水解物中铵盐、盐酸、缩醛等含量过多会直接影响下步乙酰化反应。

12.2.6 对硝基-α-乙酰胺苯乙酮(简称酰化物)的制备(乙酰化)

(1) 制备工艺原理

$$O_2N-C_6H_4-\overset{O}{\overset{\|}{C}}-CH_2NH_2\cdot HCl+(CH_3CO)_2O+CH_3COONa\xrightarrow[0\sim7℃]{H_2O}$$

水解物

$$O_2N-C_6H_4-\overset{O}{\overset{\|}{C}}-CH_2NHCOCH_3+2CH_3COOH+NaCl$$

酰化物

对硝基-α-氨基苯乙酮的酰化，由于有硝基存在，使氨基的反应活性降低，为此生产上采用较强的酰化剂醋酐。为使氨基乙酰化，应用醋酸钠中和盐酸盐，使氨基化合物游离出来。本反应在低温下的水介质中进行，因为醋酐在低温下分解较慢。为了避免游离的对硝基-α-氨基苯乙酮发生分子间脱水而缩合成吡嗪类化合物，应首先把水、醋酐与氨基物盐酸盐混匀，逐渐加入醋酸钠，以使游离出来的氨基物在尚未发生双分子缩合反应时被醋酐酰化。因此在反应中必须严格遵守先醋酐后醋酸钠的加料顺序。

(2) 制备工艺过程 配料比为水解物：醋酐：醋酸钠＝1：1.08：3.8（质量比）。向乙酰化釜中加定量常温水并加入上步水解物，搅拌0.5h，同时降温冷却至1～4℃（冬季4～6℃），用少量自来水冲洗釜壁，并检查其pH值应为4～5。其后，加入大部分醋酐，然后在30min内先慢后快地加入醋酸钠溶液，之后加入剩余的醋酐，于18～22℃反应0.5h，测终点。终点到达后即冷却至8～12℃，过滤，滤饼甩15min后用10℃以下清水冲洗至洗液pH＝5～6，然后用10℃以下小苏打溶液中和至pH＝7～7.5，最后再用10℃以下清水冲洗至pH＝7，甩干称重交给缩合岗位。

酰化终点的测定：取酰化物适量，过滤，将滤液20mL放入三角烧瓶，以适量小苏打中和至pH＝7～8，用40～45℃温水加热后放置15min，滤液澄清不显红色示终点到。如滤液显红色或浑浊，应适当补加醋酐和醋酸钠溶液，继续反应0.5h后再测终点。

(3) 注意事项

① 加料次序不能颠倒，先加醋酐再投醋酸钠。

② 水解物打浆时pH值必须调至4～5，严格控制加醋酸钠的速度。

③ 酰化物中和后的酸碱度将影响下步缩合反应碱的用量及pH值，因此必须保证酰化物为中性，且不应混有水解物。酰化物应避光贮存。

12.2.7 对硝基-α-乙酰氨基-β-羟基苯丙酮(简称缩合物)的制备(缩合)

(1) 制备工艺原理

$$O_2N-C_6H_4-\overset{O}{\overset{\|}{C}}-CH_2NHCOCH_3+HCHO\xrightarrow[36\sim44℃,\ pH=7.5\sim8]{NaHCO_3}O_2N-C_6H_4-\overset{O}{\overset{\|}{C}}-\underset{}{CH}(CH_2OH)NHCOCH_3$$

乙酰化物 缩合物

副反应：

$$O_2N-C_6H_4-\overset{O}{\overset{\|}{C}}-CH_2NHCOCH_3+2HCHO\longrightarrow O_2N-C_6H_4-\overset{O}{\overset{\|}{C}}-C(CH_2OH)_2NHCOCH_3$$

双缩合物

本反应是在碱性催化剂作用下，酰化物中的α-氢以质子形式脱去，生成碳负离子，然后进攻甲醛离子中带正电荷的碳原子。如果碱性太强，缩合物中另一个α-氢也易脱去，生成碳负离子，与甲醛分子继续作用，生成双缩合物。在酸性和中性条件下可阻止这一副反应的进行。所以酸碱度是本反应的主要因素，反应必须保持在弱碱性下进行（pH＝7.5～8）。

此外，本反应最后产生了一个不对称碳原子，由于生成D型和L型的机会均等，所以缩合产物是DL-外消旋体。

（2）制备工艺过程　配料比为酰化物：甲醛：甲醇＝1：0.51：1.25（质量比）。将甲醛和甲醇按配比一次加入缩合釜中，开动搅拌，温水调节至26～28℃，然后加入酰化物，搅拌片刻用适量小苏打溶液快速调节pH＝7.6～7.8。当内温升至30℃时开始计时，于40min内温度升至42～45℃（最高不得超过48℃），反应期间取样观察晶形，至针状结晶消失（酰化物结晶）、仅有长方形结晶（缩合物结晶）时反应为终点。然后加稀释水，降温至－2℃，过滤，滤饼用大量低温水冲洗至滤液清亮为止，干燥即得缩合物，工艺流程如图12-3所示。

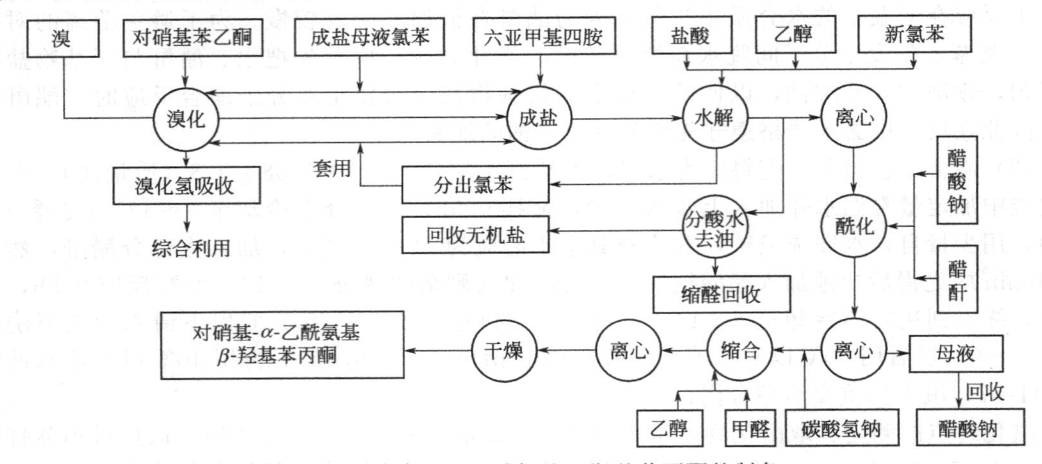

图12-3　对硝基-α-乙酰氨基-β-羟基苯丙酮的制备

（3）注意事项

① 酸碱度的控制是本反应的主要因素，要严格控制pH＝7.5～8之间。调节pH值时要迅速、准确。

② 反应温度自然上升，终点温度不得低于38℃。

③ 甲醛含量直接影响反应进行。含量在36%以上的甲醛应为无色透明液体；如发现浑浊现象，表示有部分聚醛存在，必须将其回流解聚后，方能使用。

④ 测反应终点不到时应酌情补加甲醛。

以上由对硝基苯乙酮的溴化反应开始，到成盐、水解、乙酰化、缩合止，这5步反应无需分离出中间体，可连续地“一勺烩”完成。5步收率84%～85.5%。

12.2.8 DL-苏式-1-对硝基苯基-2-氨基-1,3-丙二醇(简称混旋氨基物)的制备(还原)

（1）工艺原理

还原：

$$O_2N-C_6H_4-\underset{\underset{O}{\|}}{C}-\underset{\underset{NHCOCH_3}{|}}{C}HCH_2OH + Al[OCH(CH_3)_2]_3 \xrightarrow[AlCl_3]{(CH_3)_2CHOH} O_2N-C_6H_4-CH(O)-CH(NHCOCH_3)-CH_2O-Al(OCH(CH_3)_2)\ (\text{cyclic}) + (CH_3)_2CHOH + (CH_3)_2CO$$

$$O_2N-C_6H_4-CH(O-Al(OCH(CH_3)_2)-O-CH_2)-CH(NHCOCH_3) + 3H_2O \longrightarrow O_2N-C_6H_4-CH(OH)-CH(NHCOCH_3)-CH_2OH + Al(OH)_3 + (CH_3)_2CHOH$$

水解：

$$O_2N-C_6H_4-CH(OH)-CH(NHCOCH_3)-CH_2OH + HCl + H_2O \longrightarrow O_2N-C_6H_4-CH(OH)-CH(NH_2\cdot HCl)-CH_2OH + CH_3COOH$$

中和：

$$O_2N-C_6H_4-CH(OH)-CH(NH_2\cdot HCl)-CH_2OH + NaOH \longrightarrow O_2N-C_6H_4-CH(OH)-CH(NH_2)-CH_2OH + NaCl + H_2O$$

上一步的反应原料酰化物已经有一个手征性中心，当羰基还原为仲醇时，又将出现另一个手征性中心。虽然有很多种羰基还原为仲醇的方法，但本反应必须使用立体选择性高的还原剂，以便占优势生成苏型立体异构体，同时又不导致分子中硝基的还原。采用异丙醇铝-异丙醇的还原方法（即 Meerwern-Ponndorf-Verley 还原法）正好能满足这些要求。

在用异丙醇与铝反应制备异丙醇铝时，异丙醇是过量的，因此得到的是异丙醇铝的异丙醇溶液。由于铝中含有其他杂质，所用反应产物是呈灰色的浑浊液。从反应产物中蒸出异丙醇后，再减压蒸馏可得异丙醇铝纯品。还原反应的主要副产物（称为红油）中包括一种含有噁唑环的化合物。

$$O_2N-C_6H_4-C(=O)-CH(NHCOCH_3)-CH_2OH \xrightarrow{-H_2O} O_2N-C_6H_4-C(=O)-C(NHCOCH_3)=CH_2 \xrightarrow[\text{异丙醇}]{\text{异丙醇铝}}$$

$$O_2N-C_6H_4-CH(OH)-C(NHCOCH_3)=CH_2 \longrightarrow \left[O_2N-C_6H_4-CH(OH)-C(=CH_2)-N=C(OH)-CH_3\right] \xrightarrow{-H_2O}$$

$$O_2N-C_6H_4-CH\text{-}C(=CH_2)\text{-}N=C(CH_3)\text{-}O \longrightarrow O_2N-C_6H_4-C=C(CH_3)\text{-}N=C(CH_3)\text{-}O$$

混旋氨基物水解得 DL-苏式-1-对硝基苯基-2-氨基-1,3-丙二醇盐酸盐，将此盐酸用碱中和，则得混旋氨基物。混旋氨基物在水中有一定的溶解度，为了回收母液中的少量氨基物，通常采用在母液中加入苯甲醛的方法，使苯甲醛与混旋氨基物作用生成水溶解度很小的亚胺物。亚胺物在盐酸中水解，便可回收氨基物的盐酸盐和苯甲醛。

$$\underset{\text{混旋氨基物}}{O_2N-C_6H_4-CH(OH)-CH(NH_2)-CH_2OH} + C_6H_5-CHO \xrightarrow{pH=8\sim9}$$

$$O_2N-C_6H_4-CH(OH)-CH(CH_2OH)-N=CH-C_6H_5 \xrightarrow[80\sim85^\circ C]{H_2O,\ HCl} O_2N-C_6H_4-CH(OH)-CH(NH_2\cdot HCl)-CH_2OH + C_6H_5-CHO$$

（2）工艺原理　配料比为缩合物：铝片：异丙醇：三氯化铝：盐酸：水：10% NaOH=1：0.23：3.62：0.19：4.76：1.26：适量（质量比）。

① 异丙醇铝的制备　把定量干燥铝片投入干燥的异丙醇铝反应釜中，加入三氯化铝，盖釜，由计量罐中加入异丙醇，加热使之回流，约 2h 后温度上升至 130℃左右，停止加热，使其自然升温，加入余下的异丙醇，继续回流至铝片全部作用完毕、无氢气放出为止。冷却、静置，将制得的异丙醇铝-异丙醇溶液压至还原反应罐中。

② 还原反应　将异丙醇铝-异丙醇液冷却至 35～37℃，搅拌 15min 左右加入少量三氯化铝，维持温度 44～46℃反应 1h，使异丙醇铝部分转变为氯代异丙醇铝。随后将适量缩合物在 2h 内抽入反应罐，调温，于 60～62℃反应 4h。反应结束后停搅拌，送料。

③ 水解　将反应液压至盛有水及适量盐酸的回收釜中，搅拌，热水调温至 70～73℃，保温 0.5h，然后减压蒸出含水异丙醇。蒸完后，稍冷，加入上批的亚胺物，再加入浓盐酸，升温至 76～80℃，反应约 1h，同时减压回收异丙醇。反应毕，降温到 60℃压料至结晶罐（压料时压力控制在 0.1MPa 内）。

将反应物冷却至 3℃，保温 10h 左右，使氨基醇盐酸盐结晶析出。于－3℃以下过滤，滤饼用 3℃以下 20％稀盐酸均匀冲洗，甩滤 1.5h，取出滤饼即为氨基物盐酸盐。母液可回收酸性异丙醇和铝盐。

④ 中和　将氨基物盐酸盐加少量母液溶解，溶解液液面有红棕色油状物，分离除去后，加碱液中和至 pH＝7.6～7.8，使铝盐变成氢氧化铝析出。加入活性炭于 50℃下脱色、过滤，滤液用碱液中和至 pH＝9～9.5，用冰盐水冷冻至 3℃左右，混旋氨基物析出，过滤，产物（湿品）送拆分。母液和洗液作亚胺物。还原、水解、中和三步反应收率为 86％。

⑤ 回收　将母液和洗液送至回收釜，调温 35～40℃，pH＝9.5～10，滴加苯甲醛，反应 1h 过滤，甩滤得白色亚胺物。再将水、30％盐酸、亚胺物依次投入水解釜，搅拌升温到约 90℃，保温反应 6h，同时，减压回收苯甲醛。反应毕，用常温水降温至 40～45℃后换冰盐水冷冻至 3℃，维持 10h 后过滤，滤饼经缩醛冲洗后再用 20％低温盐酸冲洗。滤饼即为氨基物盐酸盐。通过此步回收可增加反应物收率，工艺流程如图 12-4 所示。

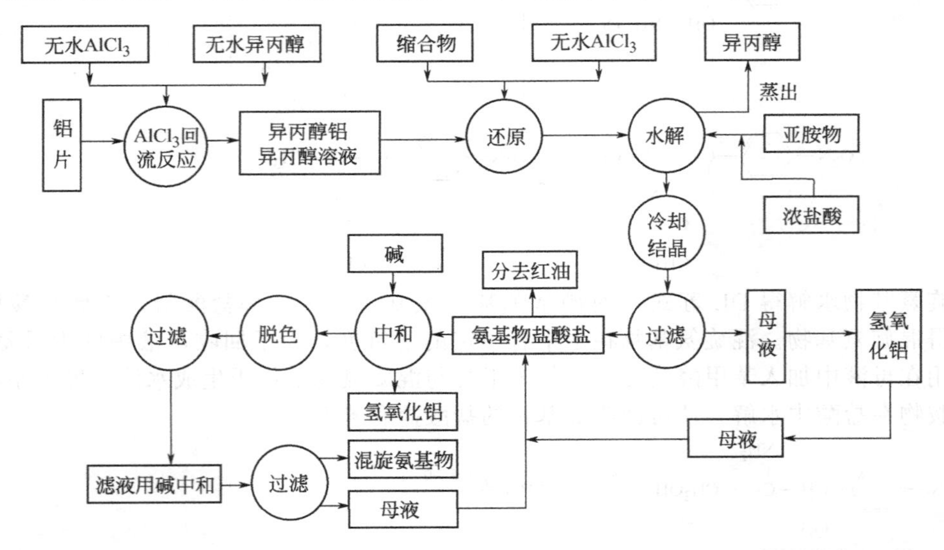

图 12-4　DL-苏式-1-对硝基苯基-2-氨基-1,3-丙二醇的制备

（3）注意事项

① 异丙醇铝-异丙醇溶液不需要精制，但必须新鲜配制，否则影响收率。

② 三氯化铝吸水性极强，放热强烈，严禁一次倒入釜内造成喷料伤人。

③ 在制备异丙醇铝和还原反应过程中，必须无水并严格控制温度。因为水能引起异丙

醇铝水解，有碍还原反应进行；而温度过高使反应过分激烈，罐内产生大量氢气，易引起爆炸着火。

④ 异丙醇铝-异丙醇溶液静置前必须保持正常回流，温度不得低于80℃，静置后抽料温度不得低于70℃。

12.2.9 D-(−)-苏式-1-对硝基苯基-2-氨基-1,3-丙二醇的制备(拆分)

(1) 制备工艺原理　氨基物的拆分有两种。一种是利用形成非对映体的拆分法，即用一种旋光物质（如酒石酸、樟脑磺酸、苦杏仁酸等）与D-氨基物及L-氨基物生成非对映体的盐，并利用它们在溶剂中溶解度之差异进行分离。然后分别脱去拆分剂，便可得到单纯左旋体和右旋体。生产上常用酒石酸法。该方法的优点是拆分出来的旋光异构体光学纯度高，且操作方便、易于控制；缺点是生产成本较高。

$$\left.\begin{array}{l}\text{D-(−)-苏式氨基物}\\ \text{L-(+)-苏式氨基物}\end{array}\right\}\xrightarrow[\text{CH}_3\text{OH 煮沸}]{\text{D-(+)-酒石酸}}$$

$$\left.\begin{array}{l}\text{D-(−)-苏式氨基物·D-(+)-酒石酸盐}\\ \text{L-(+)-苏式氨基物·D-(+)-酒石酸盐}\end{array}\right\}\xrightarrow[45^{\circ}\text{C}]{\text{冷却}}\left.\begin{array}{l}\text{沉淀}\\ \text{溶解}\end{array}\right\}$$

$$\xrightarrow{\text{分离}}\left\{\begin{array}{l}\text{滤饼，D-(−)-苏式氨基物·D-(+)-酒石酸盐}\xrightarrow[\text{pH}=8\sim9]{\text{中和}}\text{D-(−)-氨基物}\\ \text{滤液，L-(+)-苏式氨基物·D-(+)-酒石酸盐}\end{array}\right.$$

另一种方法为诱导结晶拆分法，这是目前氯霉素生产中较多采用的方法。即在氨基物消旋体的饱和水溶液加入其中任何一种较纯的单旋体结晶作为晶种，则结晶成长并析出同种单旋体的结晶，迅速过滤；滤液再加入消旋体使成适当过饱和溶液，冷却便又析出另一种单旋体结晶，如此交叉循环拆分多次，达到分离的目的。该法特点是原材料消耗少，设备简单，拆分收率较高，成本低廉；缺点是拆分所得的单旋体的光学纯度较低，工艺条件控制较麻烦。

采用诱导结晶拆分法必须具备两个条件。

① 消旋体必须是消旋混合物，即在溶液中它的两个对映体各自独立存在。如果是消旋化合物便不能拆分。

② 消旋体的溶解度应大于任一种单旋体的溶解度。这样的单旋体结晶析出时，消旋体不析出仍留在溶液中，从而获得拆分。

(2) 制备工艺过程　配料比为混旋氨基物∶L-氨基物∶36%盐酸=1∶0.14∶0.45（质量比）。在稀盐酸中加入一定比例的混旋氨基物及L-氨基物，升温至60℃左右待全溶后，加活性炭脱色过滤，滤液降温至35℃析出L-氨基物，滤出。母液经调整旋光含量后，加入一定量的盐酸和混旋氨基物，同法操作，再行拆分，可依次制得D-氨基物及L-氨基物。母液循环套用。粗制D-氨基物经酸碱处理、脱色精制，于pH=9.5～10析出精制品，甩滤、洗涤、干燥后贮存。收率为94.5%～95%，生产工艺如图12-5和图12-6所示。

(3) 注意事项

① 拆分母液的配制很关键，一定要选用含量高、结晶好、色泽好的氨基物盐酸盐或混旋氨基物、右旋氨基物。

② 拆分时真空度必须保持在0.07MPa以上，蒸气压保持在0.05MPa以上，内温不得高于68℃，低温水应保持在10～18℃之间，总体积控制在1600～1660L。

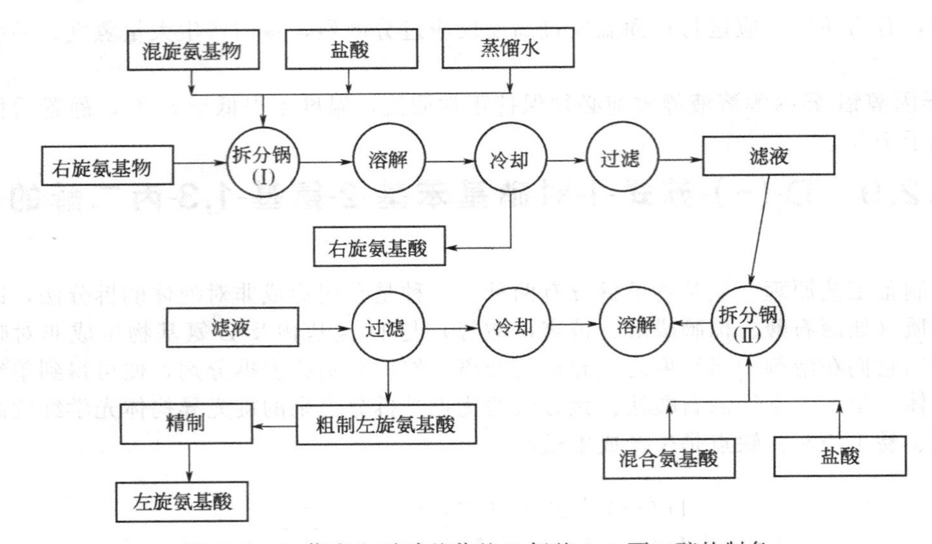

图 12-5 D-苏式-1-对硝基苯基-2-氨基-1,3-丙二醇的制备

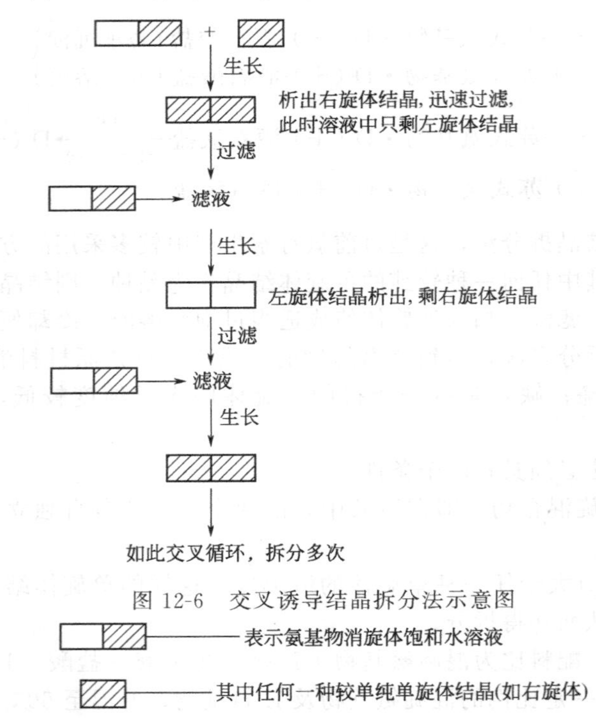

图 12-6 交叉诱导结晶拆分法示意图

表示氨基物消旋体饱和水溶液

其中任何一种较单纯单旋体结晶(如右旋体)

③ 连续拆分 60～80 次脱色 1 次并调整配比，以保证拆分的正常进行。

④ 氨基物不稳定，遇空气易被氧化，不得混入金属杂质。

12.2.10 氯霉素的制备

(1) 制备工艺原理 本反应是左旋氨基物经过二氯乙酰化后得氯霉素。

$$O_2N-C_6H_4-\underset{OH}{CH}-\underset{NH_2}{CH}-CH_2OH + CHCl_2COOCH_3 \xrightarrow[65\sim70℃]{CH_3OH} O_2N-C_6H_4-\underset{OH}{CH}-\underset{NHCOCHCl_2}{CH}-CH_2OH + CH_3OH$$

左旋氨基物　　　　氯霉素

辅助反应：二氯乙酸甲酯的制备反应方程式如下。

$$2CCl_3CHO + Na_2CO_3 + H_2O \xrightarrow{NaCN} 2CHCl_2COOCH_3 + 2NaCl + CO_2\uparrow + H_2O$$

二氯乙酸甲酯

副反应：

$$2CCl_3CHO + Na_2CO_3 + H_2O \longrightarrow 2CHCl_3 + 2HCOONa + CO_2\uparrow$$

$$CCl_3CHO + CH_3OH \longrightarrow CCl_3CH(OH)OCH_3$$

三氯乙醛醇缩合物

制备二氯乙酸甲酯的废水中含有过量的氰化钠，采用加入硫酸亚铁生成黄血盐（亚铁氰化钠）以消除氰离子（CN^-）的方法。

$$FeSO_4 + 2NaCN \longrightarrow Fe(CN)_2 + Na_2SO_4$$

$$Fe(CN)_2 + 4NaCN \longrightarrow Na_4Fe(CN)_6$$

亚铁氰化钠

(2) 制备工艺过程　配料比为精制 D-氨基物：二氯乙酸甲酯：甲醇＝1：0.75：1.61（质量比）。

① 二氯乙酸甲酯的制备　在搅拌下向干燥的酯化釜内加入甲醇、碳酸钠、氰化钠，盖釜升温，至 65℃使其回流 30min；控制温度在 60～75℃，0.5h 内将三氯乙醛加完，反应 0.5h。冷却后，将反应物放入洗涤罐中，加水使甲醛稀释并使盐溶解。分出酯层，洗涤后送至蒸馏釜，减压蒸馏，蒸出的二氯乙酸甲酯用 10%碳酸钠溶液洗后再用水洗，最后用无水氯化钙干燥，生产流程如图 12-7 所示。

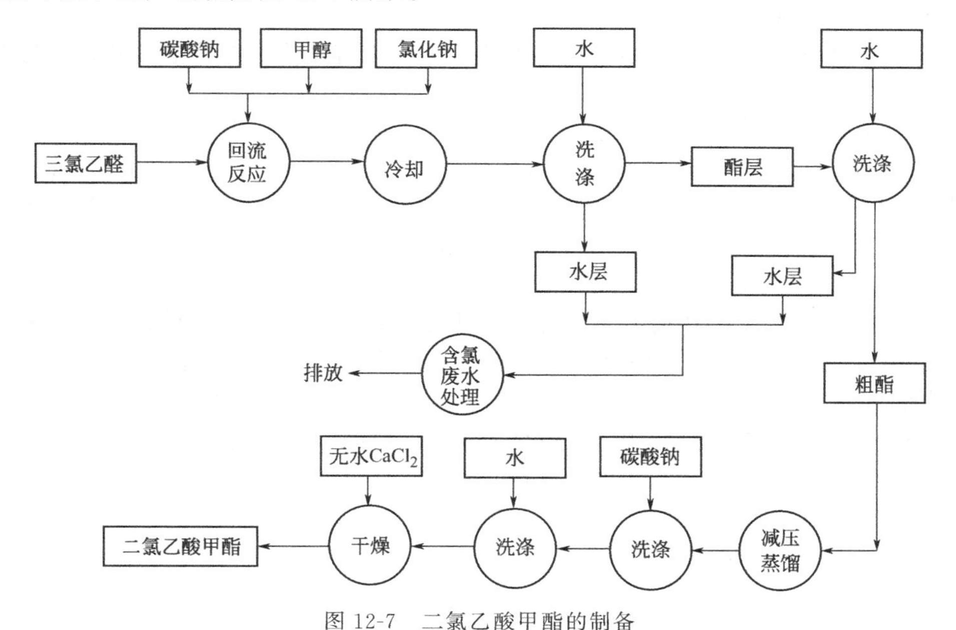

图 12-7　二氯乙酸甲酯的制备

② 氯霉素的制备　将甲醇置于干燥的反应釜内，加入二氯乙酸甲酯，在搅拌下加入左旋氨基物（含水在 0.3%以下），于 60℃左右反应 1h。加入活性炭脱色过滤，在搅拌下向滤液中加蒸馏水，使氯霉素析出，冷至 7℃时过滤，滤饼用 7℃以下蒸馏水充分洗净，甩滤 30min 出料，干燥，即得氯霉素。收率 96%。滤液交升膜回收，生产流程如图 12-8 所示。

③ 成品母液的升膜回收　将成品滤液用泵送入高位槽，经预热器，在真空度 0.06MPa

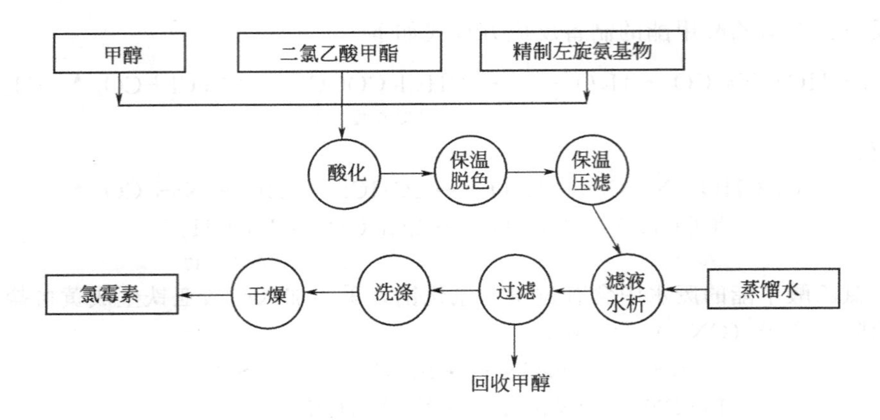

图 12-8　氯霉素的制备

以上、蒸气压 0.15～0.2MPa 的情况下，以 600～650L/h 的流速进入升膜浓缩器进行减压升膜浓缩，正常情况下浓缩 3～4h 后停止。随后开接收釜，搅拌，并用冰盐水冷至 5℃过滤，滤饼为浓缩物，滤液回收亚胺物。

④ 浓缩滤液回收亚胺物　将浓缩物的滤液抽入亚胺物回收釜，搅拌加盐酸调 pH 值为 1，并调温于 75～85℃下反应 1h。然后降温至 35～40℃加碱液中和至 pH＝9.5～10，滴加苯甲醛，再反应 45～60min 后过滤，滤液弃去，滤饼用大量常温水冲洗，甩干即为亚胺物。再将亚胺物水解制成亚胺物盐酸盐。

⑤ 成品盐酸盐制取左旋氨基物　先将上述浓缩物水解制成浓缩物盐酸盐，再与亚胺物盐酸盐一起投入脱色釜，于 45～50℃下加入活性炭脱色 15min 后，加碱液中和至 pH＝7.2～7.5，然后调温于 60～65℃下再脱色 15min 后压滤。滤液于 40～45℃下进行二次中和，pH＝9～9.5；滤饼（炭饼）经热水泡洗后压滤，滤饼弃去，滤液进二中釜。二次中和毕，常温水降温至 30℃左右过滤；冲洗滤饼，甩干取出干燥，即为左旋氨基物。总收率为 65.5%～66.8%（以对硝基苯乙酮计）。滤液、洗液留作亚胺物。

（3）注意事项

① 氰化钠为剧毒品，使用时必须遵守操作规定，由专人保管，投料时由专人复核。避免与无机酸类接触。投料后工具均要清洗干净，空桶须用硫酸亚铁处理。

② 制备二氯乙酸甲酯过程中，洗粗酯的水必须经硫酸亚铁处理后才能排入下水道。

③ 浓缩滤液回收亚胺物过程中，应严格控制甲醛时间、温度及回流状况。

④ 二氯乙酰化反应需在无水条件下进行，水的存在可导致发生副反应。

（4）氯霉素的收率计算

①
$$\text{溴-缩收率}=\frac{\text{缩合物得量}}{\text{对酮投料量}\times 1.5273}\times 100\%$$

②
$$\text{还原率}=\frac{\text{混旋氨基物得量}}{\text{缩合物投料量}\times 0.8413}\times 100\%$$

③
$$\text{拆分收率}=\frac{\text{左旋氨基物得量}}{\text{混氨投料量}\times 0.5000}\times 100\%$$

④
$$\text{成品收率}=\frac{\text{成品得量}}{\text{左旋氨基物投料量}\times 1.5228}\times 100\%$$

⑤ 氯霉素总收率＝溴-缩收率×还原收率×拆分收率×成品收率

课后练习

一、填空题

1. 氯霉素的化学名称为____________________。

2. 对硝基苯甲醛与甘氨酸反应的合成路线生成的两个手征性中心几乎全是________。

3. 氯霉素通用的工艺路线有三种：________；________；________。

4. 苯乙烯出发制成*β*-卤代苯乙烯经 Prins 反应即烯烃与醛（通常是甲醛）在酸的催化下生成________及其衍生物。

5. 配制混酸时，浓硫酸用量比水多得多，将水加入硫酸中可避免__________。

答案：1. D-苏式-(—)-*N*-[*α*-(羟基甲基)-*β*-羟基-对硝基苯乙基]-2,2-二氯乙酰胺 2. 苏式结构 3. 对硝基苯乙酮法、苯乙烯法、肉桂醇法 4. 1,3-丙二醇 5. 硫酸对罐的腐蚀

二、简答题

1. 写出以对硝基乙苯生产氯霉素的工艺路线，并比较它与其他几条路线的优缺点。

2. 由对硝基-*α*-氨基苯乙酮盐酸盐制备对硝基-*α*-乙酰氨基苯乙酮时，为什么必须先投醋酐再投醋酸钠？

3. 硝化反应操作时，应注意哪些问题？

4. 简述诱导结晶拆分法的原理。

知识拓展

手性药物的拆分

手性是自然界的一种普遍现象，构成生物体的基本物质如氨基酸、糖类等都是手性分子。手性异构体（对映体）在药物中占有很大的比例，据统计，已知药物中有30%～40%是手性的。经由化学合成得到的药物往往是对映体，不是单一的光学异构体。虽然其物理化学性质基本相同，但是由于药物分子所作用的受体或靶位是氨基酸、核苷、膜等组成的手性蛋白质和核酸大分子等，它们对与其结合的药物分子的空间立体构型有一定的要求，因此，对映体药物在体内往往呈现很大的药效学、药动学等方面的差异。鉴于此，美国食品医药管理局（FAD）规定，今后研制具有不对称中心的药物，必须给出手性拆分结果，欧共体也采取了相应措施，因此手性拆分已成为药理学研究和制药工业日益迫切的课题。用化学拆分法、超临界流体色谱法、膜法、酶法以及模拟流动床法分离药物对映体，已成为新药研究和分析化学的领域之一。

第13章 维生素C的制备

维生素是人和动物维持生命和保证健康必不可少的要素，缺乏维生素时，会使体内新陈代谢阻碍而致病。维生素类药物的主要用途是防治维生素缺乏症、调节胆固醇的代谢作用、促进支持组织的形成和增强抵抗力。近半年，临床上也用某些维生素治疗心律失常、扩张周围血管等（如二磷硫酸铵、烟酰胺等）。除此之外，维生素在食品、饲料和化妆品工业中也有着十分广泛的用途。

13.1 维生素的分类

维生素的种类很多，常见的分类方法有3种。

（1）按发现的顺序分类　在维生素后附拉丁字母A、B、C、D……仅表示发现的先后，与其结构无关。

（2）按其在水与油中溶解性分类　分水溶性和油溶性两大类。属于水溶性的有维生素B_1、维生素B_2、维生素B_6、维生素B_{12}、烟酸，烟酰胺和维生素C等；属于油溶性的有维生素A、维生素D、维生素E、维生素K等。

（3）按化学结构分类　分为：①多羟基不饱和内酯衍生物（如维生素C等）；②芳香族衍生物（如维生素K等）；③杂环族衍生物（如维生素E等）。

13.2 维生素C

维生素C是人体不可缺少的一种有机化合物，广泛存在于自然界中。人们常吃的水果、蔬菜等都含有大量维生素C，动物器官的肾、肝和脑垂体中也含有大量维生素C。维生素C参与机体代谢，帮助胆固醇转化为胆酸而排泄，以减轻毛细血管的血性，增加机体抵抗力；它还能促进肠道内的铁的吸收，如果缺乏维生素C，会使血浆与贮存器官中的铁的运输遭破坏；它与叶酸之间也有一定作用，能促进叶酸转变成甲酰四氢叶酸，以保持人体正常造血功能。临床上，维生素C用于治疗坏血病、预防冠心病，大剂量静脉注射可用于克山病的治疗。由于维生素C是一种强还原剂，故还可以用于食品保鲜与贮藏、油脂的抗氧化、植物生长等领域以及作为人体营养剂、健康食品添加剂等。

人体不能自行合成所需的维生素C，主要从食物中提取。维生素C虽广泛存在于自然界中，但含量很低，目前主要采用生物和化学合成法来制备，其产量占全部维生素产量的50%以上，居维生素之冠。国外生产维生素C已有50余年的历史，自动化水平较高，生产能力较强。光是瑞士罗氏（Roche）公司在英国、美国、联邦德国的3个厂的生产能力便达到3.6万吨，生产过程全部是自动化操作和管理。我国生产维生素C（以下简称维C或VC）虽只有约30余年历史，但发展速度较快。20世纪70年代初开始研制维C两步发酵法并投入生产，其工艺已达到国际先进水平。维生素C（Vitamin C）最早（1932年）是由柠檬汁浓缩液中提取的结晶体，又称抗坏血酸（ascorbic acid）。其结构式为：

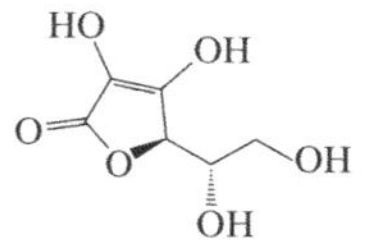

分子式: $C_6H_8O_6$
精确分子量: 176.03
分子量: 176.12
m/z:176.03(100.0%), 177.04(6.8%), 178.04(1.4%)
元素分析: C, 40.92; H, 4.58; O,54.50

维生素C为白色或略带淡黄色的结晶或粉末，无臭、味酸，遇光色渐变深，水溶液显酸性反应。本品结晶体在干燥空气中较稳定，但其水溶液能被空气中氧和其他氧化剂所破坏，故贮藏时要阴凉干燥，密闭避光。熔点为190～192℃，熔融时同时分解。

维生素C易溶于水，略溶于乙醇，不溶于乙醚、氯仿和石油醚等有机溶剂。水溶液在pH=5～6之间稳定；若pH值过高或过低，并在空气、光线和温度的影响下，可促使内酯环水解，并可进一步发生脱羧反应而成糠醛，聚合后易变色。这是本品在贮存中变色的主要原因。反应过程如下：

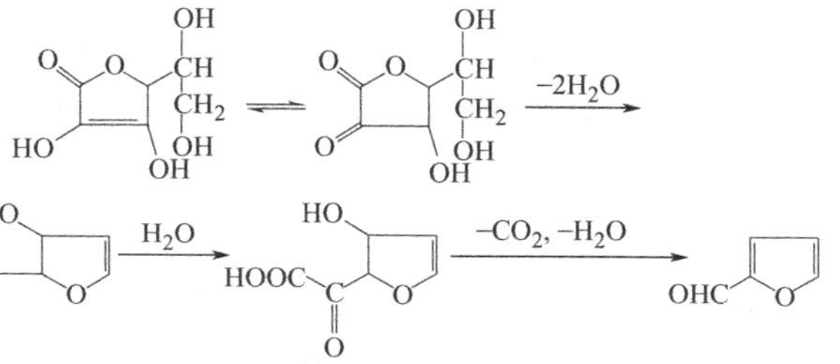

维生素C的水溶液呈酸性是由于分子中存在烯醇结构、表现出强还原作用的缘故；也是因烯醇结构易被氧化成双酮结构，故微量金属离子（Cu^{2+}、Zn^{2+}、Mn^{2+}、Fe^{2+}等）的存在会使氧化反应加速。

13.3 维生素C的合成路线设计与选择

目前采用的化学合成法为莱氏法及其改进路线。在生物工程上，维生素C从山梨醇两步发酵法发展到D-葡萄糖经2-酮基-L-古龙酸（简称2-KGA）的新两步发酵法和从葡萄糖起始的三步发酵法直接得维生素C。1984年日本推出了从葡萄糖到维生素C的一步发酵法。

13.3.1 莱氏法

以D-山梨醇为原料，经黑醋菌一步发酵得山梨糖，再经丙酮酮醇缩合、次氯酸钠氧化及盐酸转化等5步制备维生素C获得成功，以后在很长一段时间，国内外皆沿用此法（通称莱氏法）进行生产。其反应过程如下：

D-葡萄糖 —[氢化还原] H_2/Ni→ D-山梨醇 —[生物氧化] 黑醋菌→ L-山梨糖

—[酯化] CH_3COCH_3/H_2SO_4→ 2,3,4,5-双丙酮基-L-山梨醇 —[氧化] $NaOCl/Ni^{2+}$→ 2,3,4,6-双丙酮基-L-2-酮基-古龙酸

这个方法中要用强氧化剂将L-山梨糖在四位的仲醇基氧化生成维生素C的重要前体——2-酮基-L-古龙酸（2-keto-L-gulonic acid，简称2-KGA）。为了保护C6位伯醇基不被氧化，就必须在硫酸存在下先用丙酮处理L-山梨糖，形成双丙酮衍生物；氧化后还必须水解生成二异丙亚乙基衍生物（不稳定，难以分离），需再经转化而得维生素C。

13.3.2 两步发酵法

由于莱氏法反应步骤多，将山梨醇或山梨糖作为原料直接转化成2-酮基-L-古龙酸。以氧化葡萄糖酸酐（gluconobacter oxydans）为主要产酸菌，以条纹假单孢杆菌（pseudomonas striata）为伴生菌的自然组合菌株，此组合菌株能将山梨糖继续氧化成维生素C的前体2-酮基-L-古龙酸，最后经化学转化制备成维生素C。这一方法称为两步发酵法。该法简化和缩短了莱氏路线，节省了原料。其合成路线如下：

D-葡萄糖 —[氢化还原] H_2/Ni，0.04MPa，150℃→ D-山梨醇 —[生物氧化] O_2/黑醋菌，pH=5.4～5.8，33～34℃→ L-山梨糖

—[生物氧化] O_2/假单孢杆菌，pH=6.7～7.0，20～31℃→ 2-酮基-L-古龙酸 —[转化] 38% HCl，51℃→ L-维生素C

13.3.3　全化学合成法

其合成路线是将葡萄糖或葡萄糖醛酸内酯丙酮化后，经催化、氧化，然后水解还原成维生素 C。以葡萄糖为原料的全合成法，丙酮用量大，且需要用铂金属为催化剂，收率仅25%～28%。以葡萄糖醛酸内酯为原料的全合成法，其收率比莱氏法高，可以不用铂催化，有其优越性。

13.3.4　其他方法

近来，新菌株诱变伊文氏菌或诱变伊文氏菌与棒状菌基因，并接成另一新菌株利用这两种新菌株，从葡萄糖制备维生素 C 分别只需 2～3 步。

13.4　莱氏法制备维生素C

13.4.1　D-山梨醇的制备

（1）制备工艺原理　山梨醇是将葡萄糖催化氢化还原制得的。

$$
\begin{array}{c}
CH_2OH \\
| \\
HO-C-H \\
| \\
HO-C-H \\
| \\
H-C-OH \\
| \\
HO-C-H \\
| \\
CHO \\
\text{D-葡萄糖}
\end{array}
\xrightarrow[\substack{0.04MPa \\ 150^\circ C}]{\substack{[\text{氢化还原}] \\ H_2/Ni}}
\begin{array}{c}
CH_2OH \\
| \\
HO-C-H \\
| \\
HO-C-H \\
| \\
H-C-OH \\
| \\
HO-C-H \\
| \\
CH_2OH \\
\text{D-山梨醇}
\end{array}
$$

该反应过程是在控制压力、氢作还原剂、镍作催化剂的条件下，将醛基还原成醇羟基的。

（2）制备工艺过程　当釜内氢气纯度>99.3%、压力<0.04MPa 时可加入葡萄糖（葡萄糖和水按 2∶1 配比溶化），同时在催化剂槽中添加活性镍。利用糖液冲入釜内碱液调节 pH 值为 8.2～8.4，然后通蒸汽并搅拌。当温度达到 120～135℃时关蒸汽，并控制釜温在150～155℃、压力在 3.8～4.0MPa。取样化验合格后，在 0.2～0.3MPa 压力下压料至沉淀缸，过滤，滤液经树脂交换处理，即得 D-山梨醇，收率为 95%。

山梨醇是无色透明或微黄色透明黏稠液体，主要用作生产维生素 C 的原料，也可作表面活性剂、制剂的辅料、甜味剂、增塑剂、牙膏的保湿剂，其口服液还可治疗消化道疾病。

（3）注意事项及“三废”处理　车间进行本还原反应时氢气需自制，故配有氢气柜。应杜绝火源，以免氢气发生爆炸。

废镍催化剂可压制成块、冶炼回收；再生废液中的镍经沉淀后可回收。废酸、废碱液经中和后放入下水道。

13.4.2　L-山梨糖的制备

（1）制备工艺原理　经过黑醋菌的生物氧化，可选择性地使 D-山梨醇的二位羟基氧化成酮基，即得 L-山梨糖。

D-山梨醇 + [O] —[生物氧化] 黑醋菌→ L-山梨糖 + H_2O

（2）制备工艺过程

① 菌种部分　黑醋菌的斜面菌种每月传代一次，在斜面培养基中于30～32℃培养48h后，保存于0～5℃水箱内。然后可接入三角瓶种液培养基中，于30～32℃培养24h，发酵率为50%左右。镜检菌体正常、无杂菌，可移入克氏瓶培养基中培养24h，镜检正常，测定发酵率在65%以上者，可保存在冰箱内，以供种子罐使用。

② 发酵部分　分一、二级种子培养。山梨醇投料含量为16%～20%，以酵母膏、碳酸钙、琼脂、复合维生素B、磷酸盐、硫酸盐等为培养基，控制pH值为5.4～5.6，先于120℃灭菌0.5h，然后在罐温30～32℃、罐压0.03～0.05MPa下进行培养。一级种子罐发酵率达40%以上，二级种子罐发酵率在50%以上，菌体生长正常即可供发酵罐作种液用。发酵培养的山梨醇投料含量为25%左右，其余培养基成分及培养条件与种子罐相同。当发酵率在95%以上、温度略高（31～33℃）、pH值在7.2左右，即为发酵终点。然后控制真空度在0.05MPa以上、温度在60℃以下，减压浓缩结晶即得L-山梨糖。

（3）注意事项　在发酵过程中，若出现苷糖高、周期长、酸含量低、pH值不降的现象，说明发生染菌。染菌会大大影响发酵收率，所以要尽量减少染菌途径。常见的染菌途径有种子或发酵罐带菌、接种时罐压低于大气压、培养基消毒不彻底、操作中未防止染菌及阀门泄漏等。

13.4.3　2,3,4,6-双丙酮基-L-山梨糖（双丙酮糖）的制备

（1）制备工艺原理　山梨糖（酮式）经过互变异构转变成环式山梨糖，再与2分子丙酮反应，将其结构中二、三位羟基及四、六位羟基保护起来，生成2,3,4,6-双丙酮基-L-山梨糖。

L-山梨糖(酮式) ⇌[互变异构] L-山梨糖(环式) —[酮化] $2CH_3COCH_3/H_2SO_4$, −8～−3℃→ 2,3,4,6-双丙酮基-L-山梨糖 + H_2O

（2）制备工艺过程　配料比为L-山梨糖：丙酮：发烟硫酸：氢氧化钠：苯=1：9：0.4：0.6：6（摩尔比）。将丙酮、发烟硫酸在5℃以下压至溶糖罐内，加入山梨糖，在15～20℃下溶糖6h后再降温至−8℃，保持6～7h得酮化液。然后在温度不超过25℃情况下，把酮化液加入18%～22%氢氧化钠溶液中，中和至pH=8.0～8.5，下层硫酸钠用丙酮洗涤，回收单丙酮糖；上层清液蒸馏至100℃后，减压蒸馏至约90℃为终点，再用苯提取蒸馏后剩余溶液，然后减压蒸馏苯液得双丙酮糖，收率88%。

（3）注意事项

① 酮化反应温度必须低于20℃，这有利于双丙酮糖的生成，保证收率。若高于20℃，

将有利于单丙酮糖的生成，使收率降低。

② 双丙酮糖液在酸性条件下不稳定，碱性条件下较稳定，因此中和时，必须保持碱性和低温条件。

13.4.4　2,3,4,6-双丙酮基-L-2-酮基-古龙酸的制备

（1）制备工艺原理　用次氯酸钠将2,3,4,6-双丙酮基-L-山梨糖氧化成2,3,4,6-双丙酮基-L-2-酮基古龙酸钠，再用浓盐酸酸化即得2,3,4,6-双丙酮基-L-2-酮基-古龙酸（双丙酮古龙酸）。

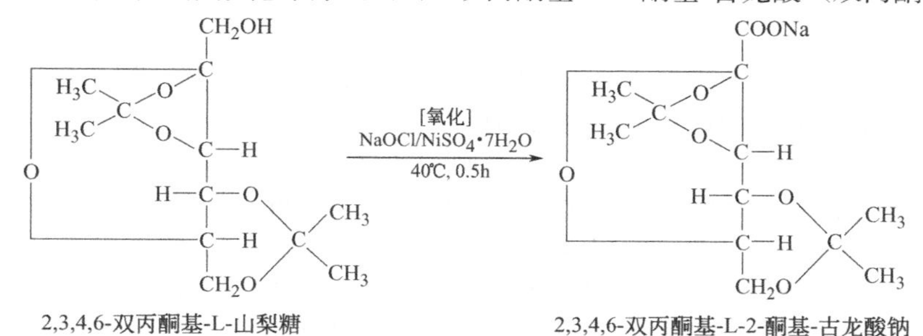

2,3,4,6-双丙酮基-L-山梨糖　　2,3,4,6-双丙酮基-L-2-酮基-古龙酸钠

浓HCl
<4℃
+ NaCl

2,3,4,6-双丙酮基-L-2-酮基-古龙酸

（2）制备工艺过程

① 次氯酸钠的制备　由于次氯酸钠久置易分解失去氧化性，所以需新鲜配制。于35℃以下将14.5%～15.5%氢氧化钠溶液搅拌通入液氯，以有效氯含量9.5%～9.7%、余碱含量2.8%～3.2%为终点。

② 2,3,4,6-双丙酮基-L-2-酮基-古龙酸的制备　配料比为双丙酮糖：次氯酸钠：硫酸镍=1：10：0.04（摩尔比）。将次氯酸钠、双丙酮糖及硫酸镍在温度40℃保温搅拌30min，然后静止片刻，抽滤。滤液冷至0～5℃时，用盐酸中和，分三段进行：pH=7、pH=3、pH=1.5。甩滤，冷水洗，再甩滤1h，即得2,3,4,6-双丙酮基-L-2-酮基-古龙酸结晶。收率86%。

13.4.5　粗品维生素C的制备

（1）制备工艺原理　这一反应包括三步：先将双丙酮古龙酸水解脱去保护基丙酮，再进行内酯化，最后进行烯醇化即得粗维生素C。由于这三步反应进行得很快，不能分别得到相应中间体，故用虚引线标示。

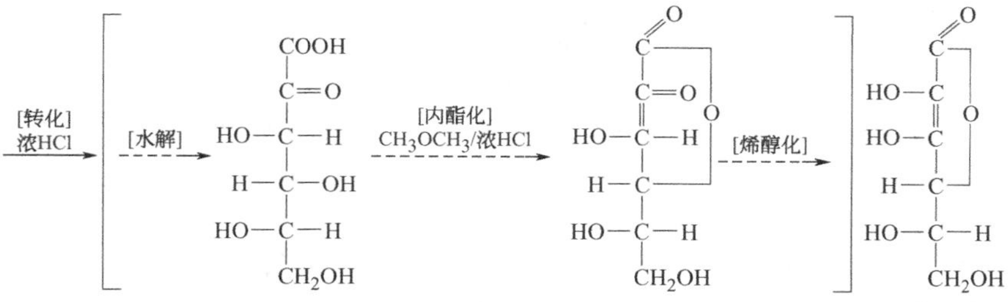

[转化]
浓HCl
[水解]
[内酯化]
CH_3OCH_3/浓HCl
[烯醇化]

L-维生素C

(2) 制备工艺过程　配料比为双丙酮古龙酸（折纯）：精制盐酸（38%）：乙醇＝1：0.27：0.31。先将部分双丙酮古龙酸加入转化罐，搅拌加入盐酸，再加入余下的双丙酮古龙酸，盖好罐盖。待反应罐夹层满水后，打开蒸汽阀门，缓慢升温至37℃左右关蒸汽，自然升温至52～54℃，保温5～7h。反应到达高潮时，结晶析出，要严格控制温度低于60℃，高潮期后，维持50～52℃至总保温时间20h。接着开常温水降温1h，加入适当体积的乙醇，冷却至－2℃，放料，甩滤0.5h，再用乙醇洗涤，甩滤3～3.5h，经干燥得粗品维生素C，收率88%。

(3) 注意事项

① 加料的先后顺序如先加双丙酮古龙酸与盐酸，易结成块状物，搅拌困难；先加丙酮，使之与双丙酮古龙酸形成一种悬浮液，易搅拌。

② 盐酸浓度不能过低（含量＞38%），否则对转化反应的催化作用减小，使收率降低。

③ 析出温度的影响。析出期是转化反应的高潮期，如析出期的温差（指析出结晶前后的温度差）太小，为1℃，说明反应不剧烈，放热小，不完全；而温差太大，为5℃，则反应放热太多，反应太剧烈，热量不能很快传递出去，会加速副反应，严重时引起烧料。故析出温差最好为2.5℃左右。从表13-1可以看出，析出温度不能高于59℃。如遇突然停电，应先关蒸汽，后关搅拌；来电后先开搅拌，再开蒸汽，缓慢升温。

表13-1　析出温差与收率的关系

析出温度/℃	55	56	56.5	57	58	59
析出温差/℃	1	2	2.5	3	4	5
收率/%	74.8	82.3	82.7	82	81	80.5

13.4.6 粗品维生素C的精制

配料比为粗维生素C（折纯）：蒸馏水：活性炭：乙醇＝1：1.1：0.06：0.6（质量比）。将粗品维生素C真空干燥（0.9MPa，45℃，20～30min），除去挥发性杂质（盐酸、丙酮），加蒸馏水搅拌，待维生素C溶解后，加入活性炭，搅拌5～10min，压滤，滤液至结晶罐，加入50L乙醇，降温后加晶种使结晶。将晶体离心甩滤，再加乙醇洗涤，甩滤，将甩干品干燥（0.9MPa，43～45℃，1.5h）即得精制维生素C。精制收率91%。

13.5 两步发酵法生产维生素C

13.5.1 D-山梨醇的制备(同上)

13.5.2 2-酮基-L-古龙酸微生物发酵液的制备

(1) 种子制备

① 黑醋菌部分　黑醋菌是一种小短杆菌，属革兰氏阴性菌（G^-），生长温度为30～36℃，最适温度为30～33℃。培养方法是将黑醋菌保存于斜面培养基中，每月传代一次，置于0～5℃冰箱内保存。以后菌种从斜面培养基移入三角瓶种液培养基中，在30～33℃振荡培养48h，合并入血清瓶内。糖量在100mg/mL以上、菌形正常、无杂菌者，可接入生产。

② 假单孢杆菌和氧化葡萄糖酸杆菌部分　将保存于冷冻管的菌种经活化、分离及温合培养后移入三角瓶种液培养基中，在29～33℃振荡培养24h，酸量在6～9mg/mL，pH值

降至7以下，菌形正常无杂菌，即可接入生产。

（2）发酵液制备

① 黑醋菌部分 种子培养分为一、二级种子罐培养，都以10% D-山梨醇投料，并以玉米浆、酵母菌、泡敌、碳酸钙等为培养基，在pH=4～5.6下于120℃保温30min灭菌，冷却至30～34℃。用微孔法接种，在此温度反应罐罐压为0.03～0.05MPa下培养至糖量达50～70mg/mL，即可移种。

② 发酵部分 发酵罐以7% D-山梨醇为投料浓度，另以玉米浆、尿素为培养基，在pH=5.4～5.6条件下，灭菌消毒冷却后，接入种液，在31～34℃、罐压0.03～0.05MPa下培养，至糖量不再上升时即为一步发酵的终点；立即对生成的L-山梨糖（醇液）于80℃加热10min，杀死第一步发酵微生物后，再开始进行第二步的混合菌株发酵。

③ 假单孢杆菌和氧化葡萄糖酸杆菌部分 先在一级种子培养罐内加入消过毒的辅料（玉米浆、尿素及无机盐）和醪液，控制温度为29～30℃，发酵初期温度较低，罐压为0.05MPa、pH=6.7～7.0，至产糖量达合格浓度，不再增加时，接入二级种子罐培养，条件控制同前；当作为伴生菌的芽孢杆菌开始形成芽孢时，产酸菌株开始产生2-酮基-L-古龙酸，直到完全形成芽孢后和出现游离芽孢时，产酸量达高峰（5mg/mL以上）。为保证产酸正常进行，往往定期滴加碱液调值，使保持pH=7.0左右。当温度略高（31～33℃）、pH=7.2左右、残糖量0.8mg/mL以下，即为发酵终点。此时游离芽孢及残存芽孢杆菌菌体已逐步自溶成碎片，用显微镜观察已无法区分两种细菌细胞的差别，整个产酸反应到此也就结束了，所以，根据芽孢的形成时间来控制发酵是一种有效的办法。在整个发酵期间，保持一定数量的氧化葡萄糖酸杆菌（产酸菌）是发酵的关键，生产流程见图13-1。

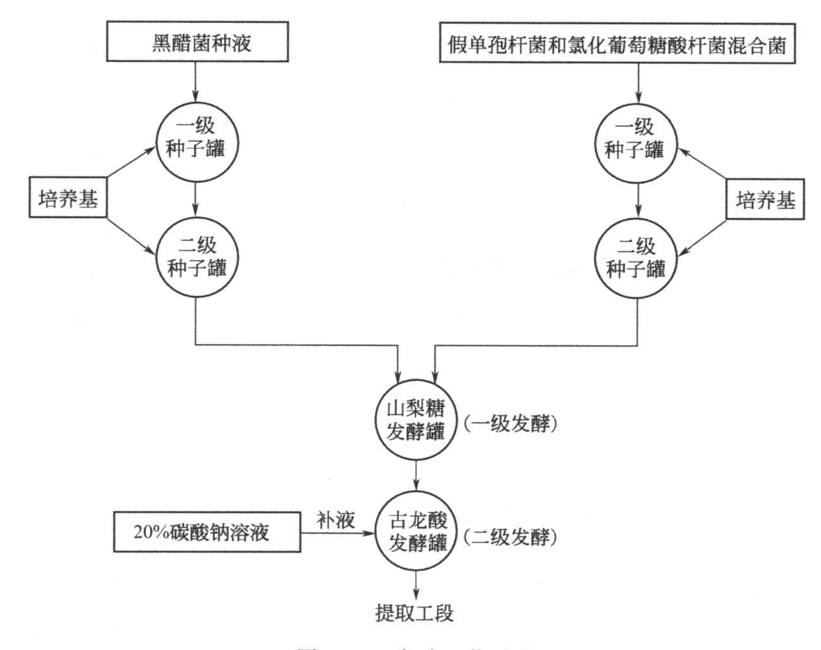

图13-1 发酵工艺过程

13.5.3 2-酮基-L-古龙酸的制备

（1）制备工艺原理 2-酮基-L-古龙酸是由2-酮基-L-古龙酸钠（能离解为阴、阳离子）用离子交换法经过两次交换去掉其中钠而得的。一次、二次交换中均采用732阳离子交换树脂。

(2) 制备工艺过程

① 一次交换　发酵液用盐酸酸化，调菌体蛋白等电点时，菌体蛋白沉淀最快。静置数小时后去掉菌体蛋白，将酸化上清液压入一次交换柱进行离子交换，控制流出液的 pH 值。当流出液达到一定 pH 值时，则更换树脂进行交换。

② 加热过滤　将经过一次交换后的流出液和洗液合并，在加热罐内调 pH 值至蛋白质等电点，然后加热至 90℃左右，加活性炭后再保温 10～15min，使菌体蛋白凝结。停搅拌；快速冷却，高速离心过滤得清液。

③ 二次交换　将酸性上清液打入二次交换柱进行离子交换，洗柱至流出液 pH＝1.5 开始收集交换液，控制流出液的 pH＝1.5～1.7，交换完毕，洗柱到流出液古龙酸含量为 1mg/mL。控制流出液的 pH 值，若 pH＞1.7 时，需更换交换柱。

④ 减压浓缩　先将二次交换液进行一级浓缩，控制真空度及内温，至浓缩液的相对密度达 1.2 左右，即可出料。接着，又在同样条件下进行二级浓缩，浓缩至尽量干，然后加入少量乙醇，冷却结晶，甩滤并用冰乙醇洗涤，得 2-酮基-L-古龙酸。提取工艺流程如图 13-2 所示。

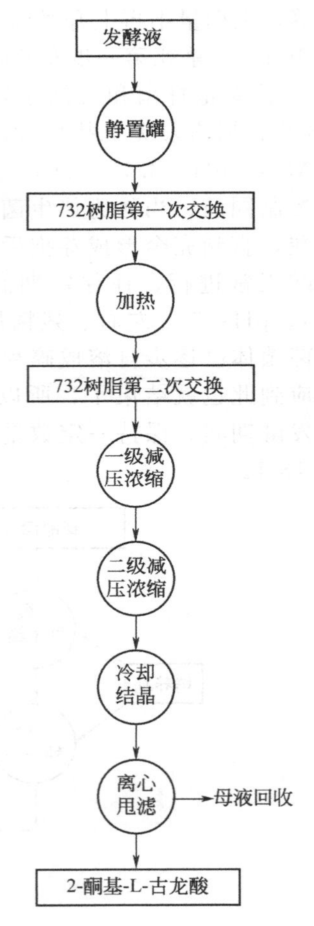

图 13-2　2-酮基-L-古龙酸提取工艺

如果以后使用碱转化工序，则需将 2-酮基-L-古龙酸进行真空干燥，除去部分水分。

(3) 注意事项及“三废”处理

① 树脂再生的好坏直接影响 2-酮基-L-古龙酸的提取，其标准为进出酸差在 1%以下，无 Cl^-。

② 浓缩时，温度控制在 45℃左右较好，以防止跑料和炭化。

③ 废液处理如下：母液可回收、再浓缩和结晶甩滤，以提高收率；废盐酸回收后可再用于第一次交换。

13.5.4　粗品维生素 C 的制备

由 2-酮基-古龙酸（简称古龙酸）转化成维生素 C 的方法目前已从酸转化发展到碱转化、酶转化，使维生素 C 工艺日趋完善。

(1) 酸转化工艺过程　配料比为 2-酮基-L-古龙酸：38%盐酸：丙酮＝1：0.4（质量/体积）：0.3（质量/体积）。先将丙酮及一半古龙酸加入转化罐搅拌，再加入盐酸和余下的古龙酸。待罐夹层满水后开蒸汽阀，缓慢升温至 30～38℃关汽，自然升温至 52～54℃，保温约 5h，反应到达高潮期，结晶析出，罐内温度稍有上升，最高可达 59℃，严格控制温度不能超过 60℃。高潮期后，维持温度在 50～52℃，至总保温时间为 20h，开常温水降温 1h，加入适量乙醇，冷却至－2℃，放料。甩滤 0.5h 后用冰乙醇洗涤，甩干，再洗涤，甩干 3h 左右，干燥后得粗品维生素 C。

(2) 碱转化

① 制备工艺原理　先将古龙酸与甲醇进行酯化反应，再用碳酸氢钠将 2-酮基-L-古龙酸甲酯转化成钠盐，最后用硫酸酸化得粗品维生素 C。反应过程如下：

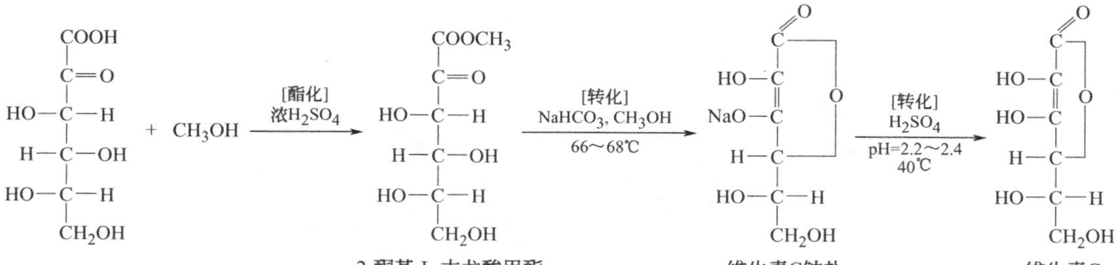

$$\text{2-酮基-L-古龙酸} + CH_3OH \xrightarrow[\text{浓}H_2SO_4]{[\text{酯化}]} \text{2-酮基-L-古龙酸甲酯} \xrightarrow[66\sim68^\circ C]{[\text{转化}]\ NaHCO_3,\ CH_3OH} \text{维生素C钠盐} \xrightarrow[pH=2.2\sim2.4,\ 40^\circ C]{[\text{转化}]\ H_2SO_4} \text{维生素C}$$

2-酮基-L-古龙酸甲酯　　维生素C钠盐　　维生素C

② 制备工艺过程

a. 酯化　将甲醇、浓硫酸和干燥的古龙酸加入罐内，搅拌并加热，使温度为66～68℃，反应4h左右即为酯化终点。然后冷却，加入碳酸氢钠，再升温至66℃左右，回流10h后即为转化终点。再冷却至0℃，离心分离，取出维生素C钠盐。母液回收。

b. 酸化　将维生素C钠盐和一次母液干品、甲醇加入罐内，搅拌，用硫酸调至反应液pH＝2.2～2.4，并在40℃左右保温1.5h，然后冷却，离心分离，弃去硫酸钠。滤液加少量活性炭，冷却压滤，然后真空减压浓缩，蒸出甲醇，浓缩液冷却结晶，离心分离得粗品维生素C。回收母液成干品，继续投料套用。

(3) 两条转化路线的比较　酸转化和碱转化各有优缺点，目前用于生产的各占50%。酸转化的优点是设备简单，操作方便，中间过程少，有利于提高收率；缺点是设备易被腐蚀。碱转化的优点是产品质量较好；缺点是设备多，操作过程长，不利于提高总收率，且转化过程中使用大量甲醇，要特别注意劳动保护。

13.5.5 粗品维生素C的精制

(1) 制备工艺过程　配料比为粗维生素C：蒸馏水：活性炭：晶种＝1：1.1：0.58：0.00023（质量比）。将粗品维生素C真空干燥，加蒸馏水搅拌溶解后，加入活性炭，压滤。滤液至结晶罐，向罐中加50%左右的乙醇，搅拌后降温，加晶种使其结晶。将晶体离心甩滤，用冰乙醇洗涤，再甩滤，至干燥器中干燥，即得精制维生素C，精制流程如图13-3所

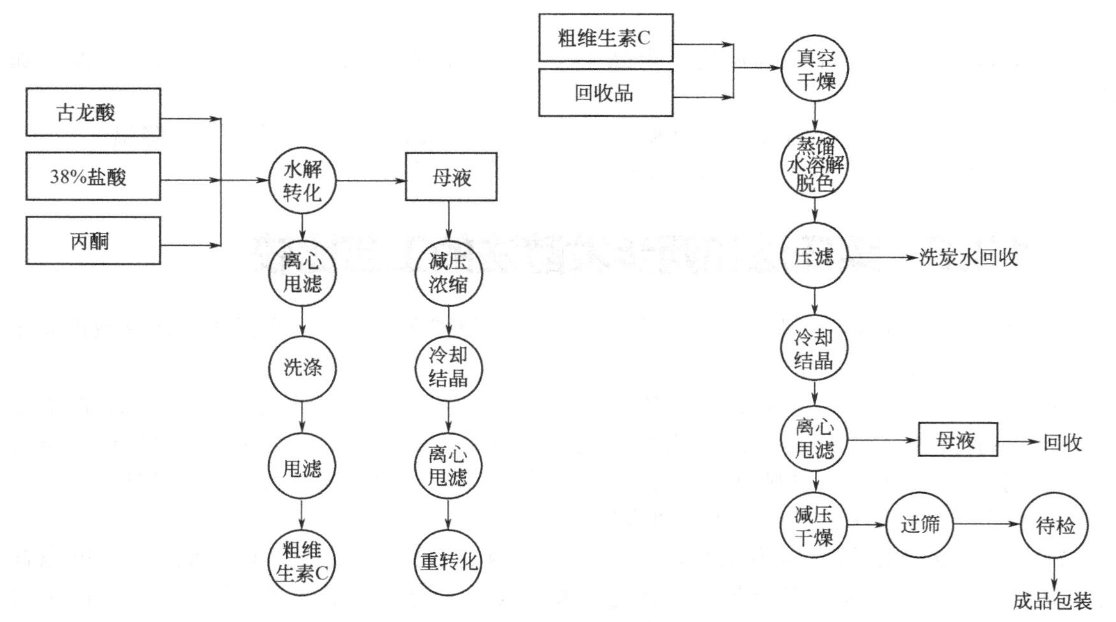

图13-3　维生素C的转化与精制流程框图

示。图 13-4 所示是维生素 C 精制工段工艺设备流程图。

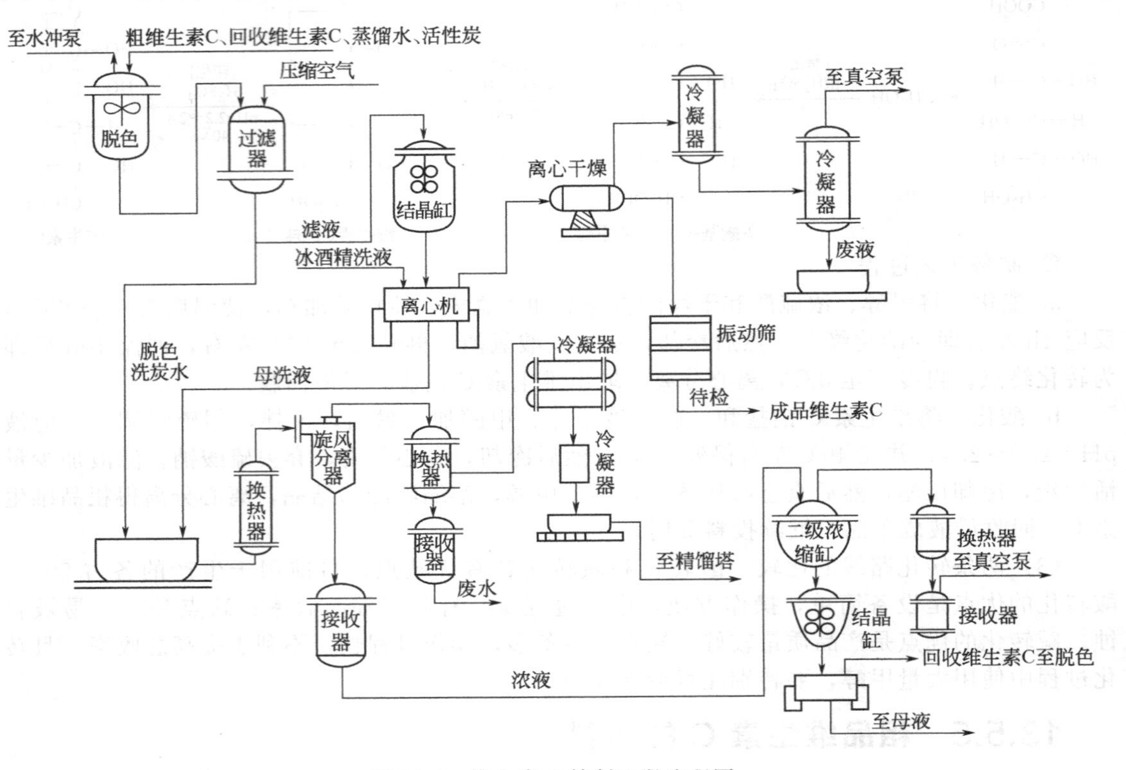

图 13-4　维生素 C 精制工段流程图

从 D-山梨醇发酵开始直至产生 2-酮基-L-古龙酸并经化学转化和精制得维生素 C 的整个发酵过程大约需要 76～80h 方可完成。总收率 42.7%～47.1%（对 D-山梨醇计）。

（2）注意事项

① 结晶时，结晶罐中最高温度不得高于 45℃，最低不得低于－4℃；不能在高温下加晶种。

② 回旋干燥要严格控制循环水温和时间，夏天循环水温高，可用小冷凝器降温。

③ 压滤时遇停电，应立即关空压阀保压。

13.6　莱氏法和两步发酵法的工艺比较

莱氏法工艺以葡萄糖为原料，经高压催化氢化、黑醋菌氧化、丙酮保护、次氯酸钠氧化及盐酸转化等工序制得维生素 C。

莱氏法的优点是生产工艺成熟，各项技术指标先进，生产技术水平较高，总收率达 65%，优级品率为 100%。但缺点是为使其他羟基不受影响，需用丙酮保护，使反应步骤增多，连续操作有困难，且原料丙酮用量大、苯毒性大，劳动保护强度大，并污染环境。由于存在上述问题，莱氏法工艺已逐步被两步发酵法所取代。

两步发酵法也以葡萄糖为原料，经高压催化氢化、两步微生物（黑醋菌、假单孢杆菌和氧化葡萄糖酸杆菌的混合菌株）氧化、酸（或碱）转化等工序制得维生素 C。两步发酵法系将莱氏法中的丙酮保护和化学氧化及脱保护三步改成一步混合菌株生物氧化。因为生物氧化具有特异的选择性，利用合适的菌将碳上羟基氧化，可以省去保护和脱保护两步反应。

该法是近年来发展起来的生产维生素C的新工艺，我国是最早将其用于生产的国家，除我国外，目前世界上也仅有日本、瑞典等少数几个国家有此新工艺。国内两步发酵法总收率接近50%，优级品率为90%左右，生产技术指标也在不断提高。此法的最大特点是革除了大量的有机溶剂，改善了劳动条件和环境保护问题，近年来又革除了动力搅拌，大大地节约了能源。由于两步发酵法有上述优越性，我国已全部采用两步发酵法工艺，淘汰了莱氏法工艺。

13.7 生产中维生素C收率的计算

$$理论值(\%)=\frac{D\text{-}山梨醇投料量}{理论维生素C生成量}\times\frac{D\text{-}山梨醇分子量}{维生素C分子量}\times 100\%$$

$$实际值(\%)=发酵值(\%)\times提取收率(\%)\times转化率(\%)\times精制收率(\%)$$

$$维生素C转化生成率(\%)=\frac{维生素C收得量}{2\text{-KGA投料量}}\times\left(\frac{2\text{-KGA分子量}}{维生素C分子量}\right)\times 100\%$$

课后练习

一、填空题

1. 维生素类药物的主要用途是防治________、__________、__________和________。

2. 维生素按化学结构分类分为：________、________、________。

3. 维生素C的水溶液呈酸性是由于分子中存在________结构。

4. 双丙酮糖液在酸性条件不稳定、碱性条件较稳定，因此中和时，必须保持________条件。

5. 粗品维生素C的制备工艺包括三步：先将_________________________，再_______________，最后进行________即得粗维生素C。

答案： 1. 维生素缺乏症、调节胆固醇的代谢作用、促进支持组织的形成、增强抵抗力 2. 多羟基不饱和内酯衍生物、芳香族衍生物、杂环族衍生物 3. 烯醇 4. 碱性和低温 5. 双丙酮古龙酸水解脱去保护基丙酮、进行内酯化、烯醇化

二、简答题

1. 简述维生素C的化学结构与生物活性。

2. 维生素C常见的合成路线有哪几种？

3. 简述莱氏法生产维生素C的工艺原理。

4. 简述维生素C莱氏法合成工艺路线。

5. L-山梨糖的制备程中有哪些注意事项？

6. 简述维生素C两步发酵法合成工艺路线的工艺原理。

7. 描述两步发酵法生产流程。

8. 对酸、碱两条转化路线进行比较。

9. 从维生素C结构分析，为什么维生素C呈酸性，且必须保存在棕色瓶中置于阴凉干燥处？

10. 维生素C久置为何易变为黄色？

知识拓展

维生素 C 系列产品的开发现状及维生素 C 衍生物的研究概况

近年来，国内外许多厂家都在致力于开发高附加值的维生素 C 衍生物，如瑞士罗氏公司除了生产维生素 C、维生素 C 粉、脂肪包膜维生素 C 外，还有一定生产规模的维生素 C 钠、维生素 C 钙、维生素 C 棕榈酸酯、维生素 C 磷酸酯镁等品种，这些产品的售价远远高于维生素 C。我国也有厂家在研究，但无论在品种上还是在生产规模上仅是刚刚起步。在此，将近几年报道的维生素 C 衍生物列表，并就部分重要衍生物的情况作较为详细的介绍。

维生素 C 结构的活泼性决定了它可与多种物质发生化学反应，其产物主要包括维生素 C 的金属盐类、维生素 C 与各种酸形成的酯类及维生素 C 与糖类的化合物等。

(1) 维生素 C 钠，又称 L-抗坏血酸钠

最早由瑞士罗氏公司研制成功，有晶体和颗粒两种。我国杭州民生药厂、北京制药厂、杭州群力营养源厂等八个厂家均已生产此品。维生素 C 钠主要用作营养增补剂、抗氧剂，其作用与维生素 C 相同。由于无酸味且易溶于水，故广泛用于火腿、香肠、鱼糕的保鲜固色和月饼等的防霉，月饼中加入适当比例的维生素 C 钠，保存期可达 40 天以上。其合成路线有两条：一条是在抗坏血酸水溶液中加入硫酸氢钠，放置片刻后加入乙醇沉淀、过滤、干燥；另一条路线是将维生素 C 溶于有机溶剂中，加入碳酸氢钠，然后加热、反应、冷却、析出、过滤。

(2) 维生素 C 钙，也称 L-抗坏血酸钙

国外如瑞士罗氏、日本武田都有大量生产。我国湖北宜昌制药厂已形成年产 1000t 维生素 C 钙的生产规模。维生素 C 钙在国际市场上的价格比维生素 C 高 15%～30%。维生素 C 钙主要用作食品抗氧剂，可用于汤、羹类食品中。维生素 C 钙添加到食品中不改变原食品味道，能增补食品中易被吸收的钙，同时又不失去维生素 C 的生理活性，是防治佝偻病和坏血病的双功能助剂。其合成方法是先将维生素 C 溶于水中，于剧烈搅拌下加入碳酸钙，所得反应物在室温下自行结晶，可得纯度为 98%的结晶产品维生素 C-Ca・$2H_2O$。其合成工艺简单，易于生产，产品中残留约 1.5%的碳酸钙，添加到食品中也无妨。

(3) 维生素 C 磷酸酯镁

除了维生素 C 金属盐衍生物之外，维生素 C 与各种酸形成的酯类也是很有发展前途的衍生物，其中维生素 C 磷酸酯类衍生物是各家争相研究的热点。例如，维生素 C 磷酸酯镁是一种无臭、无味的粉末，进入人体后迅速酶解成维生素 C，其优点是不易氧化，不怕碱，不受铁等金属离子影响，能长期贮存。维生素 C 磷酸酯镁的主要构成成分是维生素 C、磷和镁，维生素 C 为人体必需的维生素之一。

(4) 维生素 C 多磷酸酯

瑞士罗氏公司于 1991 年推出商品名为“Stay C”的维生素 C 衍生物 L-抗坏血酸-2-聚磷酸酯。由于动物消化器官中存在磷酸酯酶，能水解维生素 C 磷酸酯，使维生素 C 游离出来，因而可供动物利用。现主要用作养鱼业或水产养殖的饲料添加剂。其优点是在水中长时间保持稳定，同时经一定压力处置仍具有抗氧作用，这一特点使它在受压加工成所需的小丸状饲料的过程中仍保持性能稳定。我国北京营养源研究所已开发出用于水产养殖的饲料，已有商品出售。另外，济宁市化工研究所也开发出 L-抗坏血酸三聚磷酸酯（ASTP)，有年产 100t 的生产装置。他们通过实验证明，与普通维生素 C 相比，该产品质量稳定，性能优良，其抗氧化性、浸水稳定性、热稳定性、耐热力和抗紫外线能力均大大提高，在对虾和淡水鱼中应用效果明显，值得在饲料工业中推广应用。

(5) 维生素 C 棕榈酸酯

另一种报道较多的维生素 C 衍生物是维生素 C 棕榈酸酯，也称抗坏血酸棕榈酸酯，分子式为 $C_{22}H_{38}O_7$。它是一种高效、安全、无毒、脂溶性的抗氧剂，多用于婴儿食品、罐头、奶油等，可添加到药物软膏及胶囊制剂中以增加药物稳定性。国外瑞士罗氏公司已大量生产该品，其价格几乎是

维生素C的四倍，利润很高。近两年这个品种在国内已引起了人们的重视，然而国内可能是因我国棕榈酸资源不太丰富的原因，尚未见大规模生产。1995年7月份在北京已制定了国家标准。其合成方法国内江西中德联合研究所已有报道，主要原料为棕榈酸、维生素C、二氯亚砜。

（6）维生素C硬脂酸酯

本品又称L-抗坏血酸硬脂酸酯，分子式为$C_{24}H_{42}O_7$。该品为略带光泽的白色结晶性粉末，干燥状态下基本稳定，吸湿状态下极易氧化，不溶于水，溶于花生油、棉子油中。该品是具维生素C效力的亲油性物质，可作营养增补剂，用于油脂及含脂食品如奶油、干酪、奶粉、火腿、巧克力、硬糖等中。其质量要求在FDA/WHO 1977年版中就有详细规定。美国、日本等均有批量生产，我国尚未进行开发研究。该品的生产工艺是将维生素C与硬脂酸溶于95%的H_2SO_4中，放置24h，加碎冰使之析出后用乙醚等有机溶剂萃取，用水洗至中性，然后回收有机溶剂使产品析出，再用石油醚、乙醚等有机溶剂进行重结晶后真空干燥即得。

（7）维生素C-葡萄糖化合物

又称2-*O*-α-D-吡喃葡萄糖基-L-抗坏血酸，被人称为“稳定维生素C”的新品。该品是日本林原生物化学研究所与冈山大学药学系共同发现的，并已确定大量合成这种维生素C衍生物的方法。这种化合物由于在二位上有葡萄糖掩蔽，不会发生维生素C的氧化反应，在生物体外具有氧化稳定性，在生物体内则游离出维生素C，故能发挥与一般维生素C一样的生理作用。现有的维生素C容易氧化分解，故存在大量使用有副作用和使用方法有限等问题。新的维生素C可以解决这些问题，除可用于传统的维生素C用途外，还可开发注射剂、点滴药、点眼药等新的用途。其大量生产的方法是利用来自微生物的环状麦芽糖糊-葡糖转移酶的糖转移反应。所生成的产物十分稳定，可溶于水，有酸味，呈粉状，能与多种金属成盐，与原来的维生素C比较性能没有变化。

第14章 半合成青霉素和头孢菌素的制备

14.1 半合成青霉素

由于天然青霉素存在有抗菌谱窄、不耐胃酸口服无效及不耐酶易被水解等缺点。通过改变天然青霉素G的侧链可获得耐酸、耐酶、广谱、抗铜绿假单胞菌及主要作用于革兰氏阴性菌（G^-菌）等一系列不同品种的半合成青霉素。

14.1.1 半合成青霉素的分类

（1）耐酸青霉素类　包括青霉素V和非奈西林。其特点为：耐酸可以口服，但不耐酶，抗菌谱与青霉素G相同，抗菌活性较青霉素G弱，故不宜用于严重感染。

（2）耐酶青霉素类　常用的有苯唑西林、氯唑西林、双氯西林与氟氯西林。其特点为：耐酸可以口服，耐酶，对G^+细菌的作用不及青霉素G，对革兰氏阴性肠道杆菌或肠道球菌亦无明显作用，主要用于耐青霉素G的金葡球菌感染以及需长期用药的慢性感染。

（3）广谱青霉素类　包括氨苄西林、阿莫西林及匹氨西林。其特点为：耐酸可口服，不耐酶而对耐药金葡菌感染无效，对G^+和G^-细菌均有杀菌作用，但对G^+菌的作用略逊于青霉素G，对绿脓杆菌无效。用途为：氨苄西林主要用于伤寒、副伤寒，也可用于尿路和呼吸道感染；阿莫西林对慢性支气管炎的疗效优于氨苄西林。

（4）抗绿脓杆菌广谱青霉素类　包括羧苄西林、磺苄西林、哌拉西林等。其特点为：不耐酸不能口服，不耐酶，广谱且对绿脓杆菌作用较强。用途为：主要用于治疗绿脓杆菌、大肠杆菌及其他肠杆菌科细菌所致的感染。

（5）主要作用于革兰氏阴性菌的青霉素类　包括美西林和替莫西林。其特点为：对G^-菌产生的β-内酰胺酶稳定但对G^+菌的作用甚微，因此主要用于革兰氏阴性菌感染的治疗。

14.1.2 半合成青霉素的制备方法

以氨基青霉烷酸（6-APA）为中间体与多种化学合成有机酸进行酰化反应，可制得各种类型的半合成青霉素。6-APA是利用微生物产生的青霉素酰化酶裂解青霉素G或V而得到的。酶反应一般在 40～50℃、pH＝8～10 的条件下进行。

14.2 半合成青霉素的制备

半合成青霉素是以青霉素发酵液中分离得到的 6-氨基青霉烷酸（6-APA）为基础，用化学或生物化学等方法将各种类型的侧链与 6-APA 缩合，制成的具有耐酸、耐酶或广谱性质的一类抗生素。

14.2.1 6-氨基青霉烷酸的制备

6-氨基青霉烷酸（6-APA，6-aminopenicillanic acid）的化学结构式为：

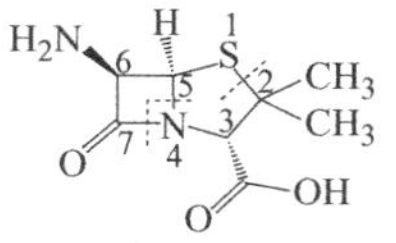

分子式: $C_8H_{12}N_2O_3S$
精确分子量: 216.06
分子量: 216.26
m/z:216.06(100.0%), 217.06(9.7%), 218.05(4.5%)218.06(1.1%)
元素分析: C, 44.43; H, 5.59; N,12.95;O,22.19;S14.83

6-APA 在水溶液中加 HCl 调 pH＝3.7～4.0 即析出白色结晶，熔点为 208～209℃，等电点为 4.3，微溶于水，难溶于有机溶剂，遇碱分解，对酸稳定。

6-APA 是从不加前体的青霉素发酵液中分离得到的。它是青霉素族抗生素的母核，是用 L-半胱氨酸和缬氨酸形成的二肽（虚线所示），一般又称为无侧链青霉素。它本身并无抑菌作用，但与各种侧链缩合可得各种半合成抗生素。其制备方法有两种，即酶解法和化学裂解法。

（1）酶解法制备 6-APA

① 制备工艺原理　酶解法是制备 6-APA 的主要方法，应用较广泛。其过程是将大肠杆菌进行深层通气搅拌、二级培养，所得菌体中含有青霉素酰胺酶。在适当的条件下，酰胺酶能裂解青霉素分子中的侧链而获得 6-APA 和苯乙酸。再将水解液加明矾和乙醇除去蛋白质，用醋酸丁酯分出苯乙酸，然后用 HCl 调节 pH＝3.7～4.3，即析出 6-APA。工艺过程流程图如图 14-1 所示。

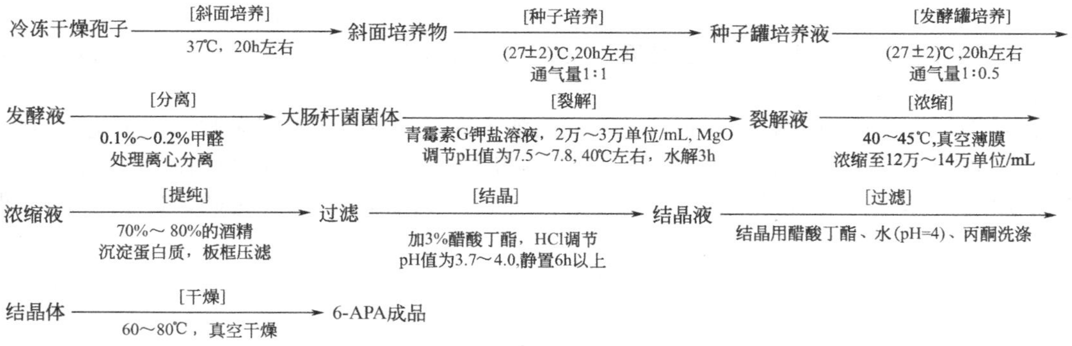

冷冻干燥孢子 —[斜面培养] 37℃，20h左右→ 斜面培养物 —[种子培养] (27±2)℃,20h左右 通气量1:1→ 种子罐培养液 —[发酵罐培养] (27±2)℃,20h左右 通气量1:0.5→

发酵液 —[分离] 0.1%～0.2%甲醛 处理离心分离→ 大肠杆菌菌体 —[裂解] 青霉素G钾盐溶液，2万～3万单位/mL, MgO 调节pH值为7.5～7.8, 40℃左右，水解3h→ 裂解液 —[浓缩] 40～45℃,真空薄膜 浓缩至12万～14万单位/mL→

浓缩液 —[提纯] 70%～80%的酒精 沉淀蛋白质，板框压滤→ 过滤 —[结晶] 加3%醋酸丁酯，HCl调节 pH值为3.7～4.0,静置6h以上→ 结晶液 —[过滤] 结晶用醋酸丁酯、水(pH=4)、丙酮洗涤→

结晶体 —[干燥] 60～80℃，真空干燥→ 6-APA成品

图 14-1　酶解法制备 6-APA

按青霉素计算 6-APA 产率一般为 85％～90％。

② 酶解法制备 6-APA 的制备工艺条件　酰胺酶分解青霉素 G 为 6-APA 时，温度、pH 值、分解时间都非常重要。不同来源的酶所需要的分解条件也不同。大肠杆菌酰胺酶分解青

霉素 G 时，温度为 38～43℃、pH＝7.5～7.8 为宜，分解时间因设备和产量大小有所不同，一般在 3h 左右。

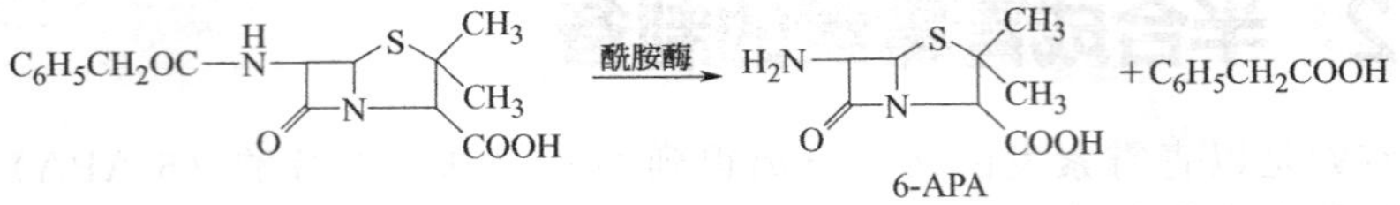

$C_6H_5CH_2OC-NH-$（青霉素 G）$\xrightarrow{酰胺酶}$ H_2N-（6-APA）$+C_6H_5CH_2COOH$

上述反应为可逆反应，在一定 pH 值下，酰胺酶可分解青霉素 G，特别是当 pH＝7.5～7.8、温度在 38～43℃、水解时间为 3h，更适宜。但如果条件控制不好，如 pH 值为 5 时，酰胺酶也可使 6-APA 和侧链缩合成青霉素 G，所以，用酰胺酶分解青霉素 G 要特别注意反应条件的控制。

（2）化学裂解法制备 6-APA

① 制备工艺原理

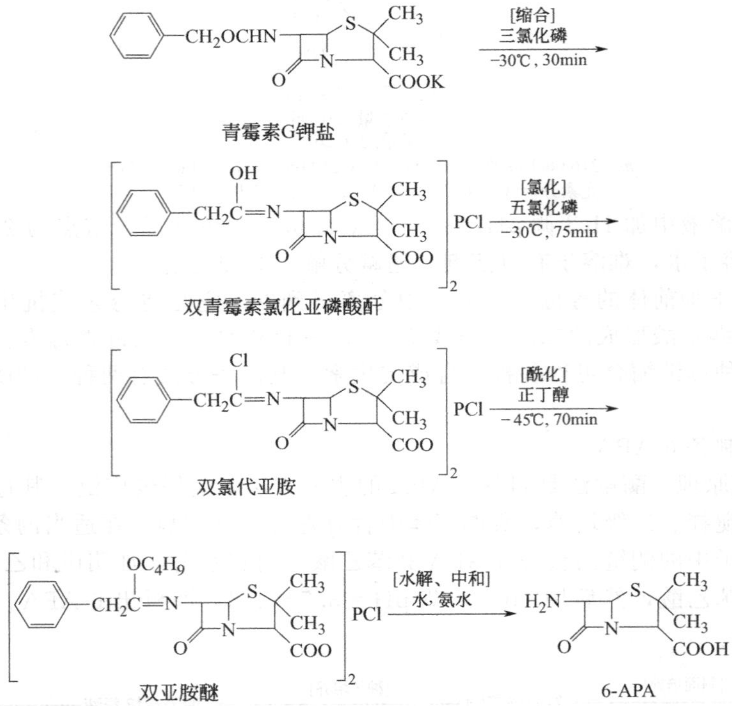

青霉素G钾盐 $\xrightarrow[-30℃,\ 30min]{[缩合]\ 三氯化磷}$ 双青霉素氯化亚磷酸酐 $\xrightarrow[-30℃,\ 75min]{[氯化]\ 五氯化磷}$ 双氯代亚胺 $\xrightarrow[-45℃,\ 70min]{[醚化]\ 正丁醇}$ 双亚胺醚 $\xrightarrow{[水解、中和]\ 水,氨水}$ 6-APA

② 制备工艺过程　化学裂解法是近年发展起来的新方法，前收率可达 72%（以青霉素 G 钾盐计），分 4 步进行。

a. 缩合　配料比为青霉素 G 钾盐：乙酸乙酯：五氧化二磷：二甲苯胺：三氯化磷＝1：3.83：0.025：0.768：0.277（质量比）。在反应罐中加入青霉素 G 钾盐和乙酸乙酯，冷至－51℃加二甲苯胺和五氧化二磷，再降至（－40±1)℃，加三氯化磷，冷至－30℃保温 30min。

b. 氯化　配料比为缩合液：五氯化磷＝1（青霉素 G 钾盐）：0.7（质量比）。将缩合液冷至－40℃，一次加入五氯化磷，在－30℃保温反应 75min。

c. 醚化　配料比为氯化液：二甲苯胺：正丁醇＝1（青霉素 G 钾盐）：0.192：3.4（质量比）。将氯化液冷至（－65±1)℃加二甲苯胺，搅拌 5min，再加预冷到－60℃的正丁醇，控制料液温度不超过－45℃，加完后，在－45℃保温 70min。

d. 水解、中和　配料比醚化液：蒸馏水：氨水（15%）：丙酮＝1(青霉素 G 钾盐)：4：2：0.8（质量比）。在冷冻醚化液中加入预冷至 0℃的蒸馏水，控制料液温度在（－13±

1)℃水解20min加氨水（加入一半时加晶种）后，温度控制在13～15℃加碳酸氢铵，调至pH=4.1，保温约30min过滤，用0℃的无水丙酮洗涤，甩干，自然干燥，测效价，得6-APA。

14.2.2 半合成青霉素的制备方法

用6-APA与侧链缩合制备半合成青霉素的方法是6-APA分子中的氨基与不同前体酸（侧链）发生酰化反应。其方法有3种，即化学法、酶催化法和酰基交换法。目前工业生产上还是以化学法为主。

(1) 化学法

① 酰氯法　将各种前体酸转变为酰氯，而后与6-APA缩合。一般都于低温下，以稀酸为缩合剂，在中性或近于中性pH=6.5～7.0的水溶液、含水有机溶剂或有机溶剂中进行。反应完毕用有机溶剂提取，再在提取液中加入适量的成盐试剂和晶种，使成钾盐、钠盐或有机盐析出。例如，酰氯在水溶液中不稳定，缩合应在无水介质中进行，以三乙胺为缩合剂。

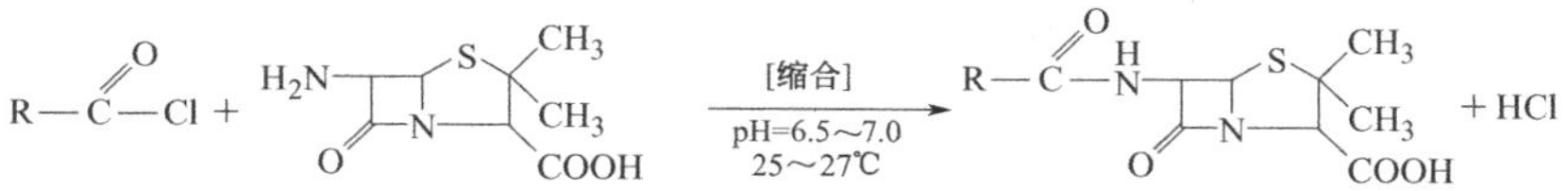

[缩合]　pH=6.5～7.0　25～27℃　+HCl

② 酸酐法　将各种前体酸变成酸酐或混合酸酐，再与6-APA缩合。反应和成盐条件与酰氯法相似。

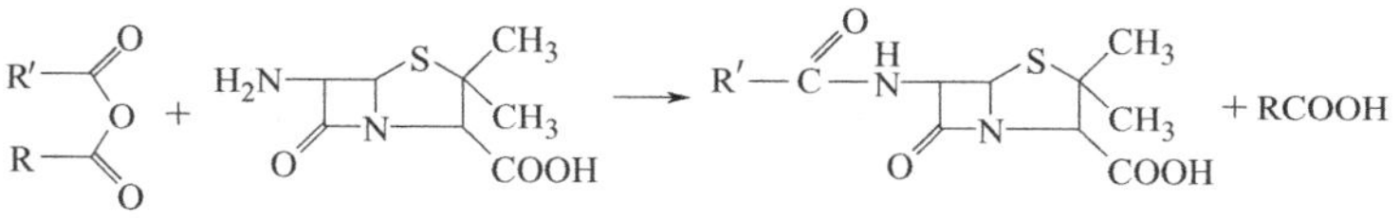

+RCOOH

(2) 酶催化法　此法前面已经提到，是利用酰胺酶裂解青霉素成6-APA的可逆反应。在pH=5和适宜的温度下，可使6-APA和侧链缩合成相应的新青霉素，但提纯较为复杂，收率也低，以往医药工业未采用。据报道，近年来日本用产碱杆菌固定化菌体进行缩合反应，收率为81%，已达实用阶段。

(3) 酰基交换法　此法在前面化学裂解法中也曾叙述。主要是将青霉素酯化为易拆除的酯，以保护羧基，经氯化、醚化成双亚胺醚衍生物，加入各种前体酸的酰氯化物进行交换，最后水解除去保护性酯基，即得相应的新青霉素。

14.3 半合成头孢菌素的制备

半合成头孢菌素又称为先锋霉素，天然的头孢菌素——头孢菌素C（cephalosporin C）化学结构如下：

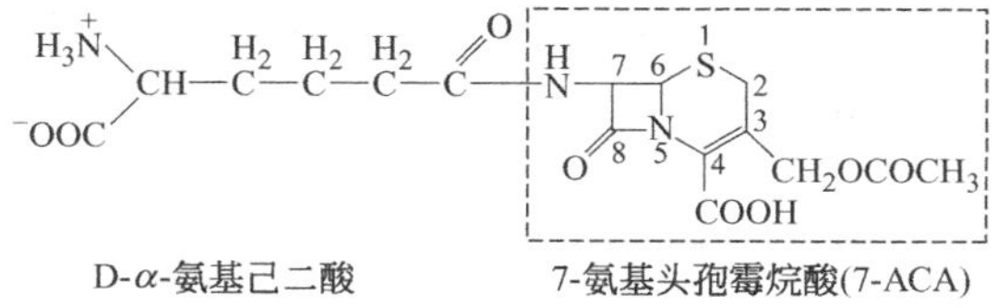

D-α-氨基己二酸　　7-氨基头孢霉烷酸(7-ACA)

头孢菌素C可由D-α-氨基己二酸和7-氨基头孢霉烷酸（7-aminocephalospranic acid，7-ACA）缩合而成。它与青霉素的结构相似，是由与青霉素近缘的头孢菌属的真菌所产生的。

头孢菌素C的制菌效力低，但具有毒性小、与青霉素很少或没有交叉过敏反应、对稀酸和青霉素酶都较稳定等特点；且通过其裂解产物 7-ACA，可借鉴 6-APA 半合成青霉素的方法，合成许多抗菌效力较高和抗菌谱更广的头孢菌素类抗生素。

头孢菌素 C 是头孢霉菌的代谢产物，工业生产采用深层通气搅拌发酵法制取。培养温度在（26±2)℃，发酵周期 5～6 天。头孢霉菌除产生头孢菌素 C 外，还产生相当量的头孢菌素。

从发酵液中提取头孢菌素 C，通常采用离子交换法。其过程是：将头孢菌素 C 发酵液用草酸酸化（以沉淀部分蛋白质），再加入醋酸钡（以除去过量的草酸根及一些干扰离子交换吸附的多价阴离子），然后板框过滤，其滤液用强酸氢型树脂使 pH＝2.8～3.2，放置 2～4h（以破坏其中的头孢菌素 N），再将头孢菌素 C 用弱碱性阴离子树脂吸附，以醋酸钾溶液洗脱，洗脱液经减压浓缩后，加入 NaOH 溶液调 pH＝6.0～6.7，甩滤、洗涤、干燥，即得头孢菌素 C 钠盐。以发酵液为计算基准，提炼总收率为 40%。

14.3.1 7-氨基头孢霉烷酸的制备

7-氨基头孢霉烷酸（7-ACA）为灰白色结晶性粉末，不溶于水及一般有机溶剂。分子式为 $C_{10}H_{12}N_2O_5S$，分子量为 272.3。7-ACA 的制取来源于头孢菌素 C 的裂解，其方法有两种，即化学法和酶法。现将国内采用的化学裂解法介绍于下。

（1）工艺原理　头孢菌素 C 钠用三甲基氯硅烷保护羧基后，用五氯化磷氯化，生成氯代亚胺衍生物；再用正丁醇处理，形成的亚胺醚衍生物极易水解成 7-ACA。

头孢菌素C钠 —[酯化] $(CH_3)_3SiCl$, $PhN(CH_3)_2$, CH_2Cl_2, 25～30℃, 1h→

头孢菌素C三甲基硅酯 —[氯化] PCl_5, -30℃, 1.5h→

氯代亚胺衍生物 —[醚化] n-C_4H_9OH, $PhN(CH_3)_2$, -30℃, 1.5h→

亚胺醚衍生物 —[水解] H_2O, 甲醇, -10℃, 5min→

$HOOC(H_2N)CH(CH_2)_3COOC_4H_9$ + 7-ACA

（2）工艺过程

① 酯化　配料比为头孢菌素 C 钠：二氯甲烷：三乙胺：二甲苯胺：三甲基氯硅烷＝1：10.52：0.5：2.32：2.9（质量比）。将头孢菌素 C 钠和二氯甲烷投入反应罐，加三乙胺和

二甲苯胺，然后缓缓加入三甲基氯硅烷，控制温度在35℃左右。加毕，于25～30℃反应1h得酯化液。

② 氯化　配料比为头孢菌素C钠：二甲苯胺：五氯化磷＝1：1.35：1.3（质量比）。将酯化液降温到－35℃，缓缓加入二甲苯胺、五氯化磷，控制温度不超过－25℃。在－30℃反应1.5h左右，得氯化液。

③ 醚化　配料比为头孢菌素C钠：正丁醇：二甲苯胺＝1：8：0.14（质量比）。将氯化液降到－55℃缓缓加入预冷到－55℃的正丁醇，温度在－30℃反应1.5h左右，得醚化液。

④ 水解　配料比为头孢菌素C钠：甲醇：水＝1：4：5（质量比）。向醚化液中加入甲醇和水，于－10℃水解，加浓氨水调pH＝3.5～3.6，搅拌30min，静止1h，使结晶完全。甩滤，用5％甲醇水溶液和2.5％柠檬酸水溶液及丙酮洗涤，真空干燥即得7-ACA。总收率为50％。

此法优点是工艺稳定成熟，收率较高，近年来通过不断改进，据报道收率已能超过85％；缺点是深度制冷，所需设备条件要求高，费用较高。

14.3.2 头孢菌素Ⅳ的制备

头孢菌素Ⅳ又名头孢氨苄，也称头孢力新。化学名为7-(D-α-氨基-苯乙酰基)-3-甲基-3-头孢烯-4-羧酸单水合物。化学结构为：

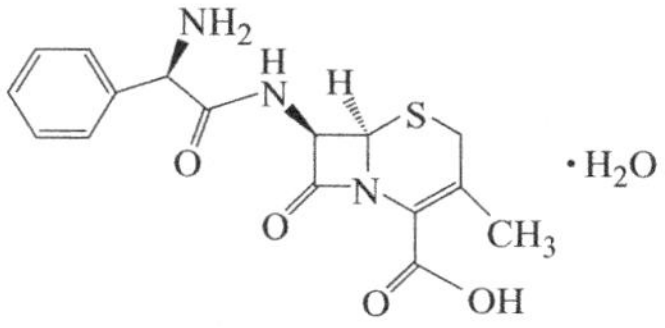

$$\cdot H_2O$$

分子式: $C_{16}H_{19}N_3O_5S$
精确分子量: 365.10
分子量: 365.40
m/z: 365.10(100.0%), 366.11(17.7%), 367.10(4.7%), 367.11(2.6%), 366.10(1.9%)
元素分析: C, 52.59; H, 5.24; N, 11.50; O, 21.89; S, 8.78

本品为白色或微黄色结晶性粉末，微臭、味苦，微溶于水，不溶于乙醇、氯仿和乙醚。为广谱抗生素药物，对多种耐药菌有效，口服吸收良好，血浓度高，作用时间长。对治疗呼吸道、尿道、软组织等感染有显著疗效。

(1) 制备工艺原理　头孢菌素Ⅳ是以青霉素G（或青霉素V）为原料，通过扩环重排，裂解成7-氨基去乙酰氧基头孢霉烷酸（7-ADCA），再与D-(－)-苯甘氨酰氯缩合而成的。青霉素G钾首先在吡啶存在下与三氯氧磷及三氯乙醇反应，酯化成青霉素烷酸三氯乙酯，以保护C3上的游离羧基，同时，由于三氯乙基的强吸电子作用，有利于以后的扩环反应。青霉素烷酸三氯乙酯在醋酸中用双氧水氧化生成青霉素烷酸三氯乙酯*S*-氧化物。于吡啶存在下以磷酸处理时，二氢噻唑环S—C键先断裂形成不饱和的中间体次磺酸衍生物，接着再发生分子内亲核加成，形成较稳定的二氢噻嗪环，得7-苯乙酰氨基去乙酰氧基头孢霉烷酸三氯乙酯（苯乙酰7-ADCA）。于二氯乙烷中以五氯化磷将侧链的亚胺烯醇型羟基氯化，即得氯亚胺物。氯亚胺物与甲醇作用发生醚化，生成的亚胺物极易水解成7-ADCA酯。为了将7-ADCA酯从反应体系中分离出来，向其有机溶液中加入PTS（对甲苯磺酸），使成7-ADCA酯PTS盐析出。用碳酸氢钠处理，将7-ADCA酯游离后再与苯甘氨酰氯盐酸盐发生酰化反应，生成头孢酯酰化物。最后在乙腈和乙醇中，用锌粉和甲酸进行还原性水解得头孢氨苄。

青霉素G钾 —[酯化] CCl_3CH_2OH, 丙酮, 吡啶, 三氯氧磷, 10℃, 1h→ 青霉素烷酸三氯乙酯

—[氧化] 过氧乙酸, 双氧水, <20℃, 2h→ 青霉素烷酸三氯乙酯S-氧化物 —[重排, 扩环] 磷酸, 吡啶, 乙酸丁酯, 回流, 3h→

[次磺酸衍生物 → … —$-H_2O$→]

7-苯乙酰氨基去酰氧基头孢烷酸三氯乙酯(苯乙酰7-ADCA) —[氯化] PCl_5, 吡啶, 二氯乙烷, −5℃, 2h→ 氯亚胺物 —[醚化] CH_3OH, −10℃, 1.5h→

亚胺物 —[水解] H_2O, 室温, 30min→ 7-ADCA酯 —[成盐] 对甲苯磺酸(PTS)→

7-ADCA酯PTS盐 —[游离] 碳酸氢钠, 二氯乙烷→ 7-ADCA酯 —[酰化] $C_6H_5CH(NH_2\cdot HCl)COCl$, 碳酸氢钠, 0℃, 1h, 18～20℃→

头孢酯酰化物 —[水解] HCOOH, Zn, 乙醇, 30℃, 30min, pH=3～3.5→ 头孢氨苄

(2) 制备工艺过程

① 酯化、氯化 配料比为青霉素G钾：三氯乙醇：三氯氧磷：吡啶：过氧乙酸＝1.0：1.34：1.9：8.1：2.6（质量比）。将丙酮、吡啶、三氯乙醇吸入反应罐，加入青霉素G钾，搅拌，控制内温10℃，滴加三氯氧磷，加毕后反应1h，酯化结束。

反应液转入氧化罐，冷却至内温0℃，滴加过氧乙酸与双氧水混合液，反应温度应不超过20℃，加毕反应2h。加水，继续搅拌30min，静置、过滤、洗涤、干燥，得S-氧化物。收率为80%。

② 重排、扩环、氯化、醚化、水解、成盐 配料比为S-氧化物：乙酸丁酯：磷酸：吡啶＝1.0：14.0：0.025：0.0184（质量比）；重排物：五氯化磷：甲醇：对甲苯磺酸＝1：2.226：57.5：1.345（质量比）。将乙酸丁酯吸入反应罐，加入S-氧化物、磷酸、吡啶，搅拌回流3h，以薄层层析观察，无明显S-氧化物点存在即表示反应结束。减压回收部分乙酸

丁酯，再经浓缩，得浓缩液。冷却，析出黄色结晶，过滤、洗涤、干燥，得熔点为125～127℃的结晶，即为重排物。

将重排物及二氯乙烷加入反应罐，搅拌使全溶，冷至内温－10℃，加入吡啶及五氯化磷，温度不超过－2℃，加毕，在－5℃反应2h，再降温至－15℃，缓缓加入甲醇进行醚化。加毕，在－10℃反应1.5h，然后加水，于室温水解30min，以1mol/L NaOH中和至pH＝6.5～7.0。静置，分取有机层，浓缩至一定量，加入对甲苯磺酸（PTS），即得淡黄色结晶，冷却、过滤、洗涤、干燥，得7-ADCA酯PTS盐。收率为65%～70%（以*S*-氧化物计）。

③ 酰化　配料比为7-ADCA酯PTS盐：$NaHCO_3$：苯甘氨酰氯盐酸盐：乙醚：二氯乙烷＝1：1：1：4：9（质量比）。将7-ADCA酯PTS盐加入二氯乙烷中，加入碳酸氢钠饱和液使7-ADCA酯游离出来。分取有机层入反应罐，冷至内温0℃，加入$NaHCO_3$和苯甘氨酰氯盐酸盐，于0℃反应1h，15～20℃反应2h，反应过程中使pH＝5.5～6.0，反应结束过滤，有机层经薄膜浓缩后加入乙醚，析出酰化物，过滤、洗涤、干燥即得头孢酯酰化物。收率为60%。

④ 水解　配料比为酰化物：甲酸：锌粉：水：乙腈：氨水：乙醇＝1：5：0.5：13：0.15：0.25：2（质量比）。将酰化物、甲酸加入反应罐使全溶，加入锌粉，温度不超过50℃，加毕于50℃反应30min。冷至室温，过滤除去锌泥，洗涤，合并滤、洗液，浓缩，加水，用氨水调节pH＝3～3.5，加入乙腈即有结晶析出，再用乙醇精制一次，即得头孢氨苄。

也可用无水酰化法生产本品。以苯甘氨酸为原料，经溶解成盐、过滤、缩合、离心制粒、干燥得中间体苯甘氨酸单宁盐，再进行酰化、水解分层、水层结晶、离心制粒、干燥即得头孢氨苄单水合物。其产品质量符合中国药典，收率已达88%（以7-ADCA计）。其制备工艺原理如下：

$C_6H_5CH(NH_2)COOH$ —(CH_3ONa, CH_3OH)→ $C_6H_5CH(NH_2)COONa$ —($CH_3COCH_2COOCH_3$)→

$C_6H_5CH(COONa)NH-C(CH_3)=CH-COOCH_3$（单宁盐）—（*N*-甲基吗啉；$ClCOOC_2H_5$, CH_2Cl_2）→ $C_6H_5CH(COOCOOC_2H_5)NH-C(CH_3)=CH-COOCH_3$

7-ADCA（H_2N-，COOH，CH_3）＋ $(CH_3)_3Si-Cl$ —（TEA；CH_2Cl_2）→ $(CH_3)_3Si-NH$-头孢母核-$COOSi(CH_3)_3$

$C_6H_5CH(COOCOOC_2H_5)NH-C(CH_3)=CH-COOCH_3$ ＋ $(CH_3)_3Si-NH$-头孢母核-$COOSi(CH_3)_3$ —（HCl；H_2O）→ $C_6H_5CH(NH_2)CONH$-头孢母核（COOH，CH_3）

头孢氨苄

头孢氨苄制备工艺流程框图见图 14-2。

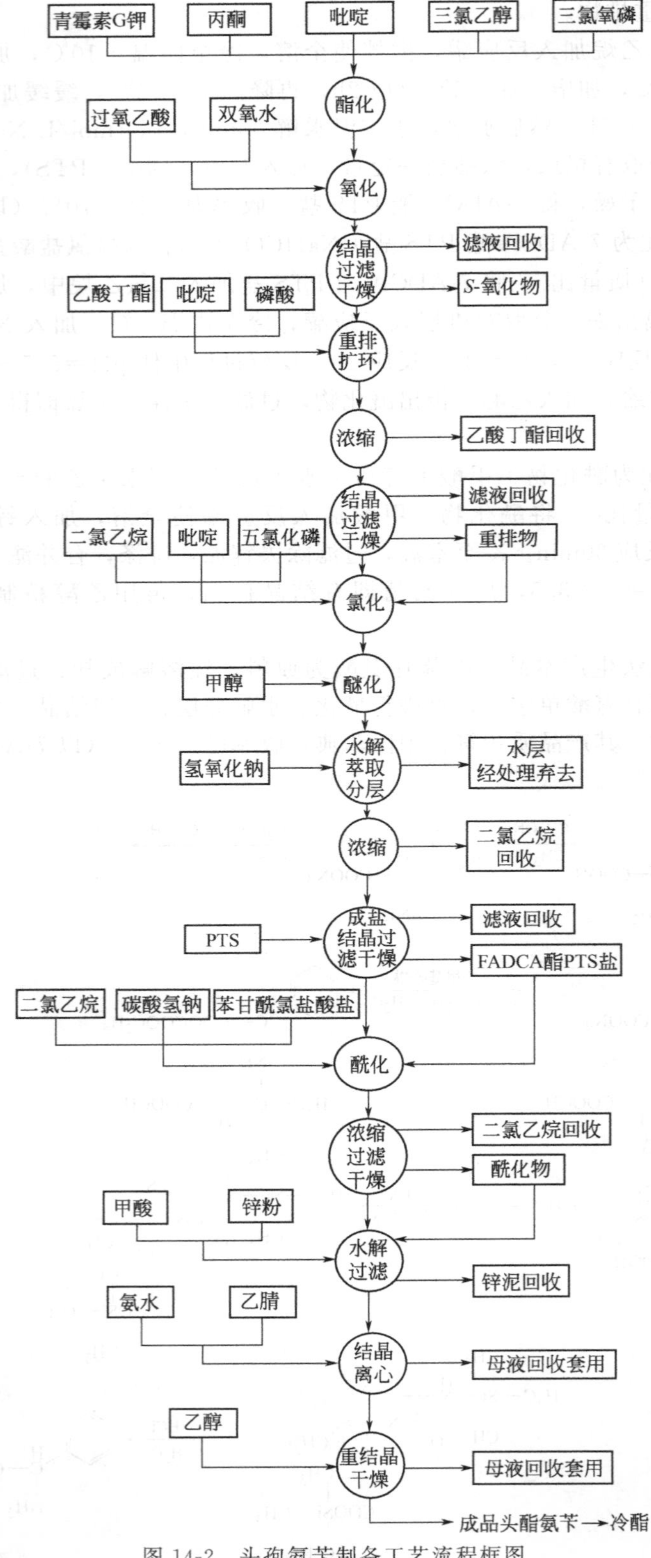

图 14-2 头孢氨苄制备工艺流程框图

14.4 “三废”的治理措施

对头孢菌素系列产品生产过程中的“三废”均有处理措施，其中大部分溶剂安排回收套用，生产过程中所产生的大部分废气经吸收装置达标后高空排放，废渣送焚烧装置焚烧。

具体处理方法如下：

(1) 废水 排放的废水中主要含各类盐与有机化合物，集中送废水处理。经生化处理后，无毒排放。

(2) 废气 工艺过程中有毒害性气体的自然挥发而形成的不规则排放。要通过系列排毒装置，引至排毒烟囱高排。

(3) 废渣 如生产过程中的废炭、锌泥及其他有机残渣。其中有机残渣送焚烧炉焚烧，废炭、锌泥回收。

(4) 有机溶剂处理 对产品各阶段的过滤液及洗涤液（分别含有甲醇、丙酮、吡啶等有机溶剂）以及反应过程中所有溶剂，均采用填料塔蒸馏回收，再循环用于生产过程。蒸馏后的残渣集中送至残渣焚烧炉进行焚烧处理。

课后练习

一、填空题

1. 天然青霉素存在有________、________及________等缺点。

2. 半合成青霉素可分为：________、________、________、________、________。

3. 用6-APA与侧链缩合制备半合成青霉素的方法是6-APA分子中的氨基与不同前体酸（侧链）发生________反应。

4. 7-ACA的制取来源于头孢菌素C的裂解，其方法有两种，分别为________和________。

5. 为了将7-ADCA酯从反应体系中分离出来，向其有机溶液中加入____________，使成7-ADCA酯PTS盐析出。

答案：1. 抗菌谱窄、不耐胃酸口服无效、不耐酶易被水解
2. 耐酸青霉素类、耐酶青霉素类、广谱青霉素类、抗绿脓杆菌广谱青霉素类、主要作用于革兰氏阴性菌的青霉素类　3. 酰化　4. 化学法、酶法　5. PTS（对甲苯磺酸）

二、简答题

1. 6-APA和7-ACA的化学结构与生物活性。
2. 头孢菌素C制备的工艺原理。
3. 简述半合成青霉素的制备方法。
4. 化学裂解法制备6-APA的工艺过程？
5. 7-氨基头孢霉烷酸（7-ACA）的制备原理。
6. 半合成青霉素的合成方法有几种？各举一例说明。
7. 头孢菌素C的制菌效力低，为什么？其结构改造应从哪些方面入手？
8. 试写出无水酰化法（由苯甘氨酸为起始原料）合成头孢氨苄的路线。
9. 国内半合成抗生素状况与国外相比，主要有哪些差距？
10. 头孢菌素生产过程中的“三废”应如何处理？

知识拓展

生物制品与生化药物

生物制品系指以微生物、寄生虫、动物毒素、生物组织作为起始材料，采用生物学工艺或分离纯化技术制备，并以生物学技术和分析技术控制中间产物和成品质量制成的生物活性制剂。包括疫（菌）苗、毒素、类毒素、免疫血清、血液制品、免疫球蛋白、抗原、变态反应原、细胞因子、激素、酶、发酵产品、单克隆抗体、DNA 重组产品、体外免疫诊断试剂等，供某些疾病的预防、治疗和诊断用。

生化药物一般是指从动物、植物及微生物提取的，亦可用生物-化学半合成或用现代生物技术制得的生命基本物质，如氨基酸、多肽、蛋白质、酶、辅酶、多糖、核苷酸、脂和生物胺等，以及其衍生物、降解物及大分子的结构修饰物等。

生化药物的特点：

（1）分子量不是定值　生化药物除氨基酸、核苷酸、辅酶及甾体激素等属化学结构明确的小分子化合物外，大部分为大分子的物质（如蛋白质、多肽、核酸、多糖等），其分子量一般几千至几十万。对大分子的生化药物而言，即使组分相同，往往由于分子量不同而产生不同的生理活性。例如肝素是由 D-硫酸氨基葡萄糖和葡萄糖醛酸组成的酸性黏多糖，能明显延长血凝时间，有抗凝血作用；而低分子量肝素，其抗凝活性低于肝素。所以，生化药物常需进行分子量的测定。

（2）需检查生物活性　在制备多肽或蛋白质类药物时，有时因工艺条件的变化，导致蛋白质失活。因此，对这些生化药物，除了用通常采用的理化法检验外，尚需用生物检定法进行检定，以证实其生物活性。

（3）需做安全性检查　由于生化药物的性质特殊，生产工艺复杂，易引入特殊杂质，故生化药物常需做安全性检查，如热原检查、过敏实验、异常毒性实验等。

（4）需做效价测定　生化药物多数可通过含量测定，以表明其主药的含量。但对酶类药物需进行效价测定或酶活力测定，以表明其有效成分含量的高低。

（5）结构确证难　在大分子生化药物中，由于有效结构或分子量不确定，其结构的确证很难沿用元素分析、红外、紫外、核磁、质谱等方法加以证实，往往还要用生化法如氨基酸序列等法加以证实。

附　　录

附录 1　常用溶剂沸点、溶解性以及毒性

附表 1-1　常用溶剂沸点、溶解性以及毒性

溶剂名称	沸点(101.3kPa)/℃	溶　解　性	毒　性
液氨	−33.35	特殊溶解性:能溶解碱金属和碱土金属	剧毒性,腐蚀性
液态二氧化硫	−10.08	溶解胺、醚、醇、苯酚、有机酸、芳香烃、溴、二硫化碳,多数饱和烃不溶	剧毒性
甲胺	−6.3	是多数有机物和无机物的优良溶剂,液态甲胺与水、醚、苯、丙酮、低级醇混溶,其盐酸盐易溶于水,不溶于醇、醚、酮、氯仿、乙酸乙酯	中等毒性,易燃
二甲胺	7.4	是有机物和无机物的优良溶剂,溶于水、低级醇、醚、低极性溶剂	强烈刺激性
石油醚		不溶于水,与丙酮、乙醚、乙酸乙酯、苯、氯仿及甲醇以上高级醇混溶	与低级烷相似
乙醚	34.6	微溶于水,易溶于盐酸,与醇、醚、石油醚、苯、氯仿等多数有机溶剂混溶	麻醉性
戊烷	36.1	与乙醇、乙醚等多数有机溶剂混溶	低毒性
二氯甲烷	39.75	与醇、醚、氯仿、苯、二硫化碳等有机溶剂混溶	低毒性,麻醉性强
二硫化碳	46.23	微溶与水,与多种有机溶剂混溶	麻醉性,强刺激性
丙酮	56.12	与水、醇、醚、烃混溶	低毒性,类乙醇,但较大
1,1-二氯乙烷	57.28	与醇、醚等大多数有机溶剂混溶	低毒性,局部刺激性
氯仿	61.15	与乙醇、乙醚、石油醚、卤代烃、四氯化碳、二硫化碳等混溶	中等毒性,强麻醉性
甲醇	64.5	与水、乙醚、醇、酯、卤代烃、苯、酮混溶	中等毒性,麻醉性
四氢呋喃	66	优良溶剂,与水混溶,很好地溶解乙醇、乙醚、脂肪烃、芳香烃、氯化烃	吸入微毒,经口低毒
己烷	68.7	甲醇部分溶解,比乙醇高的醇、醚丙酮、氯仿混溶	低毒性,麻醉性,刺激性
三氟代乙酸	71.78	与水、乙醇、乙醚、丙酮、苯、四氯化碳、己烷混溶,溶解多种脂肪族,芳香族化合物	
1,1,1-三氯乙烷	74.0	与丙酮、甲醇、乙醚、苯、四氯化碳等有机溶剂混溶	低毒性
四氯化碳	76.75	与醇、醚、石油醚、石油脑、冰醋酸、二硫化碳、氯代烃混溶	在氯代甲烷中毒性最强
乙酸乙酯	77.112	与醇、醚、氯仿、丙酮、苯等大多数有机溶剂溶解,能溶解某些金属盐	低毒性,麻醉性
乙醇	78.3	与水、乙醚、氯仿、酯、烃类衍生物等有机溶剂混溶	微毒类,麻醉性
丁酮	79.64	与丙酮相似,与醇、醚、苯等大多数有机溶剂混溶	低毒性,毒性强于丙酮

续表

溶剂名称	沸点(101.3kPa)/℃	溶解性	毒性
苯	80.10	难溶于水，与甘油、乙二醇、乙醇、氯仿、乙醚、四氯化碳、二硫化碳、丙酮、甲苯、二甲苯、冰醋酸、脂肪烃等大多有机物混溶	强烈毒性
环己烷	80.72	与乙醇、高级醇、醚、丙酮、烃、氯代烃、高级脂肪酸、胺类混溶	低毒性，中枢抑制作用
乙腈	81.60	与水、甲醇、乙酸甲酯、乙酸乙酯、丙酮、醚、氯仿、四氯化碳、氯乙烯及各种不饱和烃混溶，但是不与饱和烃混溶	中等毒性，大量吸入蒸气，引起急性中毒
异丙醇	82.40	与乙醇、乙醚、氯仿、水混溶	微毒性，类似乙醇
1,2-二氯乙烷	83.48	与乙醇、乙醚、氯仿、四氯化碳等多种有机溶剂混溶	高毒性，致癌
乙二醇二甲醚	85.2	溶于水，与醇、醚、酮、酯、烃、氯代烃等多种有机溶剂混溶，能溶解各种树脂，还是二氧化硫、氯代甲烷、乙烯等气体的优良溶剂	吸入和经口低毒
三氯乙烯	87.19	不溶于水，与乙醇、乙醚、丙酮、苯、乙酸乙酯、脂肪族氯代烃、汽油混溶	有机有毒品
三乙胺	89.6	水：18.7 以下混溶，以上微溶，易溶于氯仿、丙酮，溶于乙醇、乙醚	易爆，皮肤黏膜刺激性强
丙腈	97.35	溶解醇、醚、DMF、乙二胺等有机物，与多种金属盐形成加成有机物	高毒性，与氢氰酸相似
庚烷	98.4	与己烷类似	低毒性，刺激性，麻醉性
水	100	略	略
硝基甲烷	101.2	与醇、醚、四氯化碳、DMF 等混溶	麻醉性，刺激性
1,4-二氧六环	101.32	能与水及多数有机溶剂混溶，溶解能力很强	微毒，强于乙醚 2～3 倍
甲苯	110.63	不溶于水，与甲醇、乙醇、氯仿、丙酮、乙醚、冰醋酸、苯等有机溶剂混溶	低毒类，麻醉作用
硝基乙烷	114.0	与醇、醚、氯仿混溶，溶解多种树脂和纤维素衍生物	局部刺激性较强
吡啶	115.3	与水、醇、醚、石油醚、苯、油类混溶，能溶多种有机物和无机物	低毒性，皮肤黏膜刺激性
4-甲基-2-戊酮	115.9	能与乙醇、乙醚、苯等大多数有机溶剂和动、植物油相混溶	毒性和局部刺激性较强
乙二胺	117.26	溶于水、乙醇、苯和乙醚，微溶于庚烷	刺激皮肤、眼睛
丁醇	117.7	与醇、醚、苯混溶	低毒性，大于乙醇 3 倍
乙酸	118.1	与水、乙醇、乙醚、四氯化碳混溶，不溶于二硫化碳及 C_{12} 以上高级脂肪烃	低毒性，浓溶液毒性强
乙二醇一甲醚	124.6	与水、醛、醚、苯、乙二醇、丙酮、四氯化碳、DMF 等混溶	低毒类
辛烷	125.67	几乎不溶于水，微溶于乙醇，与醚、丙酮、石油醚、苯、氯仿、汽油混溶	低毒性，麻醉性
乙酸丁酯	126.11	优良有机溶剂，广泛应用于医药行业，还可以用作萃取剂	一般条件毒性不大
吗啉	128.94	溶解能力强，超过二氧六环、苯和吡啶，与水混溶，溶解丙酮、苯、乙醚、甲醇、乙醇、乙二醇、2-己酮、蓖麻油、松节油、松脂等	腐蚀皮肤，刺激眼和结膜，蒸气引起肝肾病变

续表

溶剂名称	沸点(101.3kPa)/℃	溶解性	毒性
氯苯	131.69	能与醇、醚、脂肪烃、芳香烃和有机氯化物等多种有机溶剂混溶	低于苯，损害中枢系统
乙二醇-乙醚	135.6	与乙二醇-甲醚相似，但是极性小，与水、醇、醚、四氯化碳、丙酮混溶	低毒类，二级易燃液体
对二甲苯	138.35	不溶于水，与醇、醚和其他有机溶剂混溶	一级易燃液体
二甲苯	138.5～141.5	不溶于水，与乙醇、乙醚、苯、烃等有机溶剂混溶，乙二醇、甲醇、2-氯乙醇等极性溶剂部分溶解	一级易燃液体，低毒类
间二甲苯	139.10	不溶于水，与醇、醚、氯仿混溶，室温下溶解乙腈、DMF等	一级易燃液体
醋酸酐	140.0		
邻二甲苯	144.41	不溶于水，与乙醇、乙醚、氯仿等混溶	一级易燃液体
N，*N*-二甲基甲酰胺	153.0	与水、醇、醚、酮、不饱和烃、芳香烃等混溶，溶解能力强	低毒性
环己酮	155.65	与甲醇、乙醇、苯、丙酮、己烷、乙醚、硝基苯、石油脑、二甲苯、乙二醇、乙酸异戊酯、二乙胺及其他多种有机溶剂混溶	低毒类，有麻醉性，中毒几率比较小
环己醇	161	与醇、醚、二硫化碳、丙酮、氯仿、苯、脂肪烃、芳香烃、卤代烃混溶	低毒性，无血液毒性，刺激性
N，*N*-二甲基乙酰胺	166.1	溶解不饱和脂肪烃，与水、醚、酯、酮、芳香族化合物混溶	微毒类
糠醛	161.8	与醇、醚、氯仿、丙酮、苯等混溶，部分溶解低沸点脂肪烃，无机物一般不溶	有毒品，刺激眼睛，催泪
N-甲基甲酰胺	180～185	与苯混溶，溶于水和醇，不溶于醚	一级易燃液体
苯酚(石炭酸)	181.2	溶于乙醇、乙醚、乙酸、甘油、氯仿、二硫化碳和苯等，难溶于烃类溶剂，65.3℃以上与水混溶，65.3℃以下分层	高毒类，对皮肤、黏膜有强烈腐蚀性，可经皮肤吸收中毒
1,2-丙二醇	187.3	与水、乙醇、乙醚、氯仿、丙酮等多种有机溶剂混溶	低毒性，吸湿性，不宜静注
二甲基亚砜	189.0	与水、甲醇、乙醇、乙二醇、甘油、乙醛、丙酮、乙酸乙酯、吡啶、芳烃混溶	微毒性，对眼有刺激性
邻甲酚	190.95	微溶于水，能与乙醇、乙醚、苯、氯仿、乙二醇、甘油等混溶	参照甲酚
N,*N*-二甲基苯胺	193	微溶于水，能随水蒸气挥发，与醇、醚、氯仿、苯等混溶，能溶解多种有机物	抑制中枢和循环系统，经皮肤吸收中毒
乙二醇	197.85	与水、乙醇、丙酮、乙酸、甘油、吡啶混溶，与氯仿、乙醚、苯、二硫化碳等难溶，对烃类、卤代烃不溶，溶解食盐、氯化锌等无机物	低毒类，可经皮肤吸收中毒
对甲酚	201.88	参照甲酚	参照甲酚
N-甲基吡咯烷酮	202	与水混溶，除低级脂肪烃外，可以溶解大多无机、有机物、极性气体、高分子化合物	毒性低，不可内服
间甲酚	202.7	参照甲酚	与甲酚相似，参照甲酚
苄醇	205.45	与乙醇、乙醚、氯仿混溶，20℃在水中溶解3.8%	低毒性，黏膜刺激性
甲酚	210	微溶于水，能于乙醇、乙醚、苯、氯仿、乙二醇、甘油等混溶	低毒类，腐蚀性，与苯酚相似

续表

溶剂名称	沸点(101.3kPa)/℃	溶解性	毒性
甲酰胺	210.5	与水、醇、乙二醇、丙酮、乙酸、二氧六环、甘油、苯酚混溶，几乎不溶于脂肪烃、芳香烃、醚、卤代烃、氯苯、硝基苯等	皮肤、黏膜刺激性，经皮肤吸收
硝基苯	210.9	几乎不溶于水，与醇、醚、苯等有机物混溶，对有机物溶解能力强	剧毒性，可经皮肤吸收
乙酰胺	221.15	溶于水、醇、吡啶、氯仿、甘油、热苯、丁酮、丁醇、苄醇，微溶于乙醚	毒性较低
六甲基磷酸三酰胺(HMTA)	233	与水混溶，与氯仿络合，溶于醇、醚、酯、苯、酮、烃、卤代烃等	较大毒性
喹啉	237.10	溶于热水、稀酸、乙醇、乙醚、丙酮、苯、氯仿、二硫化碳等	中等毒性，刺激皮肤和眼睛
乙二醇碳酸酯	238	与热水、醇、苯、醚、乙酸乙酯、乙酸混溶，干燥醚、四氯化碳、石油醚中不溶	毒性低
二甘醇	244.8	与水、乙醇、乙二醇、丙酮、氯仿、糠醛混溶，与乙醚、四氯化碳等不混溶	微毒性，经皮肤吸收，刺激性小
丁二腈	267	溶于水，易溶于乙醇和乙醚，微溶于二硫化碳、己烷	中等毒性
环丁砜	287.3	几乎能与所有有机溶剂混溶，除脂肪烃外能溶解大多数有机物	
甘油	290.0	与水、乙醇混溶，不溶于乙醚、氯仿、二硫化碳、苯、四氯化碳、石油醚	食用对人体无毒

注：1. 试剂极性从小到大为：烷、烯、醚、酯、酮、醛、胺、醇和酚、酸；（己烷-石油醚、苯、乙醚、氯仿、乙酸乙酯、正丁醇、丙酮、乙醇、甲醇、水）。

2. 常用溶剂的极性顺序：水（最大）＞甲酰胺＞乙腈＞甲醇＞乙醇＞丙醇＞丙酮＞二氧六环＞四氢呋喃＞甲乙酮＞正丁醇＞乙酸乙酯＞乙醚＞异丙醚＞二氯甲烷＞氯仿＞溴乙烷＞苯＞四氯化碳＞二硫化碳＞环己烷＞己烷＞庚烷＞煤油（最小）。

附录2 气体适用的干燥剂

附表2-1 气体适用的干燥剂

序号(No.)	气体名称(gas name)	适用干燥剂(applicable drying agent)
1	H_2	P_2O_5，$CaCl_2$，H_2SO_4(浓)，Na_2SO_4，$MgSO_4$，$CaSO_4$，CaO，BaO，分子筛
2	O_2	P_2O_5，$CaCl_2$，Na_2SO_4，$MgSO_4$，$CaSO_4$，CaO，BaO，分子筛
3	N_2	P_2O_5，$CaCl_2$，H_2SO_4(浓)，Na_2SO_4，$MgSO_4$，$CaSO_4$，CaO，BaO，分子筛
4	O_3	P_2O_5，$CaCl_2$
5	Cl_2	$CaCl_2$，H_2SO_4(浓)
6	CO	P_2O_5，$CaCl_2$，H_2SO_4(浓)，Na_2SO_4，$MgSO_4$，$CaSO_4$，CaO，BaO，分子筛
7	CO_2	P_2O_5，$CaCl_2$，H_2SO_4(浓)，Na_2SO_4，$MgSO_4$，$CaSO_4$，分子筛
8	SO_2	P_2O_5，$CaCl_2$，Na_2SO_4，$MgSO_4$，$CaSO_4$，分子筛
9	CH_4	P_2O_5，$CaCl_2$，H_2SO_4(浓)，Na_2SO_4，$MgSO_4$，$CaSO_4$，CaO，BaO，NaOH，KOH，Na，CaH_2，$LiAlH_4$，分子筛
10	NH_3	$Mg(ClO_4)_2$，NaOH，KOH，CaO，BaO，$Mg(ClO_4)_2$，Na_2SO_4，$MgSO_4$，$CaSO_4$，分子筛
11	HCl	$CaCl_2$，H_2SO_4(浓)
12	HBr	$CaBr_2$
13	HI	CaI_2
14	H_2S	$CaCl_2$
15	C_2H_4	P_2O_5
16	C_2H_2	P_2O_5，NaOH

附录 3 液体适用的干燥剂

附表 3-1 液体适用的干燥剂

序号(No.)	液体名称 (liquid name)	适用的干燥剂 (applicable drying agent)
1	饱和烃类	P_2O_5, $CaCl_2$, H_2SO_4(浓), NaOH, KOH, Na, Na_2SO_4, $MgSO_4$, $CaSO_4$, CaH_2, $LiAlH_4$, 分子筛
2	不饱和烃类	P_2O_5, $CaCl_2$, NaOH, KOH, Na_2SO_4, $MgSO_4$, $CaSO_4$, CaH_2, $LiAlH_4$
3	卤代烃类	P_2O_5, $CaCl_2$, H_2SO_4(浓), Na_2SO_4, $MgSO_4$, $CaSO_4$
4	醇类	BaO, CaO, K_2CO_3, Na_2SO_4, $MgSO_4$, $CaSO_4$, 硅胶
5	酚类	Na_2SO_4, 硅胶
6	醛类	$CaCl_2$, Na_2SO_4, $MgSO_4$, $CaSO_4$, 硅胶
7	酮类	K_2CO_3, Na_2SO_4, $MgSO_4$, $CaSO_4$, 硅胶
8	醚类	BaO, CaO, NaOH, KOH, Na, $CaCl_2$, CaH_2, $LiAlH_4$, Na_2SO_4, $MgSO_4$, $CaSO_4$, 硅胶
9	酸类	P_2O_5, Na_2SO_4, $MgSO_4$, $CaSO_4$, 硅胶
10	酯类	K_2CO_3, $CaCl_2$, Na_2SO_4, $MgSO_4$, $CaSO_4$, CaH_2, 硅胶
11	胺类	BaO, CaO, NaOH, KOH, K_2CO_3, Na_2SO_4, $MgSO_4$, $CaSO_4$, 硅胶
12	肼类	NaOH, KOH, Na_2SO_4, $MgSO_4$, $CaSO_4$, 硅胶
13	腈类	P_2O_5, K_2CO_3, $CaCl_2$, Na_2SO_4, $MgSO_4$, $CaSO_4$, 硅胶
14	硝基化合物	$CaCl_2$, Na_2SO_4, $MgSO_4$, $CaSO_4$, 硅胶
15	二硫化碳	P_2O_5, $CaCl_2$, Na_2SO_4, $MgSO_4$, $CaSO_4$, 硅胶
16	碱类	NaOH, KOH, BaO, CaO, Na_2SO_4, $MgSO_4$, $CaSO_4$, 硅胶

附录 4 药物合成过程中常用干燥剂

附表 4-1 药物合成过程中常用干燥剂 (common drying agents)

序号 (No.)	名称 (name)	分子式 (molecular formula)	吸水能力 (moisture absorption capacity)	干燥速度 (drying speed)	酸碱性 (acidity and alkaline)	再生方式 (regenerative way)
1	硫酸钙	$CaSO_4$	小	快	中性	在163℃(脱水温度)下脱水再生
2	氧化钡	BaO	—	慢	碱性	不能再生
3	五氧化二磷	P_2O_5	大	快	酸性	不能再生
4	氯化钙 (熔融过的)	$CaCl_2$	大	快	含碱性杂质	200℃下烘干再生
5	高氯酸镁	$Mg(ClO_4)_2$	大	快	中性	烘干再生(251℃分解)
6	三水合高氯酸镁	$Mg(ClO_4)_2 \cdot 3H_2O$	—	快	中性	烘干再生(251℃分解)
7	氢氧化钾 (熔融过的)	KOH	大	较快	碱性	不能再生
8	活性氧化铝	Al_2O_3	大	快	中性	在110～300℃下烘干再生
9	浓硫酸	H_2SO_4	大	快	酸性	蒸发浓缩再生
10	硅胶	SiO_2	大	快	酸性	120℃下烘干再生

续表

序号（No.）	名称（name）	分子式（molecular formula）	吸水能力（moisture absorption capacity）	干燥速度（drying speed）	酸碱性（acidity and alkaline）	再生方式（regenerative way）
11	氢氧化钠（熔融过的）	NaOH	大	较快	碱性	不能再生
12	氧化钙	CaO	—	慢	碱性	不能再生
13	硫酸铜	$CuSO_4$	大	—	微酸性	150℃下烘干再生
14	硫酸镁	$MgSO_4$	大	较快	中性，有的微酸性	200℃下烘干再生
15	硫酸钠	Na_2SO_4	大	慢	中性	烘干再生
16	碳酸钾	K_2CO_3	中	较慢	碱性	100℃下烘干再生
17	金属钠	Na	—		—	不能再生
18	分子筛	结晶的铝硅酸盐	大	较快	酸性	烘干，温度随型号而异

附录 5 常用有机溶剂的纯化方法

5.1 甲醇(CH_3OH)

工业甲醇含水量在 0.5%～1%，含醛酮（以丙酮计）约 0.1%。由于甲醇和水不形成共沸混合物，因此可用高效精馏柱将少量水除去。精制甲醇中含水 0.1%和丙酮 0.02%，一般已可应用。若需含水量低于 0.1%，可用 3A 分子筛干燥，也可用镁处理（见绝对乙醇的制备）。若要除去含有的羰基化合物，可在 500mL 甲醇中加入 25mL 糠醛和 60mL 10% NaOH 溶液，回流 6～12 小时，即可分馏出无丙酮的甲醇，丙酮与糠醛生成树脂状物留在瓶内。

纯甲醇沸点（b.p.）为 64.95℃，折射率（n_D^{20}）为 1.3288，相对密度（d_4^{20}）为 0.7914。

甲醇为一级易燃液体，应贮存于阴凉通风处，注意防火。甲醇可经皮肤进入人体，饮用或吸入蒸气会刺激视神经及视网膜，导致眼睛失明，直到死亡。人的半致死量（LD_{50}）为 13.5g/kg，经口服甲醇的致死量（LD）为 1g/kg，15mL 可致失明。

5.2 乙醇(CH_3CH_2OH)

工业乙醇含量为 95.5%，含水 4.4%，乙醇与水形成共沸物，不能用一般分馏法去水。

实验室常用生石灰为脱水剂，乙醇中的水与生石灰作用生成氢氧化钙可去除水分，蒸馏后可得含量约 99.5%的无水乙醇。如需绝对无水乙醇，可用金属钠或金属镁将无水乙醇进一步处理，得到纯度可超过 99.95%的绝对乙醇。

（1）无水乙醇（含量 99.5%）的制备　在 500mL 圆底烧瓶中，加入 95%乙醇 200mL 和生石灰 50g，放置过夜。然后在水浴上回流 3h，再将乙醇蒸出，得含量约 99.5%的无水乙醇。

另外可利用苯、水和乙醇形成低共沸混合物的性质，将苯加入乙醇中，进行分馏，在 64.9℃时蒸出苯、水、乙醇的三元恒沸混合物，多余的苯在 68.3℃与乙醇形成二元恒沸混合物被蒸出，最后蒸出乙醇。工业多采用此法。

（2）绝对乙醇（含量 99.95%）的制备

① 用金属镁制备　在 250mL 的圆底烧瓶中，放置 0.6g 干燥洁净的镁条和几小粒碘，加入 10mL 99.5%的乙醇，装上回流冷凝管。在冷凝管上端附加一只氯化钙干燥管，在水浴上加热，注意观察在碘周围的镁的反应，碘的棕色减退，镁周围变浑浊，并伴随着氢气的放出，至碘粒完全消失（如不起反应，可再补加数小粒碘）。然后继续加热，待镁条完全溶解后加入 100mL 99.5%的乙醇和几粒沸石，继续加热回流 1h，改为蒸馏装置蒸出乙醇，所得乙醇纯度可超过 99.95%。

② 用金属钠制备　在 500mL 99.5%乙醇中，加入 3.5g 金属钠，安装回流冷凝管和干燥管，加热回流 30min 后，再加入 14g 邻苯二甲酸二乙酯或 13g 草酸二乙酯，回流 2～3h，然后进行蒸馏。金属钠虽能与乙醇中的水作用，产生氢气和氢氧化钠，但所生成的氢氧化钠又与乙醇发生平衡反应，因此单独使用金属钠

不能完全除去乙醇中的水，须加入过量的高沸点酯，如邻苯二甲酸二乙酯与生成的氢氧化钠作用，抑制上述反应，从而达到进一步脱水的目的。

由于乙醇有很强的吸湿性，故仪器必须烘干，并尽量快速操作，以防吸收空气中的水分。

纯乙醇 b. p. 为 78.5℃，n_D^{20} 为 1.3611，d_4^{20} 为 0.7893。

乙醇为一级易燃液体，应存放在阴凉通风处，远离火源。乙醇可通过口腔、胃壁黏膜吸入，对人体产生刺激作用，引起酩酊、睡眠和麻醉作用。严重时引起恶心、呕吐甚至昏迷。人的半致死量 LD_{50} 为 13.7 g/kg。

5.3 乙醚($CH_3CH_2OCH_2CH_3$)

普通乙醚中常含有一定量的水、乙醇及少量过氧化物等杂质。制备无水乙醚，首先要检验有无过氧化物。为此取少量乙醚与等体积的 2%碘化钾溶液，加入几滴稀盐酸一起振摇，若能使淀粉溶液呈紫色或蓝色，即证明有过氧化物存在。除去过氧化物可在分液漏斗中加入普通乙醚和相当于乙醚体积 1/5 的新配制的硫酸亚铁溶液，剧烈摇动后分去水溶液。再用浓硫酸及金属钠作干燥剂，所得无水乙醚可用于 Grignard 反应。

在 250mL 圆底烧瓶中，放置 100mL 除去过氧化物的普通乙醚和几粒沸石，装上回流冷凝管。冷凝管上端通过一带有侧槽的软木塞，插入盛有 10mL 浓硫酸的滴液漏斗。通入冷凝水，将浓硫酸慢慢滴入乙醚中。由于脱水发热，乙醚会自行沸腾。加完后摇动反应瓶。

待乙醚停止沸腾后，拆下回流冷凝管，改成蒸馏装置回收乙醚。在收集乙醚的接引管支管上连一氯化钙干燥管，用与干燥管连接的橡皮管把乙醚蒸气导入水槽。在蒸馏瓶中补加沸石后，用事先准备好的热水浴加热蒸馏，蒸馏速度不宜太快，以免乙醚蒸气来不及冷凝而逸散室内。收集约 70mL 乙醚，待蒸馏速度显著变慢时，可停止蒸馏。瓶内所剩残液，倒入指定的回收瓶中，切不可将水加入残液中（飞溅）。

将收集的乙醚倒入干燥的锥形瓶中，将钠块迅速切成极薄的钠片加入，然后用带有氯化钙干燥管的软木塞塞住，或在木塞中插入末端拉成毛细管的玻璃管，这样可防止潮气侵入，并可使产生的气体逸出，放置 24h 以上，使乙醚中残留的少量水和乙醇转化成氢氧化钠和乙醇钠。如不再有气泡逸出，同时钠的表面较好，则可贮存备用。如放置后，金属钠表面已全部发生作用，则须重新加入少量钠片直至无气泡发生。这种无水乙醚可符合一般无水要求。

另外也可用无水氯化钙浸泡几天后，用金属钠干燥以除去少量的水和乙醇。

纯乙醚 b. p. 为 34.51℃，n_D^{20} 为 1.3526，d_D^{20} 为 0.71378。

乙醚为一级易燃液体，由于沸点低、闪电低、挥发性大，贮存时要避免日光直射，远离热源，注意通风，并加入少量氢氧化钾以避免过氧化物的形成。乙醚对人有麻醉作用，当吸入含乙醚 3.5%（体积）的空气时，30～40min 就可失去知觉。大鼠口服半致死量 LD_{50} 为 3.56g/kg。

5.4 丙酮(CH_3COCH_3)

普通丙酮含有少量水及甲醇、乙醛等还原性杂质，可用下列方法精制。

在 100mL 丙酮中加入 2.5g 高锰酸钾回流，以除去还原性杂质，若高锰酸钾紫色很快消失，须再补加少量高锰酸钾继续回流，直至紫色不再消失为止，蒸出丙酮。用无水碳酸钾或无水硫酸钙干燥，过滤，蒸馏，收集 55～56.5℃馏分。

纯丙酮 b. p. 为 56.2℃，n_D^{20} 为 1.3588，d_4^{20} 为 0.7899。

丙酮为常用溶剂，一级易燃液体，沸点低，挥发性大，应置阴凉处密封贮存，严禁火源。虽丙酮毒性较低，但长时期处于丙酮蒸气中也能引起不适症状，蒸气浓度为 4000×10^{-6} L/L 时 60min 后会呈现头痛、昏迷等中毒症状，脱离丙酮蒸气后恢复正常。

5.5 乙酸乙酯($CH_3COOCH_2CH_3$)

一般化学试剂，含量为 98%，另含有少量水、乙醇和乙酸，可用以下方法精制。

(1) 取 100mL 98%乙酸乙酯，加入 9mL 乙酸酐回流 4h，除去乙醇及水等杂质，然后蒸馏，蒸馏液中加 2～3g 无水碳酸钾，干燥后再重蒸，可得 99.7%左右的纯度。

(2) 也可先用与乙酸乙酯等体积的 5%碳酸钠溶液洗涤，再用饱和氯化钙溶液洗涤，然后加无水碳酸钾干燥、蒸馏。（如对水分要求严格时，可在经无水碳酸钾干燥后的酯中加入少许五氧化二磷，振摇数分钟，过滤，在隔湿条件下蒸馏。）

纯乙酸乙酯 b. p. 为 77.1℃，n_D^{20} 为 1.3723，d_4^{20} 为 0.9903。

乙酯乙酯有果香气味，对眼睛、皮肤和黏膜有刺激性。乙酸乙酯为一级易燃品，它与空气混合物的爆炸极限为2.2%～11.4%。

5.6 石油醚

石油醚是石油的低沸点馏分，为低级烷烃的混合物，按沸程不同分为30～60℃，60～90℃，90～120℃类。主要成分为戊烷、己烷、庚烷，此外含有少量不饱和烃、芳烃等杂质。精制方法为：在分液漏斗中加入石油醚及其体积1/10的浓硫酸一起振摇，除去大部分不饱和烃。然后用10%硫酸配成的高锰酸钾饱和溶液洗涤，直到水层中紫色消失为止，再经水洗，用无水氯化钙干燥后蒸馏。

石油醚为一级易燃液体。大量吸入石油醚蒸气有麻醉症状。

5.7 苯(C_6H_6)

普通苯含有少量水（约0.02%）及噻吩（约0.15%）。若需无水苯，可用无水氯化钙干燥过夜，过滤后压入钠丝。

无噻吩苯可根据噻吩比苯容易磺化的性质，用下述方法纯化。在分液漏斗中，将苯用相当其体积10%的浓硫酸在室温下一起振摇，静置混合物，弃去底层的酸液，再加入新的浓硫酸，重复上述操作直到酸层呈无色或淡黄色，且检验无噻吩为止。苯层依次用水、10%碳酸钠溶液、水洗涤，再用无水氯化钙干燥，蒸馏，收集80℃馏分备用。若要高度干燥的苯，可压入钠丝或加入钠片干燥。

噻吩的检验：取5滴苯于试管中，加入5滴浓硫酸及1～2滴1%靛红（浓硫酸溶液），振摇片刻，如呈墨绿色或蓝色，表示有噻吩存在。

纯苯b.p.为80.1℃，n_D^{20} 为1.5011，d_4^{20} 为0.87865。

苯为一级易燃品。苯的蒸气对人体有强烈的毒性，以损害造血器官与神经系统最为显著，症状为白细胞降低、头晕、失眠、记忆力减退等。

5.8 氯仿(三氯甲烷)($HCCl_3$)

氯仿露置于空气和光照下，与氧缓慢作用，分解产生光气、氯和氯化氢等有毒物质。普通氯仿中加有0.5%～1%的乙醇作稳定剂，以便与产生的光气作用转变成碳酸乙酯而消除毒性。纯化方法有两种：①依次用氯仿体积5%的浓硫酸、水、稀氢氧化钠溶液和水洗涤，无水氯化钙干燥后蒸馏即得；②可将氯仿与其1/2体积的水在分液漏斗中振摇数次，以洗去乙醇，然后分去水层，用无水氯化钙干燥。

除去乙醇的氯仿应装于棕色瓶内，贮存于阴暗处，避免光照。氯仿绝对不能用金属钠干燥，因易发生爆炸。

纯氯仿b.p.为61.7℃，n_D^{20} 为1.4459，d_4^{20} 为1.4832。

氯仿具有麻醉性，长期接触易损坏肝脏。液体氯仿接触皮肤有很强的脱脂作用，产生损伤，进一步感染会引起皮炎。但本品不燃烧，在高温与明火或红热物体接触会产生剧毒的光气和氯化氢气体，应置阴凉处密封贮存。

5.9 *N*,*N*-二甲基甲酰胺［$HCON(CH_3)_2$］

N,*N*-二甲基甲酰胺（DMF）中主要杂质是胺、氨、甲醛和水。该化合物与水形成$HCON(CH_3)_2 \cdot 2H_2O$，在常压蒸馏时有些分解，产生二甲胺和一氧化碳，有酸或碱存在时分解加快。精制方法为：可用硫酸镁、硫酸钙、氧化钡或硅胶、4A分子筛干燥，然后减压蒸馏收集76℃/4.79kPa（36mmHg）馏分。如果含水较多时，可加入10%（体积）的苯，常压蒸去水和苯后，用无水硫酸镁或氧化钡干燥，再进行减压蒸馏。

纯二甲基甲酰胺b.p.为153.0℃，n_D^{20} 为1.4305，d_4^{20} 为0.9487。

精制后的二甲基甲酰胺有吸湿性，最好放入分子筛后，密封避光贮存。二甲基甲酰胺为低毒类物质，对皮肤和黏膜有轻度刺激作用，并经皮肤吸收。

5.10 二甲基亚砜(CH_3SOCH_3)

二甲基亚砜（DMSO）是高极性的非质子溶剂，一般含水量约1%，另外还含有微量的二甲硫醚及二甲基砜。常压加热至沸腾可部分分解。要制备无水二甲基亚砜，可先进行减压蒸馏，然后用4A分子筛干燥；也可用氧化钙、氢化钙、氧化钡或无水硫酸钡来搅拌干燥4～8h，再减压蒸馏收集64～65℃/533Pa（4mmHg）馏分。蒸馏时温度不高于90℃，否则会发生歧化反应，生成二甲基砜和二甲硫醚。也可用部分结晶的方法纯化。

纯二甲基亚砜熔点（m.p.）为18.5℃，b.p.为189℃，n_D^{20}为1.4770，d_4^{20} 为1.1100。

二甲基亚砜易吸湿，应放入分子筛贮存备用。二甲基亚砜与某些物质混合时可能发生爆炸，例如氢化钠、高碘酸或高氯酸镁等应予注意。

5.11 吡啶(C_5H_5N)

吡啶有吸湿性，能与水、醇、醚任意混溶。与水形成共沸物于94℃沸腾，其中含57%吡啶。

工业吡啶中除含水和胺杂质外，还有甲基吡啶或二甲基吡啶。工业规模精制吡啶时，通常是加入苯，进行共沸蒸馏。实验室精制时，可加入固体氢氧化钾或固体氢氧化钠。

分析纯的吡啶含有少量水分，但已可供一般应用。如要制得无水吡啶，可与粒状氢氧化钾或氢氧化钠先干燥数天，倾出上层清液，加入金属钠回流3～4h，然后隔绝潮气蒸馏，可得到无水吡啶。干燥的吡啶吸水性很强，贮存时将瓶口用石蜡封好。如蒸馏前不加金属钠回流，则将馏出物通过装有4A分子筛的吸附柱，也可使吡啶中的水含量降到0.01%以下。

纯吡啶b.p.为115.5℃，n_D^{20}为1.5095，d_4^{20}为0.9819。

吡啶对皮肤有刺激，可引起湿疹类损害。吸入后会造成头昏恶心，并对肝脾损害。

5.12 二硫化碳(CS_2)

二硫化碳因含有硫化氢、硫黄和硫氧化碳等杂质而有恶臭味。

一般有机合成实验中对二硫化碳要求不高，可在普通二硫化碳中加入少量研碎的无水氯化钙，干燥后滤去干燥剂，然后在水浴中蒸馏收集。

若要制得较纯的二硫化碳，则需将试剂级的二硫化碳用0.5%高锰酸钾水溶液洗涤3次，除去硫化氢，再用汞不断振荡除去硫，最后用2.5%硫酸汞溶液洗涤，除去所有恶臭（剩余的硫化氢），再经氯化钙干燥，蒸馏收集。

纯二硫化碳b.p.为46.25℃，n_D^{20}为1.63189，d_4^{20}为1.2661。

二硫化碳为有较高毒性的液体，能使血液和神经中毒，它具有高度的挥发性和易燃性，所以使用时必须十分小心，避免接触其蒸气。

5.13 四氢呋喃(C_4H_8O)

四氢呋喃系具乙醚气味的无色透明液体，市售的四氢呋喃常含有少量水分及过氧化物。如要制得无水四氢呋喃可与氢化铝锂在隔绝潮气下和氮气气氛下回流（通常1000mL约需2～4g氢化铝锂）除去其中的水和过氧化物，然后在常压下蒸馏，收集67℃的馏分。精制后的四氢呋喃应加入钠丝并在氮气氛中保存，如需较久放置，应加0.025% 4-甲基-2,6-二叔丁基苯酚作抗氧剂。处理四氢呋喃时，应先用小量进行实验，以确定只有少量水和过氧化物，作用不致过于猛烈时，方可进行。

四氢呋喃中的过氧化物可用酸化的碘化钾溶液来实验，如有过氧化物存在，则会立即出现游离碘的颜色，这时可加入0.3%的氯化亚铜，加热回流30min，蒸馏，除去过氧化物（也可以加硫酸亚铁处理，或让其通过活性氧化铝来除去过氧化物）。

纯四氢呋喃b.p.为67℃，n_D^{20}为1.4050，d_4^{20}为0.8892。

5.14 1,2-二氯乙烷($ClCH_2CH_2Cl$)

1,2-二氯乙烷为无色油状液体，有芳香味，与水形成恒沸物，沸点为72℃，其中含81.5%的1,2-二氯乙烷。可与乙醇、乙醚、氯仿等相混溶。在结晶和提取时是极有用的溶剂，比常用的含氯有机溶剂更为活泼。

一般纯化可依次用浓硫酸、水、稀碱溶液和水洗涤，用无水氯化钙干燥或加入五氧化二磷分馏即可。

纯1,2-二氯乙烷b.p.为83.4℃，n_D^{20}为1.4448，d_4^{20}为1.2531。

1,2-二氯乙烷易燃，有着火的危险性。可经呼吸道、皮肤和消化道吸收，在体内的代谢产物2-氯乙醇和氯乙酸均比1,2-二氯乙烷本身的毒性大。1,2-二氯乙烷属高毒类，对眼及呼吸道有刺激作用，其蒸气可使动物角膜浑浊。吸入可引起脑水肿和肺水肿。并能抑制中枢神经系统、刺激胃肠道和引起心血管系统和肝肾损害，皮肤接触后可致皮炎。

5.15 二氯甲烷(CH_2Cl_2)

二氯甲烷为无色挥发性液体，微溶于水，能与醇、醚混溶。与水形成共沸物，含二氯甲烷98.5%，沸点为38.1℃。

二氯甲烷中往往含有氯甲烷、二氯甲烷、三氯甲烷和四氯甲烷等。纯化时，依次用浓度为5%的氢氧化钠溶液或碳酸钠溶液洗1次，再用水洗2次，用无水氯化钙干燥24h，最后蒸馏，在有3A分子筛的棕色瓶中避光贮存。

纯二氯甲烷 b. p. 为 39.7℃，n_D^{20} 为 1.4241，d_4^{20} 为 1.3167。

二氯甲烷有麻醉作用，并损害神经系统，与金属钠接触易发生爆炸。

5.16 二氧六环(1,4-二噁烷)[$O(CH_2CH_2)_2O$]

二氧六环能与水任意混合，常含有少量二乙醇缩醛与水，久贮的二氧六环可能含有过氧化物（用氯化亚锡回流除去）。二氧六环的纯化方法：在 500mL 二氧六环中加入 8mL 浓盐酸和 50mL 水的溶液，回流 6～10h，在回流过程中，慢慢通入氮气以除去生成的乙醛。冷却后，加入固体氢氧化钾，直到不能再溶解为止，分去水层，再用固体氢氧化钾干燥 24h。然后过滤，在金属钠存在下加热回流 8～12h，最后在金属钠存在下蒸馏，加入钠丝密封保存。精制过的 1,4-二氧环己烷应当避免与空气接触。

纯二氧六环 m. p. 为 12℃，b. p. 为 101.5℃，n_D^{20} 为 1.4424，d_4^{20} 为 1.0336。

与空气混合可爆炸，爆炸极限 2%～22.5%（体积）。对皮肤有刺激性，有毒，大鼠腹注 LD_{50} 为 7.99g/kg，小鼠口服 LD_{50} 为 57g/kg。

5.17 四氯化碳(CCl_4)

四氯化碳微溶于水，可与乙醇、乙醚、氯仿及石油醚等混溶。

四氯化碳含 4%二硫化碳、微量乙醇。纯化时，可 1000mL 将四氯化碳与 60g 氢氧化钾溶于 60mL 水和 100mL 乙醇的溶液混在一起，在 50～60℃时振摇 30min，然后水洗，再将此四氯化碳按上述方法重复操作一次（氢氧化钾的用量减半），最后将四氯化碳用氯化钙干燥，过滤，蒸馏收集 76.7℃馏分。不能用金属钠干燥，因为有爆炸危险。

纯四氯化碳 b. p. 为 76.8℃，n_D^{20} 为 1.4603，d_4^{20} 为 1.595。

四氯化碳为无色、易挥发、不易燃的液体，具有氯仿的微甜气味。遇火或炽热物可分解为二氧化碳、氯化氢、光气和氯气等。其麻醉性比氯仿小，但对心、肝、肾的毒性强。饮入 2～4mL 四氯化碳也能致死。刺激咽喉，可引起咳嗽、头痛、呕吐，而后呈现麻醉作用，昏睡，最后肺出血而死。慢性中毒能引起眼睛损害、黄疸、肝脏肿大等症状。

5.18 甲苯($C_6H_5CH_3$)

甲苯不溶于水，可混溶于苯、醇、醚等多数有机溶剂。甲苯与水形成共沸物，在 84.1℃沸腾，含 81.4%的甲苯。

甲苯中含甲基噻吩，处理方法与苯相同。因为甲苯比苯更易磺化，用浓硫酸洗涤时温度应控制在 30℃以下。

纯甲苯 b. p. 为 110.6℃，n_D^{20} 为 1.44969，d_4^{20} 为 0.8669。

甲苯为易燃品，甲苯在空气中的爆炸极性为 1.27%～7%（体积）。毒性比苯小，大鼠口服 LD_{50} 为 50g/kg。

5.19 正己烷(C_6H_{14})

正己烷为无色易挥发液体，与醇、醚和三氯甲烷混溶，不溶于水。

正己烷常含有一定量的苯和其他烃类，用下述方法进行纯化：加入少量的发烟硫酸进行振摇，分出酸，再加发烟硫酸振摇。如此反复，直至酸的颜色呈淡黄色。再依次用浓硫酸、水、2%氢氧化钠溶液洗涤，再用水洗涤，用氢氧化钾干燥后蒸馏。

纯正己烷 b. p. 为 68.7℃，n_D^{20} 为 1.3748，d_4^{20} 为 0.6593。

正己烷在空气中的爆炸极限为 1.1%～8%（体积）。正己烷属低毒类，但其毒性较新己烷大，且具有高挥发性、高脂溶性，并有蓄积作用。毒作用为对中枢神经系统的轻度抑制作用，对皮肤黏膜的刺激作用。长期接触可致多发性周围神经病变。大鼠口服 LD_{50} 为 24～29mL/kg。吸入正己烷，有恶心、头痛、眼及咽刺激，出现眩晕、轻度麻醉。经口中毒可出现恶心、呕吐等消化道刺激症状及急性支气管炎，摄入 50g 可致死，溅入眼内可引起结膜刺激症状。

5.20 乙酸(CH_3COOH)

乙酸可与水混溶，在常温下是一种有强烈刺激性酸味的无色液体。

将乙酸冻结出来可得到很好的精制效果。若加入 2%～5%高锰酸钾溶液并煮沸 2～6h 更好。微量的水可用五氧化二磷干燥除去。由于乙酸不易被氧化，故常作氧化反应的溶剂。

纯乙酸 m. p. 为 16.5℃，b. p. 为 117.9℃，n_D^{20} 为 1.3716，d_4^{20} 为 1.0492。

乙酸具有腐蚀性，切勿接触皮肤，尤其不要溅入眼内，否则应立即用大量水冲洗，严重者应去医院医治。

附录 6　常用有机溶剂的性质及回收精制

6.1　甲醇(CH_3OH)

甲醇分子量为 32.04，沸点为 64.70℃，相对密度为 0.7924。能与水、乙醇、乙醚、氯仿以任何比例混溶，因不与水共沸，故用分馏法可以获得 99.8%的含量。绝对无水的甲醇，可用镁和碘的方法制得（同乙醇)。甲醇易燃，有毒，对视神经有损伤，在操作中应加以注意。

精制方法：工业规格的甲醇中，主要含丙酮和甲醛杂质，可用下述方法除去。

(1) 先用高锰酸钾法大致测定醛、酮的含量后，加入过量盐酸羟，回流 4h，然后重新蒸馏。

(2) 将硫酸汞酸性溶液与甲醇一起加热，使丙酮生成络合物析出，或将碘的碱性溶液与甲醇共热使醛或酮氧化成碘仿，然后再分馏精制。

[注意] 甲醇不能用生石灰脱水，因 CaO 能吸附 20%甲醇。且 CaO、CH_3OH、H_2O 三者相互间形成的复合物处于平衡状态，完成脱水是不可能的。

6.2　乙醇(C_2H_5OH)

乙醇分子量为 46.07，沸点为 78.32℃，相对密度为 0.7893，与水能任意混溶，蒸馏时与水共沸，共沸点为 78.1℃，共沸混合液含水 4.43%，即为 95%乙醇。

再生方法，先在用过的乙醇中加入生石灰（氧化钙）用量为 25～50g/L，加热回流脱水后，分级蒸馏，收集 76～81℃的馏分，含醇 30%～90%，再置圆底烧瓶中，加计算量多一倍的生石灰再蒸馏收集 76～78℃的馏分，浓度可达 90.5%～99.5%。

如需绝对无水者，则可用以下二法：

(1) 99.5%乙醇 1000mL，加 27.5g 苯二甲酸二乙酯和 7g 金属钠，放置后蒸馏，得无水醇。

$$C_6H_4(COOC_2H_5)_2+2C_2H_5ONa+2H_2O \longrightarrow C_6H_4(COONa)_2+4C_2H_5OH$$

(2) 93%以上的乙醇 60mL，置于 2L 容积的圆底烧瓶中加入 5g 金属镁、0.5g 碘，使发生反应促进镁溶解成醇镁，再加 900mL 乙醇，回流加热 5h，蒸馏可得 100%乙醇。

$$(C_2H_5O)_2Mg+2H_2O \longrightarrow 2C_2H_5OH+Mg(OH)_2$$

如用于紫外光谱分析，则要求较高。普通发酵乙醇常混有少量醛。又无水乙醇用苯共沸蒸馏所得者常含有苯、甲苯，均不宜用于光谱分析。其精制方法如下：95%普通乙醇 100mL，加入 25mL 12mol/L H_2SO_4，在水浴上回流加热数小时以除去苯及甲苯等杂质，蒸馏。将初馏分 50mL 及残馏分 100mL 弃去，主馏分中加入硝酸银 8g，并加热使之溶解，溶解后再加入粒状氢氧化钾 15g，回流加热 1h。此时溶液从具黏土色的 AgOH 悬浊液变为黑色的还原银粒凝集沉淀出来。此反应需 20～30min，如果黑色沉淀很早生成，即表示能被氧化的物质存在较多。将蒸馏后所得溶液再加入少量硝酸银和氢氧化钾（1：2，质量比)，重复上述操作直至没有黑色沉淀物生成为止，再继续加热 30min，蒸馏，再将粗馏分约 50mL 及残馏分约 100mL 弃去，收集得到主馏分。但主馏分中有带入微量碱和银离子的可能，将会促进乙酸氧化，故应重新蒸馏一次。由此法制得的乙醇含水 3%～6%，在 206nm 处透明，200nm 处有尾端吸收。

6.3　乙醚($C_2H_5OC_2H_5$)

乙醚分子量为 74.12，沸点为 34.6℃，相对密度为 0.714，在水中的溶解度为 8.11%。用过的乙醚常含有水及醇，如用水洗涤损失很大，可用饱和氯化钙水溶液洗涤，乙醇也可同时除去，再以无水氯化钙脱水干燥，重蒸馏即得。

乙醚久置于空气中，尤其是暴露在日光下，会逐渐氧化为醛、酸及过氧化物，当过氧化物含量达到万分之几时，蒸馏时有发生爆炸的危险。过氧化物是否存在，可以用碘化钾溶液与少量乙醚共振摇生成游离碘而检出。其除去方法可用稀碱、浓高锰酸钾液、亚硫酸钠液顺次洗涤，再用水洗，干燥，重新蒸馏而得；或用 $FeSO_4$ 或 10% $NaHSO_3$ 溶液振摇 1～3 次，用氧化钙干燥后重新蒸馏。贮存时，可加入少量表面洁净的铁丝或钢铜丝以防止氧化。

除去少量醇类的另一个方法为：在乙醚中加少量高锰酸钾粉末和 1～2 块（10g 左右）氢氧化钠，放置数小时后，在氢氧化钠表面如有棕色的醛缩合树脂生成时，则重复此操作直至氢氧化钠表面不产生棕色物为止，然后将乙醚倒入另一瓶内，加无水氯化钙脱水，重新蒸馏即得。如需绝对无水则将金属钠压成钠丝加入，并将瓶塞钻孔，附一氯化钙管，放置。为了减少蒸发，在氯化钙管上安装一根一端拉成毛细管的玻璃管以与外界相通。

6.4 丙酮(CH_3COCH_3)

丙酮分子量为58.08，沸点为56.5℃，相对密度为0.792，与水、醇和醚能任意混溶，为无色液体。

再生方法：丙酮中如含有较多的水时，可加食盐或碳酸钾等盐类，盐析成二层，分去下层盐液，将上层丙酮蒸馏，收集54～57℃馏分，再用无水氯化钙脱水，干燥，重新蒸馏而得。

精制方法：

(1) 一般工业用丙酮，需含有甲醇、醛和有机酸等杂质，精制时加高锰酸钾粉末或溶液，摇匀，加热回流4h，或放置1～2天至高锰酸钾紫色都不褪色，滤除沉淀，以无水碳酸钾或氯化钙脱水干燥，重新蒸馏而得。

(2) 如丙酮中混有少量乙醇、乙醚、氯仿等溶剂时，可加二倍量的饱和亚硫酸氢钠溶液振摇，使生成亚硫酸氢钠丙酮加成物，再加入等量酒精，即析出结晶，过滤收集，顺次以酒精、乙醚洗涤，干燥。将结晶与少量水混合后，加入10%碳酸钠或10%盐酸使加成物分解，将滤液分级蒸馏，取丙酮馏分，加无水氯化钙或碳酸钾脱水干燥，重新蒸馏而得。

[注意] 丙酮不宜用金属钠或五氧化二磷脱水。

6.5 氯仿($CHCl_3$)

氯仿分子量为119.4，沸点为61.26℃，相对密度为1.488，不溶于水，易与乙醚、乙醇等混溶，在日光下易氧化分解成Cl_2、HCl、CO_2及光气($COCl_2$)，后者有毒，故应贮存于棕色瓶中，或加入0.5%～1%乙醇，作为稳定剂。如不需要含有醇的$CHCl_3$，则可用水洗$CHCl_3$后，以无水碳酸钾或氯化钙干燥后蒸馏。但应注意氯仿在稀碱水作用下易分解产生甲酸盐，在浓碱水作用下则生成碳酸盐。

再生及精制方法：医用氯仿含有1%酒精作为稳定剂以防止其分解，可用水洗去酒精，再用氯化钙脱水重新蒸馏，收集61℃时馏分，贮存于棕色瓶中。

6.6 乙酸乙酯($CH_3COOC_2H_5$)

乙酸乙酯分子量为88.10，沸点为77.2℃，相对密度为0.898。含水的乙酸乙酯在日光下会逐渐水解为醋酸和乙醇，精制时可用5%碳酸钠（或碳酸钾）溶液、饱和氯化钙溶液分别洗去醋酸和醇，再以水洗，分级蒸馏取乙酸乙酯的馏分，再经过无水氯化钙脱水干燥后重新蒸馏一次，或在乙酸乙酯中加少量水（每500g加水2g）蒸馏，水和乙醇即在第一馏分中蒸出。

6.7 苯(C_6H_6)

苯分子量为78.11，沸点为80℃，相对密度为0.879，不溶于水，可与乙醚、氯仿、丙酮等在各种比例下混溶。纯苯在5.4℃时固化为结晶，常利用此性质来纯化。苯易燃，有毒。

再生方法：用稀碱水洗涤后，氯化钙脱水，重新蒸馏。

精制方法：工业规格的苯常含有噻吩、吡啶和高沸点同系物如甲苯等，不能借蒸馏方法除去。可将苯1000mL在室温下用浓H_2SO_4（每次30mL）振摇数次，至硫酸层呈色较浅时为止。再经稀NaOH、水洗至中性，氯化钙脱水，重新蒸馏，收集79～81℃馏分。对于甲苯等高沸点同系物，则用二次冷却结晶法除去，因苯在5.4℃固化，故可冷却至0℃，滤取结晶，而其杂质还留在液体中。

6.8 石油醚

依沸点高低分成三种：30～60℃，60～90℃，90～120℃。石油醚是石油馏分之一，主要是饱和脂肪烃的混合物，极性很低，不溶于水，不能和甲醇、乙醇等溶剂无限制地混合，易燃。

再生方法：用过的石油醚，如含有少量低分子醇、丙酮或乙醚，可将其置于分液漏斗中用水洗涤数次，再从氯化钙脱水，重新蒸馏，收集一定沸点范围内的馏分。如含有少量氯仿，则在分液漏斗中先用稀碱液洗涤，再用水洗数次，氯化钙脱水后重新蒸馏。

精制方法：工业规格的石油醚加入浓硫酸（每千克50～100g），振摇后放置1h，分去下层硫酸液，其中可以溶出不饱和烃类，根据硫酸层的颜色深浅酌情用硫酸振摇萃取二、三次。上层石油醚再用5%稀碱液洗一次，然后用水洗数次，氯化钙脱水后重新蒸馏，如需绝对无水，则再加金属钠或五氯化二磷脱水干燥。

6.9 四氯化碳(CCl_4)

四氯化碳分子量为153.84，沸点为76.7℃，相对密度为1.589，极性很低，不溶于水。工业规格的四氯化碳中常含有2%～3%二硫化碳，其除去方法为：取1000mL四氯化碳加50% KOH乙醇溶液100mL，60℃加热回流30min，冷却后，用水洗涤，分去水层，再用少量浓硫酸振摇多次，直至硫酸不变色为止，用水洗涤，经氯化钙或固体氢氧化钠脱水后，加石蜡油少许，蒸馏，可得精制品。四氯化碳不燃，有毒，吸入或与皮肤接触都能导致中毒。

[注意] 氯仿和四氯化碳脱水干燥时，切忌用金属钠，否则会发生爆炸。

6.10 正丁醇(n-C_4H_9OH)

正丁醇沸点为117.7℃，是一种具有难闻气味的液体。

精制方法：取三级正丁醇和CaO（每100mL+5g CaO）共蒸馏收集恒温时馏出的馏分即得。

6.11 醋酸(CH_3COOH)

醋酸沸点为113℃，冰点为16.5℃，相对密度为1.06。纯的醋酸（99%～100%）在低于16.5℃时可凝结成冰块状固体，故纯的醋酸又称为“冰醋酸”。醋酸不易被氧化，所以需采用氧化反应的溶剂。其精制可用冰冻法，即冷却至0～10℃醋酸凝为结晶，分去液体，将结晶加热溶化，再经冷冻一次，即可得冰醋酸。乙酸（醋酸）能与水互溶，溶于水时放出热量而总体积减小。

醋酸中如含有乙醇等杂质，则在醋酸中加2%左右的重铬酸钾（或钠）后进行分馏。若含有少量水分时，则加适量的醋酐进行分馏，收集117～118℃的馏分。

6.12 甲酸(HCOOH)

甲酸是具有刺鼻臭味的无色液体，沸点为100.5℃，相对密度为1.220。它的腐蚀性极强，触及皮肤能导致起泡。由于沸点与水非常接近，因此不能用分馏法使水分完全除去。甲酸与水可形成共沸混合物，在107℃时馏出，其中含有77%的甲酸。无水的甲酸可由甲酸的铅盐与硫化氢作用而得。

6.13 环己烷(C_6H_{12})

环己烷是无色液体，沸点为80.2℃，相对密度为0.779，不溶于水而溶于有机溶剂，其性质与石油醚相似。再生时先用稀碱液洗涤，再用水洗，脱水重新蒸馏。其精制方法为：将工业规格的环己烷加浓硫酸及少量硝酸钾放置数小时后分去硫酸层，再用水洗，重新蒸馏。如需要绝对无水，则要加金属钠丝脱水干燥。

[注意] 关于层析用有机溶剂的精制，请参考1978年中国医学科学院药物所编著的《薄层层离及其在中草药分析中的应用》P455。

6.14 1,2-二氯乙烷

1,2-二氯乙烷沸点为83.4℃，折射率（n_D^{20}）为1.4448，相对密度（d_4^{20}）为1.2531，为无色油状液体；具有芳香味，溶于120份水中；与水成恒沸溶液，含81.5%的1,2-二氯乙烷，沸点72℃；可与乙醇、乙醚和三氯甲烷相混合。在结晶和提取时是极有用的溶剂，比常用的含氯有机溶剂更为活泼。

一般纯化方法为依次用浓H_2SO_4、稀碱溶液和水洗涤，以无水氯化钙干燥或加入五氧化二磷分馏即得。

6.15 甲酰胺

甲酰胺沸点为210.5℃（分解），熔点为2.5℃，折射率（n_D^{20}）为1.4475，相对密度（d_4^{20}）为1.333，为无色透明油状液体；溶于水、低级醇和乙二醇；不溶于碳氢化合物、卤代烷和硝基苯。甲酰胺可溶于铜、铅、锌、锡、镍、钴、铁、铝和镁等的氯化物、硝酸盐以及其中某些硫酸盐。甲酰胺具有很高的介电常数，是一种很好的离子化溶剂。目前市售三级纯甲酰胺含量为98.5%，常混有甲酸和甲酸铵。不能单纯用蒸馏方法分离除去，一般是将普通甲酰胺通入氨气至呈碱性，将含有的甲酸变为甲酰胺，再加入丙酮使之沉淀出，滤去，将滤液用无水硫酸钠干燥，减压蒸馏，收集沸点105℃/11mmHg馏分。甲酰胺不能用硫酸钙干燥，因能被溶解，溶液呈胶状。甲酰胺吸湿性很强，应注意防潮。

附录7 化学原料药物常用仪器检测方法

7.1 紫外-可见分光光度法

7.1.1 仪器的校正和检定

（1）波长 由于环境因素对机械部分的影响，仪器的波长经常会略有变动，因此除应定期对所用的仪器进行全面校正检定外，还应于测定前校正测定波长。常用汞灯中的较强谱线237.83nm，253.65nm，275.28nm，296.73nm，313.16nm，334.15nm，365.02nm，404.66nm，435.83nm，546.07nm与576.96nm；

或用仪器中氘灯的 486.02nm 与 656.10nm 谱线进行校正；钬玻璃在波长 279.4nm，287.5nm，333.7nm，360.9nm，418.5nm，460.0nm，484.5nm，536.2nm 与 637.5nm 处有尖锐吸收峰，也可作波长校正用，但因来源不同或随着时间的推移会有微小的变化，使用时应注意。近年来，常使用高氯酸钬溶液校正双光束仪器，以 10% 高氯酸溶液为溶剂，配制含氧化钬（Ho_2O_3）4% 的溶液，该溶液的吸收峰波长为 241.13nm，278.10nm，287.18nm，333.44nm，345.47nm，361.31nm，416.28nm，451.30nm，485.29nm，536.64nm 和 640.52nm。

仪器波长的允许误差为：紫外光区±1nm，500nm 附近±2nm。

（2）吸光度的准确度　可用重铬酸钾的硫酸溶液检定。取在 120℃ 干燥至恒重的基准重铬酸钾约 60mg，精密称定，用 0.005mol/L 硫酸溶液溶解并稀释至 1000mL，在规定的波长处测定并计算其吸收系数，并与规定的吸收系数比较，应符合附表 7-1 中的规定。

附表 7-1　重铬酸钾硫酸溶液在规定波长处吸收系数规定值

波长/nm	235(最小)	257(最大)	313(最小)	350(最大)
吸收系数($\varepsilon_{1cm}^{1\%}$)的规定值	124.5	144.0	48.6	106.6
吸收系数($\varepsilon_{1cm}^{1\%}$)的许可范围	123.0～126.0	142.8～146.2	47.0～50.3	105.5～108.5

（3）杂散光的检查　可按附表 7-2 所列的试剂和浓度，配制成水溶液，置 1cm 石英吸收池中，在规定的波长处测定透光率，应符合表中的规定。

附表 7-2　碘化钠、亚硝酸钠规定浓度下的规定波长和透光率要求

试剂	浓度/%(g/mL)	测定用波长/nm	透光率/%
碘化钠	1.00	220	<0.8
亚硝酸钠	5.00	340	<0.8

7.1.2　对溶剂的要求

含有杂原子的有机溶剂，通常均有很强的末端吸收。因此，当作溶剂使用时，它们的使用范围均不能小于截止使用波长。例如甲醇、乙醇的截止使用波长为 205nm。另外，当溶剂不纯时，也可能增加干扰吸收。因此，在测定供试品前，应先检查所用的溶剂在供试品所用的波长附近是否符合要求，即将溶剂置 1cm 石英吸收池中，以空气为空白（即空白光路中不置任何物质）测定其吸光度。溶剂和吸收池的吸光度，在 220～240nm 范围内不得超过 0.40，在 241～250nm 范围内不得超过 0.20，在 251～300nm 范围内不得超过 0.10，在 300nm 以上范围内不得超过 0.05。

7.1.3　测定法

测定时，除另有规定外，应以配制供试品溶液的同批溶剂为空白对照，采用 1cm 的石英吸收池，在规定的吸收峰波长±2nm 以内测试几个点的吸光度，或由仪器在规定波长附近自动扫描测定，以核对供试品的吸收峰波长位置是否正确。除另有规定外，吸收峰波长应在该品种项下规定的波长±2nm 以内，并以吸光度最大的波长作为测定波长。一般供试品溶液的吸光度读数以在 0.3～0.7 之间为宜。仪器的狭缝波带宽度宜小于供试品吸收带的半高宽度的十分之一，否则测得的吸光度会偏低；狭缝宽度的选择，应以减小狭缝宽度时供试品的吸光度不再增大为准。由于吸收池和溶剂本身可能有空白吸收，因此测定供试品的吸光度后应减去空白读数，或由仪器自动扣除空白读数后再计算含量。

当溶液的 pH 值对测定结果有影响时，应将供试品溶液的 pH 值和对照品溶液的 pH 值调成一致。

（1）鉴别和检查　分别按各品种项下规定的方法进行。

（2）含量测定　一般有以下几种方法。

① 对照品比较法　按各品种项下的方法，分别配制供试品溶液和对照品溶液，对照品溶液中所含被测成分的量应为供试品溶液中被测成分规定量的 100%±10%，所用溶剂也应完全一致，在规定的波长处测定供试品溶液和对照品溶液的吸光度后，按下式计算供试品中被测溶液的浓度。

$$C_X=(A_X/A_R)C_R$$

式中，C_X 为供试品溶液的浓度；A_X 为供试品溶液的吸光度；C_R 为对照品溶液的浓度；A_R 为对照品溶液的吸光度。

② 吸收系数法　按各品种项下的方法配制供试品溶液，在规定的波长处测定其吸光度，再以该品种在

规定条件下的吸收系数计算含量。用本法测定时，吸收系数通常应大于100，并注意仪器的校正和检定。

③ 计算分光光度法　计算分光光度法有多种，使用时应按各品种项下规定的方法进行。当吸光度处在吸收曲线的陡然上升或下降的部位测定时，波长的微小变化可能对测定结果造成显著影响，故对照品和供试品的测试条件应尽可能一致。计算分光光度法一般不宜用作含量测定。

④ 比色法　供试品本身在紫外-可见光区没有强吸收，或在紫外光区里有吸收但为了避免干扰或提高灵敏度，可加入适当的显色剂，使反应产物的最大吸收移至可见光区，这种测定方法称为比色法。

用比色法测定时，由于显色时影响显色深浅的因素较多，应取供试品与对照品或标准品同时操作。除另有规定外，比色法所用的空白系指用同体积的溶剂代替对照品或供试品溶液，然后依次加入等量的相应试剂，并用同样方法处理。在规定的波长处测定对照品和供试品溶液的吸光度后，按上述①法计算供试品浓度。

当吸光度和浓度关系不呈良好线性时，应取数份梯度量的对照品溶液，用溶剂补充至同一体积，显色后测定各份溶液的吸光度，然后以吸光度与相应的浓度绘制标准曲线，再根据供试品的吸光度在标准曲线上查得其相应的浓度，并求出其含量。

7.2 原子吸收分光光度法

原子吸收分光光度法的测量对象是呈原子状态的金属元素和部分非金属元素，系由待测元素灯发出的特征谱线通过供试品经原子化产生的原子蒸气时，被蒸气中待测元素的基态原子所吸收，通过测定辐射光强度减弱的程度，求出供试品中待测元素的含量。原子吸收分光光度法遵循分光光度法的吸收定律，一般通过比较对照品溶液和供试品溶液的吸光度，求得供试品中待测元素的含量。

7.2.1 对仪器的一般要求

所用仪器为原子吸收分光光度计，由光源、原子化器、单色器和检测系统等组成，另有背景校正系统、自动进样系统等。

(1) 光源　常用待测元素作为阴极的空心阴极灯。

(2) 原子化器　主要有四种类型：火焰原子化器、石墨炉原子化器、氢化物发生原子化器及冷蒸气发生原子化器。

① 火焰原子化器　由雾化器及燃烧灯头等主要部件组成。其功能是将供试品溶液雾化成气溶胶后，再与燃气混合，进入燃烧灯头产生的火焰中，以干燥、蒸发、离解供试品，使待测元素形成基态原子。燃烧火焰由不同种类的气体混合物产生，常用乙炔-空气火焰。改变燃气和助燃气的种类及比例可以控制火焰的温度，以获得较好的火焰稳定性和测定灵敏度。

② 石墨炉原子化器　由电热石墨炉及电源等部件组成。其功能是将供试品溶液干燥、灰化，再经高温原子化使待测元素形成基态原子。一般以石墨作为发热体，炉中通入保护气，以防氧化并能输送试样蒸气。

③ 氢化物发生原子化器　由氢化物发生器和原子吸收池组成，可用于砷、锗、铅、锡、硒、锑等元素的测定。其功能是将待测元素在酸性介质中还原成低沸点、易受热分解的氢化物，再由载气导入由石英管、加热器等组成的原子吸收池，在吸收池中氢化物被加热分解，并形成基态原子。

④ 冷蒸气发生原子化器　由汞蒸气发生器和原子吸收池组成，专门用于汞的测定。其功能是将供试品溶液中的汞离子还原成游离汞，再由载气将汞蒸气导入石英原子吸收池，进行测定。

(3) 单色器　其功能是从光源发射的电磁辐射中分离出所需要的电磁辐射，仪器光路应能保证有良好的光谱分辨率和在相当窄的光谱带（0.2nm）下正常工作的能力，波长范围一般为190.0～900.0nm。

(4) 检测系统　由检测器、信号处理器和指示记录器组成，应具有较高的灵敏度和较好的稳定性，并能及时跟踪吸收信号的急速变化。

(5) 背景校正系统　背景干扰是原子吸收测定中的常见现象。背景吸收通常来源于样品中的共存组分及其在原子化过程中形成的次生分子或原子的热发射、光吸收和光散射等。这些干扰在仪器设计时应设法予以克服。常用的背景校正法有连续光源（在紫外光区通常用氘灯）、塞曼效应、自吸效应等。

在原子吸收分光光度分析中，必须注意背景以及其他原因引起的对测定的干扰。仪器某些工作条件（如波长、狭缝、原子化条件等）的变化可影响灵敏度、稳定程度和干扰情况。在火焰法原子吸收测定中可采用选择适宜的测定谱线和狭缝、改变火焰温度、加入络合剂或释放剂、采用标准加入法等方法消除干扰；在石墨炉原子吸收测定中可采用选择适宜的背景校正系统、加入适宜的基体改进剂等方法消除干扰。具体方法应按各品种项下的规定选用。

7.2.2 测定法

第一法（标准曲线法） 在仪器推荐的浓度范围内，制备含待测元素的对照品溶液至少3份，浓度依次递增，并分别加入各品种项下制备供试品溶液的相应试剂，同时以相应试剂制备空白对照溶液。将仪器按规定启动后，依次测定空白对照溶液和各浓度对照品溶液的吸光度，记录读数。以每一浓度3次吸光度读数的平均值为纵坐标、相应浓度为横坐标，绘制标准曲线。按各品种项下的规定制备供试品溶液，使待测元素的估计浓度在标准曲线浓度范围内，测定吸光度，取3次读数的平均值，从标准曲线上查得相应的浓度，计算待测元素的含量。

第二法（标准加入法） 取同体积按各品种项下规定制备的供试品溶液4份，分别置4个同体积的量瓶中，除（1）号量瓶外，其他量瓶分别精密加入不同浓度的待测元素对照品溶液，分别用去离子水稀释至刻度，制成从零开始递增的一系列溶液。按上述标准曲线法自“将仪器按规定启动后”操作，测定吸光度，记录读数；将吸光度读数与相应的待测元素加入量作图，延长此直线至与含量轴的延长线相交，此交点与原点间的距离即相当于供试品溶液取用量中待测元素的含量（如附图7-1所示）。再以此计算供试品中待测元素的含量。此法仅适用于第一法标准曲线呈线性并通过原点的情况。

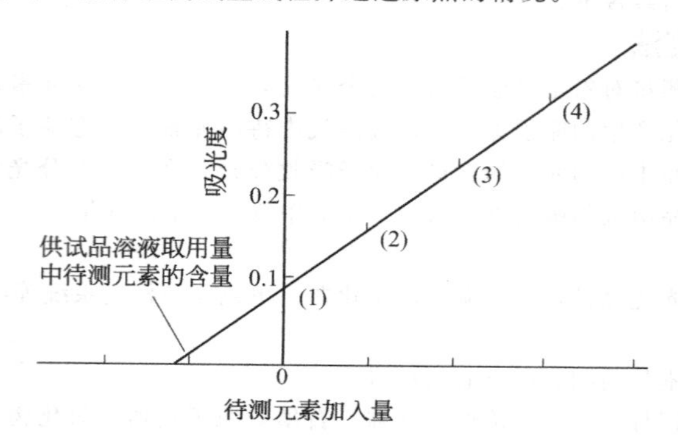

附图7-1 标准加入法测定图示

当用于杂质限度检查时，取供试品，按各品种项下的规定，制备供试品溶液；另取等量的供试品，加入限度量的待测元素溶液，制成对照品溶液。照上述标准曲线法操作，设对照品溶液的读数为a，供试品溶液的读数为b，b值应小于（$a-b$）。

7.3 红外分光光度法

7.3.1 仪器及其校正

可使用傅里叶变换红外光谱仪或色散型红外分光光度计。用聚苯乙烯薄膜（厚度约为0.04mm）校正仪器，绘制其光谱图，用3027cm^{-1}，2851cm^{-1}，1601cm^{-1}，1028cm^{-1}，907cm^{-1}处的吸收峰对仪器的波数进行校正。傅里叶变换红外光谱仪在3000cm^{-1}附近的波数误差应不大于±5cm^{-1}，在1000cm^{-1}附近的波数误差应不大于±1cm^{-1}。

用聚苯乙烯薄膜校正时，仪器的分辨率要求在3110～2850cm^{-1}范围内应能清晰地分辨出7个峰，峰2851cm^{-1}与谷2870cm^{-1}之间的分辨深度不小于18%透光率，峰1583cm^{-1}与谷1589cm^{-1}之间的分辨深度不小于12%透光率。仪器的标称分辨率，除另有规定外，应不低于2cm^{-1}。

7.3.2 供试品的制备及测定

（1）原料药鉴别 除另有规定外，应按照国家药典委员会编订的《药品红外光谱集》各卷收载的各光谱图所规定的方法制备样品。具体操作技术参见《药品红外光谱集》的说明。

采用固体制样技术时，最常碰到的问题是多晶现象，固体样品的晶型不同，其红外光谱往往也会产生差异。当供试品的实测光谱与《药品红外光谱集》所收载的标准光谱不一致时，在排除各种可能影响光谱的外在或人为因素后，应按该药品光谱图中备注的方法或各品种项下规定的方法进行预处理，再绘制光谱，比对。如未规定该品种供药用的晶型或预处理方法，则可使用对照品，并采用适当的溶剂对供试品与对照品在相同的条件下同时进行重结晶，然后依法绘制光谱，比对。如已规定特定的药用晶型，则应采用相应晶型的对照品依法比对。

当采用固体制样技术不能满足鉴别需要时，可改用溶液法绘制光谱后比对。

（2）制剂鉴别　品种鉴别项下应明确规定制剂的前处理方法，通常采用溶剂提取法。提取时应选择适宜的溶剂，以尽可能减少辅料的干扰，并力求避免导致可能的晶型转变。提取的样品再经适当干燥后依法进行红外光谱鉴别。

（3）多组分原料药鉴别　不能采用全光谱比对，可借鉴【注意事项】“（2）③”的方法，选择主要成分的若干个特征谱带，用于组成相对稳定的多组分原料药的鉴别。

（4）晶型、异构体限度检查或含量测定　供试品制备和具体测定方法均按各品种项下有关规定操作。

【注意事项】

（1）各品种项下规定“应与对照的图谱（光谱集××图）一致”，系指《药品红外光谱集》各卷所载的图谱。同一化合物的图谱若在不同卷上均有收载时，则以后卷所载的图谱为准。

（2）药物制剂经提取处理并依法绘制光谱，比对时应注意以下四种情况：

① 辅料无干扰，待测成分的晶型不变化，此时可直接与原料药的标准光谱进行比对；

② 辅料无干扰，但待测成分的晶型有变化，此种情况可用对照品经同法处理后的光谱比对；

③ 待测成分的晶型不变化，而辅料存在不同程度的干扰，此时可参照原料药的标准光谱，在指纹区内选择 3～5 个不受辅料干扰的待测成分的特征谱带作为鉴别的依据。鉴别时，实测谱带的波数误差应小于规定值的 0.5%；

④ 待测成分的晶型有变化，辅料也存在干扰，此种情况一般不宜采用红外光谱鉴别。

（3）由于各种型号的仪器性能不同，供试品制备时研磨程度的差异或吸水程度不同等原因，均会影响光谱的形状。因此，进行光谱比对时，应考虑各种因素可能造成的影响。

7.4　高效液相色谱法

高效液相色谱法系采用高压输液泵将规定的流动相泵入装有填充剂的色谱柱，对供试品进行分离测定的色谱方法。注入的供试品，由流动相带入柱内，各组分在柱内被分离，并依次进入检测器，由积分仪或数据处理系统记录和处理色谱信号。

7.4.1　对仪器的一般要求和色谱条件

所用的仪器为高效液相色谱仪。仪器应定期检定并符合有关规定。

（1）色谱柱　反相色谱系统使用非极性填充剂，常用的色谱柱填充剂为化学键合硅胶，以十八烷基硅烷键合硅胶最为常用，辛基硅烷键合硅胶和其他类型的硅烷键合硅胶（如氰基键合硅烷和氨基键合硅烷等）也有使用。正相色谱系统使用极性填充剂，常用的填充剂有硅胶等。离子交换色谱系统使用离子交换填充剂；分子排阻色谱系统使用凝胶或高分子多孔微球等填充剂；对映异构体的分离通常使用手性填充剂。

填充剂的性能（如载体的形状、粒径、孔径、表面积、键合基团的表面覆盖度、含碳量和键合类型等）以及色谱柱的填充，直接影响供试品的保留行为和分离效果。分析分子量小于 2000 的化合物应选择孔径在 15nm（1nm＝10Å）以下的填料，分析分子量大于 2000 的化合物则应选择孔径在 30nm 以上的填料。

除另有规定外，普通分析柱的填充剂粒径一般在 3～10μm 之间，粒径更小（约 2μm）的填充剂常用于填装微径柱（内径约 2mm）。

使用微径柱时，输液泵的性能、进样体积、检测池体积和系统的死体积等必须与之匹配；如有必要，色谱条件也需作适当的调整。当对其测定结果产生争议时，应以品种项下规定的色谱条件的测定结果为准。

以硅胶为载体的键合固定相的使用温度通常不超过 40℃，为改善分离效果可适当提高色谱柱的使用温度，但不宜超过 60℃。

流动相的 pH 值应控制在 2～8 之间。当 pH 值大于 8 时，可使载体硅胶溶解；当 pH 值小于 2 时，与硅胶相连的化学键合相易水解脱落。当色谱系统中需使用 pH 值大于 8 的流动相时，应选用耐碱的填充剂，如采用高纯硅胶为载体并具有高表面覆盖度的键合硅胶填充剂、包覆聚合物填充剂、有机-无机杂化填充剂或非硅胶基键合填充剂等；当需使用 pH 值少于 2 的流动相时，应选用耐酸的填充剂，如具有大体积侧链能产生空间位阻保护作用的二异丙基或二异丁基取代十八烷基硅烷键合硅胶填充剂、有机-无机杂化填充剂等。

（2）检测器　高效液相色谱仪最常用的检测器为紫外检测器，包括二极管阵列检测器，其他常见的检测器有荧光检测器、蒸发光散射检测器、示差折光检测器、电化学检测器和质谱检测器等。

紫外、荧光、电化学检测器为选择性检测器，其响应值不仅与供试品溶液的浓度有关，还与化合物的结构有关；蒸发光散射检测器和示差折光检测器为通用型检测器，对所有的化合物均有响应；蒸发光散射检测器对结构类似的化合物，其响应值几乎仅与供试品的质量有关；二极管阵列检测器可以同时记录供试品的吸收光谱，故可用于供试品的光谱鉴定和色谱峰的纯度检查。

紫外、荧光、电化学和示差折光检测器的响应值与供试品溶液的浓度在一定范围内呈线性关系，但蒸发光散射检测器的响应值与供试品溶液的浓度通常呈指数关系，故进行计算时，一般需经对数转换。

不同的检测器，对流动相的要求不同。如采用紫外检测器，所用流动相应符合紫外-可见分光光度法（附录 7.1）项下对溶剂的要求；采用低波长检测时，还应考虑有机相中有机溶剂的截止使用波长，并选用色谱级有机溶剂。蒸发光散射检测器和质谱检测器通常不允许使用含不挥发性盐组分的流动相。

（3）流动相　反相色谱系统的流动相首选甲醇-水系统（采用紫外末端波长检测时，首选乙腈-水系统），如经试用不适合时，再选用其他溶剂系统。应尽可能少用含有缓冲液的流动相，必须使用时，应尽可能选用含较低浓度缓冲液的流动相。由于 C_{18} 链在水相环境中不易保持伸展状态，故对于十八烷基硅烷键合硅胶为固定相的反相色谱系统，流动相中有机溶剂的比例通常应不低于 5%，否则 C_{18} 链的随机卷曲将导致组分保留值变化，造成色谱系统不稳定。

各品种项下规定的条件除固定相种类、流动相组分、检测器类型不得改变外，其余如色谱柱内径、长度、载体粒度、流动相流速、混合流动相各组分的比例、柱温、进样量、检测器的灵敏度等，均可适当改变，以适应供试品并达到系统适用性实验的要求。其中，调整流动相组分比例时，以组分比例较低者（小于或等于 50%）相对于自身的改变量不超过±30%且相对于总量的改变量不超过±10%为限，如 30%相对改变量的数值超过总量的 10%时，则改变量以总量的±10%为限。

对于必须使用特定牌号的填充剂方能满足分离要求的品种，可在该品种项下注明。

7.4.2　系统适用性实验

色谱系统的适用性试验通常包括理论板数、分离度、重复性和拖尾因子等四个参数。其中，分离度和重复性尤为重要。

按各品种项下要求对色谱系统进行适用性试验，即用规定的对照品溶液或系统适用性试验溶液在规定的色谱系统进行试验，必要时，可对色谱系统进行适当调整，以符合要求。

（1）色谱柱的理论板数（n）　用于评价色谱柱的分离效能。由于不同物质在同一色谱柱上的色谱行为不同，采用理论板数作为衡量柱效能的指标时，应指明测定物质，一般为待测组分或内标物质的理论板数。

在规定的色谱条件下，注入供试品溶液或各品种项下规定的内标物质溶液，记录色谱图，量出供试品主成分峰或内标物质峰的保留时间 t_R（以分钟或长度计，下同，但应取相同单位）和峰宽（W）或半高峰宽（$W_{h/2}$），按 $n=16(t_R/W)^2$ 或 $n=5.54(t_R/W_{h/2})^2$ 计算色谱柱的理论板数。

（2）分离度（R）　用于评价待测组分与相邻共存物或难分离物质之间的分离程度，是衡量色谱系统效能的关键指标。可以通过测定待测物质与已知杂质的分离度，也可以通过测定待测组分与某一添加的指标性成分（内标物质或其他难分离物质）的分离度，或将供试品或对照品用适当方法降解，通过测定待测组分与某一降解产物的分离度对色谱系统进行评价与控制。

无论是定性鉴别还是定量分析，均要求待测峰与其他峰、内标峰或特定的杂质对照峰之间有较好的分离度。除另有规定外，待测组分与相邻共存物之间的分离度应大于 1.5。分离度的计算公式为：

$$R=\frac{2(t_{R_2}-t_{R_1})}{W_1+W_2}\text{或}R=\frac{2(t_{R_2}-t_{R_1})}{1.70(W_{1,h/2}+W_{2,h/2})}$$

式中，t_{R_2} 为相邻两峰中后一峰的保留时间；t_{R_1} 为相邻两峰中前一峰的保留时间；W_1、W_2 及 $W_{1,h/2}$、$W_{2,h/2}$ 分别为此相邻两峰的峰宽，及半高峰宽（如附图 7-2）。

当对测定结果有异议时，色谱柱的理论板数（n）和分离度（R）均以峰宽（W）的计算结果为准。

（3）重复性　用于评价连续进样中，色谱系统响应值的重复性能。采用外标法时，通常取各品种项下的对照品溶液，连续进样 5 次，除另有规定外，其峰面积测量值的相对标准偏差应不大于 2.0%；采用内标法时，通常配制相当于 80%、100%和 120%的对照品溶液，加入规定量的内标溶液，配成 3 种不同浓度的溶液，分别至少进样 2 次，计算平均校正因子。其相对标准偏差应不大于 2.0%。

（4）拖尾因子（T）　用于评价色谱峰的对称性。为保证分离效果和测量精度，应检查待测峰的拖尾因子是否符合各品种项下的规定。拖尾因子计算公式为：

$$T=\frac{W_{0.05h}}{2d_1}$$

式中，$W_{0.05h}$ 为 5%峰高处的峰宽；d_1 为峰顶点至峰前沿之间的距离（如附图 7-3）。

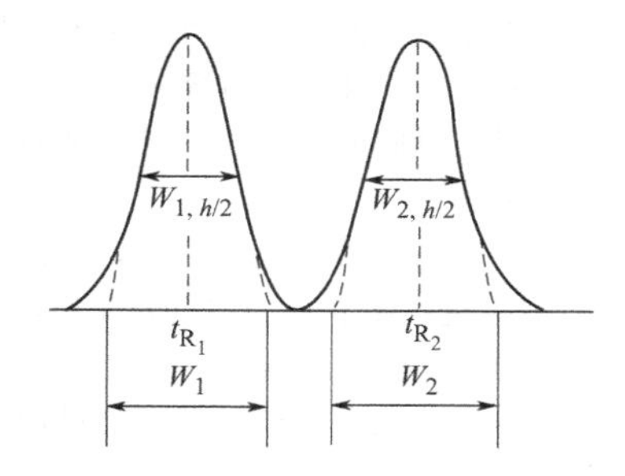

附图 7-2 相邻两峰的峰宽及半高峰宽

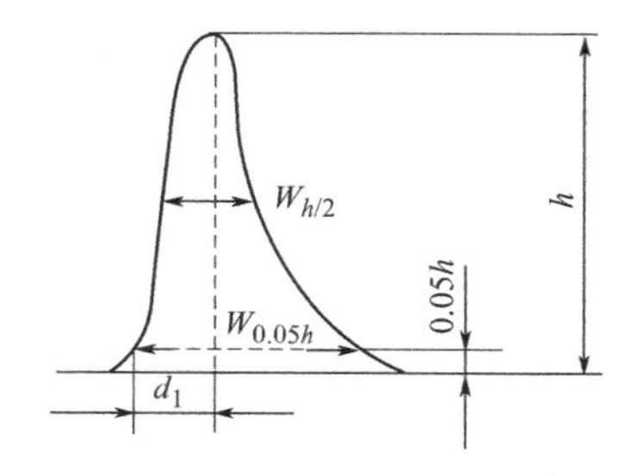

附图 7-3 拖尾的色谱峰

除另有规定外，峰高法定量时 T 应在 0.95～1.05 之间。

峰面积法测定时，若拖尾严重，将影响峰面积的准确测量。必要时，应在各品种项下对拖尾因子做出规定。

7.4.3 测定法

(1) 内标法 按各品种项下的规定，精密称（量）取对照品和内标物质，分别配成溶液，精密量取各适量，混合配成校正因子测定用的对照溶液。取一定量注入仪器，记录色谱图，测量对照品和内标物质的峰面积或峰高，按下式计算校正因子：

$$\text{校正因子}(f)=\frac{A_S/c_S}{A_R/c_R}$$

式中，A_S 为内标物质的峰面积或峰高；A_R 为对照品的峰面积或峰高；c_S 为内标物质的浓度；c_R 为对照品的浓度。

再取各品种项下含有内标物质的供试品溶液，注入仪器，记录色谱图，测量供试品中待测成分和内标物质的峰面积或峰高，按下式计算含量：

$$\text{含量}(c_X)=f\frac{A_X}{A_S'/c_S'}$$

式中，A_X 为供试品的峰面积或峰高；c_X 为供试品的浓度；A_S'为内标物质的峰面积或峰高；c_S'为内标物质的浓度；f 为校正因子。

采用内标法，可避免因样品前处理及进样体积误差对测定结果的影响。

(2) 外标法 按各品种项下的规定，精密称（量）取对照品和供试品，配制成溶液，分别精密取一定量，注入仪器，记录色谱图，测量对照品溶液和供试品溶液中待测成分的峰面积（或峰高），按下式计算含量：

$$\text{含量}(c_X)=c_R\frac{A_X}{A_R}$$

式中各符号意义同上。

由于微量注射器不易精确控制进样量，当采用外标法测定供试品中成分或杂质含量时，以定量环或自动进样器进样为好。

(3) 加校正因子的主成分自身对照法 测定杂质含量时，可采用加校正因子的主成分自身对照法。在建立方法时，按各品种项下的规定，精密称（量）取杂质对照品和待测成分对照品各适量，配制测定杂质校正因子的溶液，进样，记录色谱图，按上述（1）法计算杂质的校正因子。此校正因子可直接载入各品种项下，用于校正杂质的实测峰面积。这些需作校正计算的杂质，通常以主成分为参照，采用相对保留时间定位，其数值一并载入各品种项下。

测定杂质含量时，按各品种项下规定的杂质限度，将供试品溶液稀释成与杂质限度相当的溶液作为对照溶液，进样，调节检测灵敏度（以噪声水平可接受为限）或进样量（以柱子不过载为限），使对照溶液的主成分色谱峰的峰高约达满量程的 10%～25%或其峰面积能准确积分［通常含量低于 0.5%的杂质，峰面积的相对标准偏差（RSD）应小于 10%；含量在 0.5%～2%的杂质，峰面积的 RSD 应小于 5%；含量大于 2%的杂质，峰面积的 RSD 应小于 2%］。然后，取供试品溶液和对照品溶液适量，分别进样，供试品溶液的记录时间除另有规定外，应为主成分色谱峰保留时间的 2 倍，测量供试品溶液色谱图上各杂质的峰面积，分别乘以相应的校正因子后与对照溶液主成分的峰面积比较，依法计算各杂质含量。

(4) 不加校正因子的主成分自身对照法　测定杂质含量时，若没有杂质对照品，也可采用不加校正因子的主成分自身对照法。同上述（3）法配制对照溶液并调节检测灵敏度后，取供试品溶液和对照溶液适量，分别进样，前者的记录时间，除另有规定外，应为主成分色谱峰保留时间的2倍，测量供试品溶液色谱图上各杂质的峰面积并与对照溶液主成分的峰面积比较，计算杂质含量。

若供试品所含的部分杂质未与溶剂峰完全分离，则按规定先记录供试品溶液的色谱图Ⅰ，再记录等体积纯溶剂的色谱图Ⅱ。色谱图Ⅰ上杂质峰的总面积（包括溶剂峰），减去色谱图Ⅱ上的溶剂峰面积，即为总杂质峰的校正面积。然后依法计算。

(5) 面积归一化法　按各品种项下的规定，配制供试品溶液，取一定量注入仪器，记录色谱图。测量各峰的面积和色谱图上除溶剂峰以外的总色谱峰面积，计算各峰面积占总峰面积的百分率。

用于杂质检查时，由于峰面积归一化法测定误差大，因此，通常只用于粗略考察供试品中的杂质含量。除另有规定外，一般不宜用于微量杂质的检查。

7.5 气相色谱法

气相色谱法系采用气体为流动相（载气）流经装有填充剂的色谱柱进行分离测定的色谱方法，物质或其衍生物汽化后，被载气带入色谱柱进行分离，各组分先后进入检测器，用数据处理系统记录色谱信号。

7.5.1 对仪器的一般要求

所用的仪器为气相色谱仪，由载气源、进样部分、色谱柱、柱温箱、检测器和数据处理系统等组成。进样部分、色谱柱和检测器的温度均应根据分析要求适当设定。

(1) 载气源　气相色谱法的流动相为气体，称为载气，氦、氮和氢可用作载气，可由高压钢瓶或高纯度气体发生器提供，经过适当的减压装置，以一定的流速经过进样器和色谱柱；根据供试品的性质和检测器种类选择载气，除另有规定外，常用载气为氮气。

(2) 进样部分　进样方式一般可采用溶液直接进样、自动进样或顶空进样。溶液直接进样采用微量注射器、微量进样阀或有分流装置的气化室进样；采用溶液直接进样或自动进样时，进样口温度应高于柱温30～50℃；进样量一般不超过数微升；柱径越细，进样量应越少，采用毛细管柱时，一般应分流以免过载。

顶空进样适用于固体和液体供试品中挥发性组分的分离和测定。将固态或液态的供试品制成供试液后，置于密闭小瓶中，在恒温控制的加热室中加热至供试品中挥发性组分在液态和气态达到平衡后，由进样器自动吸取一定体积的顶空气注入色谱柱中。

(3) 色谱柱　色谱柱为填充柱或毛细管柱。填充柱的材质为不锈钢或玻璃，内径为2～4mm，柱长为2～4m，内装吸附剂、高分子多孔小球或涂渍固定液的载体，粒径为0.18～0.25mm、0.15～0.18mm或0.125～0.15mm。常用载体为经酸洗并硅烷化处理的硅藻土或高分子多孔小球，常用固定液有甲基聚硅氧烷、聚乙二醇等。毛细管柱的材质为玻璃或石英，内壁或载体经涂渍或交联固定液，内径一般为0.25mm、0.32mm或0.53mm，柱长5～60m，固定液膜厚0.1～5.0μm，常用的固定液有甲基聚硅氧烷、不同比例组成的苯基甲基聚硅氧烷、聚乙二醇等。

新填充柱和毛细管柱在使用前需老化处理，以除去残留溶剂及易流失的物质，色谱柱如长期未用，使用前应老化处理，使基线稳定。

(4) 柱温箱　由于柱温箱温度的波动会影响色谱分析结果的重现性，因此柱温箱控温精度应在±1℃，且温度波动小于0.1℃/h。温度控制系统分为恒温和程序升温两种。

(5) 检测器　适合气相色谱法的检测器有火焰离子化检测器（FID）、热导检测器（TCD）、氮磷检测器（NPD）、火焰光度检测器（FPD）、电子捕获检测器（ECD）、质谱检测器（MS）等。火焰离子化检测器对碳氢化合物响应良好，适合检测大多数的药物；氮磷检测器对含氮、磷元素的化合物灵敏度高；火焰光度检测器对含磷、硫元素的化合物灵敏度高；电子捕获检测器适于含卤素的化合物；质谱检测器还能给出供试品某个成分相应的结构信息，可用于结构确证。除另有规定外，一般用火焰离子化检测器，用氢气作为燃气，空气作为助燃气。在使用火焰离子化检测器时，检测器温度一般应高于柱温，并不得低于150℃，以免水汽凝结，通常为250～350℃。

(6) 数据处理系统　可分为记录仪、积分仪以及计算机工作站等。

各品种项下规定的色谱条件，除检测器种类、固定液品种及特殊指定的色谱柱材料不得改变外，其余如色谱柱内径、长度、载体牌号、粒度、固定液涂布浓度、载气流速、柱温、进样量、检测器的灵敏度等，均可适当改变，以适应具体品种并符合系统适用性试验的要求。一般色谱图约于30min内记录完毕。

7.5.2　系统适用性试验

除另有规定外，应照高效液相色谱法（中国药典附录ⅥD）项下的规定。

7.5.3　测定法

（1）内标法

（2）外标法

（3）面积归一化法

上述（1）～（3）法的具体内容均同高效液相色谱法（中国药典附录ⅥD）项下相应的规定。

（4）标准溶液加入法　精密称（量）取某个杂质或待测成分对照品适量，配制成适当浓度的对照品溶液，取一定量精密加入到供试品溶液中，根据外标法或内标法测定杂质或主成分含量，再扣除加入的对照品溶液含量，即得供试品溶液中某个杂质和主成分含量。

也可按下述公式进行计算，加入对照品溶液前后校正因子应相同，即：

$$\frac{A_{is}}{A_X}=\frac{c_X+\Delta c_X}{c_X}$$

则待测组分的浓度 c_X 可通过如下公式进行计算：

$$c_X=\frac{\Delta c_X}{(A_{is}/A_X)-1}$$

式中，c_X 为供试品中组分 X 的浓度；A_X 为供试品中组分 X 的色谱峰面积；Δc_X 为所加入的已知浓度的待测组分对照品的浓度；A_{is} 为加入对照品后组分 X 的色谱峰面积。

由于气相色谱法的进样量一般仅数微升，为减小进样误差，尤其当采用手工进样时，由于留针时间和室温等对进样量也有影响，故以采用内标法定量为宜；当采用自动进样器时，由于进样重复性的提高，在保证分析误差的前提下，也可采用外标法定量。当采用顶空进样时，由于供试品和对照品处于不完全相同的基质中，故可采用标准溶液加入法以消除基质效应的影响，当标准溶液加入法与其他定量方法结果不一致时，应以标准加入法结果为准。

参 考 文 献

[1] 赵临襄. 化学制药工艺学[M]. 北京：中国医药科技出版社，2003.
[2] 元英进. 现代制药工艺学[M]. 北京：化学工业出版社，2004.
[3] 王世范. 药物合成实验[M]. 北京：中国医药科技出版社，2007.
[4] 尤启冬. 药物化学[M]. 第2版. 北京：化学工业出版社，2008.
[5] 沈阳药学院等合编. 计志忠主编. 化学制药工艺学[M]. 北京：化学工业出版社，2004.
[6] 王亚楼. 化学制药工艺学[M]. 北京：化学工业出版社，2008.
[7] 曹观坤. 药物化学实验技术[M]. 北京：化学工业出版社，2008.
[8] 陈仲强，陈虹. 现代药物的制备与合成：第一卷[M]. 北京：化学工业出版社，2008.
[9] 李瑞芳. 药物化学教程[M]. 北京：化学工业出版社，2006.
[10] 吉卯祉. 药物合成[M]. 北京：中国中医药出版社，2009.
[11] 陈建茹. 化学制药工艺学[M]. 北京：中国医药科技出版社，1996.
[12] 刘红霞. 化学制药工艺过程及设备[M]. 北京：化学工业出版社，2009.
[13] 陆敏. 化学制药工艺与反应器[M]. 第2版. 北京：化学工业出版社，2011.
[14] 李霞. 制药工艺[M]. 北京：科学出版社，2006.
[15] 元英进，赵广荣，孙铁民. 制药工艺学[M]. 北京：化学工业出版社，2007.
[16] 王沛. 制药工艺学[M]. 北京：中国中医药出版社，2009.
[17] 劳文艳主编. 现代生物制药技术[M]. 北京：化学工业出版社，2005.
[18] 齐香君. 现代生物制药工艺学[M]. 第2版. 北京：化学工业出版社，2010.
[19] 王玉亭，韦平和，冯利. 现代生物制药技术[M]. 北京：化学工业出版社，2010.
[20] 辛秀兰. 现代生物制药工艺学[M]. 北京：化学工业出版社，2006.